U0338932

新版建筑安装工程质量竣工资料实例系列丛书

顾　问　张国琮

主　审　潘延平

建筑安装工程质量竣工资料实例

上海市建筑施工行业协会工程质量安全专业委员会　编

金中方　主编

同济大学出版社

图书在版编目(CIP)数据

建筑安装工程质量竣工资料实例/上海市建筑施工行
业协会工程质量安全专业委员会编.金中主 主编—上海:同济大学
出版社,2005.12(2014.9 重印)
  ISBN 978-7-5608-3162-6

  Ⅰ.建… Ⅱ.上… Ⅲ.建筑安装工程-工程验收
-质量检查 Ⅳ.TU712

  中国版本图书馆 CIP 数据核字(2005)第 117239 号

建筑安装工程质量竣工资料实例
上海市建筑施工行业协会工程质量安全专业委员会 编
主　　编　　金中方
　　　　责任编辑 胡兆民　　　责任校对 徐春莲　　　封面设计 李志云

出版发行　　同济大学出版社　　www.tongjipress.com.cn
　　　　　　(地址:上海市四平路 1239 号　邮编:200092　电话:021-65985622)
经　　销　　全国各地新华书店
印　　刷　　同济大学印刷厂
开　　本　　889mm×1194mm　1/16
印　　张　　30.5
印　　数　　13 301—14 400
字　　数　　976 000
版　　次　　2005 年 12 月第 1 版　　2014 年 9 月第 5 次印刷
书　　号　　ISBN 978-7-5608-3162-6

定　　价　　75.00 元

编 委 会 名 单

顾　问　张国琮

主　审　潘延平

主　编　金中方

副主编　辛达帆

编　委　杜伟国　邱　震　邵恩泽　刘广根

　　　　胡敏坚　王荣俊　蒋新云　张耀良

　　　　李耀成　陆智敏　翁益民　徐佳彦

　　　　季　晖　余康华　沈　祺　齐　芋

序

　　建筑安装工程质量竣工资料是反映工程质量和工作质量状况的重要依据,是工程质量竣工验收的必备条件,是城建档案的重要组成部分,也是建筑物日后维修、改建、扩建的重要档案材料。上海市建设行政主管部门历来非常重视建设工程资料的管理工作,根据主管领导的要求,市建管办、市安全质量监督总站征求了相关单位和专家意见,结合国家新颁布的建筑施工质量验收统一标准的要求,对沿用至今已经 15 年的旧版施工技术资料进行了修订,新编了《新版建筑安装工程质量竣工资料》目录,并以沪建建管(2003)第 177 号文正式发布,要求上海市 2004 年 1 月 1 日新开工的工地全面实施,新版质量竣工资料适应了建筑施工新技术的发展需求,体现了上海市建筑业管理的特色。

　　为加快新版资料的普及应用,建设行政主管部门举办了各类不同层次的培训班、讲座、研讨班。在此基础上,组织编写了《新版建筑安装工程质量竣工资料实例》,目的是为了帮助建筑施工企业管理人员更好地学习、理解、掌握、应用新版资料,共同提高新版资料的编制和管理水平,为建筑业服务,为城市建设服务。

潘延平

2004 年 10 月

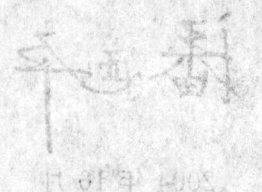

前 言

由上海市建筑工程管理局于 1988 年发布的沪筑管[1988]技术第 315 号文《单位工程施工技术资料管理若干规定》(俗称 ABC 资料)沿用至今已有 15 年,已经远远落后于当前日新月异的工程建筑发展形势。上海市建筑业管理办公室、上海市建设工程安全质量监督总站组织专业技术人员,在原单位工程施工技术资料体系的基础上,调整补充了表式内容,以计算机软件技术为工作平台,制定了新版资料内容和要求,并以市建管办沪建建管(2003)第 177 号文"关于启用新版《建筑安装工程质量竣工资料》的通知"正式发布,上海市新开工程于 2004 年 1 月 1 日全面实施。

本书是新版建筑安装工程质量竣工资料实例系列丛书八个分册中的第二分册。

资料编制目录划分为四册:A 册:施工组织设计(质量计划)资料;B 册:施工技术管理资料;C 册:工程质量保证资料;D 册:工程质量验收资料。

针对建设工程参与各方在执行新版资料过程中对编制深度、技术要求及计算机软件技术方面遇到的不少问题,本书为读者提供了一个学习、参考的平台,使读者能迅速熟悉、了解并提高新版资料的编制和管理水平,保证建筑工程质量达到《建筑工程施工质量验收统一标准》(GB50300-2001)的标准要求。

本书实例中涉及的人名、单位章、部门章均是虚拟的,主要目的是说明该处应由哪个单位、部门盖章,由哪一位责任人来签字,若有巧合,请勿对号入座。

本书由上海市建筑施工行业协会工程质量委员会会同上海市安装工程有限公司组织编写。编写过程中,得到了上海市建设行政主管部门、上海市建设工程安全质量监督总站有关人员的大力帮助,在此一并表示感谢。

编 者

2005 年 9 月 20 日

目　录

A 册：施工组织设计、质量计划资料

施工组织设计、质量计划资料目录

表号	资料名称	备注	页码
A-0	施工组织、设计、后至计划资料目录		2
A-1	施工组织设计（质量计划）审批表		3
A-2	施工组织设计修改审批表		4
A-3	施工组织设计		5
	工程概况		5
	主要工程实物量及货币工作量		7
	施工组织部署及施工总进度计划		9
	主要施工方法及技术措施		26
	保证工程质量的措施		45
	保证施工、健康安全及环境的措施		53
	施工准备工作计划		57
	劳动力需要计划表及峰值图		60
	大型施工机械、施工机具、计量器具配备计划表		60
A-4	其他规范、规定要求的施工组织设计内容	无	63

施工组织设计(质量计划)审批表

工程名称:××××学院××楼 建设单位:××××学院筹建处
编制人:××× 编制日期:2003 年 09 月 28 日
项目工程师:××× 项目经理:××

项目经理部审批	技术负责人:	沈明	审批意见:	同意	2003 年 09 月 28 日
	项经部有关部门:				
	工程	同意		××	2003 年 09 月 28 日
	技术	同意		××	2003 年 09 月 28 日
	质量	同意		××	2003 年 09 月 28 日
	安全	同意		××	2003 年 09 月 28 日
	其他				2003 年 09 月 28 日
公司级审批	总工程师:	××	审批意见:	同意	2003 年 09 月 28 日
	公司有关科室:				
	工程	同意		××	2003 年 09 月 28 日
	质量	同意		××	2003 年 09 月 28 日
	安全	同意		××	2003 年 09 月 28 日
	材料	同意		××	2003 年 09 月 28 日
	技术	同意		××	2003 年 09 月 28 日
	动力	同意		××	2003 年 09 月 28 日
	其他				2003 年 09 月 28 日
监理(建设)单位	总监理工程师 (建设单位项目负责人):	×××	审批意见:	同意以上意见	2003 年 09 月 28 日
备注	审批手续根据公司文件对施工组织设计(质量计划)编制范围的要求,逐级审批,本施工组织设计审批的范围:				

施工组织设计修改审批表

建设单位	中华房地产开发有限公司	编号	ZW200400110
工程名称	××××学院××楼	工程编号	SA-00-01
施工单位	××市安装×××公司	设计单位	××市设计研究院

修改内容:

　　原施工组织设计中管道施工方法,采用施工现场落料配管工艺,现根据土建施工质量情况,决定变更管道施工方法,采用工厂化预制加工配管工艺。

修改人：　　××　　　　　2003 年 10 月 23 日

项目部审批	同意变更管道配管施工工艺 ×× 2003 年 10 月 23 日	公司审批	同意变更 ×× 总工：　××　　2003 年 10 月 23 日

施工组织设计

1. 工程概况

本工程为××××学院××楼项目,位于东海市长江高科技园区银行卡产业园内,唐顾路以东、横中港和归二路以西、东三路以北、马家浜以及北一路以南。建筑面积共约 57 500 m²,其中数据运行中心为 20 039 m²,业务处理中心一号楼地上为 9 256 m²,地下为 4 108 m²,业务处理中心三号楼及后勤服务中心地上为 17 975 m²,地下为 3571m²,餐厅为 2 600 m²。地势比较平坦,地面标高为 4.9m。本工程为该工程的一期,其中主要有四个建筑单体,分别为数据运行中心(地上 4 层)、业务处理中心一号楼(地上 7 层,地下 1 层)、业务处理中心三号楼及后勤服务中心(地上 5 层,地下 1 层)、餐厅(地上 4 层),加上室外总体,共 5 个单位工程。

本工程的建设单位为××××学院筹建处,设计单位为××市××建筑设计研究院,监理单位(项目管理单位)为××市工程建设咨询监理有限公司,××市××建筑有限公司为工程项目施工总承包,我公司作为机电分包参与工程的建设。

本工程开工日期为 2003 年 10 月 30 日,竣工日期为 2004 年 12 月 15 日(其中××楼为 2004 年 10 月 24 日),施工周期 450d。工程高峰时计划需用劳动力 276 人,其中电工 100 人,管道工 80 人,通风共 50 人,焊工 20 人,油漆工 8 人,保温工 8 人,辅助工 10 人。本工程质量要求较高,要求整体达到一次验收合格,并获市优质结构奖,数据运行中心确保"金玉兰"奖和国家优质工程"鲁班"奖,同时必须达到政府规定的竣工验收备案制要求。

工程特点:
- 本工程设计新颖,技术先进,结构合理,系统复杂,又地处于市区。由于设计单位是按系统进行设计的,各系统设计自成一体,不出综合平面图,因此,在施工中会发生结构障碍,互相碰撞,走向不一等问题。
- 本工程机电系统复杂、先进,业主对工程中采用的新技术、新工艺非常重视。
- 本工程的空调系统、给排水系统、强弱电系统、消防系统等的调试能否达到设计及使用要求,将直接影响整个项目功能的有效发挥。
- 质量要求高,必须达到一次合格率 100%,确保获得市优质工程的奖项。这就要求公司在施工中必须精益求精。

工程主要目标:
- 工期目标
  本工程计划施工周期 450d,力争缩短施工周期 20d。
- 质量目标
  创市安装优质结构、申安杯、白玉兰奖工程;
  单位工程验收一次合格率 100%;
  分部(子分部)工程合格率达到 100%,分项工程、检验批合格率达到 100%。
- 安全、文明施工目标
  杜绝重大伤亡事故;
  无设备、管线吊装等重大事故;
  事故负伤频率控制在 1.5‰下;
  火灾事故为零。

本组织设计编制依据:
- 设计单位提供的设计图纸。
- 国家批准颁发的机电安装工程施工与验收规范、施工图例。
- ××市质监总站颁发的民用建筑工程质量监督核验要求。
- 本公司 ISO9001 质量体系文件,对施工组织设计的有关规定。
- 本公司制订的现行高级民用工程施工的工艺要求。

- 本组织有关人员的现场勘察资料。

本工程的机电安装工程概况：

1.1 给排水工程

1.1.1 三号楼及后勤服务中心给水采用变频水泵供水；餐厅给水系统由三号楼变频给水泵供给；数据运行中心和一号楼给水采用屋顶水箱供水。

1.1.2 三号楼热水系统由"容积式热交换器"集中供应热水，其热媒为高温水间接加热，热水供应点为客房卫生间，采用下行上回的给水方式；餐厅热水由三号楼热交换机组供给。

1.1.3 排水系统室内雨、污水分流，污、废合流；室外雨、污水分流。

1.2 电气工程

1.2.1 负荷等级与供电系统

数据运行中心集数据交换、生产重要设备、机房空调设备、局部重要照明；业务处理中心一号楼和数据运行中心消防设备均属一级负荷。

1.2.1.1 业务处理中心一号楼的消防用电设备及重要用电设备；数据运行中心、业务处理中心三号楼及后勤服务中心、餐厅内消防用电设备及重要用电设备均属二级负荷。

1.2.1.2 除上述以外四个单体中的动力、照明、空调均属三级负荷。

1.2.1.3 为满足一、二级负荷供电可靠要求，除供电部门提供两路独立的35kV同时供电外，设置了四台2000kW自备柴油发电机，当35kV电源或变压器发生故障，发电机确保15s内完成自动启动向重要负荷供电。此外数据运行中心配置了UPS不间断电源，业务处理中心一号楼、三号楼、餐厅配置了EPS不间断电源。转换时间小于0.1s，供电时间大于30h。

1.2.2 低压配电及线路敷设方式

1.2.2.1 数据运行中心的动力楼设置低压总配电室、生产楼及办公楼每层均设置楼层配电间。

1.2.2.2 至重要设备的低压配电线路，采用放射配电方式；至一般设备的配电线路，采用放射与树干混合配电方式。所有一、二级负荷均设置双电源末端（ATS）自动切换，以确保供电的可靠性；消防设备配电装置设置明显的消防标志。

1.2.2.3 业务处理一号楼、三号楼除地下室设置变配电所外，每层均设置楼层配电间，主干电缆由地下室通过主干桥架引至各楼层配电间。

1.2.3 照明系统部分

1.2.3.1 四个单体工程中所有净高大于5m的大空间光源均采用金卤灯或高效节能灯光源；办公室、教室等均采用高光效嵌入式荧光灯；走廊、电梯前室采用节能高光效荧光灯；楼梯间采用白炽灯并配声光控开关。水泵房为防水防尘荧光灯；空调机房、变电所采用荧光灯照明。各层疏散走廊及疏散楼梯设置应急疏散指示灯。

1.2.3.2 消防中心、变电所、水泵房、电梯机房等重要机房及各层公共走廊设置事故照明；电梯井道设置永久性低压检修灯（36V）及220V检修插座，电梯机房及井道基坑处设双控灯开关。会议厅、多功能厅等采用分布式照明控制进行智能化控制，BAS与控制器采用接口方式进行无缝连接。

1.2.4 电气保安与接地措施

1.2.4.1 工程设置联合接地系统，发电机中性点工作接地、变压器中性点工作接地、UPS输出端中性点工作接地、防雷接地、电气设备保护接地、等电位接地、电梯控制系统的直流接地、弱电系统直流接地及其他电子设备的直流接地合用同一接地体，利用基础台内主钢筋作接地极，接地电阻不大于1Ω。业主方尚未确定主机房计算机设备，所以计算机直流接地要求不能确定，设想在室外25m外另打一组1Ω的专用接地极，引至生产楼底层机房，以满足将来计算机直流接地的可能需求。

1.2.4.2 每层设备竖井设置等电位联结端子箱及等电位连接线，正常情况下不带电的金属管道（包括电缆的金属外皮、电气设备外壳、水管等）均须与等电位联结线可靠相连；楼内金属构件、金属扶手、防火门及吊灯龙骨等均须作等电位连接。竖向敷设的金属管道及其他金属物体，在其底部与顶端与防雷装置作可靠连接。厨房、浴室潮湿部位设置局部等电位联结。

1.2.5 防雷措施

1.2.5.1 本工程数据运行中心、业务处理一号楼和三号楼均属第二类防雷建筑,餐厅属于第三类防雷建筑。

1.2.5.2 为防电磁脉冲,设置三级过电压保护装置,确保用电设备安全。在变电所低压侧设置最大通流容量为65kA(8/20S)的过电压吸收装置;在楼层负荷侧设置最大容量为40 kA(8/20S)的过电压吸收装置;在末端负荷侧设置最大通流容量为15 kA(8/20S)的过电压吸收装置;突出屋面的设备配电回路设置最大通流容量为65kA(8/20S)的过电压吸收装置。同时各弱电系统信号回路均要求设置信号类过电压吸收装置。对通讯机房、消防控制中心等重要机房配电箱处设置过压保护装置,以确保重要负荷的供电安全;配电回路加设浪涌保护措施。

1.2.6 弱电工程

在数据运行中心,一号和三号业务处理中心楼、餐厅中设置了通信系统(CAS)、结构化综合布线系统(PDS)、安保技防系统(SAS)、有线电视及卫星接收系统(CATV)、背景音乐及消防广播系统(PAS)、火灾自动报警及消防联动控制系统(FAS)、楼宇设备控制管理系统(BAS)等。

2. 主要工程实物量及货币工作量

2.1 主要工程实物量汇总表

序号	名称	单位	数量	备注
1	给排水管道	100m	219	
2	各类电气设备	台	1022	
3	电缆	100m	19000	
4	母线、电缆桥架	10m	595	
5	电气配管	100m	1017	
6	各类给排水设备	台	94	
7	风管	m	1345	
8	支架制安	t	50.2	

2.1.1 消防、给、排水系统实物量

序号	名称	规格	单位	数量
1	钢塑复合管	DN65~DN100	m	2900
2	镀锌钢管	DN25~DN150	m	3000
3	PPR冷热水管	DN15~DN28	m	5000
4	无缝钢管	D100~D150	m	1000
5	各类阀门	DN25~DN100	只	1357
6	地上式消火栓	DN100	套	14
7	水泵结合器		套	4
8	坐式大便器		套	约500
9	面盆	台式	套	约150
10	洗涤池		套	约100
11	管架制安		t	38
12	芯层发泡管排水管	De50~De110	m	10000

2.1.2 电气系统实物量

序号	名称	规格　型号	单位	数量
1	各类配电柜、箱		只	1 022
2	电缆		100m	190
3	电缆桥架		100m	53
4	电气配管		100m	350
5	电线	BV—2.5～BV—25	100m	25 000
6	灯具		套	2700
7	支架制安	角钢 圆钢 槽钢	t	13.8
8	母线槽	500A(主)	m	650

2.1.3 通风系统实物量

序号	名称	规格　型号	单位	数量
1	各类风管		m	1 345
2	风机盘管		只	263
3	风机等设备		只	78
4	风口、风阀等		只	350
5	空调水管		m	2 500

2.2 主要货币工作量清单汇总表(单位:元)

单位工程 系统	数据运行 中心	业务处理中 心一号楼	业务处理中 心三号楼	餐厅
电气系统	5 546 080.7	1 953 553.34	4 543 196.84	305 894.69
管道系统	383 894.01	462 228.77	1 421 883.91	43 836.31
弱电系统	77 308	62 238.11	97 152	43 933.12
小计	6 007 282.71	2 478 020.22	6 062 232.75	393 665.12
总计	14 941 200.8			

3. 施工组织部署及施工总进度计划

3.1 施工组织部署

3.1.1 项目部施工管理组织体系图

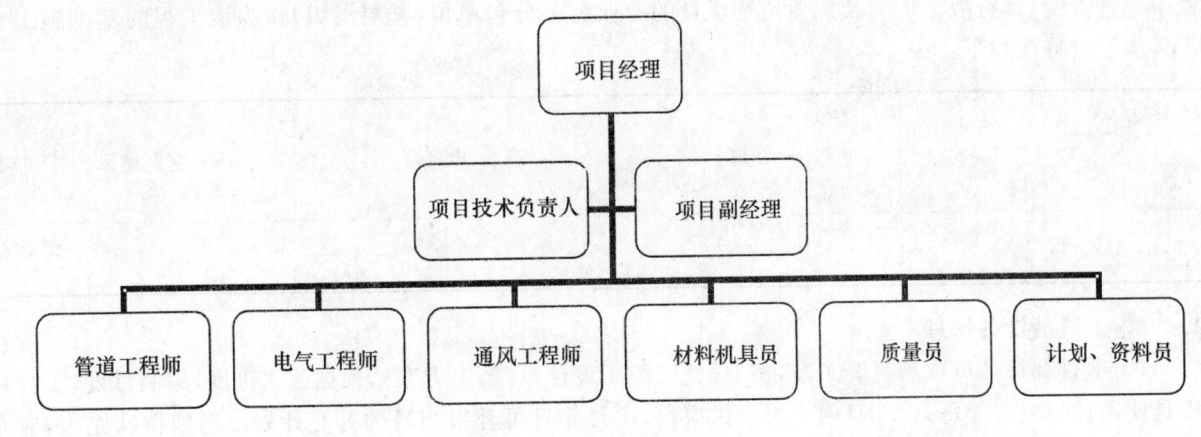

项目部组织体系图

3.1.2 设备材料供应与管理

3.1.2.1 A、B类材料必须严格控制在我公司下达的《合格分供方名册》中选定。对"合格分供方"的评审和报批必须提供完整的资料，包括"营业执照"、"生产许可证"、"检测报告"、"企业简介"、"产品样本"等，对业主指定的厂家，如产品质量确实可靠可办理一次性"合格分供方"评审。

3.1.2.2 预算中"未计价"材料单价必须由项目部提交给业主确认，"未计价"材料的品牌应在公司"合格分供方"范围内选择。申报过程要填写《未计价材料报审表》，一式四份，经业主确认后留去1份；项目部留存1份，用于成本预算、控制，并作为最终向业主结算的依据；2份返回供应科，并转送经营生产科1份作为月报工作量的结算依据和备案。

3.1.2.3 工程标书中明确规定的除有暂定价的材料，必须向供应科报审，项目部应根据市场浮动情况合理批价后实施采购，工程标书中以暂定价的及原标书中没有涉及的材料仍要以《未计价材料报审表》形式报业主确认。

3.1.2.4 采购的材料必须具有《合格证》、《质保书》或相关技术资料，并与材料同步到位，项目部材料员要按贯标要求做好以上软件的收集、整理、编号、归档工作。

3.1.2.5 有关"甲供料"管理，业主有要求的按业主要求执行，业主无要求的按公司"甲供料管理办法"实施。

3.1.2.6 项目部应根据我司与业主签订的《材料采购分工协议》和工程施工进度，及时向业主提交"甲供料"的要料计划，并同时抄报一份给供应科留存。本工程的材料供应分为清单计价和暂定价部分，都为乙供，我公司提供暂定价部分的产品厂商报审业主。其他主要设备甲供。

3.1.2.7 本工程中，为了实现名、利双收的局面，为此，项目部必须制定较为严格的材料管理制度。具体可分为以下几点：

（1）要求施工员及早做好施工预算，材料的申报和发料都必须严格按照施工预算，材料员必须控制材料超出预算部分的进出；

（2）要求施工班组专人领料，并严禁材料的浪费，不断组织有关人员对现场进行检查，严防主材和辅材的随意丢弃；

（3）要求施工员做好增加账的部分结算。并做好及时申报、及时签证等工作。

3.1.3 仓库的设置

仓库分为室外和室内两部分。室内又分为小五金和危险品库房；室外部分由大五金堆场和废料堆场构成。室内仓库占地需100m²，室外需250m²，周围有铁栅栏与外界隔离。

3.1.4 对专业劳务分包单位的材料发放

对专业劳务分包单位的材料发放一定要与每月完成的实物量结算相挂钩，要执行限额领料，这是搞好现场管理，降低工程成本的主要途径。

3.1.5 施工力量的选择

鉴于该工程难度较高、工期紧,进入该工程施工的专业劳务分包单位必须是与我公司长期合作,质量、安全意识、进度意识强,企业信誉好,同时又与我项目部的专业工程师能配合默契的单位。经反复研究,拟选用在"东方大厦"、"金光大厦"、"东海科技城"、"中国华夏银行数据中心(东海)"、"建行东海计算机教育中心"等工程中经过考验、具有战斗能力及职业道德优良的专业劳务分包单位(基层组织)作为该工程的基本施工力量。具体暂时分配如下:

专业 序号	管道		电气		空调通风
1	×××	×××	×××	×××	×××

3.1.6　施工机械设备管理

3.1.6.1　项目部机具员在项目开工前,按照《施工组织设计》、《施工方案》,根据施工进度,编制月度《工程项目机具使用计划表》,于每月 23 日前上报给供应科,次月 5 日可补报当月的补充计划。遇到特殊原因,应及时补办更改计划,并说明原因,由项目经理签字认可。

3.1.6.2　机械设备进入施工现场必须严照公司"机械设备完好标准"进行验收,以确保进入施工现场的机械(包括电动工具)完好无损、性能良好。使用过程应执行定人定机,机械挂牌操作制度,加强现场巡视检查工作,增加设备管理力度,及时做好书面检查整改资料,完善软件管理。

3.1.6.3　严格控制项目部机械费用,抓好项目施工的成本管理,机具员应认真做好各专业劳务分包单位租用项目部各类施工机械的领用与退库的分类登记手续,并按月进行汇总,由现场负责人签证认可,项目经理审核盖章后,交供应科留存结算。

3.1.6.4　项目部在配合业主或总包过程中,属承包合同外增加的装卸、运输机械、特殊机械设备,应及时办理《工程问题联络单》及《工程增加账》签证手续。

3.1.6.5　为工程施工需要,项目部需考虑自行对外租赁施工机械的,必须预先报供应科,明确注明租赁方的企业资质、租赁单价,供应科负责审核、积极配合,使供货畅通。对特殊机械租赁,在我公司部门参与下,共同把好技术质量和租赁合同关。

3.1.7　和工程总包协调工作管理

3.1.7.1　项目部每月 22 日向总包提交下月的月度施工作业计划;每月 25 日为当月统计截止日,每月 26 日向总包上报月度统计计划。

3.1.7.2　项目部每周参加甲方、总包召开的施工例会,分析、协调、平衡、调整各分包单位工程进度,解决相互间施工配合问题。

3.1.7.3　项目部每月 24 日向总包上报月进度工作量报表,经总包汇总后送交甲方,由甲方签证审核后作为月度收取工程款的依据。

3.1.7.4　按总包档案资料管理制度、甲方归档范围和要求,对各项施工资料同步进行收集、分类、立卷。竣工档案的封面、卷内目录、备考表、案卷目录、装订盒子按要求制作完成。

3.1.8　施工临时设施

　　项目部共拟搭建五上五下活动房两幢。其中一幢底层设小五金仓库和会议室,其他为各施工班组宿舍和办公室。项目部管理人员办公室设置在和业主、总包一幢楼中,计划为四间。

3.2　施工总进度计划

××××学院××楼 数据运行中心项目进度总计划表(安装)

标识号	任务名称	工期	开始时间	完成时间
1	总工期:数据运行中心	365工作日	2004年11月1日	2005年10月30日
2	管道系统(给排水部分)	339工作日	2004年11月20日	2005年10月24日
3	配合预埋	105工作日	2004年11月20日	2005年3月4日
4	管道毛坯安装	127工作日	2005年1月25日	2005年5月31日
5	试压及保温	27工作日	2005年5月20日	2005年6月15日
6	水泵房水泵基础、内粉刷完成	30工作日	2005年6月1日	2005年6月30日
7	水泵房水泵进场、安装	46工作日	2005年7月1日	2005年8月15日
8	配合二次精装修、管道镶接	90工作日	2005年6月1日	2005年8月29日
9	管道吹扫、系统调试	25工作日	2005年8月30日	2005年9月23日
10	整改、扫尾	30工作日	2005年9月24日	2005年10月23日
11	投入运行	1工作日	2005年10月24日	2005年10月24日
12	强电系统(动力、照明)	364工作日	2004年11月1日	2005年10月30日
13	配合预埋	150工作日	2004年11月1日	2005年3月30日
14	电气桥架敷设、配管	87工作日	2005年1月29日	2005年4月25日
15	配电箱、柜安装就位	25工作日	2005年4月26日	2005年5月20日
16	电缆沟完成	27工作日	2005年5月20日	2005年6月15日
17	电气线、缆敷设、管内穿线、接线	40工作日	2005年5月21日	2005年6月29日
18	受送电	10工作日	2005年6月30日	2005年7月9日
19	配合二次装修、电气校验	100工作日	2005年5月30日	2005年9月6日
20	系统调试	40工作日	2005年9月7日	2005年10月16日
21	整改、扫尾	13工作日	2005年10月17日	2005年10月29日
22	投入运行	1工作日	2005年10月30日	2005年10月30日
23	柴油发电机系统	230工作日	2004年12月10日	2005年7月27日
24	管线配合预埋	142工作日	2004年12月10日	2005年4月30日
25	管内穿线	30工作日	2005年5月1日	2005年5月30日
26	设备基础及内粉刷完成	13工作日	2005年4月15日	2005年4月27日
27	机组进场、安装就位	40工作日	2005年4月29日	2005年6月7日

（时间刻度：2004年 10 11 12 2005年 1 2 3 4 5 6 7 8 9 10 11 12）

图例：任务　拆分　进度　里程碑　摘要　项目摘要　外部任务　外部里程碑　期限

项目:数据运行中心
日期:2005年9月8日

××××学院×××楼 数据运行中心项目进度总计划表（安装）

标识号	任务名称	工期	开始时间	完成时间
28	机组调试	20工作日	2005年6月8日	2005年6月27日
29	整改,收尾	30工作日	2005年6月28日	2005年7月27日
30	UPS系统	269工作日	2004年12月10日	2005年9月4日
31	管线配合预埋	142工作日	2004年12月10日	2005年4月30日
32	管内穿线	35工作日	2005年5月1日	2005年6月4日
33	设备进场,安装就位	60工作日	2005年5月18日	2005年7月16日
34	系统调试	20工作日	2005年7月17日	2005年8月5日
35	整改,收尾	30工作日	2005年8月6日	2005年9月4日
36	发电机组系统	271工作日	2004年12月10日	2005年9月6日
37	管线配合预埋	142工作日	2004年12月10日	2005年4月30日
38	管内穿线	35工作日	2005年5月1日	2005年6月4日
39	机房内粉刷完成	13工作日	2005年5月5日	2005年5月17日
40	设备进场,安装就位	60工作日	2005年5月18日	2005年7月16日
41	系统调试	25工作日	200年7月17日	2005年8月10日
42	整改,收尾	27工作日	2005年8月11日	2005年9月6日
43	应急电源EPS系统	269工作日	2004年12月10日	2005年9月4日
44	管线配合预埋	142工作日	2004年12月10日	2005年4月30日
45	管内穿线	32工作日	2005年5月1日	2005年6月1日
46	机房内粉刷完成	13工作日	2005年5月5日	2005年5月17日
47	设备进场,安装就位	60工作日	2005年5月18日	2005年7月16日
48	系统调试	20工作日	2005年7月17日	2005年8月5日
49	整改,收尾	30工作日	2005年8月6日	2005年9月4日
50	弱电系统	335工作日	2004年11月30日	2005年10月30日
51	FAS火灾报警及联动系统	327工作日	2004年11月30日	2005年10月22日
52	配合预埋管线	152工作日	2004年11月30日	2005年4月30日
53	管内电线穿线	20工作日	2005年5月1日	2005年5月20日
54	机房内粉刷完成	16工作日	2005年4月15日	2005年4月30日

任务　　拆分　　进度　　里程碑　　摘要　　项目摘要　　外部任务　　外部里程碑　　期限

项目：数据运行中心
日期：2005年9月8日

××××学院××楼 数据运行中心项目进度总计划表（安装）

标识号	任务名称	工期	开始时间	完成时间
55	设备进场、安装就位	70 工作日	2005 年 5 月 1 日	2005 年 7 月 9 日
56	系统调试	90 工作日	2005 年 7 月 10 日	2005 年 10 月 7 日
57	整改、收尾	15 工作日	2005 年 10 月 8 日	2005 年 10 月 22 日
58	FAS 消防应急广播系统	332 工作日	2004 年 11 月 30 日	2005 年 10 月 27 日
59	配合预埋管线	152 工作日	2004 年 11 月 30 日	2005 年 4 月 30 日
60	管内电线穿线	25 工作日	2005 年 5 月 1 日	2005 年 5 月 25 日
61	机房内粉刷完成	16 工作日	2005 年 4 月 15 日	2005 年 4 月 30 日
62	设备进场、安装就位	75 工作日	2005 年 5 月 1 日	2005 年 7 月 14 日
63	系统调试	90 工作日	2005 年 7 月 15 日	2005 年 10 月 12 日
64	整改、收尾	15 工作日	2005 年 10 月 13 日	2005 年 10 月 27 日
65	PDS 综合布线系统	335 工作日	2004 年 11 月 30 日	2005 年 10 月 30 日
66	配合预埋管线	152 工作日	2004 年 11 月 30 日	2005 年 4 月 30 日
67	管内电线穿线	25 工作日	2005 年 5 月 1 日	2005 年 5 月 25 日
68	机房内粉刷完成	16 工作日	2005 年 4 月 15 日	2005 年 4 月 30 日
69	设备进场、安装就位	73 工作日	2005 年 5 月 1 日	2005 年 7 月 12 日
70	系统调试	95 工作日	2005 年 7 月 13 日	2005 年 10 月 15 日
71	整改、收尾	15 工作日	2005 年 10 月 16 日	2005 年 10 月 30 日
72	BAS 楼宇设备监控系统	335 工作日	2004 年 11 月 30 日	2005 年 10 月 30 日
73	配合预埋管线	152 工作日	2004 年 11 月 30 日	2005 年 4 月 30 日
74	管内电线穿线	21 工作日	2005 年 5 月 1 日	2005 年 5 月 21 日
75	机房内粉刷完成	16 工作日	2005 年 5 月 1 日	2005 年 5 月 16 日
76	设备进场、安装就位	70 工作日	2005 年 5 月 17 日	2005 年 7 月 25 日
77	系统调试	80 工作日	2005 年 7 月 26 日	2005 年 10 月 13 日
78	整改、收尾	17 工作日	2005 年 10 月 14 日	2005 年 10 月 30 日
79	ECC 监控系统	330 工作日	2004 年 12 月 5 日	2005 年 10 月 30 日
80	配合预埋管线	147 工作日	2004 年 12 月 5 日	2005 年 4 月 30 日
81	管内电线穿线	31 工作日	2005 年 5 月 1 日	2005 年 5 月 31 日

图例：任务　拆分　进度　里程碑　摘要　项目摘要　外部任务　外部里程碑　期限

项目：数据运行中心
日期：2005 年 9 月 8 日

××××学院××楼 数据运行中心项目进度总计划表（安装）

标识号	任务名称	工期	开始时间	完成时间
82	机房内粉刷完成	16 工作日	2005 年 月 日	2005 年 5 月 30 日
83	设备进场、安装就位	70 工作日	2005 年 6 月 1 日	2005 年 8 月 9 日
84	系统调试	72 工作日	2005 年 8 月 10 日	2005 年 10 月 20 日
85	整改、收尾	10 工作日	2005 年 10 月 21 日	2005 年 10 月 30 日
86	SAS 安保系统	330 工作日	2004 年 12 月 5 日	2005 年 10 月 30 日
87	配合预埋管线	147 工作日	2004 年 12 月 5 日	2005 年 4 月 30 日
88	管内电线穿线	31 工作日	2005 年 5 月 1 日	2005 年 5 月 31 日
89	机房内粉刷完成	19 工作日	2005 年 4 月 30 日	2005 年 5 月 18 日
90	设备进场、安装就位	80 工作日	2005 年 5 月 20 日	2005 年 8 月 7 日
91	系统调试	70 工作日	2005 年 8 月 8 日	2005 年 10 月 16 日
92	整改、收尾	14 工作日	2005 年 10 月 17 日	2005 年 10 月 30 日
93	运行中心环境监控系统	330 工作日	2004 年 12 月 5 日	2005 年 10 月 30 日
94	配合预埋管线	147 工作日	2004 年 12 月 5 日	2005 年 4 月 30 日
95	管内电线穿线	31 工作日	2005 年 5 月 1 日	2005 年 5 月 31 日
96	机房内粉刷完成	19 工作日	2005 年 4 月 30 日	2005 年 5 月 18 日
97	设备进场、安装就位	80 工作日	2005 年 5 月 20 日	2005 年 8 月 7 日
98	系统调试	70 工作日	2005 年 8 月 8 日	2005 年 10 月 16 日
99	整改、收尾	14 工作日	2005 年 10 月 17 日	2005 年 10 月 30 日
100	CATV 闭路电视监控系统	330 工作日	2004 年 12 月 5 日	2005 年 10 月 30 日
101	配合预埋管线	147 工作日	2004 年 12 月 5 日	2005 年 4 月 30 日
102	管内电线穿线	31 工作日	2005 年 5 月 1 日	2005 年 5 月 31 日
103	机房内粉刷完成	22 工作日	2005 年 5 月 10 日	2005 年 5 月 31 日
104	设备进场、安装就位	70 工作日	2005 年 6 月 1 日	2005 年 8 月 9 日
105	系统调试	72 工作日	2005 年 8 月 10 日	2005 年 10 月 20 日
106	整改、收尾	10 工作日	2005 年 10 月 21 日	2005 年 10 月 30 日
107	CCTV 有线电视系统	330 工作日	2004 年 12 月 5 日	2005 年 10 月 30 日
108	配合预埋管线	147 工作日	2004 年 12 月 5 日	2005 年 4 月 30 日

时间轴：2004 年 10、11、12 月；2005 年 1、2、3、4、5、6、7、8、9、10、11、12 月

图例：
任务　拆分　进度
里程碑　摘要　项目摘要
外部任务　外部里程碑　期限

项目：数据运行中心
日期：2005 年 9 月 8 日

— 14 —

××××学院×××楼 数据运行中心项目进度总计划表（安装）

标识号	任务名称	工期	开始时间	完成时间
109	管内电线穿线	31 工作日	2005 年 5 月 1 日	2005 年 5 月 31 日
110	机房内粉刷完成	21 工作日	2005 年 6 月 10 日	2005 年 6 月 30 日
111	设备进场、安装就位	54 工作日	2005 年 7 月 3 日	2005 年 8 月 25 日
112	系统调试	56 工作日	2005 年 8 月 26 日	2005 年 10 月 20 日
113	整改、收尾	10 工作日	2005 年 10 月 21 日	2005 年 10 月 30 日
114	通讯系统	330 工作日	2004 年 12 月 5 日	2005 年 10 月 30 日
115	配合预埋管线	147 工作日	2004 年 12 月 5 日	2005 年 4 月 30 日
116	管内电线穿线	31 工作日	2004 年 5 月 1 日	2005 年 5 月 31 日
117	机房内粉刷完成	19 工作日	2005 年 4 月 30 日	2005 年 5 月 18 日
118	设备进场、安装就位	54 工作日	2005 年 7 月 3 日	2005 年 8 月 25 日
119	系统调试	56 工作日	2005 年 8 月 26 日	2005 年 10 月 20 日
120	整改、收尾	10 工作日	2005 年 10 月 21 日	2005 年 10 月 30 日
121	暖通系统	225 工作日	2005 年 3 月 20 日	2005 年 10 月 30 日
122	风管制作及其安装、与设备连接	133 工作日	2005 年 3 月 20 日	2005 年 7 月 30 日
123	风机基础完成、机房内粉刷完成	23 工作日	2005 年 4 月 5 日	2005 年 4 月 27 日
124	恒温恒湿机组进场安装	60 工作日	2005 年 4 月 28 日	2005 年 6 月 26 日
125	VRV 机组进场安装	60 工作日	2005 年 4 月 23 日	2005 年 6 月 21 日
126	供回水管安装	122 工作日	2005 年 5 月 1 日	2005 年 8 月 30 日
127	各类阀门安装	61 工作日	2005 年 7 月 1 日	2005 年 8 月 30 日
128	系统调试	50 工作日	2005 年 9 月 1 日	2005 年 10 月 20 日
129	整改、收尾	10 工作日	2005 年 10 月 21 日	2005 年 10 月 30 日

项目：数据运行中心
日期：2005 年 9 月 8 日

任务　拆分　进度　里程碑　摘要　项目摘要　外部任务　外部里程碑　期限

数据处理中心三号楼及后勤服务中心总进度计划表（安装）

标识号	任务名称	工期	开始时间	完成时间
1	总工期：数据处理中心三号楼及后勤服务中心	452工作日	2006年1月20日	2006年4月16日
2	管道系统（给排水部分）	430工作日	2005年2月10日	2006年4月15日
3	配合预理	161工作日	2005年2月10日	2005年7月20日
4	管道毛坯安装	130工作日	2005年6月5日	2005年10月12日
5	试压及保温	30工作日	2005年10月13日	2005年11月11日
6	水泵房水基础,内粉刷完成	20工作日	2005年9月1日	2005年9月20日
7	水泵等设备安装	45工作日	2005年10月15日	2005年11月28日
8	管道吹扫、系统调试	20工作日	2005年11月20日	2005年12月18日
9	配合装修单位配管以及卫生洁具镶接	144工作日	2005年10月8日	2006年2月28日
10	整改、扫尾	10工作日	2006年3月1日	2006年3月10日
11	工程竣工,投入运行	20工作日	2006年4月1日	2006年3月30日
12	竣工验收、备案工作结束	15工作日	2006年1月20日	2006年4月15日
13	电气系统（动力、照明）	451工作日	2005年1月20日	2005年9月5日
14	配合预理	229工作日	2005年1月20日	2005年9月5日
15	竖井桥架敷设	21工作日	2005年6月26日	2005年7月16日
16	水平桥架敷设、配管	60工作日	2005年6月26日	2005年8月24日
17	屋面避雷带安装	10工作日	2005年9月1日	2005年9月10日
18	配电间等内粉完成	37工作日	2005年7月1日	2005年8月6日
19	配电箱、柜安装就位	30工作日	2005年8月25日	2005年9月23日
20	电气线、缆敷设、管内穿线、接线	53工作日	2005年9月10日	2005年11月1日
21	照明灯具、开关插座安装	29工作日	2005年11月2日	2005年12月2日
22	风机等设备接线、电气校验	30工作日	2005年11月3日	2005年12月2日
23	配合二次装修、电气校验	134工作日	2005年10月10日	2006年2月20日
24	系统调试	40工作日	2006年2月21日	2006年4月1日
25	整改、扫尾	10工作日	2006年4月2日	2006年4月11日
26	工程竣工,投入运行	4工作日	2006年4月12日	2006年4月15日
27	竣工验收、备案工作结束	30工作日	2005年3月17日	2006年4月15日

图例：任务　拆分　进度　里程碑　摘要　项目摘要　外部任务　外部里程碑　期限

项目：业务处理中心三号楼及后勤服务中心

日期：2004年9月20日

数据处理中心三号楼及后勤服务中心总进度计划表（安装）

标识号	任务名称	工期	开始时间	完成时间
28	0.4kV 开关柜系统	363 工作日	2005 年 1 月 20 日	2006 年 1 月 17 日
29	管线配合预埋	229 工作日	2005 年 1 月 20 日	2005 年 9 月 5 日
30	管内穿线	26 工作日	2005 年 8 月 25 日	2005 年 9 月 19 日
31	设备进场、安装就位	60 工作日	2005 年 9 月 20 日	2005 年 11 月 18 日
32	系统调试	25 工作日	2005 年 11 月 19 日	2005 年 12 月 13 日
33	整改、收尾	35 工作日	2005 年 12 月 14 日	2006 年 1 月 17 日
34	弱电系统	451 工作日	2005 年 1 月 20 日	2006 年 4 月 15 日
35	FAS 火灾报警及联动系统	446 工作日	2005 年 1 月 20 日	2006 年 4 月 10 日
36	配合预埋管线	229 工作日	2005 年 1 月 20 日	2005 年 9 月 5 日
37	管内电线穿线	37 工作日	2005 年 8 月 25 日	2005 年 9 月 30 日
38	设备进场、安装就位	92 工作日	2005 年 10 月 1 日	2005 年 12 月 31 日
39	烟感、模块、层显、警铃等安装	118 工作日	2005 年 10 月 6 日	2006 年 1 月 31 日
40	水流指示器、监控阀接线	5 工作日	2005 年 11 月 21 日	2005 年 11 月 25 日
41	防火阀、排烟阀、正压风机接线	5 工作日	2005 年 11 月 26 日	2005 年 11 月 30 日
42	排烟风机、正压风机接线	5 工作日	2005 年 11 月 26 日	2005 年 11 月 30 日
43	消防泵、喷淋泵接线	5 工作日	2005 年 11 月 26 日	2005 年 11 月 30 日
44	报警主机安装	7 工作日	2005 年 12 月 1 日	2005 年 12 月 7 日
45	联动控制柜接线	18 工作日	2005 年 12 月 8 日	2005 年 12 月 25 日
46	系统调试	52 工作日	2005 年 12 月 26 日	2006 年 2 月 15 日
47	申报验收	54 工作日	2006 年 2 月 16 日	2006 年 4 月 10 日
48	FAS 消防应急广播系统	436 工作日	2005 年 1 月 20 日	2006 年 3 月 31 日
49	配合预埋管线	229 工作日	2005 年 1 月 20 日	2005 年 9 月 5 日
50	管内电线穿线	37 工作日	2005 年 8 月 25 日	2005 年 9 月 30 日
51	设备进场、安装就位	92 工作日	2005 年 10 月 1 日	2005 年 12 月 31 日
52	广播主机安装	118 工作日	2005 年 10 月 6 日	2006 年 1 月 31 日
53	扬声器安装	20 工作日	2006 年 2 月 1 日	2006 年 2 月 20 日
54	分区调试	23 工作日	2006 年 2 月 21 日	2006 年 3 月 15 日

项目：业务处理中心三号楼及后勤服务中心

日期：2004 年 9 月 20 日

任务　　拆分　　进度　　里程碑　　摘要　　项目摘要　　外部任务　　外部里程碑　　期限

数据处理中心三号楼及后勤服务中心总进度计划表（安装）

标识号	任务名称	工期	开始时间	完成时间
55	整改、收尾	16 工作日	2006 年 3 月 16 日	2006 年 3 月 31 日
56	PDS 综合布线系统	451 工作日	2005 年 1 月 20 日	2006 年 4 月 15 日
57	配合预埋管线	229 工作日	2005 年 1 月 20 日	2005 年 9 月 5 日
58	管内电线穿线	37 工作日	2005 年 8 月 25 日	2005 年 9 月 30 日
59	设备进场、安装就位	92 工作日	2005 年 10 月 1 日	2005 年 12 月 31 日
60	弱电间配架安装	15 工作日	2005 年 10 月 1 日	2005 年 10 月 15 日
61	配架打线	16 工作日	2005 年 10 月 16 日	2005 年 10 月 31 日
62	垂直光缆敷设	10 工作日	2005 年 11 月 11 日	2005 年 11 月 20 日
63	大对数电缆敷设	10 工作日	2005 年 11 月 21 日	2005 年 11 月 30 日
64	弱电间网络设备安装	31 工作日	2005 年 12 月 1 日	2005 年 12 月 31 日
65	主机房设备安装	31 工作日	2005 年 12 月 1 日	2005 年 12 月 31 日
66	面板安装	31 工作日	2006 年 1 月 1 日	2006 年 1 月 31 日
67	系统调试	80 工作日	2006 年 1 月 11 日	2006 年 3 月 31 日
68	出测试报告	15 工作日	2006 年 4 月 1 日	2006 年 4 月 15 日
69	BAS 楼宇设备监控系统	436 工作日	2005 年 1 月 20 日	2006 年 3 月 31 日
70	配合预埋管线	229 工作日	2005 年 1 月 20 日	2005 年 9 月 5 日
71	管内电线穿线	37 工作日	2005 年 8 月 25 日	2005 年 9 月 30 日
72	设备进场、安装就位	92 工作日	2005 年 10 月 1 日	2005 年 12 月 31 日
73	DDC 中继箱安装	20 工作日	2005 年 10 月 1 日	2005 年 10 月 20 日
74	各类感温器、感湿器等安装	11 工作日	2005 年 10 月 21 日	2005 年 10 月 31 日
75	NCU 网络控制器安装	5 工作日	2005 年 11 月 1 日	2005 年 11 月 5 日
76	各类控制设备及监控设备接线	56 工作日	2005 年 11 月 6 日	2005 年 12 月 31 日
77	系统调试	90 工作日	2006 年 1 月 1 日	2006 年 3 月 31 日
78	通讯系统	415 工作日	2005 年 1 月 20 日	2006 年 3 月 10 日
79	配合管线预埋	229 工作日	2005 年 1 月 20 日	2005 年 9 月 5 日
80	供货周期、设备安装	60 工作日	2005 年 9 月 6 日	2005 年 11 月 4 日
81	机房内粉刷完成	61 工作日	2005 年 8 月 1 日	2005 年 9 月 30 日

时间轴：2005 年 1 2 3 4 5 6 7 8 9 10 11 12　2006 年 1 2 3 4 5 6

图例：任务　拆分　进度　里程碑　摘要　项目摘要　外部任务　外部里程碑　期限

项目：业务处理中心三号楼及后勤服务中心

日期：2004 年 9 月 20 日

数据处理中心三号楼及后勤服务中心总进度计划表（安装）

标识号	任务名称	工期	开始时间	完成时间
82	电话面板安装	31工作日	2006年1月1日	2006年1月31日
83	无线电覆盖安装	153工作日	2005年9月1日	2006年1月31日
84	电话交换机安装	10工作日	2006年2月1日	2006年2月10日
85	系统调试	28工作日	2006年2月11日	2006年3月10日
86	SAS安保系统	420工作日	2005年1月20日	2006年3月15日
87	配合预埋管线	229工作日	2005年1月20日	2005年9月5日
88	管内电线穿线	37工作日	2005年8月25日	2005年9月30日
89	设备进场、安装就位	92工作日	2005年10月1日	2005年12月31日
90	红外对射安装	20工作日	2005年10月1日	2005年10月20日
91	红外报警探测器、读卡机、防盗系统主机	11工作日	2005年10月21日	2005年10月31日
92	系统调试	135工作日	2005年11月1日	2006年3月15日
93	CATV闭路电视监控系统	451工作日	2005年1月20日	2006年4月15日
94	配合预埋管线	229工作日	2005年1月20日	2005年9月5日
95	管内电线穿线	37工作日	2005年8月25日	2005年9月30日
96	设备进场、安装就位	92工作日	2005年10月1日	2005年12月31日
97	摄像机安装	143工作日	2005年10月1日	2006年2月20日
98	远台解码器安装	7工作日	2005年10月21日	2005年10月27日
99	电视墙设备安装	31工作日	2005年10月1日	2005年10月31日
100	控制台设备安装	112工作日	2005年11月1日	2006年2月20日
101	矩阵、硬盘录像机安装	8工作日	2006年2月21日	2006年2月28日
102	系统调试	46工作日	2006年3月1日	2006年4月15日
103	CCTV有线电视系统	420工作日	2005年1月20日	2006年3月15日
104	配合预埋管线	229工作日	2005年1月20日	2005年9月5日
105	管内电线穿线	86工作日	2005年9月6日	2005年11月30日
106	设备进场、安装就位	60工作日	2005年12月3日	2006年1月31日
107	分支、分配器安装	18工作日	2005年12月3日	2005年12月20日
108	混合器、放大器安装	5工作日	2005年12月21日	2006年12月25日

时间轴：2005年（1 2 3 4 5 6 7 8 9 10 11 12）　2006年（1 2 3 4 5 6）

图例：任务　拆分　进度　里程碑　摘要　项目摘要　外部任务　外部里程碑　期限

项目：业务处理中心三号楼及后勤服务中心
日期：2004年9月20日

数据处理中心三号楼及后勤服务中心总进度计划表(安装)

标识号	任务名称	工期	开始时间	完成时间
109	面板安装	40 工作日	2005 年 12 月 26 日	2006 年 2 月 3 日
110	系统调试	40 工作日	2006 年 2 月 4 日	2006 年 3 月 15 日
111	暖通系统	245 工作日	2005 年 8 月 15 日	2006 年 4 月 16 日
112	风管制作及其安装、与设备连接	111 工作日	2005 年 11 月 20 日	2006 年 3 月 10 日
113	机房内粉刷完成	32 工作日	2005 年 8 月 15 日	2005 年 9 月 15 日
114	热泵机组进场安装	60 工作日	2005 年 10 月 1 日	2005 年 11 月 29 日
115	螺杆式冷水机组进场安装	60 工作日	2005 年 10 月 1 日	2005 年 11 月 29 日
116	燃气热水炉进场安装	60 工作日	2005 年 10 月 1 日	2005 年 11 月 29 日
117	定风量及新风系统进场安装	90 工作日	2005 年 9 月 1 日	2005 年 11 月 29 日
118	供回水管等各类管道安装	90 工作日	2005 年 10 月 31 日	2006 年 1 月 28 日
119	各类阀门安装	70 工作日	2005 年 10 月 24 日	2006 年 1 月 1 日
120	系统调试	60 工作日	2006 年 1 月 2 日	2006 年 3 月 2 日
121	整改、改尾	45 工作日	2006 年 3 月 3 日	2006 年 4 月 16 日

2005 年 1 2 3 4 5 6 7 8 9 10 11 12 　2006 年 1 2 3 4 5 6

项目:业务处理中心三号楼及后勤服务中心
日期:2004 年 9 月 20 日

任务　拆分　进度　里程碑　摘要　项目摘要　外部任务　外部里程碑　期限

— 20 —

数据处理中心一号楼总进度计划表（安装）

标识号	任务名称	工期	开始时间	完成时间
1	总工期：数据处理中心一号楼	594 工作日	2004 年 9 月 1 日	2006 年 4 月 17 日
2	管理系统（给排水部分）	594 工作日	2004 年 9 月 1 日	2006 年 4 月 17 日
3	配合预理	195 工作日	2005 年 3 月 5 日	2005 年 9 月 15 日
4	管道毛坯安装	187 工作日	2005 年 6 月 27 日	2005 年 12 月 30 日
5	试压及保温等工作	30 工作日	2005 年 12 月 31 日	2006 年 1 月 29 日
6	水泵房水基础、内粉刷完成	20 工作日	2004 年 9 月 1 日	2004 年 9 月 20 日
7	水泵等设备安装	96 工作日	2005 年 12 月 5 日	2006 年 3 月 10 日
8	管道吹扫、系统调试	52 工作日	2005 年 10 月 15 日	2005 年 12 月 5 日
9	配合装修单位配管以及卫生洁具镶接	30 工作日	2006 年 3 月 10 日	2006 年 4 月 8 日
10	整改、扫尾	7 工作日	2006 年 4 月 9 日	2006 年 4 月 15 日
11	工程竣工，投入运行	2 工作日	2006 年 4 月 16 日	2006 年 4 月 17 日
12	电气系统（动力、照明）	453 工作日	2005 年 1 月 20 日	2006 年 4 月 17 日
13	配合预理	244 工作日	2005 年 1 月 20 日	2005 年 9 月 20 日
14	竖井桥架敷设	27 工作日	2005 年 7 月 10 日	2005 年 8 月 5 日
15	水平桥架敷设、配管	98 工作日	2005 年 7 月 15 日	2005 年 10 月 20 日
16	屋面避雷带安装	11 工作日	2005 年 8 月 10 日	2005 年 8 月 20 日
17	配电间内粉完成	25 工作日	2005 年 10 月 1 日	2005 年 10 月 25 日
18	配电箱、柜安装就位	69 工作日	2005 年 11 月 25 日	2006 年 2 月 1 日
19	电气线、缆敷设、管内穿线、接线	106 工作日	2005 年 12 月 5 日	2006 年 3 月 20 日
20	照明灯具、开关插座安装	59 工作日	2006 年 2 月 1 日	2006 年 3 月 31 日
21	风机等设备接线、电气校验	25 工作日	2006 年 3 月 1 日	2006 年 3 月 25 日
22	系统调试	18 工作日	2006 年 3 月 26 日	2006 年 4 月 12 日
23	整改、扫尾	17 工作日	2006 年 3 月 20 日	2006 年 4 月 5 日
24	工程竣工，投入运行	5 工作日	2006 年 4 月 13 日	2006 年 4 月 17 日
25	发电机组系统	363 工作日	2005 年 1 月 20 日	2006 年 1 月 17 日
26	管线配合预理	229 工作日	2005 年 1 月 20 日	2005 年 9 月 5 日
27	管内穿线	26 工作日	2005 年 8 月 25 日	2005 年 9 月 19 日

项目：业务处理中心一号楼
日期：2005 年 9 月 8 日

图例：任务　拆分　进度　里程碑　摘要　项目摘要　外部任务　外部里程碑　期限

数据处理中心一号楼总进度计划表（安装）

标识号	任务名称	工期	开始时间	完成时间
28	设备进场、安装就位	60 工作日	2005 年 9 月 20 日	2005 年 11 月 18 日
29	系统调试	25 工作日	2005 年 11 月 19 日	2005 年 12 月 13 日
30	整改、收尾	35 工作日	2005 年 12 月 14 日	2006 年 1 月 17 日
31	弱电系统	451 工作日	2005 年 1 月 20 日	2006 年 4 月 15 日
32	FAS 火灾报警及联动系统	446 工作日	2005 年 1 月 20 日	2006 年 4 月 10 日
33	配合预埋管线	229 工作日	2005 年 1 月 20 日	2005 年 9 月 5 日
34	管内电线穿线	37 工作日	2005 年 8 月 25 日	2005 年 9 月 30 日
35	设备进场、安装就位	92 工作日	2005 年 10 月 1 日	2005 年 12 月 31 日
36	烟感、模块、层显、警铃等安装	118 工作日	2005 年 10 月 6 日	2006 年 1 月 31 日
37	水流指示器、监控阀门接线	5 工作日	2005 年 11 月 21 日	2005 年 11 月 25 日
38	防火阀、排烟阀、正压风阀安装	5 工作日	2005 年 11 月 26 日	2005 年 11 月 30 日
39	排烟风机、正压风机接线	5 工作日	2005 年 11 月 26 日	2005 年 11 月 30 日
40	消防泵、喷淋泵接线	5 工作日	2005 年 11 月 26 日	2005 年 11 月 30 日
41	报警主机安装	7 工作日	2005 年 12 月 1 日	2005 年 12 月 7 日
42	联动控制柜接线	18 工作日	2005 年 12 月 8 日	2005 年 12 月 25 日
43	系统调试	52 工作日	2005 年 12 月 26 日	2006 年 2 月 15 日
44	申报验收	54 工作日	2006 年 2 月 16 日	2006 年 4 月 10 日
45	FAS 消防应急广播系统	436 工作日	2005 年 1 月 20 日	2006 年 3 月 31 日
46	配合预埋管线	229 工作日	2005 年 1 月 20 日	2005 年 9 月 5 日
47	管内电线穿线	37 工作日	2005 年 8 月 25 日	2005 年 9 月 30 日
48	设备进场、安装就位	92 工作日	2005 年 10 月 1 日	2005 年 12 月 31 日
49	场声器安装	118 工作日	2005 年 10 月 6 日	2006 年 1 月 31 日
50	广播主机安装	20 工作日	2006 年 2 月 1 日	2006 年 2 月 20 日
51	分区调试	23 工作日	2006 年 2 月 21 日	2006 年 3 月 15 日
52	整改、收尾	16 工作日	2006 年 3 月 16 日	2006 年 3 月 31 日
53	PDS 综合布线系统	451 工作日	2005 年 1 月 20 日	2006 年 4 月 15 日
54	配合预埋管线	229 工作日	2005 年 1 月 20 日	2005 年 9 月 5 日

图例：任务　拆分　进度　里程碑　摘要　项目摘要　外部任务　外部里程碑　期限

项目：业务处理中心一号楼
日期：2005 年 9 月 8 日

数据处理中心一号楼总进度计划表（安装）

标识号	任务名称	工期	开始时间	完成时间
55	管内电线穿线	37 工作日	2005 年 8 月 25 日	2005 年 9 月 30 日
56	设备进场、安装就位	92 工作日	2005 年 10 月 1 日	2005 年 12 月 31 日
57	弱电间配架安装	15 工作日	2005 年 10 月 1 日	2005 年 10 月 15 日
58	配架打线	16 工作日	2005 年 10 月 16 日	2005 年 10 月 31 日
59	垂直光缆敷设	10 工作日	2005 年 11 月 11 日	2005 年 11 月 20 日
60	大对数电缆敷设	10 工作日	2005 年 11 月 21 日	2005 年 11 月 30 日
61	弱电间网络设备安装	31 工作日	2005 年 12 月 1 日	2005 年 12 月 31 日
62	主机房设备安装	31 工作日	2005 年 12 月 1 日	2005 年 12 月 31 日
63	面板安装	31 工作日	2006 年 1 月 1 日	2006 年 1 月 31 日
64	系统调试	80 工作日	2006 年 1 月 11 日	2006 年 3 月 31 日
65	出测试报告	15 工作日	2006 年 4 月 1 日	2006 年 4 月 15 日
66	BAS 楼宇设备监控系统	436 工作日	2005 年 1 月 20 日	2006 年 3 月 31 日
67	配合预埋管线	229 工作日	2005 年 1 月 20 日	2005 年 9 月 5 日
68	管内电线穿线	37 工作日	2005 年 8 月 25 日	2005 年 9 月 30 日
69	设备进场、安装就位	92 工作日	2005 年 10 月 1 日	2005 年 12 月 31 日
70	DDC 中楼箱安装	20 工作日	2005 年 10 月 1 日	2005 年 10 月 20 日
71	各类感温器、感湿器等安装	11 工作日	2005 年 10 月 21 日	2005 年 10 月 31 日
72	NCU 网络控制器安装	5 工作日	2005 年 11 月 1 日	2005 年 11 月 5 日
73	各类控制设备及监控设备接线	56 工作日	2005 年 11 月 6 日	2005 年 12 月 31 日
74	系统调试	90 工作日	2006 年 1 月 1 日	2006 年 3 月 31 日
75	通讯系统	415 工作日	2005 年 1 月 20 日	2006 年 3 月 10 日
76	配合管线预埋	229 工作日	2005 年 1 月 20 日	2005 年 9 月 5 日
77	供货周期、设备安装	60 工作日	2005 年 9 月 6 日	2005 年 11 月 4 日
78	机房内粉刷完成	61 工作日	2005 年 8 月 1 日	2005 年 9 月 30 日
79	电话面板安装	31 工作日	2006 年 1 月 1 日	2006 年 1 月 31 日
80	无线电覆盖盖安装	153 工作日	2005 年 9 月 1 日	2006 年 1 月 31 日
81	电话交换机安装	10 工作日	2006 年 2 月 1 日	2006 年 2 月 10 日

时间刻度：2005 年（2 3 4 5 6 7 8 9 10 11 12）2006 年（1 2 3 4 5 6）

图例：
任务　拆分　进度　｜　里程碑　摘要　项目摘要　｜　外部任务　外部里程碑　期限

项目：业务处理中心一号楼
日期：2005 年 9 月 8 日

数据处理中心一号楼总进度计划表(安装)

标识号	任务名称	工期	开始时间	完成时间
82	系统调试	28工作日	2006年2月11日	2006年3月10日
83	SAS安保系统	420工作日	2005年1月20日	2006年3月15日
84	配合预埋管线	229工作日	2005年1月20日	2005年9月5日
85	管内电线穿线	37工作日	2005年8月25日	2005年9月30日
86	设备进场、安装就位	92工作日	2005年10月1日	2005年12月31日
87	红外对射安装	20工作日	2005年10月1日	2005年10月20日
88	红外报警探测器、读卡机、防盗系统主机	11工作日	2005年10月21日	2005年10月31日
89	系统调试	135工作日	2005年11月1日	2006年3月15日
90	CATV闭路电视监控系统	451工作日	2005年1月20日	2006年4月15日
91	配合预埋管线	229工作日	2005年1月20日	2005年9月5日
92	管内电线穿线	37工作日	2005年8月25日	2005年9月30日
93	设备进场、安装就位	92工作日	2005年10月1日	2005年12月31日
94	摄像机安装	143工作日	2005年10月1日	2006年2月20日
95	远台解码器安装	7工作日	2005年10月21日	2005年10月27日
96	电视端设备安装	31工作日	2005年10月1日	2005年10月31日
97	控制台设备安装	112工作日	2005年11月1日	2006年2月20日
98	矩阵、硬盘录像机安装	8工作日	2006年2月21日	2006年2月28日
99	系统调试	46工作日	2006年3月1日	2006年4月15日
100	CCTV有线电视系统	420工作日	2005年1月20日	2006年3月15日
101	配合预埋管线	229工作日	2005年1月20日	2005年9月5日
102	管内电线穿线	86工作日	2005年9月6日	2005年11月30日
103	设备进场、安装就位	60工作日	2005年12月3日	2006年1月31日
104	分支、分配器安装	18工作日	2005年12月3日	2005年12月20日
105	混合器、放大器安装	5工作日	2005年12月21日	2005年12月25日
106	面板安装	40工作日	2005年12月26日	2006年2月3日
107	系统调试	40工作日	2006年2月4日	2006年3月15日
108	暖通系统	245工作日	2005年8月15日	2006年4月16日

时间轴:2005年 2、3、4、5、6、7、8、9、10、11、12月;2006年 1、2、3、4、5、6月

图例:任务　拆分　进度　里程碑　摘要　项目摘要　外部任务　外部里程碑　期限

项目:数据处理中心一号楼
日期:2005年9月8日

数据处理中心一号楼总进度计划表（安装）

标识号	任务名称	工期	开始时间	完成时间	2005 年	2006 年
					2 3 4 5 6 7	8 9 10 11 12 1 2 3 4 5 6
109	风管制作及其安装、与设备连接	11 工作日	2005 年 11 月 20 日	2006 年 3 月 10 日		
110	机房内粉刷完成	32 工作日	2005 年 8 月 15 日	2005 年 9 月 15 日		
111	热泵机组进场安装	60 工作日	2005 年 10 月 1 日	2005 年 11 月 29 日		
112	螺杆式冷水机组进场安装	60 工作日	2005 年 10 月 1 日	2005 年 11 月 29 日		
113	燃气热水炉机组进场安装	60 工作日	2005 年 10 月 1 日	2005 年 11 月 29 日		
114	定风量及新风系统进场安装	90 工作日	2005 年 9 月 1 日	2005 年 11 月 29		
115	供回水管等各类管道安装	90 工作日	2005 年 10 月 31	2006 年 1 月 28 日		
116	各类阀门安装	70 工作日	2005 年 10 月 24 日	2006 年 1 月 1 日		
117	系统调试	60 工作日	2006 年 1 月 2 日	2006 年 3 月 2 日		
118	整改、收尾	45 工作日	2006 年 3 月 3 日	2006 年 4 月 16 日		

项目：业务处理中心一号楼
日期：2005 年 9 月 8 日

任务　　　　里程碑　　　　外部任务
拆分　　　　摘要　　　　　外部里程碑
进度　　　　项目摘要　　　期限

— 25 —

4. 主要施工方法及技术措施

4.1 给排水工程

4.1.1 管道安装工程工艺流程图

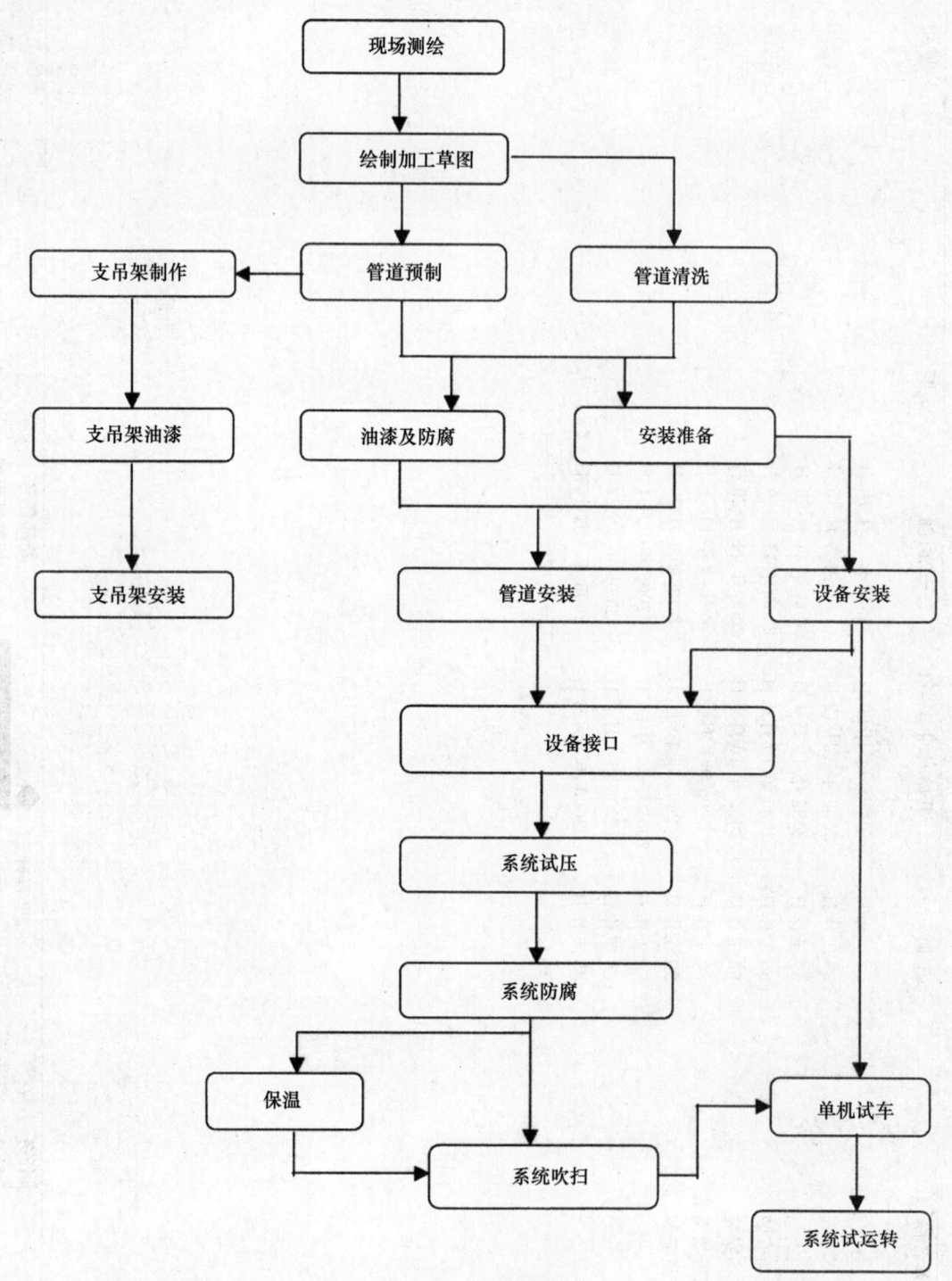

管道安装工程工艺流程图

4.1.2 管道安装施工程序

4.1.2.1 管道安装工程根据特点，结合现场具体情况，合理安排施工顺序，一般应先做支吊架，后装管道；先安装大管道，后安装小管道。

4.1.2.2 各类管道在交叉安装中，如有相碰，应按小口径让大口径，有压管让无压管，低压管让高压管，一般管道让工艺管道，支管让主管原则。

4.1.2.3 管道安装应按下列程序进行施工

(1) 材料及材料预处理工作及机具准备。

（2）现场测绘、下料、加工和预制。

（3）管道支吊架制作安装。

（4）管道及管道附件安装。

（5）管道系统完整性检查。

（6）管道系统吹扫。

（7）管道系统试压试验。

（8）管道油漆防腐和保温。

4.1.3 管子切割

4.1.3.1 管子切断前应移植原有标记。

4.1.3.2 无缝钢管直径≤125mm,应采用机械方法切割。>125mm 可采用氧气乙炔切割,切割后必须清除氧化层,打磨光滑。

4.1.3.3 镀锌钢管应采用钢锯或机械切割,清除管内外毛刺。

4.1.3.4 塑料管应采用钢锯或机械切割,清除切口毛刺等。

4.1.3.5 切口表面应平整,无裂纹、重皮、毛刺、凹凸、缩口、熔渣、氧化物铁屑等。

4.1.3.6 切口端面倾斜偏差 Δ 不应大于管子外径的1‰,且不得超过 3mm(见图)。

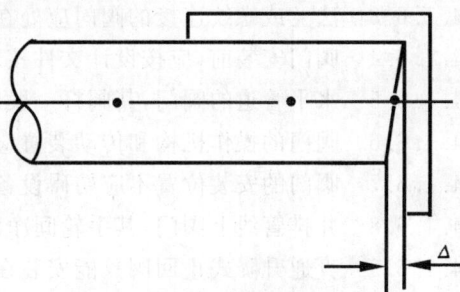

管子切口端面倾斜偏差

4.1.4 管道连接

4.1.4.1 螺纹连接

（1）螺纹采用套丝机加工而成。

（2）螺纹加工时为保证螺纹光滑,应分 1～3 次完成。DN<32mm 为 1～2 次;DN=32～50mm 为 2～3 次;DN>50mm 应为 3 次。

（3）加工的螺纹应清楚、完整、光滑,不得有毛刺、乱丝,断丝和缺丝总长度不得超过螺纹全长的 10%。

（4）螺纹连接时应一次装紧,不得倒回,装紧后应露出 2～3 牙螺尾,清除多余填料。

（5）各种填料在螺纹里只能使用一次,若螺纹拆卸,重新安装时,应更换新填料。

（6）螺纹连接应选用合适的管子钳,不得在管子钳手柄上加套管增长手柄来拧紧管子。

4.1.4.2 承插粘接

（1）塑料管在连接前,对承插接头的配合公差进行检查,清除管道及管件内外的污垢和杂物。

（2）清除断口处的毛刺、毛边并倒角。倒角完成后将残渣清除干净。

（3）承插粘接时,将管道与管件承口试插一次,在其表面划出标记。

（4）涂抹胶粘剂前,用干布将承插处粘接表面擦净,无灰尘、水迹、油污等。当表面有油污时,可用丙酮等清洁剂擦净。

（5）涂抹胶粘剂必须先涂承口后插口,动作迅速,涂抹均匀。

（6）涂抹胶粘剂后,应立即找正方向将插口插入承口内,对准轴线挤压,保证接口的直度和位置正确。

（7）粘接完毕,应清除接口处多余的粘结剂。

4.1.4.3 热熔连接

（1）管子在连接前。应清除切割断面毛刺。对管子插入端进行倒角,倒角角度为 15°,倒至管端半个壁厚为止。

（2）对管材端部及承口表面用酒精、丙酮或专用的清洁剂清洁表面,使其清洁、干燥、无油。

（3）在管端标出熔接插入深度。当热熔达到要求,应立即将管子及管件从热熔机同时取下,迅速无旋转地直线均匀用力插入到标志深度,保持轴向推力一段时间。

（4）热熔连接后,在接头处应形成一圈完整均匀的凸缘。

4.1.5 管道安装一般要求

4.1.5.1 管子、管件及管道支撑件在安装前必须进行检验,其产品必须具有制造商的质量证明书,应根据设计要求、规范标准核对,材质、规格、型号等应检验合格。

4.1.5.2 管子、管件应进行外观检查,其质量不应低于现行国家标准的规定。

4.1.5.3 管道组成件及管道支撑件在施工过程中,应妥善保管,不应有混淆或损坏,各类不同材质的管道组成件及支撑件在存放时应分别堆放。

4.1.5.4 管道预制应考虑运输和安装方便,预制组合件应有足够的刚性,预制完毕的管段,应将内部清理干净,封闭管口,管段的预制要留有调整活口的编号,并与施工图上的编号相对应。

4.1.5.5 管子在组合安装前,必须对管子进行外观检查并内部清理干净。

4.1.5.6 管道的坡度、坡向应符合设计要求。

4.1.5.7 管道穿过楼板、墙必须加装套管,管道与套管的间隙应以不燃或难燃保温材料填充。

4.1.5.8 管道安装工作如有间断,应及时封闭敞开的管口。

4.1.5.9 管道连接时,不得用强力对口、加热、加偏垫或多层垫来消除接口时的缺陷。

4.1.6 阀门安装要求

4.1.6.1 阀门安装前应从每批中抽查10%(不少于1个)进行压力试验,当不合格时,加倍抽查,仍不合格时,该批阀门不得使用。

4.1.6.2 安装阀门前,应检查填料,其压盖螺栓需有足够的调节余量。

4.1.6.3 法兰或螺纹连接的阀门应处在关闭状态。

4.1.6.4 阀门安装前,应按设计文件核对其型号,并按介质流向确定其安装方向。

4.1.6.5 水平管道的阀门,其阀杆一般应安装在上半周范围内。

4.1.6.6 阀门的操作机构和传动装置应进行必要的调整,使之动作灵活,指示准确。

4.1.6.7 阀门的安装位置不应妨碍设备、管道及阀门本身的拆装和检修,阀门安装高度应方便操作和检修。

4.1.6.8 并排管线上阀门,其手轮间净距不得小于100mm,为减小管道间距,并排阀门宜错开布置。

4.1.6.9 直通升降式止回阀只能安装在水平管道上,立式升降式止回阀及旋转式止回阀可以安装在水平管道上,也可以安装在介质由下向上流动的垂直管道上。

4.1.7 管道支吊架安装

4.1.7.1 支吊架安装前,应进行外观检查,外形尺寸及形式必须符合设计要求,不得有漏焊或焊接裂纹等缺陷。

4.1.7.2 支吊架位置正确,安装平整牢固,管子与支架接触良好,一般不得有间隙。管道与托架焊接时,不得有咬肉、烧穿等现象。

4.1.7.3 固定支架应严格按设计要求设置。

4.1.7.4 无热位移的管道,其吊杆应垂直安装。有热位移的管道,吊点应设在位移的相反方向,按位移值的1/2偏位安装。两根热位移方向相反或位移值不等的管道,不得使用同一吊杆(见图)。

4.1.7.5 管道支吊架不得随意焊接在金属屋架上和设备上。

4.1.7.6 管道支吊架必须设置于保温层外部,管道穿进支、吊、托架处应垫木。

4.1.8 给水管安装

4.1.8.1 室内给水管采用PP-R给水管,热熔连接。

4.1.8.2 系统所选用的聚丙烯管材和管件,应有质量检验部门的产品合格证,并应具备市有关卫生、建材等部门的认证文件。

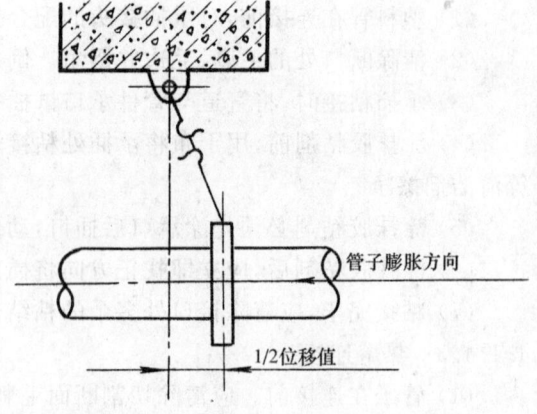

管子膨胀方向

1/2位移值

有热位移管吊架安装

4.1.8.3 管材和管件的内外壁应光滑平整,无气泡、裂口、裂纹、脱皮和明显的痕纹、凹陷,且色泽基本一致。

4.1.8.4 管道与型钢支架接触面应垫衬非金属板隔离。

4.1.8.5 管道嵌墙暗敷时,宜配合土建预留凹槽,如手工开槽则应先使用刨槽机,槽的深度为De+20mm,宽度为De+40~60mm。凹槽表面必须平整,不得有尖角等突击物。

4.1.8.6 直埋墙体内的管道,应在封闭前做好试压和隐蔽工程的验收工作。管道试验压力应为系统工作压力的1.5倍,但不小于1.0MPa。

4.1.8.7 埋墙管封闭后应在封闭外墙做好管线走向记号,以防装饰时电钻损坏管道。

4.1.9 排水管安装

4.1.9.1 室内排水管采用芯层发泡管建筑排水管,承插粘接或橡胶密封圈连接;室外排水管采用 HDPE 高密度聚乙烯双壁工字型排水管,管套连接。

4.1.9.2 排水管敷设坡度:De50＝0.035;De75＝0.025;De110＝0.02;De160＝0.01。

4.1.9.3 芯层发泡管安装时,当层高小于或等于 4m 时,立管每层设一伸缩节;层高大于 4m 时应根据设计要求设置。横管直管段超过 2m 时,应设伸缩节,伸缩节最大间距不得超过 4m。

4.1.9.4 排水管道的横管与横管,横管与立管连接,应采用顺水三通或斜三通,立管与排水管端部连接采用两个 45°弯。

4.1.9.5 伸顶通气管应高于屋面 0.5m,顶端设透气帽。通气管管径不得小于排水立管管径。

4.1.9.6 管道伸缩节应按规定设置,应顺水流方向安装,不得设固定。

4.1.9.7 立管在底层和在楼层转弯时应设检查口,离地宜 1m。连接 2 个大便器以上及三个以上卫生器具的污水横管应设清扫口。

4.1.9.8 排水立管安装后,应做通球试验。

4.1.9.9 敷设在埋地部分的排水管需做灌水试验,灌水高度不低于底层地面高度。

4.1.9.10 卫生器具安装

(1) 卫生器具的安装,宜采用预埋螺栓或膨胀螺栓固定。如用木螺丝固定,预埋的木砖需做防腐处理。

(2) 卫生器具支、托架的安装应平整、牢固,与器具接触应紧密。

(3) 卫生器具安装位置应正确。单独器具允许偏差±10mm,成排器具安装允许偏差±5mm。

(4) 安装应平直,垂直度的允许偏差不得超过 3mm。

(5) 安装完毕的卫生洁具,应采取保护措施。

(6) 地漏应安装在地面最低处,地漏面应低于地面 5mm。

4.1.10 管道试压

4.1.10.1 管道试压时,管道应安装完毕,且应符合下列规定:

(1) 压力试验应以液体为试验介质,当管道设计压力≤0.6MPa 时,以气体代替液体试压,但必须得到设计或建设单位同意,并采取有效的安全措施。

(2) 压力试验后,有渗漏,应泄压检修,检修后的管道应重新进行压力试验。

(3) 在管道进行试压前,应把部分不能参加试压的阀门等元件予以拆除或隔离。

(4) 压力试验应有建设单位参与,合格后并由甲方授权的监理单位按规定签字、确认。

(5) 压力试验时,应划定禁区,无关人员不得进入。

4.1.10.2 压力试验前应具备下列条件:

(1) 试验范围内的管道安装除油漆、绝热外,已按设计图纸全部完成,且质量符合要求。

(2) 焊缝及其待检部位未曾涂漆和绝热。

(3) 管道上的膨胀节已设置了临时加固措施。

(4) 试验用压力表已经校验,并在周检期内,精度不低于 1.5 级,表的满刻度值为被测最大压力的 1.5～2 倍,压力表不少于 2 块。

(5) 试验用的加固措施符合要求,安全可靠。临时盲板临时过渡段加设正确,标志明显,记录完整。

(6) 有完善的经批准的试验方案,并应组织技术交底。

(7) 各类施工资料齐全。

4.1.10.3 试验介质,试验压力应按设计要求。

4.1.10.4 试验温度宜高于 5℃,否则应采取防冻措施。

4.1.10.5 液压试验应缓慢升压,待达到试验压力后,稳压 10min,再将试验压力降至设计压力,停压 30min,以压力下不降,无渗漏为合格。

4.1.10.6 试验结束后,应及时有序地排尽存水,及时拆除盲板、限位临时过渡段。

4.1.11 管道系统吹扫与清洗

4.1.11.1 吹扫与清洗工作应按生产工艺流程,按系统进行。

4.1.11.2 吹洗工作前应具备下列条件：

(1) 吹洗工作范围内的工程已全部竣工,压力试验已合格。

(2) 吹洗操作方案已经批准,并为参与人员掌握。

(3) 工作所需各种资源业已齐备。

(4) 不允许吹洗的设备、阀类、仪表等已隔离,过渡段已完成,且有记录。

4.1.11.3 支吊架牢固固定,必要时应予以加固。

4.1.11.4 吹洗的顺序应按主管、支管进行,吹洗出的脏物不得进入已吹洗合格的管道,防止二次污染。

4.1.11.5 吹扫时应设置禁区,严防发生安全事故。

4.1.11.6 管道吹洗合格并复位后,不得再进行影响管内清洁的工作。

4.1.11.7 吹扫与清洗工作结束后,管道复位时,应有建设单位一起检查,并按规定签字确认。

4.1.12　管道涂漆

4.1.12.1 管道涂料防腐蚀按《化工设备、管道涂料外防腐设计》HGJ34—90执行。

4.1.12.2 涂料必须符合设计规定,并具有出厂合格证和检验资料。

4.1.12.3 凡需刷涂的管道表面均需进行除锈处理,除锈质量应达到 Sa2 级。

4.1.12.4 表面处理并检查合格后,应及时涂刷,表面操作温度不大于 60℃。

4.1.12.5 涂层质量应符合下列规定：

(1) 涂层应均匀,颜色应一致。

(2) 漆膜应附着牢固,无剥落、皱纹、气泡、针孔等缺陷。

(3) 涂层应完整、无损坏、无流淌。

4.1.13　管道保温

4.1.13.1 管道绝热必须遵照《工业设备及管道绝热工程设计规范》GB50264—97规定。

4.1.13.2 保温(冷)材料应有制造厂合格证明书和材料分析检验报告。

4.1.13.3 绝热施工的规定应试验合格,并涂好底漆。

4.1.13.4 施工前,管道表面应清理干净并保持干燥,顺序应按绝热层、防潮层进行。

4.2　电气工程

4.2.1　电缆桥架的安装

4.2.1.1　支架制作安装

依据施工图设计标高及桥架规格,现场测量尺寸,然后依照测量尺寸制作支架,支架进行工厂化生产。在无吊顶处沿梁底吊装或靠墙支架安装,在有吊顶处在吊顶内吊装或靠墙支架安装。在无吊顶的公共场所结合结构构件并考虑建筑美观及检修方便,采用靠墙、柱支架安装或层桥架下弦构件安装。吊装采用在预埋铁上焊接,靠墙安装支架,采用膨胀螺栓固定,支架间距不超过 2m。在直线段和非直线段连接处、过建筑物变形缝处和弯曲半径大于 300mm 的非直线段中部应增设支吊架,支吊架安装应保证桥架水平度或垂直度符合要求。

4.2.1.2　桥架安装

(1) 将现场测量的尺寸交于材料供应商,由材料供应商依据尺寸制作,避免现场加工。桥架材质、型号、厚度以及附件满足设计要求。

(2) 桥架安装前,必须与各专业协调,避免与大口径消防管、智能化设备监控管线、电话、有线电视、闭路监视、安保巡视、背景音乐广播、火灾报警管线、装置、排水管及空调、排风设备发生矛盾。

(3) 用液压升降平台将桥架举升到预定位置,与支架采用螺栓固定,在转弯处需仔细校核尺寸,桥架宜与建筑物坡度一致,在圆弧形建筑物墙壁的桥架,其圆弧宜与建筑物一致。桥架与桥架之间用连接板连接,连接螺栓采用半圆头螺栓,半圆头在桥架内侧。桥架之间的缝隙须达到设计要求,确保一个系统的桥架连成一体。

(4) 跨越建筑物变形缝的桥架应按《钢制电缆桥架安装工艺》做好伸缩缝处理,钢制桥架直线段超过 30m 时,应设热胀冷缩补偿装置。

(5) 桥架安装横平竖直、整齐美观、距离一致、连接牢固,同一水平面内水平度偏差不超过 5mm/m,直线度偏差不超过 5mm/m。

（6）桥架与桥架之间用 16mm² 软铜线进行跨接,再将桥架与接地线相连,形成电气通路。

4.2.1.3 多层桥架安装

分层桥架安装,先安装上层,后安装下层,上、下层之间距离要留有余量,有利于后期电缆敷设和检修。水平相邻桥架净距不宜小于 50mm,层间距离不小于 30mm,与弱电电缆桥架不小于 0.5m。

4.2.2 电气配管及管内穿线

4.2.2.1 施工程序

（1）暗管敷设的施工程序

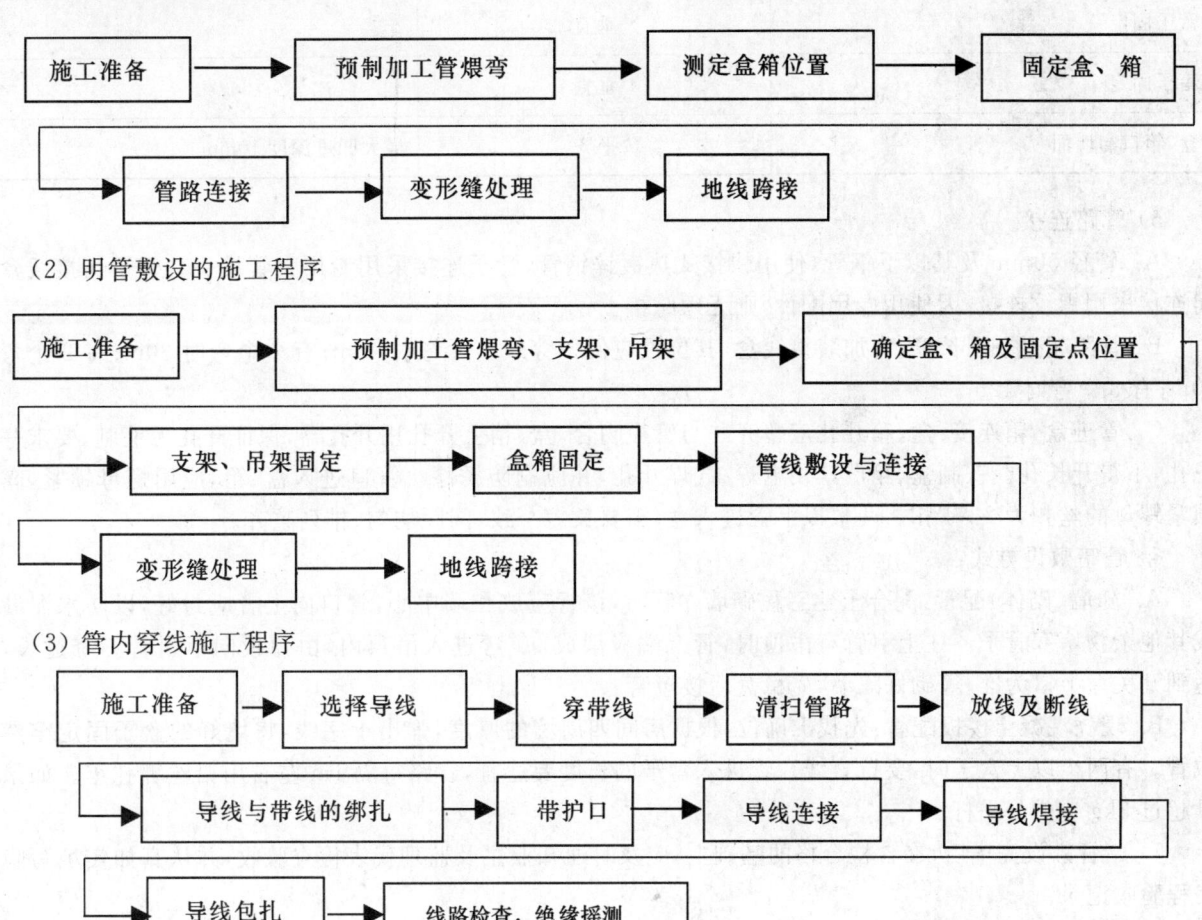

（2）明管敷设的施工程序

（3）管内穿线施工程序

4.2.2.2 主要施工方法和技术要求

（1）暗管敷设

1）暗管敷设的基本要求:

敷设于多尘和潮湿场所的电线管路、管口、管子连接处应作密封处理;电线管路应沿最近的路线敷设并尽量减少弯曲,埋入墙或混凝土内的管子,离表面的净距离不应小于 15mm;埋入地下的电线管路不宜穿过设备基础。

2）预制加工:

A. 钢管煨弯:管径为 20mm 及以下时,用手板煨弯器。管径为 25mm 及其以上时,使用液压煨弯器。

B. 管子切断:用钢锯、割管器、砂轮锯进行切管,将需要切断的管子量好尺寸,放在钳口内卡牢固进行切割。切割断口处应平齐不歪斜,管口刮锉光滑、无毛刺,管内铁屑除净。

C. 管子套丝:采用套丝板、套管机。采用套丝板时,应根据管外径选择相应板牙,套丝过程中,要均匀用力;采用套丝机时,应注意及时浇冷却液,丝扣不乱不过长,消除渣屑,丝扣干净清晰。

3）测定盒、箱位置:根据设计要求确定盒、箱轴线位置,以土建弹出的水平线为基准,挂线找正,标出盒、箱实际尺寸位置。

4）固定盒、箱:先稳住盒、箱,然后灌浆,要求砂浆饱满、平整牢固、位置正确。现浇混凝土板墙固定盒、箱加支铁固定;现浇混凝土楼板,将盒子堵好随底板钢筋固定牢,管路配好后,随土建浇灌混凝土施工同时完成。盒、箱安装要求如下表所示：

盒、箱安装要求一览表

实测项目	要求	允许偏差（mm）
盒、箱水平、垂直位置	正确	10（砖墙），30（大模板）
盒箱1m内相邻标高	一致	2
盒子固定	垂直	2
箱子固定	垂直	3
盒、箱口与墙面	平齐	最大凹进深度10mm

5）管路连接

A. 管径50mm及其以下钢管，使用快接式热镀锌钢管，管子连接采用专用直管接头。管子与接线盒之间连接采用螺纹连接，因使用专用配件，则无须跨接。

B. 管路超过下列长度，应加装接线盒，其位置应便于穿线。无弯时45m；有1个弯时30m；有2个弯时20m；有3个弯时12m。

C. 管进盒、箱连接：盒、箱开孔应整齐并与管径吻合，盒、箱上开孔用开孔器，保证开孔无毛刺，要求一管一孔，不得开长孔。铁制盒、箱严禁用电焊、气焊开孔，并应刷防锈漆。管口进入盒、箱，应用螺母锁紧，露出锁紧螺母的丝扣为2～4扣。两根以上管进入盒、箱要长短一致，间距均匀、排列整齐。

6）管暗敷设方式：

A. 随墙（砌体）配管：配合土建工程砌墙立管时，该管应放在墙中心，管口向上者应封好，以防水泥砂浆或其他杂物堵塞管子。往上引管有吊顶时，管上端应煨成90°弯进入吊顶内，由顶板向下引管不宜过长，以达到开关盒上口为准，等砌好隔墙，先稳盒后接短管。

B. 现浇混凝土楼板配管：先找准确位，根据房间四周墙的厚度，弹出十字线，将堵好的盒子固定牢然后敷管。有两个以上盒子时，要拉直线。管进入盒子的长度要适宜，管路每隔1m左右用铅丝绑扎牢。如果灯具超过3kg应焊好吊杆。

7）暗管敷设完毕后，在自检合格的基础上，应及时通知业主及监理代表检查验收，并认真如实填写隐蔽工程验收记录。

（2）明管敷设

1）明管敷设工艺与暗管敷设工艺相同处参见暗管敷设的施工方法。

管弯、支架、吊架预制加工：明配管或埋砖墙内配管弯曲半径不小于管外径6倍。埋入混凝土的配管弯曲半径不小于管外径的10倍。虽设计图中对支吊架的规格无明确规定，但不得小于以下规格：扁铁支架30mm×30mm；角钢支架25mm×25mm×3mm。

2）测定盒、箱及固定点位置：根据施工图纸首先测出盒、箱与出线口的准确位置，然后按测出的位置，把管路的垂直、水平走向拉出直线，按照安装标准规定的固定点间距尺寸要求，确定支架、吊架的具体位置。固定点的距离应均匀，管卡与终端、转弯中点、电气器具或接线盒边缘的距离为150～500mm；中间的管卡最大距离如下表：

钢管中间管卡最大距离一览表

钢管名称	钢管直径（mm）			
	15～20	25～30	40～50	65～100
厚钢管	1500	2000	2500	3500
薄钢管	1000	1500	2000	—

3）支、吊架的固定方法：根据本工程的结构特点，支吊架的固定主要采用胀管法（即在混凝土顶板打孔，用膨胀螺栓固定）和抱箍法（即在遇到钢结构梁柱时，用抱箍将支吊架固定）。

4）变形缝处理：穿越变形缝的钢管采用柔性连接。

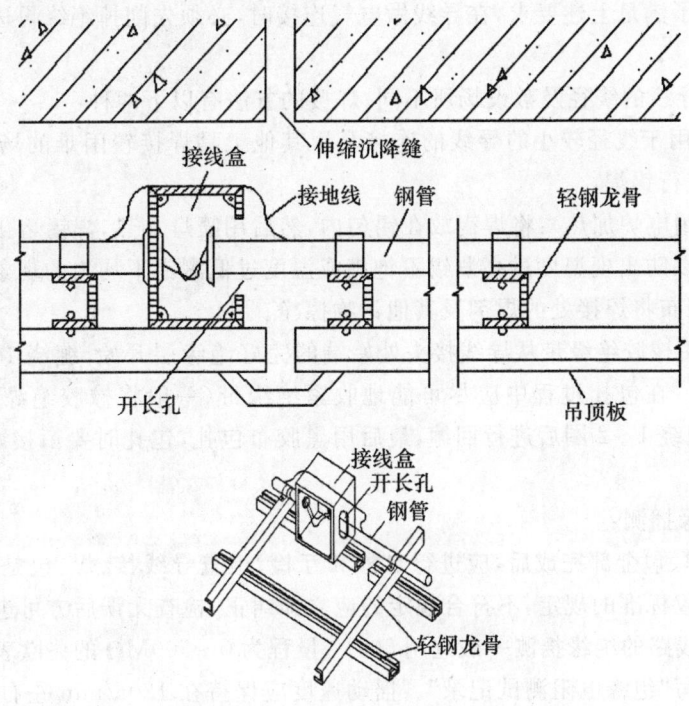

吊顶内管线过建筑物伸缩缝的做法

5）接地焊接：管路应作整体接地连接，穿过建筑物变形缝时，应有接地补偿装置。焊接钢管采用$\phi6$圆钢作接地跨接，跨接地线两端焊接面长度不得小于圆钢的 6 倍，焊缝要均匀牢固，焊接处要清除药皮并刷防腐漆；镀锌钢管采用 $6mm^2$ 的双色铜芯绝缘线作跨接线。

（3）管内穿线

1）选择导线：各回路的导线应严格按照设计图纸选择型号规格，相线、零线及保护地线应加以区分，用黄、绿、红导线分别作 A，B，C 相线，黄绿双色线作接地线，蓝（天蓝）色线作零线。

2）穿带线：穿带线的目的是检查管路是否畅通，管路的走向及盒、箱质量是否符合设计及施工图要求。带线采用 $\phi2mm$ 的钢丝，先将钢丝的一端弯成不封口的圆圈，再利用穿线器将带线穿入管路内，在管路的两端应留有 $10\sim15cm$ 的余量（在管路较长或转弯多时，可以在敷设管路的同时将带线一并穿好）。当穿带线受阻时，可用两根钢丝分别穿入管路的两端，同时搅动，使两根钢丝的端头互相钩绞在一起，然后将带线拉出。

3）清扫管路：配管完毕后，在穿线之前，必须对所有的管路进行清扫。清扫管路的目的是清除管路中的灰尘、泥水等杂物。具体方法为：将布条的两端牢固地绑扎在带线上，两人来回拉动带线，将管内杂物清净。

4）放线及断线

A. 放线：放线前应根据设计图对导线的规格、型号进行核对，放线时导线应置于放线架或放线车上，不能将导线在地上随意拖拉，更不能野蛮使力，以防损坏绝缘层或拉断线芯。

B. 断线：剪断导线时，导线的预留长度按以下情况予以考虑：接线盒、开关盒、插销盒及灯头盒内导线的预留长度为 15cm；配电箱内导线的预留长度为配电箱箱体周长的 1/2；出户导线的预留长度为 1.5m，干线在分支处，可不剪断导线而直接作分支接头。

5）导线与带线的绑扎：当导线根数较少时，可将导线前端的绝缘层削去，然后将线芯直接插入带线的盘圈内并折回压实，绑扎牢固；当导线根数较多或导线截面较大时，可将导线前端的绝缘层削去，然后将线芯斜错排列在带线上，用绑线缠绕绑扎牢固。

6）管内穿线：在穿线前，应检查钢管（电线管）各个管口的护口是否齐全，如有遗漏和破损，均应补齐和更换。穿线时应注意以下事项：

A. 同一交流回路的导线必须穿在同一管内。

B. 不同回路，不同电压和交流与直流的导线，不得穿入同一管内。

C. 导线在变形缝处，补偿装置应活动自如，导线应留有一定的余量。

7）导线连接：导线连接应满足以下要求：导线接头不能增加电阻值；受力导线不能降低原机械强度；不能降低原绝缘强度。为了满足上述要求，在导线做电气连接时，必须先削掉绝缘再进行连接，而后加焊，包缠绝缘。

8）导线焊接：根据导线的线径及敷设场所不同，焊接的方法有以下两种：

A. 电烙铁加焊，适用于线径较小的导线的连接及用其他工具焊接较困难的场所（如吊顶内）。导线连接处加焊剂，用电烙铁进行锡焊。

B. 喷灯加热法（或用电炉加热）：将焊锡放在锡勺内，然后用喷灯加热，焊锡熔化后即可进行焊接。加热时，必须要掌握好温度，以防出现温度过高涮锡不饱满或温度过低涮锡不均匀的现象。

焊接完毕后，必须用布将焊接处的焊剂及其他污物擦净。

9）导线包扎：首先用橡胶绝缘带从导线接头处始端的完好绝缘层开始，缠绕1~2个绝缘带宽度，再以半幅宽度重叠进行缠绕。在包扎过程中应尽可能地收紧绝缘带（一般将橡胶绝缘带拉长2倍后再进行缠绕）。而后在绝缘层上缠绕1~2圈后进行回缠，最后用黑胶布包扎，包扎时要衔接好，以半幅宽度边压边进行缠绕。

10）线路检查及绝缘摇测：

A. 线路检查：接、焊、包全部完成后，应进行自检和互检；检查导线接、焊、包是否符合设计要求及有关施工验收规范及质量验收标准的规定，不符合规定的应立即纠正，检查无误后方可进行绝缘摇测。

B. 绝缘摇测：导线线路的绝缘摇测一般选用500V，量程为0~500MΩ的兆欧表。测试时，一人摇表，一人应及时读数并如实填写"绝缘电阻测试记录"。摇动速度应保持在120r/min左右，读数应采用1min后的读数为宜。

4.2.2.3 质量标准

（1）工程的配管采用焊接钢管和镀锌电线管，其中镀锌电线管严禁熔焊连接。

（2）管路连接紧密，管口光滑无毛刺，护口齐全，明配管及其支架、吊架平直牢固、排列整齐，管子弯曲处无明显折皱，油漆防腐完整，暗配管保护层大于15mm。

（3）盒、箱设置正确，固定可靠，管子进入盒、箱处顺直，在盒、箱内露出的长度小于5mm；用锁紧螺母固定的管口、管子露出锁紧螺母的螺纹为2~4扣。线路进入电气设备和器具的管口位置正确。

（4）穿过变形缝处有补偿装置，补偿装置能活动自如；配电线路穿过建筑物和设备基础处加保护套管。补偿装置平整、管口光滑、护口牢固、与管子连接可靠；加保护套管处在隐蔽工程中标示正确。

（5）电线保护管及支架接地（接零），电气设备器具和非带电金属部件的接地（接零）、支线敷设应符合以下规定：连接紧密牢固，接地（接零）线截面选用正确、需防腐的部分涂漆均匀无遗漏，线路走向合理，色标准确，涂刷后不污染设备和建筑物。

（6）允许偏差：电线管弯曲半径，明敷管安装允许偏差和检查方法应符合下表规定：

保护管弯曲半径、明配管安装允许偏差一览表

项次	项目			弯曲半径或允许偏差	检查方法
1	管子最小弯曲半径	暗配管		≥6D	尺量检查及检查安装记录
		明配管	管子只有一个弯	≥4D	
			管子有两个弯及以上	≥6D	
2	管子弯曲处的弯扁度			≤0.1D	尺量检查
3	明配管固定点间距	管子直径	15~20	30mm	尺量检查
			25~30	40mm	
			40~50	50mm	
			65~100	60mm	
4	明配管水平、垂直敷设任意段内		平直度	3mm	拉线尺量检查
			垂直度	3mm	吊线尺量检查

(7) 导线的规格、型号必须符合设计要求和国家标准规定。

(8) 明线路的绝缘电阻值不小于 $0.5M\Omega$，动力线路的绝缘电阻值不小于 $1M\Omega$。

(9) 盒、箱内清洁无杂物，护口、护线套管齐全无脱落，导线排列整齐，并留有适当余量。导线在管子内无接头，不进入盒、箱的垂直管子上口穿线后密封处理良好，导线连接牢固，包扎严密，绝缘良好，不伤线芯。

4.2.3 配电箱安装

配电箱安装包括动力配电箱、照明配电箱、电源控制箱安装。

4.2.3.1 施工程序

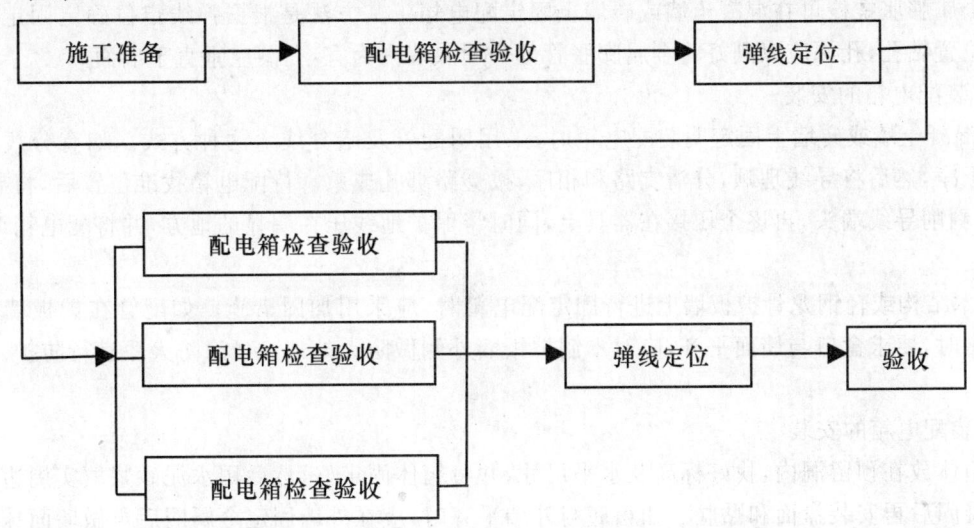

4.2.3.2 施工准备

配电箱安装所需机具满足施工需要、材料充足、人员配备齐全，同时完成配电箱安装技术交底。

4.2.3.3 配电箱检查验收

配电箱安装前，要按设计图纸检查其箱号、箱内回路号，并对照安装设计说明进行检查，满足设计规范要求。

4.2.3.4 配电箱安装

(1) 配电箱应安装在安全、干燥、易操作的场所，暗装时底口距地 1.6m，明装时，底口距地 1.6m。在同一建筑物内，同类箱的高度应一致，允许偏差为 10mm。

(2) 安装配电箱所需的木砖及铁件等均应预埋。挂式配电箱应采用金属膨胀螺栓固定。

(3) 配电箱带有器具的铁制盘面和装有器具的门及电器的金属外壳均应有明显可靠的 PE 线接地。PE 线不允许利用盒、箱体串接。

(4) 配电箱上配线需排列整齐，并绑扎成束，在活动部位应该两端固定。盘面引出及引进的导线应留有适当余量，以便于检修。

(5) 导线剥削处不应伤及线芯，导线压头应牢固可靠，多股导线不应盘圈压接，应加装压线端子(有压线孔者除外)。如必须穿孔用顶丝压接时，多股线应搪锡后再压接，不得减少导线股数。

(6) 配电箱上的电源指示灯，其电源应接至总开关的外侧，并应装单独熔断器(电源侧)。

(7) 零系统中的零线应在箱体引入线处或末端做好重复接地。

(8) 零母线在配电箱上应用端子板分路，零线端子板分支路排列位置，应与熔断器相对应。

(9) 配电箱上的母线应套上有黄(A 相)、绿(B 相)、红(C 相)、黑(D 相)等颜色色带，双色线为保护地线(黄绿，也称 PE 线)。

(10) 配电箱上电具、仪表应牢固、平正、整洁，间距均匀，铜端子无松动，启闭灵活，零部件齐全。

4.2.3.5 弹线定位

根据设计要求现场找出配电箱位置，并按照箱的外形尺寸进行弹线定位。通过弹线定位，可以更准确地找出预埋件或者金属膨胀管螺栓的位置。

(1) 明装配电箱

明装配电箱采用铁架固定和金属膨胀螺栓固定两种方式，具体采用何种方式根据配电箱内随机文件确定。

1）铁架固定配电箱

将角钢调直，量好尺寸，画好锯口线，锯断煨弯，钻孔位，焊接。煨弯时用方尺找正，再用电焊，将对口缝焊牢，并将埋注端做成燕尾，然后除锈，刷防锈漆。再找准标高用高标号水泥砂浆将铁架燕尾端埋注牢固，埋入时要注意铁架的平直度和孔间距离，应用线坠和水平尺测量准确后再稳注铁架。待水泥砂浆凝固后方可进行配电箱的安装。

2）金属膨胀螺栓固定配电箱

采用金属膨胀螺栓可在混凝土墙或砖墙上固定配电箱。其方法是根据弹线定位确定固定点位置，用电锤在固定位置钻孔，孔深应以刚好将金属膨胀管部分埋入墙内为宜，孔洞应垂直于墙面。

A. 明装配电箱的安装

a. 在混凝土墙或砖墙上固定明装配电箱时，采用明配管及暗分线盒两种方式。如有分线盒，先将盒内杂物清理干净，然后将导线理顺，分清支路和相序，按支路绑扎成束。待配电箱找准位置后，将导线端头引至箱内，逐个剥削导线端头，再逐个压接在器具上，同时将保护地线压在明显的地方，并将配电箱调整平直后进行固定。

b. 在木结构或轻钢龙骨护板墙上进行固定配电箱时，应采用加固措施。如配管在护板墙内暗敷设，并有暗接线盒时，要求盒口与墙面平齐，应对木制护板墙外侧做防火处理。可涂防火漆进行防护。其固定方式同（1）所述。

B. 暗装配电箱的安装

先将箱体放在预留洞内，找好标高及水平尺寸，并将箱体固定好，然后用水泥砂浆填实周边并抹平齐，待水泥砂浆凝固后再安装盘面和贴脸。如箱底与外墙平齐时，应在外墙固定金属网后再做墙面抹灰，不得在箱底板上抹灰。安装盘面要求平整，周边间隙均匀对称，门平正，螺丝垂直受力均匀。

C. 落地配电箱的安装

落地配电箱基础槽钢都应在土建浇捣混凝土时埋入。基础槽钢的外形尺寸可根据产品样本确定，与结构轴线的尺寸可根据施工平面布置图来确定。标高根据土建给出的基准引出。基础槽钢的制作和固定采用焊接。施工时，应注意焊接变形引起的基础槽钢外形尺寸及水平度的变化，焊接后应进行复测，可采用水平仪测量，在基础槽钢上用电钻钻孔，将配电箱固定在基础槽钢上，然后将配电箱找正，使垂直度满足规范要求。

4.2.3.6 绝缘摇测

配电箱全部电器安装完毕后，用500V兆欧表对线路进行绝缘摇测。摇测项目包括相线与相线之间、相线与地线之间、相线与零线之间。两人进行摇测，同时做好记录，作为技术资料存档。

安装完毕后进行质量检查，检查器具的接地（接零）保护措施和其他安全要求必须符合施工规范规定。其规定如下：位置正确，部件齐全，箱体开孔合适，切口整齐。暗式配电箱箱盖紧贴墙面；零线经汇流排（零线端子）连接，无绞接现象。

油漆完整，盘内外清洁，箱盖、开关灵活，回路编号齐全，接线整齐，PE线安装明显、牢固。连接牢固紧密，不伤线芯。压板连接时压紧无松动；螺栓连接时，在同一端子上导线不超过两根，防松垫圈等配件齐全。

电气设备、器具和非金属部件的接地（接零）导线敷设应符合以下规定：连接紧密、牢固，接地（接零）线截面选择正确，需防腐的部分涂漆均匀无遗漏，不污染设备和建筑物，线路走向合理，色标准确。

4.2.4 电缆敷设

采用普通电缆槽架。其施工程序如下：

4.2.4.1 施工准备

（1）施工前，应对电缆进行详细检查，规格、型号、截面、电压等级均须符合要求，外观无扭曲、坏损等现象。

（2）电缆敷设前进行绝缘摇测或耐压试验。本工程为1kV以下电缆，用1kV摇表摇测线间及对地的绝缘电阻不低于10MΩ。摇测完毕，应将芯线对地放电。

（3）电缆测试完毕，电缆端部应用橡皮包布密封后再用黑胶布包好。

（4）放电缆机具的安装：采用机械放电缆时，应将机械安装在适当位置，并将钢丝绳和滑轮安装好。人力放电缆时将滚轮提前安装好。

（5）临时联络指挥系统的设置

1）线路较短或室外的电缆敷设，可用无线电对讲机联络，手持扩音喇叭指挥。

2）建筑内电缆敷设，可用无线电对讲机作为定向联络，简易电话作为全线联络，手持扩音喇叭指挥（或采用多功能扩大机，它是指挥放电缆的专用设备）。

（6）在桥架上多根电缆敷设时，应根据现场实际情况，事先将电缆的排列用表或图的方式画出来，以防电缆交叉和混乱。

（7）电缆的搬运及支架架设

1）电缆短距离搬运，一般采用滚动电缆轴的方法。滚动时，应按电缆轴上箭头指示方向滚动。如无箭头时，可按电缆缠绕方向滚动，切不可反缠绕方向滚动，以免电缆松弛。

2）电缆支架的架设地点的选择，以敷设方便为原则，一般应在电缆起止点附近为宜。架设时，应注意电缆轴的转动方向，电缆引出端应在电缆轴的上方。如下图。

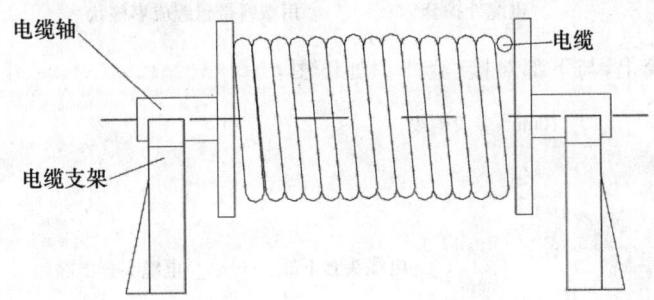

4.2.4.2 电缆敷设

（1）水平敷设

1）敷设方法可用人力或机械牵引。如下图。

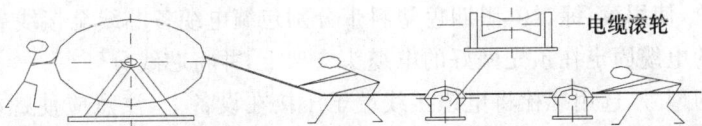

2）电缆沿桥架或线槽敷设时，应单层敷设，排列整齐，不得有交叉。拐弯处应以最大截面电缆允许弯曲半径为准。电缆严禁绞拧、护层断裂和表面严重划伤。

3）不同等级电压的电缆应分层敷设，截面积大的电缆放在下层，电缆跨越建筑物变形缝处，应留有伸缩余量。

4）电缆转弯和分支不紊乱，走向整齐清楚。

（2）垂直敷设

1）垂直敷设，有条件时最好自上而下敷设。土建拆吊车前，将电缆吊至楼层顶部。敷设时，同截面电缆应先敷设底层，后敷设高层，应特别注意，在电缆轴附近和部分楼层应采取防滑措施。

2）自下而上敷设时，低层小截面电缆可用滑轮大绳人力牵引敷设。高层、大截面电缆宜用机械牵引敷设。

3）沿桥架或线槽敷设时，每层至少加装两道卡固支架。敷设时，应放一根立即卡固一根。

4）电缆穿过楼板时，应装套管，敷设完后应将套管与楼板之间缝隙用防火材料堵死。

4.2.4.3 挂标志牌

（1）标志牌规格应一致，并有防腐功能，挂装应牢固。

（2）标志牌上应注明回路编号、电缆编号、规格、型号及电压等级。

（3）沿桥架敷设电缆在其两端、拐弯处、交叉处应挂标志牌，直线段应适当增设标志牌，每2m挂一标志牌，施工完毕做好成品保护。

4.2.5 低压电缆头制作安装

本工程内均为1kV以下低压电缆，电缆规格型号较多，以1kV以下室内聚氯乙烯绝缘聚氯乙烯护套为例说明电力电缆终端电缆头制作。其工艺流程如下。

$$\boxed{\text{摇测接地电阻}} \rightarrow \boxed{\text{剥开电缆头}} \rightarrow \boxed{\text{包缠电缆、套电缆终端头}} \rightarrow \boxed{\text{压电缆芯线接线鼻子}}$$
$$\rightarrow \boxed{\text{与设备器具连接}}$$

（1）选用 1kV 摇表对电缆进行摇测，绝缘电阻应大于 $10M\Omega$。

（2）电缆摇测完毕后，应将芯线分别对地放电。

（3）包缠电缆，套电缆终端头套

A. 剥去电缆外包绝缘层，将电缆头套下部先套入电缆。

B. 根据电缆头的型号尺寸，按照电缆头套长度和内径，用塑料带采用半叠法包缠电缆。塑料带包缠应紧密，形状呈枣核状。如下图。

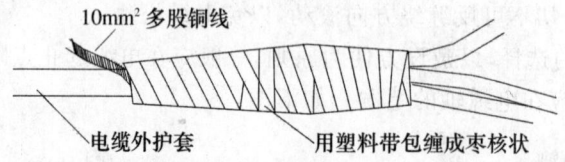

C. 将电缆头套上部套上，与下部对接、套严。如下图：

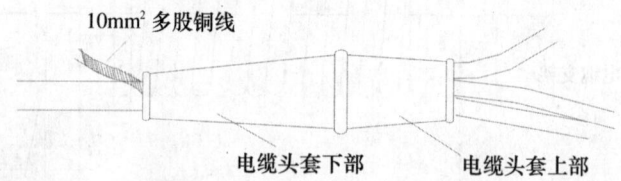

（4）压电缆芯线接线鼻子

A. 从芯线端头量出长度为线鼻子的深度，另加 5mm，剥去电缆芯线绝缘，并在芯线上涂上凡士林。

B. 将线芯插入接线鼻子内，用压线钳子压紧接线鼻子，压接应在两道以上。

C. 根据不同的相位，使用黄、绿、红、黑四色塑料带分别包缠电缆各芯线至接线鼻子的压接部位。

D. 将做好终端头的电缆固定在预先做好的电缆头支架上，并将芯线分开。

E. 根据接线端子的型号，选用螺栓将电缆接线端子压接在设备上，注意应使螺栓由上向下或从内到外穿，平垫和弹簧应安装齐全。

4.2.6 电气设备接线及试运转

（1）接线前，应对电机进行绝缘测试，拆除电机接线盒内连接片。用兆欧表测量各相绕组间以及对外壳的绝缘电阻。常温下绝缘电阻不应低于 $0.5M\Omega$，如不符合，应进行干燥处理。

（2）引入电机接线盒的导线应有金属挠性管的保护。配以同规格的挠性管接头，并应用专用接地夹头与配管接地螺栓用铜芯导线可靠连接。

（3）引入导线色标应符合相间色的要求[A 相－黄色，B 相－绿色，C 相－红色，PE 线－黄/绿，N 相－蓝色（浅蓝色）]。

（4）导线与电动机接线柱连接应符合下列要求：

A. 截面 $2.5mm^2$ 以下的多股铜芯线必须制作成与接线柱螺栓直径相符的环形圈并经搪锡处理后或匹配的线端子压接后与接线柱连接。

B. 截面大于 $2.5mm^2$ 的多股铜芯线应采用与导线规格相一致的压接型或锡焊型线端子过渡连接。

C. 接线端子非接触面部分应作绝缘处理。接触面应涂以电力复合脂。

D. 仔细核对设计图纸与电机铭牌的接法是否一致。依次将 A，B，C 三相电源线和 PE 保护线接入电机的 U，V，W 接线柱和 PE 线专用接线柱。

（5）电机试运转应具备的条件：

A. 建筑工程结束，现场清扫整理完毕。

B. 现场照明、消防设施齐全，异地控制的电机试运转应配备通讯工具。

C. 电机和设备安装完毕。质检合格、灌浆养护期已到。

D. 与电机有关的动力柜、控制柜、线路安装完毕。质检合格，且具备受电条件。

E. 电机的保护、控制、测量、回路调试完毕,且经模拟动作正确无误。

F. 电机的绝缘电阻测试符合规范要求。

（6）电机试运转步骤与要求:

A. 拆除联轴器的螺栓,使电机与机械分离(不可拆除的或不需拆除的例外)盘车应灵活,无阻卡现象。

B. 有固定转向要求的电机或拖动有固定转向要求机械的电机必须采用测定手段,使电机与电源相序一致。实际旋转方向应符合要求。

C. 动力柜受电,合上电机回路电源,启动电机,测量电源电压不应低于额定电压的90%;启动和空负荷运转时的三相电流应基本平衡。

D. 试运转过程中,应监视电机的温升不得超过电机绝缘等级所规定的限值。

E. 电机空负荷试运转时间为2h,应记录电机的空负荷电流值。

F. 空负荷试运转结束,应恢复联轴器的联接。

4.2.7 照明灯具等末端电器的安装

竖井、设备机房配电箱挂墙明装,下沿距地1.2m;走道内或室内配电箱为嵌墙安装,距地1.3m;照明开关、风扇开关安装,距地1.3m;插座除图上注明外,距地0.3m;工作台处为距工作台上0.2m,沿墙安装的疏散标志灯距地0.3m(地下室0.8m);病房脚灯距地0.3m。灯具安装必须和土建、装饰单位密切配合,预留灯具位置,同时和消防报警系统感烟探测器安装、通风空调系统风口安装统筹考虑,合理布置,并画出详细布置图,进行会签。

（1）施工程序

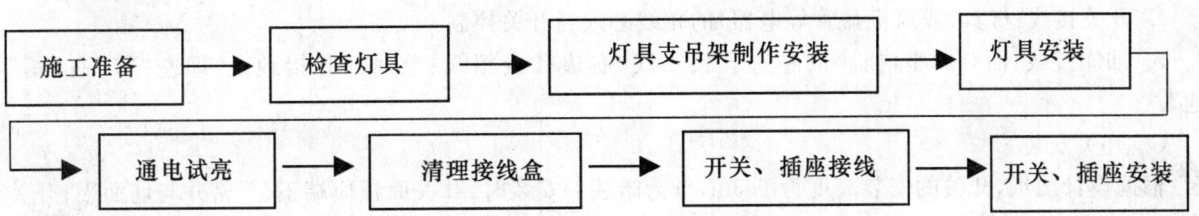

（2）施工准备

1）材料要求

A. 各种型号规格的灯具及开关、插座必须符合设计要求和国家标准规定。灯内配线严禁外露,灯具配件齐全,无机械损伤、变形、油漆剥落、灯罩破裂、灯箱歪翘等现象。所有的灯具和开关、插座均应有产品合格证。

B. 安装灯具所需的支吊架必须根据灯具的重量选用相应规格的镀锌材料。

2）施工机具配备齐全,已对各班组进行过技术交底。

（3）施工方法

1）灯具安装

本工程各种规格型号灯具包括荧光灯、金卤灯、疏散指示灯、出口指示灯、标志牌、灯箱等。根据灯具的形式及安装部位的不同,灯具的安装方式共分为以下几种:嵌入式安装、吸顶安装、钢构架上安装、嵌墙安装、悬挂式安装、支架安装等。

A. 灯具检查

a. 灯具的型号规格符合设计要求。

b. 各种标志灯的指示方向正确无误;应急灯必须灵敏可靠。

B. 嵌入式灯具安装

按照设计图纸,配合装饰工程的吊顶施工确定灯位。如为成排灯具,应先拉好灯位中心线、十字线定位。成排安装的灯具,中心线允许偏差为5mm。在吊顶板上开灯位孔洞时,应先在灯具中心点位置钻一小洞,再根据灯具边框尺寸,扩大吊顶板眼孔,使灯具边框能盖好吊顶孔洞。轻型灯具直接固定在吊顶加强龙骨上,超过3kg的灯具应固定在螺栓或预埋吊钩上,嵌入式荧光灯具应加装链吊固定,若设置灯具吊杆,吊杆采用 ϕ8 的镀锌圆钢丝杆。

C. 吸顶式安装

根据设计图确定出灯具的位置,将灯具紧贴建筑物顶板表面,使灯体完全遮盖住灯头盒,并用胀管螺栓将灯具予以固定。在电源线进入灯具进线孔处应套上塑料胶管以保护导线。如果灯具安装在吊顶上,则用自攻螺栓将灯体固定在龙骨上。

D. 钢构架上灯具安装

根据现场灯具安装位置的钢构架形式加工制作灯具支架,如钢构架为"工"字型或"["型钢,则在型钢上打孔,采用螺栓固定灯具支架;如果钢构架为柱状,灯具支架的安装采用抱箍的形式固定。

E. 3kg 以上灯具的安装

必须有专门的支吊架,且支吊架安装牢固可靠。导线进入照明器具的绝缘保护良好,不伤线芯,连接牢固紧密且留有适当余量。

F. 通电试亮

灯具安装完毕且各条支路的绝缘电阻摇测合格后,方能进行通电试亮工作,通电后应仔细检查和巡视,检查灯具的控制是否灵活、准确;开关与灯具控制顺序是否相对应,如发现问题必须先断电,然后查找原因进行修复。通电运行 24h 无异常现象,即可进行竣工验收。

2) 开关、插座安装

开关和插座全部采用暗装方式。

A. 清理

用小刷子轻轻将接线盒内残存的灰块、杂物清出盒外,再用湿布将盒内灰尘擦净。

B. 接线

a. 开关接线:灯具(或风机盘管等电器)的相线必须经开关控制。

b. 插座接线:面对插座,插座的左边孔接零线、右边孔接相线、上面的孔接地线,即左"零"右"相"上"地"。

C. 开关安装

根据设计图纸,开关的安装高度为 1.5m,全为暗装。安装时,开关面板应端正、严密并与墙面平;开关位置应与灯位相对应,同一室内开关方向应一致;成排安装的开关高度应一致,高低差不得大于 2mm。

D. 插座安装

根据设计要求,在有间墙、混凝土柱的办公室、通道及其他功能用房内,插座暗装于 0.3m 高或踢脚线上;在无间墙、混凝土柱的办公室、通道及大面积场所,采用地面插座,安装时应密切配合土建地面装修工程,确保插座顶部与地面装修完成面平齐;位于设备机房或厨房、卫生间等潮湿场所的插座采用防潮型,安装高度为 1.5m;在公共场所的插座须采用安全型插座。

E. 开关、插座的固定

将接线盒内的导线与开关或插座的面板按要求接线完毕后,将开关或插座推入盒内(如果盒子较深,大于 2.5cm 时,应加装无底盒),对正盒眼,用螺丝固定牢固,固定时,要使面板端正,并与墙面平齐。

F. 开关、插座的面板并列安装时,高度差允许为 0.5mm。同一场所开关,插座的高度允许偏差为 5mm,面板的垂直允许偏差 0.5mm。

4.2.8 防雷、接地部分

本工程按二类防雷建筑物设计防雷措施,在建筑物顶部采用避雷针及热镀锌扁钢避雷带做接闪器,引下线利用建筑物外墙柱内两根主筋(结构提供资料主筋直径大于 16mm),引下线间距小于 18m,接地体利用建筑物基础钢筋,要求桩内钢筋与承台板钢筋可靠连接。

4.2.8.1 施工程序

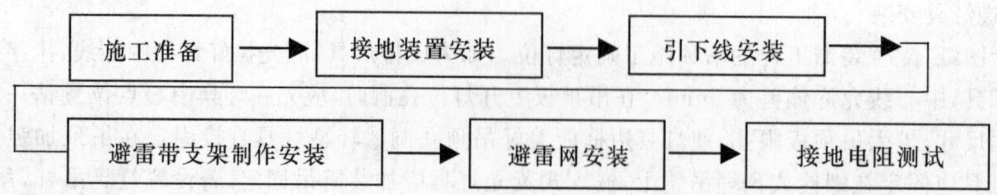

4.2.8.2 施工准备

材料准备齐全且符合设计要求,施工机具配备充足,施工图纸已对施工班组进行技术交底。

4.2.8.3 防雷接地施工方法

(1) 接地装置

本工程利用施工图所示的结构基础,底板内的两条面筋焊接连通,作防雷、供配电系统工作及弱电系统共用接地装置,在接地装置上按不同用途分别引出接地端子,供不同部位及不同用途设备(或系统)接地,共同接地装置接地电阻要求不大于1Ω。

1) 按照设计图尺寸位置要求,将底板内两条结构主筋焊接连通,并与所经桩台及柱内的有关钢筋焊接(不同标高处利用两根竖向结构上下贯通),并将两根主筋用油漆做好标记,便于引出和检查。

2) 所有焊接处焊缝应饱满并有足够的机械强度,不得有夹渣、咬肉、裂纹、虚焊、气孔等缺陷,焊接处的药皮敲净后,刷沥青作防腐处理,采用搭接焊时,其焊接长度要求如下:

A. 镀锌扁钢不小于其宽度的2倍,且至少3个棱边焊接。

B. 镀锌圆钢焊接长度为其直径的6倍,并应两面焊。

C. 镀锌圆钢与镀锌扁钢连接时,其长度为圆钢直径的6倍。

3) 每一处施工完毕后,应及时请质检部门进行隐蔽工程检查验收,合格后方能隐蔽,同时做好隐蔽工程验收记录。

(2) 防雷引下线

本工程利用竖向结构主筋及钢构架作防雷引下线,按图中指定的部位,将柱内靠外侧的两条通长焊接的主筋、人字型钢柱、屋顶平面桁架焊接相连,并与屋面避雷带焊接相连。

1) 所有作为引下线的主筋,须用油漆作好标记,并在图中所示位置作好测试点,测试点的具体作法为:用一根φ12钢筋与防雷引下线焊接后,在室外地面以下15cm处引出50cm,并造接地井加以保护。

2) 为增强导电的可靠性,凡用作接地装置,引下线的结构钢筋及外引测试点、接地点,在接驳处均应电焊,具体作法如下图所示(注:d为结构钢筋的直径,L为焊接长度,要求$L \geqslant 6d$):

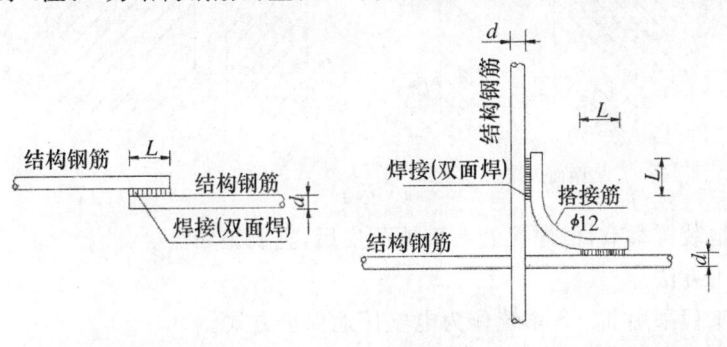

钢筋直线搭接的作法　　　钢筋十字交叉连接筋的作法

3) 每处施工完毕后,应及时请业主和监理进行隐蔽验收,并做好隐检记录。

(3) 避雷带

本工程避雷带采用φ12镀锌圆钢距屋面100mm高明敷,组成不大于10m×10m网格,在混凝土屋顶避雷带的支架采用40mm×4mm的镀锌扁钢。对彩钢板屋面,避雷带的支架采用材料供应商提供的支架卡子,具体施工方法待彩钢板屋面施工时再定。

1) 支架安装(如图所示)

在土建屋面结构施工时,应配合预埋支架。所有支架必须牢固、灰浆饱满、横平竖直。支架间距不大于1.5m且间距均匀,允许偏差30mm。转角处两边的支架距转角中心不大于250mm,成排支架水平度每2m检查段允许偏差3/1000,但全长偏差不得大于10mm。

2) 避雷带

A. 将作为避雷带的φ12镀锌圆钢调直,调直采用专用钢筋调直机。

B. 避雷线安装时应平直、牢固,不得有高低起伏和弯曲现象,距离建筑物应一致,平直度每2m检查段允许偏差3/1000,但全长偏差不得大于10mm。

C. 避雷线弯曲处不得小于90°,弯曲半径不得小于圆钢直径的10倍。

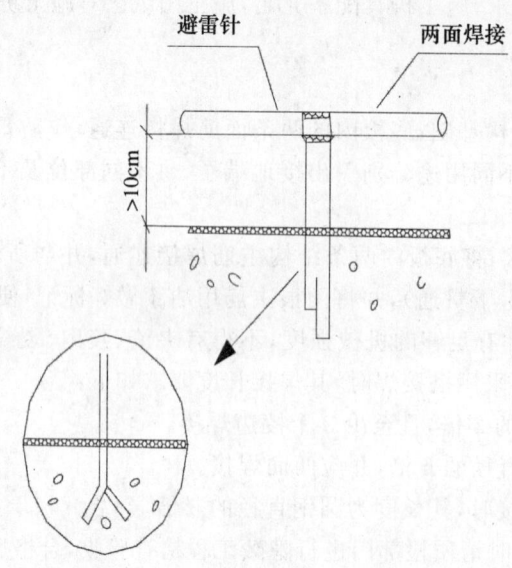

D. 在建筑物的变形缝处应做防雷跨越处理,具体做法如下图所示。

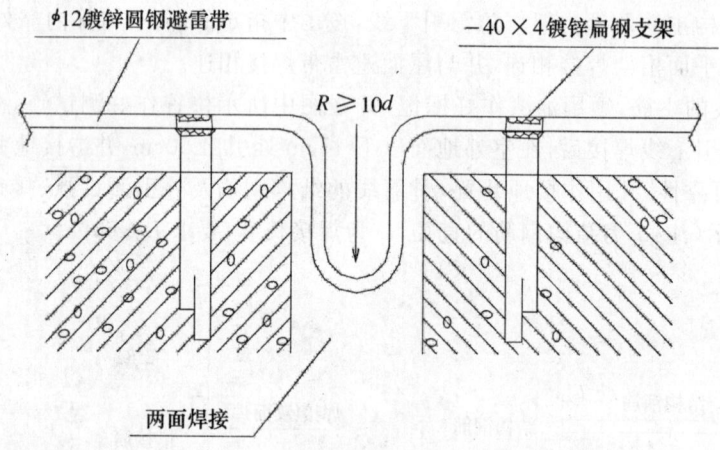

E. 焊接要求见接地装置章节,但焊接处在敲掉药皮后,宜刷银粉漆。

4.2.8.4 电气接地施工方法

根据设计图纸,本工程采用 TN-S 系统作为电气接地保护方式。

(1) 变配电装置的保护接地、避雷器接地、共用接地装置,每个变电所设 2～3 个接地端子,敷设一条 40mm×4mm 镀锌扁钢作变配电设备工作及保护接地干线。

(2) 开关柜、配电屏(箱)及各种用电设备、因绝缘破损而可能带电的金属外壳、电气用的独立安装的金属支架及传动机构、插座的接地孔,均应以专用接地(PE线)支线可靠相连,PE线应与接地装置连通并作重复接地。

(3) 当保护线(PE线)所用材质与相线相同时,PE线最小截面应符合下表要求,当 PE 线采用单芯绝缘导线时,按机械强度要求,有机械性的保护时,截面不应小于 2.5 mm²,无机械性保护时,截面不应小于 4mm²。

PE 线最小截面一览表

相线芯线截面 S(mm²)	PE 线最小截面 S(mm²)
S≤16	S
16≤S≤35	16
S＞35	S/2

(4) 所有外露的接地点、测试点,均应涂红色油漆并加挂薄铁皮制成的标志牌写明用途。

4.2.8.5　等电位连结的施工方法

将用电设备外壳导电部分进行等电位连结,可以减少它们之间可能出现的危险电位。

(1) 总等电位连结

1) 在各层配电室、设备间、外墙设等电位连结端子(具体位置详见设计图),所有配电线路 PE 线、设备金属外壳、外墙金属门窗、玻璃幕墙金属构件均应与等电位联结端子电气连结。

2) 所在强、弱电线路进入建筑物处设总等电位连结端子,将金属套管采用 BV-10 导线、φ10 镀锌圆钢或螺栓与该端子可靠连接。

(2) 辅助等电位连接

主机房的配水干管,管道式空调系统的主风管及辅助机房的金属物件采用 BV-10 导线或 φ10 镀锌圆钢与供电配电系统最近处的保护干线(PE 线)连通。

4.2.8.6　接地电阻测试

接地电阻测试仪型号采用 ZC28,在测试前,先将检流计的指针调零,再将倍率标准杆置于最大倍数,慢摇,同时调测量标度盘,使检流计为零。加速摇到 120r/min 左右,再调到平衡后,读标度盘的刻度,乘倍率就得所测的电阻值。注意电流探针的接线长度为 40m,电位探测的接线长度为 20m。

4.3　弱电工程(预埋配合)

本工程弱电系统属于招标人特别认可的分包工程,我公司目前仅就配合土建预留预埋部分进行叙述,对于弱电总承包协调管理在"总承包管理设想"中加以阐明。

4.3.1　针对本工程弱电系统门类比较广、工作量较大、建筑结构有一定的特殊性,应为协调设专职弱电施工技术人员管理。仔细核对设计图,协调弱电中各功能管线合理走向,避免和强电管线和给排水、空调、天然气管、消防等管道相碰。

4.3.2　仔细检查核对土建在结构上预埋管线上的连续性和合理性,如发现堵塞和折断的,应在围护和装饰施工前整改完毕,对于伸缩缝(沉降缝)的暗埋管路在砌封闭墙前完成补偿装量连接。

4.3.3　核对土建和装饰图纸,为业主今后维修、扩建、改建工作考虑,对有管线夹层检查有否进入平顶天窗和壁龛。

4.3.4　电话电缆配管和配线槽架管径、规格按电话电缆敷设相关规定,取决于电缆外径和线芯对数,考虑穿管和线槽(架)长度、弯头多少。电缆穿管明敷管径利用率不大于 50%;胶合线穿管明敷管径利用率 20%～25%;平行线穿管明敷利用率为 25%～30%;用户话机皮线的配管管径不宜超过 DN25mm。

4.3.5　电话、电视、安保、门警系统明敷管和电缆桥架与其他管道和强电管线以及和建筑物的间距应符合规范要求。

4.3.6　在有强磁场干涉区域、地下室及其他潮湿场所采用镀锌钢管,并需将钢管与各金属器件箱、金属用户线盒焊接成整体接地系统,以增加屏蔽。

4.4　通风空调安装工程

4.4.1　本工程风管基本采用热镀锌白铁皮风管。

4.4.2　风管施工主要程序

风管施工主要程序见图示。

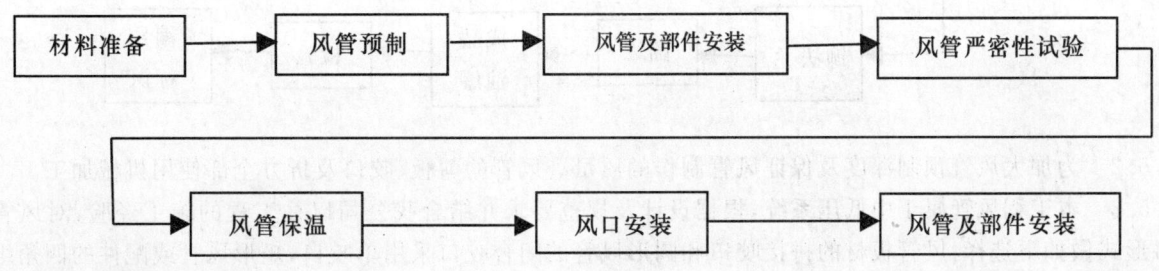

4.4.3　施工准备

4.4.3.1　人员进场后,组织主要施工技术人员熟悉图纸,解决建筑、结构和电气、暖卫施工图中的管路走向、坐标、标高与通风管道之间跨越交叉出现的问题。

4.4.3.2　组织施工人员学习有关规范和规程,对施工人员进行技术交底,对风管的制作尺寸,采用的技术标准、咬口及风管的连接方法进行明确。

4.4.3.3　按照总图对预制加工场地进行布置,根据风管制作的工序合理布置风管加工设备。

4.4.3.4　风管预制场垫置橡胶板,以减少风管在下料、拼接等过程中的划痕。

4.4.4　材料准备

4.4.4.1　所使用板材、型钢材料(包括附材)应具有出厂合格证书或质量鉴定文件。

4.4.4.2　制作风管及配件的钢板厚度应符合设计要求。

4.4.4.3　镀锌钢板表面不得有划伤、结疤、水印及锌层脱落等缺陷,应有镀锌层结晶花纹。

4.4.4.4　所有材料进场后要堆放整齐,并作好相应的标识。

4.4.5　钢板风管及部件的制作

本工程风管连接采用法兰连接形式,风管及法兰用料必须严格按以下两表要求执行。

风管及配件钢板厚度

风管长边(mm)	<400	≥400,<800	≥800,<1200	≥1200
风管壁厚(mm)	0.6	0.8	1.0	1.2

矩形风管法兰

风管长边尺寸(mm)	法兰用料规格(角钢)(mm×mm)
≤630	25×3
670～1250	30×4
1320～2500	40×4

4.4.5.1　钢板风管制作的主要工序:

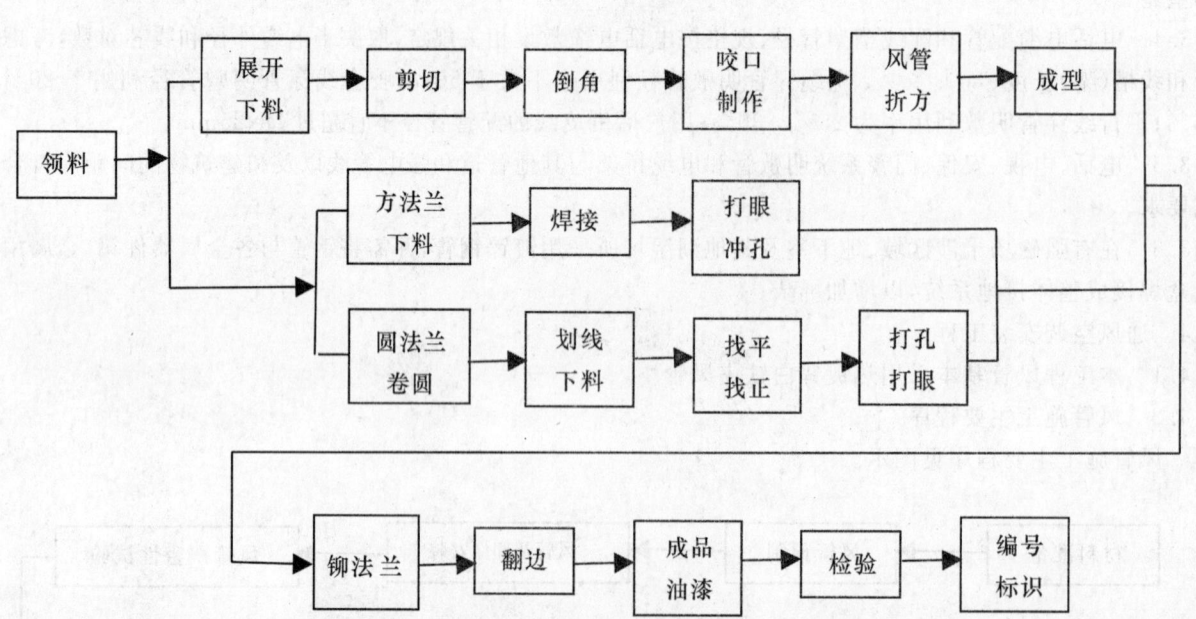

4.4.5.2　为加大风管预制深度及保证风管制作的质量。风管的剪板、咬口及折方全部使用机械加工。

4.4.5.3　本工程风管属于中低压系统,根据设计及规范要求并结合我公司以往工程的施工经验,对风管的咬口形式做如下选择:风管板材的拼接咬口和圆形风管的闭合咬口采用单咬口,矩形风管或配件的四角组合采用联合角咬口或按扣式咬口,圆形风管组合采用立咬口。咬口宽度和留量根据板材厚度定,具体尺寸见下面图表。

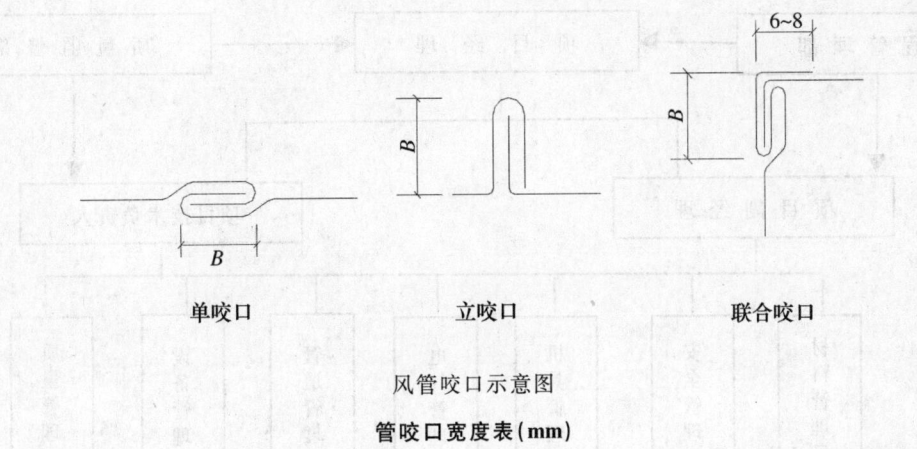

単咬口　　　　　　　　立咬口　　　　　　　　联合咬口

风管咬口示意图

管咬口宽度表（mm）

钢板厚度	平咬口宽 B	角咬口宽 B
0.7 以下	6～8	6～7
0.7～0.82	8～10	7～8
0.9～1.2	10～12	9～10

4.4.5.4　风管咬口缝结合要紧密,咬缝宽度要均匀,操作时,用力均匀,不宜过重,不能出现有半咬口或胀裂现象。

4.4.5.5　本工程矩形风管弯头采用内外弧形弯头,以减少风系统的局部阻力。

4.4.5.6　风管加固。矩形风管边长大于或等于 630mm,保温风管边长大于或等于 800mm 时,并且风管管段长度大于 1.2m 时,对风管进行加固。对边长小于或等于 800mm 的风管采用楞筋加固,楞筋的形式见右图。对于中压系统的风管,必须采用加固框加固。

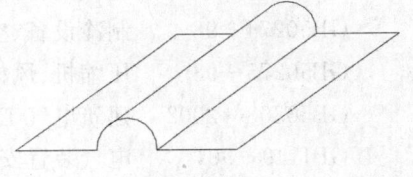

楞筋示意图

4.4.5.7　法兰加工。矩形风管法兰加工采用模具法加工,圆形风管法兰采用法兰卷圆机加工。法兰内径或内边长尺寸的允许偏差为 +1～+3mm,平面度的允许偏差为 2mm。矩形法兰两对角线之差不应大于 3mm。风管与法兰连接的翻边应平整、宽度应一致,不得小于 6mm,且不得有开裂与孔洞。

4.4.5.8　矩形风管法兰加工。法兰的角钢下料时应注意使焊成后的法兰内径不小于风管的外径。下料调直后放在相应的模具上卡紧固定、焊接、打眼。本工程通风系统属中低压系统,按规范规定,法兰螺栓孔及铆钉孔间距要小于或等于 150mm,法兰四角处必设螺孔。法兰螺孔间距必须均匀,同规格法兰具备互换性。

4.4.5.9　圆形法兰加工。先将整根角钢或扁钢放在法兰卷圆机上按所需法兰直径调整机械的可调零件,卷成螺旋状然后取下;将卷好后的型钢划线割开,逐个放在平台上找平找正;调整后的法兰进行焊接、冲孔。

4.4.5.10　在连接法兰铆钉时,必须使铆钉中心线垂直于板面,让铆钉头把板材压紧,使板缝密合并且保证铆钉排列整齐、均匀。

4.4.5.11　风管与法兰连接的翻边宽度不小于 6mm,翻边均匀平整,紧贴法兰。翻边不得遮住螺孔,四角必须铲平,不能出现豁口,以免漏风。

4.4.5.12　风管制作完毕后,组织专人对其外观、尺寸等参数进行检查,严防不合格品流入下道工序。检查合格后,清理干净,按系统分别编号并妥善保管。

5. 保证工程质量的措施

5.1　保证工程质量的管理体系

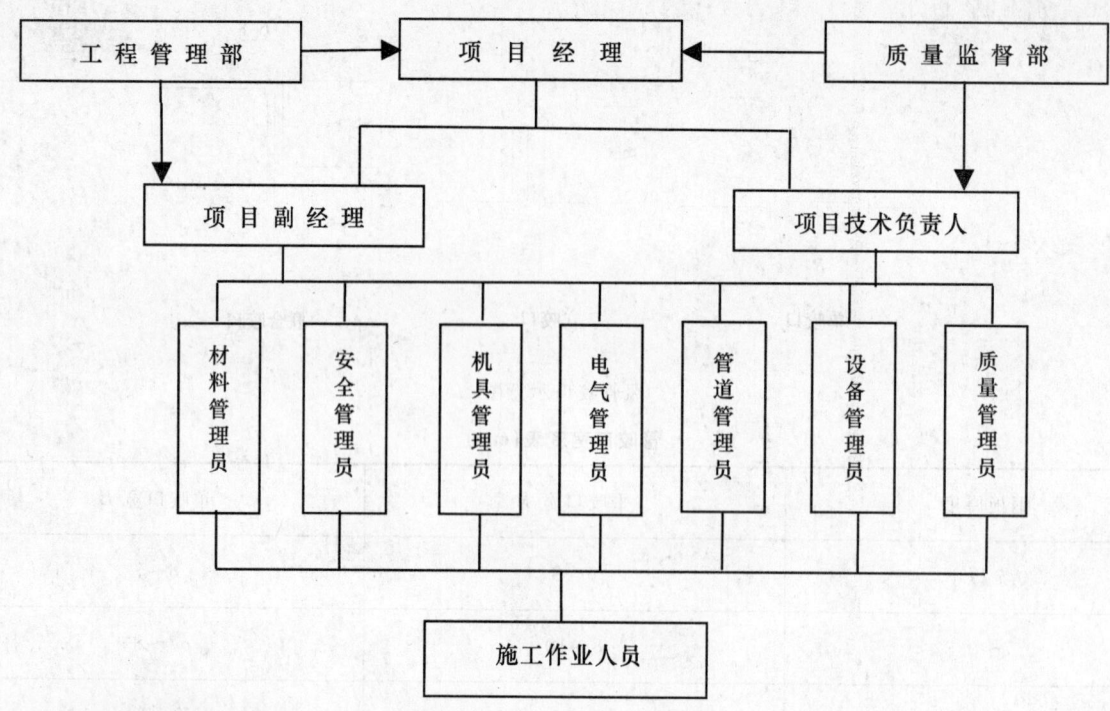

5.2 本工程中主要执行的施工以及验收规范、工艺、工法、质量评定标准、政府法规

5.2.1 主要施工验收规范

5.2.1.1 本工程中主要应用的施工及验收规范

GB50231—98	机械设备安装工程施工及验收通用规范
GB50274—98	制冷设备、空气分离设备安装工程施工及验收规范
GB50275—98	压缩机、风机、泵安装工程施工及验收规范
GB50303—2002	建筑电气工程施工质量验收规范
GBJ149—90	电气装置安装工程母线装置施工及验收规范
GB50168—92	电气装置安装工程电缆线路施工及验收规范
GB50170—92	电气装置安装工程旋转电机施工及验收规范
GB50171—92	电气装置安装工作盘、柜及二次回路结线施工及验收规范
GB50150—91	电气装置安装工程电气设备交接试验标准
GB50169—92	电气装置安装工程接地装置施工及验收规范
GB50254—96	电气装置安装工程低压电器施工及验收规范
GB50235—97	工业金属管道工程施工及验收规范
GB50236—98	现场设备、工业管道焊接工程及验收规范
CECS125:2001	建筑给水钢塑复合管管道工程技术规程
GB50268—97	给水排水管道工程施工及验收规范
GB50242—2002	建筑给水排水及采暖工程施工质量验收规范
GB50243—2002	通风与空调工程施工质量验收规范
GB50252—94	工业设备及管道绝热工程施工及验收规范
CJJ/T29—98	建筑排水硬聚氯乙烯管道工程技术规程
DBJ/CT504—99	建筑给水硬聚氯乙烯(PVC-U)管道工程技术规程
JBJ46—88	施工现场临时用电安全技术规范
JBJ80—91	建筑施工高处作业安全技术规范

5.2.1.2 本工程中主要应用的企业工艺、工法及规程

一、工艺

1. 离心泵安装工艺

2. 容器类设备安装工艺

3. 防雷和电气接地装置施工工艺

4. 电气明配钢管施工工艺

5. 电动仪表系统调试工艺

6. 高层建筑管道试压工艺

7. 高级民用建筑铜管安装工艺

8. 无法兰连接圆型风管安装工艺

9. 风管系统与组合式空调和漏风量测试工艺

二、工法

1. 超高层建筑设备吊装工法

2. 高层建筑封闭式母线槽安装工法

3. 35kV 室内变配电装置安装工法

4. 高层建筑管道安装工法

5. 金属管道沟槽式连接工法

三、规程

1. 通用设备安装操作规程

2. 给、排水安装操作规程

3. 电气安装操作规程

4. 通风与空调安装操作规程

5. 建筑智能安装操作规程

6. 电梯安装操作规程

5.2.2 主要工程施工质量验收标准

　　GB50300—2001 《建筑工程施工质量验收统一标准》

5.2.3 主要政府法规

　　《中华人民共和国安全生产法》

　　《中华人民共和国建筑法》

　　《中华人民共和国消防法》

　　《建筑工程施工现场管理规定》(建设部第十五号令)

　　《建设施工安全检查标准》　　　　JGJ59—99

　　《施工现场临时用电安全技术规范》　　JGJ46—88

　　《建筑施工高处作业安全技术规范》　　JGJ80—91

　　《建筑机械使用安全技术规范》　　JGJ33—2001

　　东海市《施工现场安全生产保证体系》DBJ08—903—98

　　《东海市劳动保护监察条例》

　　《东海市消防条例》

　　东安公司《安全生产工作条例》(第四修订本)

　　东安公司《消防安全管理法规》(99 版)

5.2.4 管道安装工程质量控制措施

5.2.4.1 各类管道、管配件、阀门等在安装前按规范要求检查、检验规格、型号、质量,符合要求方可使用。管子在下料、组对前应将管内浮锈、杂物清除干净,安装中断或完毕的敞开口应临时封堵。

5.2.4.2 钢管(除镀锌外)在安装前应涂刷防锈漆,安装完毕试压结束后按设计要求涂刷面漆。埋地钢管按设计要求进行外防腐处理。

5.2.4.3 丝口连接的管道,其丝口加工分 2～3 次套丝,丝口的断丝或缺丝不得大于丝口全扣数的 10%。

5.2.4.4 镀锌钢管丝扣连接后,丝扣漏出的部分应做防腐处理。丝扣配件在安装时应向旋转的方向一次旋紧,不得倒回。

5.2.4.5 管道的坡口可用气割或机械加工,用气割加工的坡口必须除去氧化皮。管子对口前,坡口管端的 15～20mm 范围的铁锈、油污等应清除干净。

5.2.4.6 相同壁厚的管段组对时其内壁应平齐,内壁错边量不应超过壁厚的20%,且不大于2mm。对口时不得用强力对正,以免引起附加应力。

5.2.4.7 对二次安装一次镀锌的管段应尽量做到地面预制,管段的直线长度和几何尺寸要符合镀锌槽的尺寸要求。

5.2.4.8 法兰安装前对法兰、垫片、螺丝进行检查,清除法兰表面及密闭面上的铁锈、油污等杂物。法兰安装应垂直于管子中心线,其表面相互平行,连接法兰的螺栓其螺杆突出螺帽的长度不宜大于螺栓直径的1/2。

5.2.4.9 管段配件在安装前应进行质量检查,以防有砂眼、裂纹等缺陷存在。

5.2.4.10 埋地及暗装的管道应及时做好试压、灌水、通球等工作,办理隐蔽工程验收手续。

5.2.4.11 排水管道安装走向和位置应符合设计要求,水平管的坡度不得小于规范规定的最小排水坡度,不得有倒坡现象。

5.2.4.12 卫生器具在安装前,对其外观进行检查、复检型号。安装过程中,不准将管子钳等工具直接钳于镀铬铜管、装饰罩等表面,以免镀锌层脱落,安装后,卫生器具的支架应平整牢固,与器具接触紧密,并做好产品保护措施。

5.2.4.13 管道安装要做好防堵措施,即在管道毛坯施工时,采取"上堵下开"的工艺,为此要加工各类管道的临时堵头,防止管道被建筑垃圾或异物堵塞。

5.2.4.14 管道施工完毕后,按系统进行完整性检查。完整性检查分硬件和软件两部分,硬件检查是检查安装的管子、管配件、阀门、仪表、支吊架等是否符合设计和规范要求,是否已全部施工完毕。软件检查是指管道安装的各类记录、签证是否及时、正确,只有完整性检查合格的管线,才能进行压力试验。

5.2.4.15 管道系统试压时应编制施工方案,绘制试压系统图,便于管道的试压和系统的调试。

5.2.4.16 管道的保温要求铺设平整、绑扎紧密,无滑动、松弛、断裂等现象。

5.2.5 电气安装工程

5.2.5.1 该工程面积大,为此要根据建筑物的特点,采取相应的配管配线方法,特别注意以下几点:

(1) 按规范规定设过路箱,过路箱位置应考虑避开今后设备安装位置,以及注意列车维修材料堆场。

(2) 遇建筑物变形缝,则管线[包括电缆及支架]必须在变形缝处作补偿处理。

(3) 注意线路过长可能造成的超规定电压降。

(4) 了解土建进度和施工方法,采取对应的措施,密切配合,既保证工程进度,又确保配管质量。

(5) 按现行规范做好管线的接地跨接,跨接所有材料截面和接触面应符合规定。

5.2.5.2 该工程照明灯具数量大,即要保证内在质量,也要特别重视外观质量,强调以下几点:

(1) 要特别注意与风管、冷热水管、给排水管施工协调,不能占用上述管道的位置。

(2) 保证灯具安装牢固。灯具重量大,超过固定装置的承载能力时,应专设固定灯具的支架。

(3) 本工程配电箱[柜]数量较多,配电箱内开关、电器质量是保证安全可靠供电的主要因素之一,同时要求与建筑协调的安装方式和箱体颜色。为此,要求做到以下几点:

1) 与制造厂签定合同时要强调配电箱[柜]内开关、电器的质量,强调必须要有产品合格证。制造过程中,如有可能应派专业技术人员监制,运到现场必须进行质量检查。

2) 产品应符合现行国家技术标准,有铭牌、合格证,还应有施工图设计的编号,产品技术文件齐全。

3) 应坚持文明施工,安装前必备的土建条件是:屋顶无渗漏、门窗已安装完毕,可能损坏配电箱的装饰工作应结束。地坪已完成,至少毛坯层已完成,地坪标高已标出,无积水。不同时具备以上条件时,应有完善的产品保护措施。

4) 安装用紧固件的水平垂直偏差应符合规定,接地应牢固、可靠,测量绝缘时应注意保护不损坏弱电电器。

5.2.6 通风与空调安装工程质量控制措施

本工程中的风管输送温度较低,在保温材料的选用及施工上应特别注意。如有不当,不但系统的热损失较大,且在夏季容易发生表面凝露现象。因此风管的保温选择中应仔细考虑保温材料的性能,以满足设计、使用要求。在作业过程中,应注意保温施工的质量,特别是保温层的表面隔气层,不能破损,以防止空气渗透的作用;风管法兰及加固筋、风管与空调设备连接部位的保温施工,也必须加以重视。本工程保温施工完成后的产品保护工作,也是需要特别引起重视的。

5.2.6.1　对防排烟系统质量通病控制

本工程防排烟系统数量较多,要求也较高,防排烟系统工程施工的质量,直接关系到系统的运行效果。以下几点应在防排烟系统的施工过程中加以注意。

(1)系统风管漏风量过大。由于防排烟系统为中压系统,工作压力高于常规空调系统,如果以常规空调风管的做法进行制作,可能会引起漏风量超过设计值或规范要求值。因此,在风管的连接处、加强处及咬缝处应进行密封处理,并按规范要求进行漏风量检测,把漏风量控制在设计值或规范要求值。

(2)排烟口、排烟阀等配件质量差,排烟口、排烟阀的密封性能直接影响到系统运行时的效果,因此,在采购时,要购买消防局认可的产品,并在产品到达现场后,还必须加强质量的验收,必要时,进行抽样检测。

(3)与土建、装饰单位配合好。

5.2.6.2　风管系统漏风量的控制

严格执行风管和管配件的制作工艺,确保制作质量,风管连接安装时做好漏风、漏光的措施,以达到国标检测标准的最新要求。

5.2.6.3　风机盘管安装质量的控制

本工程对风机盘管的安装固定和管道的连接提出了较高的要求,如处理不当,就可能给工程质量造成隐患。如风量不足、滴水、噪声超过标准等,必须加以重视。为此,应注意以下几项:

(1)风机盘管必须水平安装或略坡向凝给水的排放口。

(2)风机盘管的冷凝水管的接管要平直,不得压扁、折弯,保证冷凝水排出通畅;安装后,应逐个进行灌水检验,每台风机盘管灌水 2L 后,能排水畅通,无外泄。

(3)风机盘管应设置单独支吊架进行固定,并便于拆卸和维修。若采用吊式安装,则应采用不小于 ϕ8mm 的圆钢作吊杆,吊杆下端攻丝长度不小于 100mm,以便于调整吊装高度,吊杆的固定点应采用 M8 的金属膨胀螺栓。

(4)风机盘管与风管、回风箱及风口的连接处必须严密。风机盘管的风管接管较长时,须设置固定支架,以防止风机盘管晃动,拉裂盘管接管引起漏水。

(5)风机盘管安装后要对集水盘进行清理,清理完后用塑料薄膜封闭,防止杂物(如风机盘管的保温棉)掉入集水盘发生堵塞。

(6)风机盘管下方避免安装电线管、水管等管线,以免妨碍风机盘管的维护与检修。

5.2.6.4　恒温、恒湿房间的控制

本工程数据运行中心产生区计算机房、打印设备间、磁带库、测试机房等有恒温、恒湿要求。为确保连续性、稳定性、可靠性的要求,以下几点在工程实施中应重点关注。首先,建筑结构应采用蓄热系数大、导热系数小的建筑材料,并对结构进行保温处理,确保室温不随外部环境温度的变化而变化。其次,通风管道的严密性和漏风量测试也是保证管道密封,以保证通风量达到设计的参数要求。第三,设备的配置也需精良,尤其是由 BA 控制的电动流量调节阀和感温测试点,精度要求高,采用的风口应确保送风均匀、流畅。第四,感温、感湿点的设置点应多,且均布,以确保环境温度真实反馈。第五,整个系统的联动调试应将所有设备和部件功能结合起来,整合考虑。

5.2.6.5　噪声控制的措施

(1)为保证在末端消声器之后的风管系统不再出现过高的气流噪声,在风管分支管处的三通或四通可采用分叉式或分隔式;弯管可采用内弧形或内斜线矩形弯管。当带圆弧线一侧的边长大于或等于 500mm 时,应设置导流片。

(2)消声器消声弯头应单独设置支、吊架,不得使风管承受消声器或消声弯头的重量,且有利于单独检查、拆卸、维修和更换。

(3)为避免噪声和振动沿着管道向围护结构传递,各种传动设备的进出口管均应设柔性连接管,风管的支架、吊架及风道穿过围护结构处,均应有弹性材料垫层,在风管穿过围护结构处其孔洞四周的缝隙应用纤维填充密实。

(4)为便于现场对设备减振基础进行平衡调整,在设备安装时,应在减振器上带有可调整的校平螺栓。

(5)机房内的风管由于靠近设备,故采用减振吊支架予以固定。

(6)消声器内的穿孔板孔径和穿孔率应符合设计要求,穿孔板经钻孔或冲孔后应将孔口的毛刺锉平,因为如果有毛刺,当孔板用作松散吸声材料的罩面时,容易将罩面的织布幕划破;当用作其振腔时,会产生噪音。

(7) 对于送至现场的消音设备应严格检查,不合格产品严禁安装,在安装时,要严格注意其方向。

(8) 空调设备安装时,要做好隔振措施,防止隔振失效而产生振动噪声。

5.2.7 对人防工程施工质量控制措施

本工程地下一层设置平战结合六级人防,平时作汽车库等用途,战时作为普通人员掩蔽部。

人防通风系统施工应严格按 97 沪防 561.562《平战结合五、六级人防工程图集》的要求进行。

5.2.7.1 空调系统调试的控制

本工程的系统复杂,而空调系统的调试直接关系到空调系统的舒适程度,调试中应做好以下几个方面:

(1) 调试前,调试人员应熟悉图纸,了解设计意图及现场情况。

(2) 风口风量的平衡可以避免房间内冷热不均的现象,是调试工作的一个重点,因此要严格按设计要求进行。

(3) 新风比的控制要正确,新风过少,室内人员将觉得不舒服;新风过大,会导致能耗增大,因此在调试中,新风比的调配应严格按照设计要求进行。

5.2.7.2 空调水系统安装质量的控制

(1) 安装顺序:一般先总管、后支立管或平面立管,然后再与空调设备连接。

(2) 管道切割和开制三通应避免将铁屑、铁块等异物进入管内。

(3) 空调水总管应按设计或规范要求设置承重支架,确保管道的安全运行。

(4) 应按设计要求合理设置放气和排水装置。

(5) 冷冻水管的支吊架与钢管之间用厚度为 50mm 以上的木垫绝热。木垫中间空隙应填实,木垫必须进行防腐和防火处理。

(6) 管道与泵、空调机组等设备连接时,应采取隔震措施。同时采取可靠的防护措施,防止焊渣、小铁块、垃圾等物进入设备。

(7) 空调水管道系统试压,选用的压力表精度等级必须在 1.5 级以上。每根管线试压压力表至少 2 只,压力表的满刻度为最大被测压力的 1.5~2 倍。管道试压的步骤:充水→升压→稳压→泄压四个阶段。

(8) 机房内管线试压前,应将所有设备进出口隔离,不允许试压水渗入设备机体。

(9) 对系统排水做到统一规划。

(10) 空调水系统在使用前应进行管道冲洗,并编制冲洗方案。冲洗时,可利用系统内的泵加压,先进行主管、干管的循环冲洗,后进行支管的冲洗。冲洗时,应隔离所有空调设备,防止管内杂物进入。

5.2.8 工程质量检测方法

5.2.8.1 重点施工部位的检验与职责(见表)

关键检验部位	专职检验人员职责
1. 各专业工种隐蔽工程	隐蔽前进行全部检验
2. 电气及设备接地(接零)	实测检验
3. 母线槽施工时绝缘测定	到场监督
4. 进口重要设备的安装	按工序跟踪检查
5. 大件设备吊装	到场监督
6. 批量大的进场材料	抽样送检;核查合格证明
7. 防火阻燃材料鉴定	抽样送权威部门检验
8. HDPE 管室外管道基础检查	检验三证是否齐全
9. 管道焊接	检查操作焊工的合格证件;焊缝检验
10. 塑料管粘结	到场监督
11. 管道系统试压	到场监督

关键检验部位	专职检验人员职责
12. 管道系统的吹洗	到场监督
13. 设备单机试运转	到场监督
14. 电气设备的试验	到场监督
15. 系统通水通电	到场监督
16. 空调系统调试	到场监督
17. 系统总体调试	到场监督
18. 工程交工验收	检查全部施工记录和交工文件

5.2.8.2 分部、分项工程质量检验方法(见表)

项　目	检验方法
一、给排水管道安装工程	
1. 管材、管配件、阀门材质	到场检查(合格证)、复(校)验记录
2. 焊工《合格证》、考试合格科目	到场检查焊工证书
3. 管道安装坡向、坡度	到场用水准仪、水平仪实测,检查施工记录
4. 阀门安装、法兰、螺栓连接	到场观察检查和启闭检查,用直尺、卡尺或塞规检查
5. 支、吊、托架安装	到场观察检查
6. 试压试验、冲洗和灌水	到场检查试验实况、检查施工记录
二、VRV 热泵机组、冷水机组锅炉安装工程	
1. 垫铁规格、位置高度。地脚螺栓垂直度,螺母拧紧力均匀	到场全数检查
2. 主机机座中心偏差、机身纵向、横向水平度	用塞尺、水平仪全数检查
3. 机组联轴器冷对中允许偏差检查	用千分表全数检查
4. 轴承间隙允许偏差检查	用塞尺或压铅法测量全数检查
5. 机组各部位密封间隙检查	用塞尺全数检查
三、电缆桥架、线槽安装工程	
1. 桥架、线槽安装标高及支、架间距	用直尺测量、观察检查 10 处,检查安装记录
2. 走向合理、坐标正确、连接处平整、无毛刺	用直尺测量、观察检查 10 处,检查安装记录
3. 盖板平整、附件齐全、伸缩缝补偿装置完整	到场观察检查,核查设计图纸及安装记录
4. 穿过墙、过楼板防火封堵严密	到场观察检查,核查设计图纸及安装记录
5. 全部系统有可靠的电气连接和接地(零)	观察全数检查电缆桥架起点和终点,中间检查 5 处
四、附属设备安装	
(1) 水泵安装	联轴器安装精度测量;检查试运转轴承温度记录
(2) 水箱安装	安装偏差用吊线和尺量检查;满水检查
五、空调水管道安装工程	
1. 管道安装、试压和吹洗	检查管网和隐蔽、试压、吹洗记录
2. 管道安装允许偏差	用水平尺、水准仪、拉线和尺量检查
3. 阀门安装	手扳检查和检查出厂合格证,试验等
4. 系统保温	观察和用钢针、塞尺检查保温层厚度和平整度
5. 伸缩器安装	检查伸缩器预拉伸记录

续表

项 目	检 验 方 法
六、风管制作与安装	
1. 金属风管制作	拉线检查和观察检查
2. 金属风管及部件的安装	拉线、吊线、液体连通器和尺量检查
七、空气处理设备安装工程	
1. 通风机安装	尺量和观察检查;检查试运转记录或试车
2. 空调机组安装	尺量、观察检查和检查试运转记录
八、冷冻水管道安装工程	
1. 管道系统吹污和试压	检查吹污试样或试压记录
2. 管子管件和阀门的清洗	观察检查和检查清洗或安装记录
3. 管道安装和焊接	用液体连通器、拉线尺量和焊缝检验尺检查
4. 支、吊、托架安装	观察和质量检查。特别注意衬垫安装的正确性
5. 防腐和保温(含风管)	观察检查;用靠尺、塞尺和钢针刺入法检查保温层
九、电气及管内穿线	
1. 配管及管内穿线	
(1)电管安装	观察检查、尺量检查和检查安装隐蔽记录
(2)管内穿线	观察检查或检查安装记录
2. 电缆敷设	
(1)电缆敷设	观察检查和检查隐蔽工程记录计简图
(2)电缆终端头和接头制安	观察检查或检查安装记录
(3)电缆支、托架及套管安装	观察检查;拉线和尺量检查
3. 电气器具、设备安装	
(1)成套配电柜(盘)安装	观察和吊线、尺量检查;试操作检查
(2)低压电气安装	观察和试通电、试操作检查;检查安装记录
4. 电机及其接线	观察检查或检查试验调整记录和安装记录

5.2.8.3 施工过程主要质量控制点(见表)

控制阶段	控制点名称	控制内容	控制点性质	主要责任人	见证资料
施工准备	图纸设计文件审定	设计要求,相关尺寸图纸差、漏、错	B	项目技术负责人,施工员	图纸会审记录
	施工技术方案	技术要求,施工验收规范及质量标准、质量保证措施	A	主任工程师,技术部门负责人	施工技术方案
	设备材料订货、采购、加工、验收	选择厂家,挑选货源,清点数量,核对规格型号,验收质量	B	材料员、施工员	材料验收单

控制阶段	控制点名称	控制内容	控制点性质	主要责任人	见证资料
施工安装阶段	技术交底(逐级进行)	设计意图,规范要求,质量标准,关键工序	B	项目技术负责人,施工员	技术交底记录
	预埋	隐蔽预埋,电缆支架,槽架,接地体,接地电阻测试	A	项目技术负责人,质检员,施工员	电阻测试记录,隐蔽记录
	电缆、电线敷设	走向排列、耐压、电缆头制作	B	质检员,施工员	安装记录,试验报告
	穿线	导线连接,工艺质量	C	施工员、班长	
质量验评阶段	分项、分部工程质量	评定项目、评定意见、质量保证资料	B	项目技术负责人,质检员	预检记录,分项(分部)验评表

注:A. 停止点:有关责任工程师、质检人员到场并有见证资料。

　　B. 重要点:各有关专业责任人及施工员到场,并有见证资料。

　　C. 一般点:施工员与班长负责。

6. 保证施工、健康安全及环境的措施

6.1 安全体系网络

6.1.1 安全保证体系图

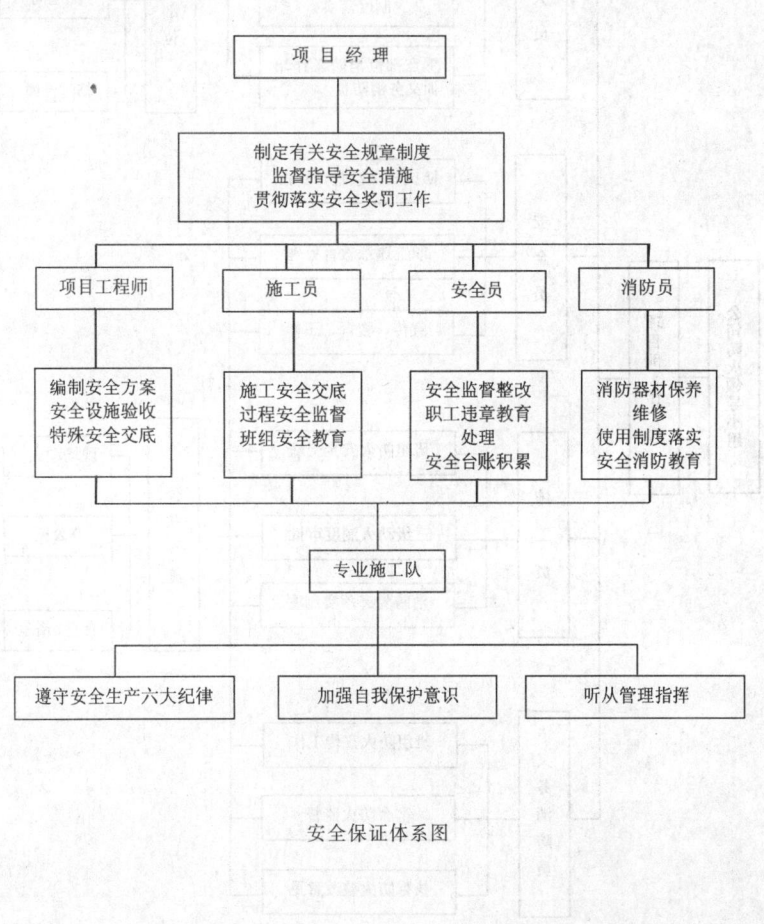

安全保证体系图

6.1.2 安全生产管理网络图

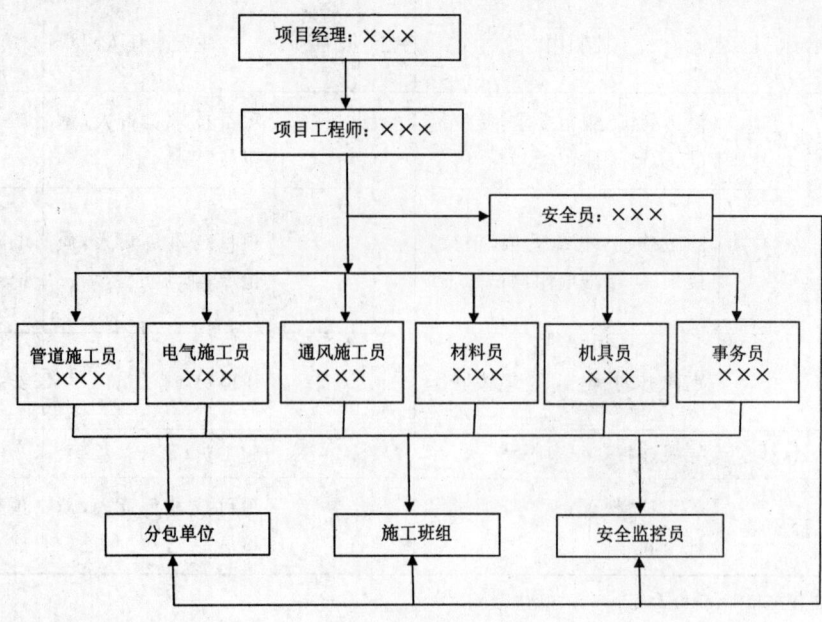

安全生产管理网络图

6.2 消防保证体系图

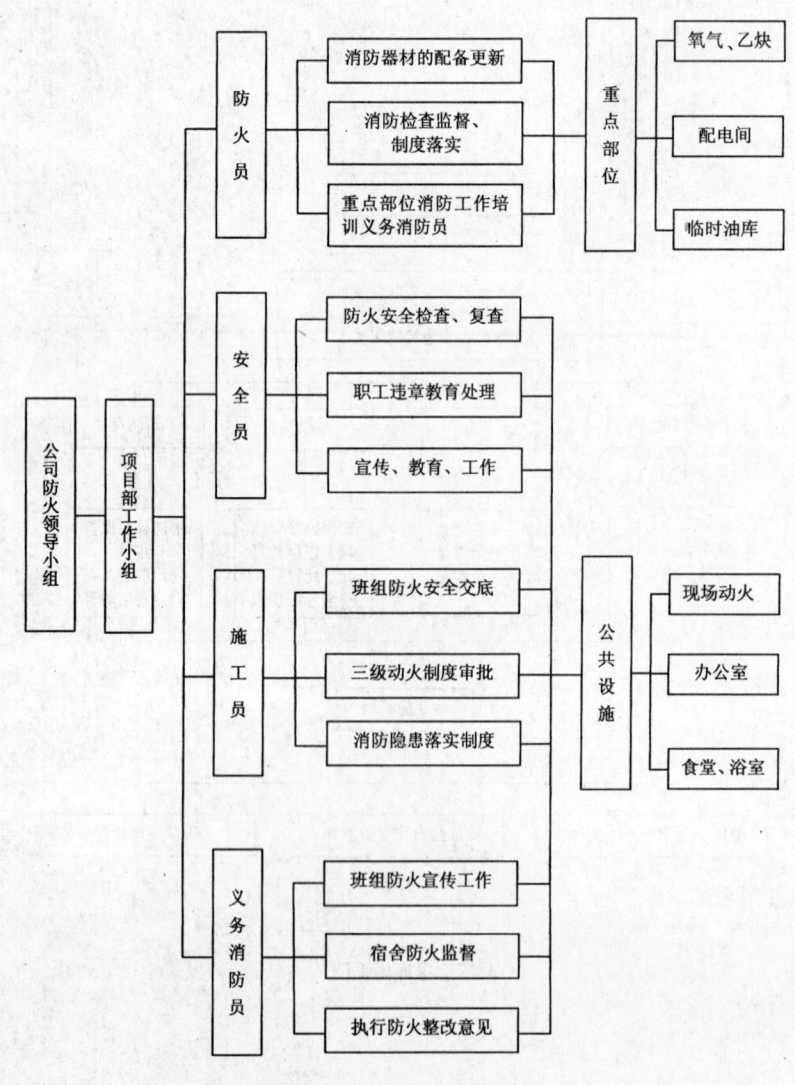

消防保证体系图

6.3 安全及消防保证措施

6.3.1 安全保证措施

6.3.1.1 坚决贯彻执行国家、建设部、市府、集团以及公司有关安全生产、消防安全、文明施工的法令、法规制度,贯彻东海市规范 DGJ—08—903—2003《施工现场安全生产保证体系》,建立本工程的安保体系,编制好安全保证计划,并严格执行,争取通过公司内审以及市级外审。

6.3.1.2 施工现场应严格执行安全生产规定和各有关安全生产文件,健全和贯彻落实工程安全生产责任制,切实贯彻"安全第一、预防为主"的方针,做到安全生产和文明施工。

6.3.1.3 所有参加施工的作业人员必须经安全技术操作培训,合格后方可进入现场进行施工。特殊工种必须持有操作证上岗作业,严禁无证上岗作业。各工种、各工序施工前,均应由施工员进行书面交底后方可进行施工作业。

6.3.1.4 专职安全员根据本工程施工特点,结合安全生产制度和有关规定,经常进行现场检查,如发现严重的不安全情况时,有权指令停止施工,并立即报告项目经理,经处理后方可继续施工。

6.3.1.5 严格执行施工现场安全生产的有关制度,在对施工班组进行操作交底时,必须同时进行安全交底并做好书面记录。

6.3.1.6 施工现场任何人严禁擅自拆除施工现场的脚手、安全防护设施和施工现场安全标志,如需拆除,须由项目负责人会同施工员商议,并在采取相应措施后方可由有关工种进行操作。

6.3.1.7 严格执行《建筑机械使用安全技术规程》和《施工现场机械设备安全管理规定》。

6.3.1.8 施工现场的电气设备设施必须制定有效的安全管理制度,现场电线、电气设备设施必须有专业电工经常检查整理,发现问题,必须立即解决。夜班施工后,第二天必须整理和收集;凡是触及或接近带电体的地方,均应采取绝缘保护以及保持安全距离等措施。

6.3.1.9 施工现场使用的登高扶梯必须坚实稳固,不得缺档,梯阶的间距不能大于 30cm,扶梯使用时,在连接处要用金属卡或铁丝绑牢,人字梯中间需有拉结绳,且梯子下脚应有防滑措施,倾斜的坡度以 60°为宜,以满足施工的要求。

6.3.1.10 现场的四口、五临边不准堆放材料,不准用作预制场地。

6.3.1.11 施工使用的工具应定期检查性能状况,特别是受力工具应完整,以防因滑脱、打滑等意外,造成伤人、伤己。

6.3.1.12 发生事故及事故苗子,必须做到"四不放过":即事故(苗子)原因分析不清不放过,事故(苗子)责任者和群众没有受到教育不放过,没有防范措施不放过,事故责任者没有处理不放过,从而杜绝事故隐患。

6.3.1.13 施工现场的用电设备及线路的绝缘必须良好,电气设备及装置的金属部位和可能由于绝缘损坏而带电的必须根据技术条件采取保护性接地或接零措施。

6.3.1.14 设备及临时电气线路接电应设置开关或插座,不得任意搭挂,露天设置的电气装置必须有可靠的防雨、防湿措施,电气箱内须设置漏电开关。

6.3.1.15 现场临时的照明用电,必须有可靠的接地,引入电源须有二级漏电保护装置,移动照明灯具时必须切断电源,手持式移动行灯,应使用低压电,电压不得超过 36V。

6.3.1.16 电气设备的线路必须符合规定,导线截面与设备容量必须匹配,导线型号选择要合理,接地、接零线的截面要适合。

6.3.1.17 在同一供电系统中,不得将一部分电气设备接地,而将另一部分电气设备接零。电气设备的接地点应以单独的接地与接地干线连接,严禁在一个接地线中串接几个接地点。

6.3.1.18 在低压线路中严禁利用大地作零线供电,不得借用机械本身钢结构作工作零线,保护零线上不得加装熔断器或断路设备。

6.3.1.19 电气装置遇到跳闸时,不得强行合闸,应查明原因,排除故障后再行合闸。线路故障的检修应由专职电工负责,非专业人员不得擅自开箱合闸。

6.3.1.20 现场移动的电动工具应具有良好的接地,使用前应检查其性能,长期不用的电动工具其绝缘性能应经过测试方可使用。

6.3.1.21 手持电动工具的电源线不得任意加长,使用工具附近必须设置可控制电源的配电箱(盘),供应急启闭。

6.3.1.22　使用电动工具必须有两人在场操作,以利处理应急事故。

6.3.1.23　电焊机必须一机一闸、一漏、一箱(所有用电拖箱都必须实行"四个一"),并装有随机开关,一、二次线接头应有防护装置,二次线应用线鼻子连接,焊机外壳必须有良好的接地。

6.3.1.24　现场室外使用的电焊机应有防雨、防潮、防晒的措施,长期停用的焊机使用前须检查绝缘电阻不得低于0.5Ω,接线部分不得有腐蚀和受潮现象。

6.3.1.25　焊钳与线的连接应牢固紧密,地线(搭铁线)及龙头线都不得搭在易燃易爆和带有热源的物体上,地线不得接在已运行的管道、机床设备和建筑物金属架或铁轨上。

6.3.1.26　上、下联系的作业必须设指挥人员,规定专门的讯号,严格按指挥讯号进行作业。

6.3.1.27　风力六级以上或雷电、暴雨天气不能进行户外吊装作业施工,台风季节配置夜间值班人员,确保安全。

6.3.1.28　由于地下比较潮湿,在施工过程中,特别要注意用电安全,临时施工用电拖线一定要架空敷设,同时保证施工现场有一定的亮度,以便施工安全。

6.3.1.29　施工机械应每周进行检查,以免因潮湿使施工机械出现外壳带电等漏电现象。

6.3.1.30　凡是进入施工现场的各类机械设备,必须执行相应规定,严禁违章操作。

6.3.1.31　机械进入现场前,必须严格按规定进行验收,合格机械方能进入施工现场使用,并执行登账、定人定机、挂牌等制度,凡是零部件缺损的,一律不能进入施工现场。

6.3.1.32　交流焊机必须加装二次空截保护装置,否则严禁使用。

6.3.1.33　若有登高作业,则必须符合以下规定:攀高和悬空作业人员以及搭设高处作业安全设施的人员,必须经过专门技术培训及专业考试合格,持证上岗,并应定期进行体格检查;遇到恶劣天气不得进行露天攀高与悬空高处作业;建筑施工进行高处作业之前,应进行安全防护设施的逐项检查和验收,验收合格后,方可进行高处作业;用于高处作业的防护措施,不得擅自拆除,确因作业必需,临时拆除或变动安全防护措施时,必须经项目经理部负责人同意,并采取相应的可靠措施,作业后应立即恢复。

6.3.1.34　在本工程中,存在和完善洞口和临边防护的安全隐患的问题,为此,必须采取以下措施:

　　(1)变长或直径在20~50cm的洞口,可利用固定盖板防护,做到定型化、工具化;50~150cm的洞口,可用钢筋混凝土板内钢筋贯穿洞口构成防护网,网格大于20cm,另外要加密;预制构件的洞口参照上述规定防护或搭设脚手架,满铺竹笆,固定防护。

　　(2)对楼层临边、阳台临边、屋面临边应随施工进度及时安装临时防护栏,高度不低于1.2m,设两道横杆,长度大于2m时,应设置立柱,立柱可利用结构物或在板内预埋铁件焊接;张挂好安全网。

6.3.1.35　在施工过程中,存在着各个专业的交叉作业,为此,必须采取一定的防护措施,可以设置防护网。

6.3.2　消防保证措施

　　由于本工程各专业施工工种较多,所以在施工过程中如何协同配合好其余施工单位做好消防管理,将作为本工程管理的重点之一。

6.3.2.1　项目部须加强对参与现场施工各劳务人员的消防意识教育和消防指导,认真贯彻消防制度,经常开展消防活动,定期进行防火检查。

6.3.2.2　工地设立联防小组,以预防为主。配合业主在每层设置灭火机,水源处的道路应保持畅通。

6.3.2.3　施工现场应严格按《施工现场防火规定》等文件的规定,进行施工消防工作,定期检查灭火设备和易燃物品的堆放处,消除火警隐患,休息室、更衣宿舍更要注意防火。

6.3.2.4　加强对电焊、气焊设备的整治,要注意防火防爆,现场动用明火前,必须按规定办妥动火证,并加强防范工作。

6.3.2.5　在进行焊割作业时必须严格执行"十不烧"规定。

6.3.2.6　非电工严禁擅自拉接用电器具和电线。

6.3.2.7　禁止擅自使用非生产性电加热和煤油炉等明火器具。

6.3.2.8　消防器材不得挪作它用,周围不准堆物,保护道路畅通。

6.3.2.9　在每层施工楼面内设置灭火机,在结构阶段设专用消防灭火机、水源。

6.3.2.10　重点部位(油漆间、氧气乙炔间等)必须执行严禁吸烟、动火等有关规定,有专人管理,落实责任,按规范设置警示牌,配置相应的消防器材。

6.3.2.11　值班人员必须配合安全部门定期巡逻,发现火苗、隐患及时采取措施,且立即报告有关领导部门。

6.4　安全保证的法规、法律文件

《中华人民共和国安全生产法》

《中华人民共和国劳动法》

《中华人民共和国消防法》、《东海市消防条例》

《中华人民共和国建筑法》

《建设工程安全生产管理条例》国务院令　第393号

《建筑安全生产监督管理规定》建设部令　第13号

《建设工程施工现场管理规定》建设部令　第15号

《建筑施工安全检查标准》JGJ59—99

《建筑施工高空作业安全技术规范》JGJ80—91

《建筑机械使用安全技术规程》JGJ33—2001

《施工现场临时用电安全技术规范》JGJ46—88

××市标准《施工现场安全生产保证体系》DBJ08—903—98

××市标准《施工现场安全生产工作条例》

《××市劳动保护监察条例》

《××市建筑市场管理条例》

××市文明工地管理检查标准

××市建工(集团)总公司施工现场消防工作管理条例

××市建工(集团)总公司治安综合治理安全保卫工作标准

××市安装××××公司《安全生产工作条例》(第四次修订)

××市安装××××公司《消防安全管理规定》(修订)

6.5　HSE项目管理

7.　施工准备工作计划

本工程开工之前,要做好技术工作的准备、前期工作所需施工资源的准备、施工各项计划的编制、临时设施的规划等工作。

接到中标通知书后,本公司项目组将迅速进驻现场,会同业主、总承包方及监理洽谈合同事宜;由项目工程师组织有关技术人员认真熟悉施工图纸,参加由业主组织召开的设计交底、图纸会审及现场交接会议;项目部根据现场的实际情况及业主的统一部署进行现场临时设施的布置;项目部技术人员将根据设计交底、图纸会审、施工图纸等编制施工组织设计和各分部工程施工方案,并向施工队进行技术交底和岗前培训,同时按照施工总体进度计划的安排编制机械设备进场计划、材料进场计划、劳动力进场计划。

7.1　技术准备

7.1.1　编制施工技术文件

(1)在项目经理的组织下勘察施工现场、了解周边环境,以便更合理地组织施工。

(2)在项目工程师的组织下,认真熟悉图纸、深刻理解设计意图及设计要求,检查设计图纸和资料内容是否符合有关施工规范;设计图纸是否齐全,图纸本身及相互之间有无矛盾和错误,图纸与设计说明是否一致,将所发现的问题在图纸会审时提出,和业主、监理、设计师、总包等共同商定解决,形成纪要。

(3)按施工要求积极配备各类管理资料、技术资料、施工规范、操作规程、验评标准、工艺、工法等。

(4)编制详细的质量计划;通过施工图纸会审以及对施工技术的掌握、理解、核定,在项目工程师的组织下及时编制。

(5)施工方案编制计划。为确保工程阶段各专业的顺利展开,确保工程的进度、质量、安全,确保工程的施工准备工作充分,确保各系统的顺利展开,拟编制以下施工方案:

序号	施工方案名称	编制人	送审日期	完成日期
1	电缆敷设方案	安 民	2003-10	2003-10
2	动力系统受电、送电方案	安 民	2003-10	2003-10
3	弱电工程施工调试方案	专业分包	2003-09	2003-10
4	受、送水方案	曹 峰	2003-10	2003-10
5	空调供回水施工、调试方案	曹 峰	2003-10	2003-10
6	空调系统调试方案	谢 海	2003-10	2003-10
7	人防预埋方案	赵 峰	2003-10	2003-10
8	管道施工方案	赵 峰	2003-10	2003-10
9	风管施工方案	谢 海	2003-10	2003-10

（6）编制机具配备和进场计划，优化配置好各种施工机具设备和检验、测量、试验设备。

（7）各专业技术员在项目工程师的组织下，对进场工人进行技术交底，让工人明白设计意图、施工要求、质量目标、安全事项、进度要求、文明施工要求等。

7.1.2 施工图深化设计

由于本工程单层面积大、各专业交叉多，施工图往往不能满足施工要求，项目部技术科将认真消化设计图，并根据设计功能要求，对施工图进行深化设计。

（1）施工图深化设计措施

1）专业施工员认真熟悉消化施工图和设计文件，了解各系统工艺流程，各种管线的走向布局及各种设备设施的位置、外观尺寸。

2）各专业在熟悉消化图纸的过程中，对一些局部设计不完善、管线位置不明确、图纸标识不清楚的问题，逐一详细记录。

3）由项目工程师组织各专业，对图纸中有疑问的问题进行整理，并内部自审。

4）自审完毕后，由业主组织设计单位、监理、总承包单位共同进行图纸会审，并进行设计交底，经设计确认后，将作为配合设计进行图纸深化的依据。

（2）综合管线平衡措施

根据设计图纸及深化图，由项目工程师组织专业施工员进行现场测量，绘制实测图，测量的内容包括：

1）梁的高度。梁的高度对管线的安装有着直接的影响，直接限制着管线安装空间。

2）土建预留孔洞的尺寸、位置与设计的符合程度。

（3）根据现场实测的结构尺寸、距离，进行各专业管线的综合平衡，确定各种管线的布局、安装高度、水平坐标。管线平衡应遵循以下原则：

1）不改变原设计原理。

2）不改变工程的使用功能。

3）符合相关的国家规范及地方标准、规范。

4）符合工程使用后的检修要求。

5）满足工程的空间要求。

（4）根据各专业的平衡过程结果，绘制综合管线平衡图，综合管线平衡图须经业主、设计、总包、监理审核批准后方可实施。

（5）综合管线平衡过程中应注意以下几点：

1）风管截面较大，对管线布局平衡影响也最大，所以，应首先考虑风管的安装高度及水平坐标。

2）风管、桥架、电管、水管分层设置或水平布置时，相互之间的距离应满足操作、检修及规范的要求，且桥架不能平行敷设在水管下方。

7.2 现场准备

7.2.1 做好施工用水准备

根据施工程序安排及管道等系统的工艺要求,本公司会在进场前就了解施工现场已有的施工用水设施情况,在进场后就向总包和业主提供临时施工用水布置方案,在得到同意后进行布置。

7.2.2 做好施工用电准备

根据施工程序安排及工艺要求,本工程主要用电负荷为焊接设备以及施工现场用切割机、套丝机等小型机械设备。为此用电计算主要按机械设备定量进行负荷计算,并适当考虑余量,同时对用电线路设计、线路敷设、开关和备用电源进行阐述,以确保用电的安全性、连续性和可靠性。

7.2.3 施工用计量器具的准备

为确保本工程质量,必须使用经检查合格的,在允许使用期内的计量器具,根据需用计划到分公司计监科领用。如遇特殊计量器具,应尽早提出使用计划以便早作准备。施工人员必须正确使用各种计量器具,并负责保管和维护。

7.2.4 施工现场临时设施准备

    a. 办公室 6 间,每间 20m^2,共 100m^2。

    b. 小五金仓库 4 间 200m^2。

    c. 材料堆放露天 200m^2。

    d. 危险品库 2 间 16m^2。

    e. 油漆间 1 间 12m^2。

7.3 施工准备工作计划

施工准备计划表

序号	施工准备工作项目	责任人	实 现 期 限
1	项目部组建	钱 运	2004-10—2005-11
2	大临规划与实施	钱 运	2004-10
3	《生产任务单》签发、"工程编号"、《开工报告》等下达	高 奎	2004-10
4	《工程承包合同》签约并向项目部交底	张东等	2004-10
5	《建设工程项目施工许可证》复印件	钱 运	2004-11
6	《施工组织设计》和《工程项目质量计划》编制	钱 运 沈 明	2004-11
7	施工资料收发	陆 娈	2004-10
8	图纸会审和设计交底	施工员	2004-10
9	合格专业劳务承包方配备落实	钱 运 王 华	2004-10 起
10	设备及材料供货分工 协议	施 行 钱 运	2004-10 起

8. 劳动力需要计划表及峰值图

序号	月份 工种	2004年 10～12月	2005年 1～3月	4～6月	7～9月	10～12月	2006年 1～3月	4～6月
1	电工	15	30	50	80	100	100	80
2	管道工	10	25	40	60	80	80	60
3	通风工		5	20	30	40	50	30
4	焊工	5	8	15	18	20	20	18
5	油漆工			5	5	8	8	5
6	保温工				6	8	8	6
7	其他		2	5	8	10	10	8
8	总计	30	40	135	207	266	276	207

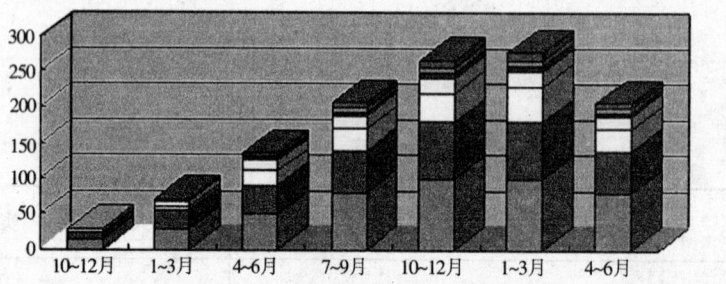

劳动力需用计划表及峰值图

9. 大型施工机械、施工机具、计量器具配备计划表

9.1 大型机械一览表

序	大型机械名称	型号规格	数量	单位	备注
1	液压式吊机	25t	1	辆	
2	液压式吊机	80t	1	辆	自有
3	电动卷扬机	5t	4	台	自有
4	电动卷扬机	1t	4	台	自有
5	电动卷扬机	0.5t	2	台	自有
6	空气压缩机	0.7m³	2	台	自有
7	液压升降台	$H=5m$	3	座	自有
8	真空泵		1	台	自有
9	运输卡车	10t	4	辆	自有
10	液压搬运车	2.5t	4	辆	自有

9.2 主要施工机具一览表

序号	机具名称	型号规格	数量	单位	备注
1	电动套丝机	DN15—DN50	6	台	自有
2	电动套丝机	DN65—DN100	4	台	自有
3	直流电焊机	300A	10	台	自有
4	交流电焊机	500A	10	台	自有
5	砂轮切割机	ϕ400	8	台	自有
6	双头砂轮机	ϕ250	6	台	自有
7	台钻	ϕ12	10	台	自有
8	离心式试压泵	1.6MPa 20t/h	6	台	自有
9	电动活塞式试压泵	1.6MPa 0.25t/h	4	台	自有
10	手揿式试压泵		5	台	自有
11	角向砂轮机	ϕ100,125	10	只	其中ϕ125 8只
12	液压弯管机	DN50	4	台	自有
13	冲击电钻	日立牌	24	把	自有
14	对讲机	MOTOROLA	10	只	自有
15	电缆放线架	H=1200	8	副	连芯棒 自有
16	电缆放线架	H=1500	6	副	连芯棒 自有
17	电缆放线架	H=800	6	副	连芯棒 自有
18	半导体话筒	6V	6	只	指挥用 自有
19	手枪钻	ϕ6.5	12	把	自有
20	电钻	ϕ13	10	只	自有
21	磁性电钻	ϕ19	3	台	自有
22	联合角咬口机		4	台	自有
23	平缝咬口机		4	台	自有
24	四用手揿剪		3	套	自有
25	手动(液压)全面按钳		5	把	自有
26	手动拉铆钳		5	把	自有
27	按扣式咬口机		4	台	自有
28	手拉葫芦	1t	10	只	自有
29	手拉葫芦	2t	10	只	自有
30	手拉葫芦	3t	4	只	自有
31	手拉葫芦	5t	4	只	自有
32	脚手板	250×5000×10	40	块	高空作业用 自有
33	枕木	240×160×3000	80	块	设备拖运用 自有
34	走管	D89×5×2500	10	支	设备拖运用 自有
35	走管	D60×4×2000	12	支	设备拖运用 自有
36	潜水泵		4	台	排水用 自有
37	烘箱	t=100℃	3	只	烘焙焊条 自有

序号	机具名称	型号规格	数量	单位	备 注
38	液压手推车		6	辆	3t×2,2t×4 自有
39	立钻	φ25	2	台	自有
40	电动曲线锯		10	台	自有
41	电动六角螺母扳手		12	台	自有
42	电动金属孔锯	φ21～φ71	5	套	自有
43	排气风扇		10	台	自有
44	安全隔离变压器	220V/220V0.5kVA	10	台	自有
45	压接帽钳		10	把	自有
46	塑料管剪刀钳		18	把	自有
47	羊角电钻	φ10mm	6	把	自有
48	排水泵		12	台	自有
49	电缆滑轮		150	只	自有
50	手撅橡皮吹气		5	只	自有

9.3 安装工程质量检测仪器

序号	名 称	型号规格	数量	单位	备 注
1	水准仪	DS$_3$	4	台	包括标尺 自有
2	经纬仪	J$_2$	2	台	自有
3	方形水平仪	0.02/1000	2	只	自有
4	精密水平尺	0.10/1000	2	只	自有
5	百分表	0.01	2	只	自有
6	磁性千分表架		2	只	自有
7	试压压力表	1.6MPa_100	6	只	自有
8	试压压力表	2.5MPa_100	4	只	自有
9	真空表	Z-100	2	只	自有
10	U形压力计	1000mmH$_2$O	2	只	自有
11	接地电阻测试仪	ZC-29	1	只	自有
12	万用电表	数字式	2	只	自有
13	点温计	100℃	2	只	自有
14	转速表	10000r/min	2	只	自有
15	压差流量计		3	只	空调水平衡用自有
16	热球风速仪	P5-H 或 QDF-3	2	台	通风调试自有
17	倾斜式微压计	YYT-2	2	台	通风调试自有
18	补偿式微压计		2	台	通风调试自有
19	U形压差计		1	台	通风调试自有
20	钳形电流表		2	台	通风调试自有
21	光电转速表		2	只	通风调试自有

序号	名　称	型号规格	数量	单位	备　注
22	精密声级计	丹麦 B&K2209	1	只	通风调试自有
23	标准静压毕托管	700～200M 1400～2400Pa	2	只	通风调试自有
24	标准风量计	700～200M 1400～2400Pa	2	只	通风调试自有
25	水银温度计	100℃	2	只	自有
26	温度计		2	只	自有
27	粒子计数器	CTL-01	1	台	自有
28	漏风量测定装置		1	套	自有
29	空调综合测定仪	KANOMAX　日本制	1	台	自有
30	弹簧秤	10kg	3	把	经检测标准尺
31	标尺		1	把	
32	游标卡尺	0～200　0.05	3	把	
33	热点风速仪	荷兰进口	1	台	
34	钳型电流表	50～400A	2	台	
35	塞尺	0.02～1　2级	2	把	

安装 A-4

其他规范、规定要求的施工组织设计内容

视工程具体情况组织编写，本项目无此内容。

B 册:施工技术管理资料

施工技术管理资料目录

表号	资 料 名 称	备 注	页码
B-0	施工技术管理资料目录		65
B-1	建设工程质量人员从业资格审查表		66
B-2	建设工程特殊工种上岗证审查表		67
B-3	图纸会审、设计交底纪要		68
B-4	技术核定单		70
B-5	设计修改通知单		71
B-6	施工交底记录		72
B-7-1	隐蔽工程验收计划表		73
B-7-2	隐蔽工程验收单		76
B-8	施工现场质量管理检查记录		77
B-9	工程质量一般事故报告		78
B-10	工程质量重大事故报告		79
B-11	工程质量保修书		80
B-12	施工日记		81
B-13	给排水安装检查记录		82
B-14	电气安装检查记录		85
B-15	通风与空调安装检查记录		91

建设工程质量人员从业资格审查表

单位工程名称			××××学院××楼					
	职　务	姓　名	专业与技术职称	岗位证书及编号	职　务	姓　名	专业与技术职称	岗位证书及编号
施工单位	项目经理	×××	工程师	××-××××	安全员	×××	工程师	××-×××
	技术负责人	×××	高级工程师	××-××××	取样员	—	—	—
	专职质量员	×××	水-助理工程师 电-助理工程师	××-××× ××-×××				
	施工员	×××	水-助理工程师 电-工程师 风-助理工程师	××-××× ××-××× ××-×××	施工单位（章）		××市安装××××公司	
	技术员	×××	水-助理工程师 电-工程师 风-助理工程师	××-××× ××-××× ××-×××				
监理单位	项目总监	×××	注册监理工程师	××-××××	电监理	×××	监理工程师	××-××××
	监理工程师	×××	监理工程师	××-××××	见证员	—	—	—
		×××	监理工程师	××-××××	监理单位（章）		××市××监理公司	
	管道监理	×××	监理工程师	××-××××				
勘察设计单位	勘察项目负责人	—	—	—	建筑师	—	—	—
	设计项目负责人	—	—	—	结构工程师	—	—	—
	勘察技术负责人	—	—	—	勘察设计单位（章）		—	
	设计技术负责人	—	—	—				
建设单位	项目负责人	×××	工程师	××-××××	管理人员	—	—	—
	管理人员	×××	工程师	××-××××	建设单位（章）		××××学院筹建处	
		—	—	—				
审查意见	符合要求 项目质量监督工程师　　　　　　×××　　　　　　2003 年 11 月 03 日							

建设工程特殊工种上岗证审查表

施工单位名称：××市安装××××公司　　　　　　　　　单位工程名称：××××学院××楼

序号	姓名	性别	工种	发证部门及编号				复审期限	备注
				建设行业证	发证日期	劳动部门证	发证日期		
1	×××	男	电工	××-×××	2000-01-31	沪劳×××	2004-03-31	2006-04-30	
2	×××	男	电工	××-×××	2001-01-31	沪劳×××	2004-03-31	2006-04-30	
3	×××	男	电工	××-×××	2000-01-31	沪劳×××	2004-03-31	2006-04-30	
4	×××	男	电工	××-×××	2000-01-31	沪劳×××	2004-03-31	2006-04-30	
5	×××	男	电工	××-×××	2000-01-31	沪劳×××	2004-03-31	2006-04-30	
6	×××	男	焊工	××-×××	2000-01-31	沪劳×××	2004-03-31	2006-04-30	
7	×××	男	焊工	××-×××	2000-01-31	沪劳×××	200403-31	2006-04-30	
8	×××	男	起重工	××-×××	2000-01-31	沪劳×××	2004-03-31	2006-04-30	
9	×××	男	起重工	××-×××	2000-01-31	沪劳×××	2004-03-31	2006-04-30	

图纸会审、设计交底纪要

建设单位	××××学院筹建处	设计单位	××市设计研究院
施工单位	××市安装××××公司	工程名称	××××学院××楼
监理单位	××市××监理公司	交底日期	2003-11-05
出席单位	出 席 会 议 人 员 名 单		
建设单位	××××学院筹建处： 项目负责人：××× 项目管理员：××× 项目管理员：×××		
设计单位	××市设计研究院： 项目设计负责人：××× 项目设计对口人：×××		
监理单位	××市××监理公司： 总监理工程师：××× 监理工程师：××× 监理工程师：×××		
施工单位	××市安装××××公司： 项目经理：××× 项目工程师：××× 管道施工员：××× 电气施工员：××× 通风施工员：×××		

注：书面图纸会审、设计交底内容，应有参加会议四方单位分别签章。

图纸会审、设计交底纪要

工程名称：××××学院筹建处××楼   共1页第1页

序号	图 号	内 容	设计答复
1	电施05	2～3层吊顶高度较低，走道灯具安装高度低于2.4m，根据规范要求灯具必须接PE线保护	增加PE线，原走道四路BV-2×2.5＋E2.5
2	电施07	卫生间内插座离洗脸盆较近，易被水溅	改为防溅型插座
3	电施05 弱电施05	由于2～3层吊顶内空间较小，无法满足强、弱电桥架分别敷设的要求	改为强、弱电合用400×200的桥架，并采用隔板使强、弱电分开
4	电施09	消防泵电源，原图中采用ZVV-3×70电缆	增加PE线，改为采用ZVV-3×70＋E35电缆
5	电施03	原图中，供电干线采用空气型母线槽进行垂直敷设，易产生烟囱效应，对防火不利	改为采用密集型母线槽
6	电施20	原图中，航空障碍灯未标明规格	采用白色高光强航空障碍灯
7		本工程供电系统采用何种保护制式	采用TN-5制
8	水施03 水施04	给排水预留洞如何进行实施	＞350mm的洞口有土建预留，≤35mm的洞口有安装预留
9	水施03 水施04	通过钢筋混凝土立柱、沉袋的排水管安装要求	采用无缝钢管直埋安装
10	水施03 水施04	钢管理硬塑管采用何种连接方式	采用法兰连接
11	水施03 水施04	管道安装时，必须要断制结构钢筋如何解决	有总包协调，土建加固

技 术 核 定 单

工程名称	××××学院××楼	编　号	××-××-×××
建设单位	××××学院筹建处	工程图纸编号	电施-08
施工单位提出者	×××	施工单位审批者	×××

项　次	核 定 内 容
1	餐厅与初配、烹调、加工隔墙由于图纸与实际墙的位置有出入造成安装预埋位置差。现增加电线管 JDG30m,具体情况见××楼(餐厅)电施-08。在轴线 1—2 和 1—3 之间的隔墙与实际位置向 1—5 轴方向偏移了约 800mm 左右。造成 6 只插座和 1 只照明箱 2AL-1 之配管报废。

施工单位提出者签字	×××	施工单位审核者签字	×××

监理单位签字、盖章	设计单位签字、盖章	建设单位签字、盖章
××市××监理公司: 总监理工程师:×××	××市设计研究院: 项目设计对口人:×××	××××学院筹建处: 项目负责人:×××

设计修改通知单

××市建筑设计研究院

专业：__暖通__　图号：__1__
2003 年 11 月 25 日

主　　送：__××××学院筹建处__　　　　抄　　　送：__××市安装××××公司__

建设单位：__××××学院筹建处__　　　　工 程 编 号：__C-200345003-1__

项目名称：__××××学院××楼__　　　　有关图纸图号：__设施—5、7__

修改原因：__审图公司审图意见__

修改内容：__如下__

1. 底层 1—EF—1—2 排风系统水平风管与垂直风管相接处加
   800×320FVD 防火调节阀 1 个。
2. 三层 1—EF—3—2 排风系统水平风管与楼板相接处加
   1250×400、150°CFD 防火阀 1 个。

工程施工图设计出图
专用章

证号 090106

××市建设和管理委员会
统一颁发

有效期至 2004 年 3 月 31 日

施工图发图
负责人
××

施工交底记录

建设单位	××××学院筹建处	工程名称	××××学院××楼
交底日期	2004 年 01 月 20 日	交底地点	××××学院项目部会议室
交底部位	一层		
引用规范规程			

施工图设计交底内容	技术： 1. 审阅施工图，按照施工图中各类管路、功能、标高、阀门安装方向等技术要求施工。 2. 严格按照通风、空调施工质量验收规范和企业有关工艺、规程及设计施工图施工。 3. 施工变更通知需经业主审阅受控后方可施工。
	质量： 1. 严格执行通风与空调施工质量规范。 2. 支吊架必须符合 GB50243—2002 规范要求。 3. 按照施工图中，风管走向及位置与各专业的走向排列位置互不干扰。
	产品保护： 1. 材料进场后，板材根据不同厚度堆放整齐。 2. 在施工过程中，注意产品保护，同时也需注意不损坏其他专业的产品。
	安全： 1. 班组进场遵守安全六大纪律，做到文明施工。 2. 特殊工种必须持证上岗，严禁无证上岗操作。 3. 每层楼施工前，安全员需经常检查施工班组安全措施落实的情况，发现有安全隐患的应及时修复。

出席人员签字	施工技术员：×××　　　班组全体人员：×××　　　×××　　　××× 　　　　　　　　　　×××　　　　　　　×××　　　×××　　　××× 　　　　　　　　　　×××　　　　　　　×××　　　×××　　　×××
	班(组)长(签字)　　　×××　　　｜　交底人(签字)　　　××× 　　　　2003 年 11 月 12 日　　　｜　　　　2003 年 11 月 12 日

隐蔽工程验收计划表

单位(子单位)工程	××××学院××楼			
分部(子分部)工程	建筑给水、排水及采暖			
施 工 单 位	××市××建筑有限公司			
分 包 单 位	××市安装××××公司			
序	验收单位	计划验收日期	施工图号	备注
1	××楼±0.00以下埋地排水管道	2004年2月	水施-2	
2	××楼±0.00以下埋地雨水管道	2004年3月	水施-19	
3	××楼一层消防、喷淋给水管道	2004年10月	水施-2	
4	××楼一层给水、排水、热水管道	2004年10月	水施-2	
5	××楼二层消防、喷淋给水管道	2004年10月	水施-3	
6	××楼一层给水、排水、热水管道	2004年10月	水施-3	
7	××楼三层消防、喷淋给水管道	2004年10月	水施-4	
8	××楼一层给水、排水、热水管道	2004年10月	水施-4	

编制人:×××

编制日期:2003年10月12日

隐蔽工程验收计划表

单位(子单位)工程	××××学院××楼			
分部(子分部)工程	建筑电气			
施工单位	××市××建筑有限公司			
分包单位	××市安装××××公司			
序	验收部位	计划验收日期	施工图号	备注
1	××楼一层顶板四周均压环	2003 年 12 月	电施-19	
2	××楼一层配管	2003 年 12 月	电施-04、电施-05 电施-06	
3	××楼一层吊顶内配管、桥架敷设	2004 年 10 月	电施-06 电施 01-05A-06A	
4	××楼二层顶板四周均压环	2004 年 02 月	电施-19	
5	××楼二层配管	2004 年 02 月	电施-07、电施-08 电施-09	
6	××楼二层吊顶内配管、桥架敷设	2004 年 10 月	电施-09 电施 01-07A-08A	
7	××楼三层顶板四周均压环	2004 年 02 月	电施-19	
8	××楼三层配管	2004 年 02 月	电施-10、电施-11 电施-12	
9	××楼三层吊顶内配管、桥架敷设	2004 年 10 月	电施-12 电施 01-09A-10A	

编制人:×××

编制日期:2003 年 10 月 20 日

隐蔽工程验收计划表

单位(子单位)工程	××××学院××楼			
分部(子分部)工程	通风与空调			
施工单位	××市××建筑有限公司			
分包单位	××市安装××××公司			
序	验收部位	计划验收日期	施工图号	备 注
1	××楼一层玻璃钢风管、镀锌铁皮风管安装	2004 年 09 月	风施-M501a	
2	××楼一层风管铝箔离心玻璃棉板保温	2004 年 09 月	风施-M501a	
3	××楼二层玻璃钢风管、镀锌铁皮风管安装	2004 年 09 月	风施-M502a	
4	××楼二层风管铝箔离心玻璃棉板保温	2004 年 09 月	风施-M502a	
5	××楼三层玻璃钢风管、镀锌铁皮风管安装	2004 年 09 月	风施-M503a	
6	××楼三层风管铝箔离心玻璃棉板保温	2004 年 09 月	风施-M502a	
7	××楼一层空调供回水管	2004 年 10 月	设施-10	
8	××楼二层空调供回水管	2004 年 10 月	设施-11	
9	××楼三层空调供回水管	2004 年 10 月	设施-12	

编制人:×××

编制日期:2003 年 11 月 10 日

隐蔽工程验收单

编号：	60701	2003 年 10 月 06 日
单位工程名称	建设单位	施工单位
××××学院××楼	××××学院筹建处	××市安装××××公司

	分部工程、分项工程、验收批名称	图纸编号
隐蔽工程内容	 1. 按设计图纸施工。 2. 施工质量符合规范要求 GB50300—2002、GB50169—92 　利用桩柱基础作为联合接地体，接地线采用 40×4 热镀锌扁钢沿承担台板底部作环形敷设，按设计要求位置与桩基内两根≥16mm 主筋焊接，防雷引下线利用结构柱内 2 根主筋与联合接地体焊接连接。	电施-03
验收意见	质量符合要求	

施工单位签章	××市安装××××公司	监理单位签章	××市××监理公司	建设单位签章	××××学院筹建处

施工现场质量管理检查记录

表 A.0.1   开工日期:2003-10-25

工程名称	××××学院××楼		施工许可证(开工证)		沪03-06
建设单位	××××学院筹建处		项目负责人		×××
设计单位	××市设计研究院		项目负责人		×××
监理单位	××市××监理公司		总监理工程师		×××
施工单位	××市安装××××公司	项目经理 ×××	项目技术负责人		×××

序号	项 目	内 容
1	现场质量管理度	1.质量例会制度 2.质量验收办法 3.质量奖惩制度 4.工程资料管理制度 5.材料管理办法
2	质量责任制	1.项目质量组织机构 2.项目质量责任制
3	主要专业工种操作上岗证书	1.人员任命 2.人员上岗证书(各专业工种操作证管理台帐)
4	分包方资质与对分包单位的管理制度	1.工程分包管理办法 2.分包管理台帐
5	施工图审查情况	1.施工图管理规定 2.施工图会审、设计交底记录
6	地质勘察资料	—
7	施工组织设计、施工方案及审批	1.施工组织设计 2.施工方案
8	施工技术标准	1.各专业国家验收规范 2.企业配套工艺、工法、规程
9	工程质量检验制度	1.工程过程检验制度 2.工程检测制度 3.原材料检验制度
10	搅拌站及计量设置	计量器具管理办法
11	现场材料、设备存放与管理	1.现场仓库管理办法 2.材料管理办法 3.物资搬运、储存管理办法
12	其他管理制度	工程质量策划、工程质量监督计划、目标计划管理工作等

检验结论:

现场质量管理制度齐全

总监理工程师 ×××

(建设单位项目负责人)   2003 年 10 月 25 日

工程质量一般事故报告

工程名称：	××××学院××楼	填表单位：	××市安装××××公司
		填表日期：	2004 年 12 月 30 日

分部分项工程名称	单位工程开工至竣工无质量事故	事故性质	—
部　位	—	发生日期	—

事故情况	该工程自 2003 年 10 月开工至 2004 年 12 月竣工未发生质量事故。

事故原因	—

事故处理	—

返工损失	事故工程量		—		
	事故费用	材料费(元)	—	合计	— 元
		人工费(元)	—		
		其他费用(元)	—		
	耽误工作日		—		

备注	—

施工单位负责人：×××	监理单位：××市××监理公司	制表人：×××

工程质量重大事故报告

填报单位：(盖章)　××市安装××××公司××××项目部

建设单位及工程名称	××市安装××××公司××××项目部	设计单位	××市设计研究院
工程地点	××市××区×××路×××号	施工单位	××市安装××××公司
发生事故时间	××××年×××月×××日	损失金额(元)	—	因质量事故造成的人员伤亡	—

工程概况、事故情况及主要原因

该工程自 2003 年 10 月至 2005 年 12 月竣工未发生事故

工 程 质 量 保 修 书

单位工程名称	××××学院××楼	竣工日期	2004-12-30
建设单位名称	××××学院筹建处	施工单位名称	××市安装××××公司

　　本工程在质量保修期内,如发生质量问题,本单位将按照《建设工程质量管理条例》、《房屋建筑工程质量保修办法》的有关规定负责质量保修,属施工质量问题,保修费用由本单位承担,属其他质量问题,保修费用由责任单位承担。

质量保修范围	在正常使用条件下,建设工程的最低保修期限如下: 　　1. 供热冷与制冷系统,为 2 个采暖、制冷期。 　　2. 电气管线、给排水管道、设备安装为 2 年。 　　其他:

　　注:
　　1. 建设工程保修期,自建设单位竣工验收合格之日起计算。
　　2. 建设工程超过保修期以后,应由产权所有人(物业管理单位)进入正常的、定期保养和维修。

施工单位	法人代表	×××	施工企业(公章)
	项目经理	×××	
	保修联系人	×××	
	联系电话	××××××××	2004 年 12 月 30 日
	联系地址、邮编	××市××路××号、××××××	

施 工 日 记

2004 年 04 月 03 日　　星期　二　　气温　最高　15　℃　　气候　上　午　（晴、雨、雪）
　　　　　　　　　　　　　　　　　　　　　　最底　8　℃　　　　　下

工种 / 班组长姓名 / 内容	管道	电气	通风	设备	焊工	保温	实际完成工作量 m³(m²)
班组长姓名	×××	×××	×××	×××	×××	×××	
分部分项工程名称			实际工作人数				
给水、排水（地下一层）	14			5	6	1	1640 元
电气（地上 1～3 层）		52					2080 元
给水、排水（地上 1～3 层）	65					3	1520 元
通风（地上 1～3 层）			8				320 元
质　　量	按照设计及工艺要求，现场配管、配线布置，风管制作、安装质量达到规范要求						
安　　全	遵守安全"六大纪律"，做好现场安全设施工作，进入施工现场戴好安全帽，高空作业戴好安全带，落实安全用电措施						
砂浆、混凝土试块制作情况	—						
隐蔽工程验收及技术复核记录	地上一层给排水、电气配管埋设，及时做好隐蔽验收记录						
材料、构件、机具进退场	—						
发生停工情况	—						
场　　容	施工场地整洁、道路畅通						
加班情况	—						
其　　他	—						

给排水安装检查记录

单位（子单位）工程：	××××学院××楼
分部（子分部）工程	
检验批号	050101
施工图号	水施-3
安装部位	二层

管道安装检查记录

室内给水系统

条款	检查内容	检查情况
3.3.3	地下室或地下构筑物外墙有管道穿过的，应采取防水措施。对有严格防水要求的建筑物，必须采用柔性防水套管。	
4.1.2	给水管道必须采用与管材相适应的管件。生活给水系统所涉及的材料必须达到饮用水卫生标准。	
8.5.1	（低温热水地板辐射采暖系统）地面下敷设的管道埋地部分不应有接头。	

管线号或名称	规格(mm)	材质	最大安装偏差(mm)				管道支、吊架	防腐要求	
			坐标	标高	垂直度	坡度		底漆（层数）	面漆（层数）
给水管	D108×4.5	#20钢	12	15	2	3	平整牢固		绿漆(2层)
给水管	D89×4	#20钢	11	10	2	1	平整牢固		绿漆(2层)
给水管	DN65	Q235	14	8	2	1	平整牢固		绿漆(2层)
给水管	DN50	Q235	7	12	1	3	平整牢固		绿漆(2层)
给水管	DN40	Q235	12	8	2	3	平整牢固		绿漆(2层)
给水管	DN32	铜管	10	13	1	1	平整牢固		绿漆(2层)
给水管	DN25	铜管	9	9	2	3	平整牢固		
给水栤	DN20	铜管	13	11	1	2	平整牢固		

施工技术员：×××　　　　　　施工班（组）长：×××

2004 年 8 月 25 日　　　　　　2004 年 8 月 25 日

给排水安装检查记录

卫生器具安装检查记录

分部（子分部）工程									单位（子单位）工程：×××学院×××楼		
施工图号									检验批号：050401,050402,050403		
	卫生器具安装								安装部位：三层		
	水施-10,11,14										
名称型号及部位	器具安装偏差(mm)				给水配件安装偏差(mm)		排水管道安装偏差(mm)		器具配件完好无损伤	支托架平整牢固	排水栓和地漏安装
	坐标	标高	垂直度	水平度	坐标	标高	坐标	标高			
座便器	5	3	1	1	6	2	7	5	合格	合格	符合规范
小便器	4	2	2	2	2	6	8	0	合格	合格	符合规范
洗面盆	3	3	0	2	6	12	12	14	合格	合格	符合规范
拖布盆	2	5	0	0	12	10	6	4	合格	合格	符合规范
座便器	4	2	2	1	7	1	8	0	合格	合格	符合规范
洗面盆	4	3	0	0	9	11	12	10	合格	合格	符合规范
座便器	8	2	1	1	12	4	11	0	合格	合格	符合规范
洗面盆	6	3	0	2	8	11	14	9	合格	合格	符合规范

施工技术员：××××　　　　施工班组长：××××

2004年8月25日　　　　2004年8月25日

给排水安装检查记录

分部(子分部)工程		室内热水供应系统					检验批号					单位(子单位)工程：×××学院××楼		
施 工 图 号		水施-15					安装部位					050301		
												一层		
管线号或名称	焊口号	焊接方法	母材		焊接材料				预热温度(℃)	热处理报告号	外观检查	无损检验		评定结论
			材质	规格(mm)	初层		填充层					方法	报告号	
					牌号	规格	牌号	规格						
														焊工号
R,r	全	钎焊	铜管	Φ18	HL201	2mm	HL201	2mm			Ⅲ级			合格 Ⅰ25
R,r	全	钎焊	铜管	Φ22	HL201	2mm	HL201	2mm			Ⅲ级			合格 Ⅰ25
R,r	全	钎焊	铜管	Φ28	HL201	2mm	HL201	2mm			Ⅲ级			合格 Ⅰ25
R,r	全	钎焊	铜管	Φ35	HL201	2mm	HL201	2mm			Ⅲ级			合格 Ⅰ25
R,r	全	钎焊	铜管	Φ42	HL201	2mm	HL201	2mm			Ⅲ级			合格 Ⅰ25
R,r	全	钎焊	铜管	Φ54	HL201	2mm	HL201	2mm			Ⅲ级			合格 Ⅰ25
R,r	全	钎焊	铜管	Φ67	HL201	2mm	HL201	2mm			Ⅲ级			合格 Ⅰ25

备注：焊口分布图见《管道焊接施工检验记录(二)》

施工技术员：×××　　　　施工班(组)长：×××　　　　2004年8月11日

电气安装检查记录

	成套配电框、控制框(屏、台)和动力、照明配电箱(盘)安装　施工检查记录Ⅲ(照明配电箱(盘))		单位(子单位)工程： ××××学院××楼
分部(子分部)工程	电气照明安装工程	检验批号	060501
施工图号	电施-10,11,62 电施01-09A,10A	安装部位	三层

序号		检查项目及检查情况记录
1	产品检查	(1) 有合格证(√),技术文件齐全(√)
		(2) 型号、规格符合设计要求(√),箱(盘)内零排、接地排分别设置(√)
		(3) 箱(盘)内元器件完好无损,接线牢固(√),箱体涂层完好(√)
		(4) 箱盘采用不可燃材料制作(√)。装有电器的门和框架接地跨接良好,有标识(√)
2	柜体安装	(1) 箱(盘)的金属框架及基础型钢接地(PE)或接零(PEN)可靠(√)
		(2) 箱(盘)内有裸露的连接外部保护导体的端子,电击保护可靠(√),箱(盘)内保护导体的截面积6～25mm²(相线截面积 6～50 mm²)
		(3) 箱(盘)位置正确,部件齐全、箱体开孔与导管管径适配(√),暗箱盖紧贴墙面(√)
		(4) 箱(盘)垂直度允许偏差为1.5‰,实测 1,1,1,1,1.5,1.5 ‰
3	导线连接	(1) 箱(盘)内配线整齐,回路编号齐全,标识正确(√)。无绞接现象(√),导线连接紧密,不伤芯线(√)
		(2) 垫圈下螺丝两侧压的导线截面积相同,同一端子上导线连接不多于2根,防松垫圈等零件齐全(√)
		(3) 零线和保护地线PE线分别经汇流排配出(√)
4	箱(盘)间配线	(1) 电流回路采用额定电压不低于750V,芯线截面积不小于2.5mm²的铜芯绝缘电线或电缆;其他回路采用额定电压不低于750V,芯线截面积不小于1.5mm²的铜芯电线或电缆(√)
		(2) 二次回路连接线根据不同的电压等级、交、直流及计算机控制线路,分别成束绑扎,且有标识(√)
5	交接试验	(1) 箱间的线路线对线、线对地间的绝缘电阻的最小值为 85 MΩ;二次线路绝缘电阻的最小值为 90 MΩ
		(2) 漏电开关动作可靠,漏电保护装置动作电流不大于30mA,动作时间不大于0.1s(√)
6	箱内检查	(1) 控制开关及保护装置的规格、型号符合设计要求(√)
		(2) 闭锁动作准确、可靠(√)
		(3) 箱(盘)上标明被控设备编号及名称,接线端编号清晰(√)
		(4) 连接箱(盘)面板上电器可动部位电线采用多芯铜软电线,且留有适当裕量(√);线束有塑料套管等加强绝缘保护层(√);与电路连接端部绞紧,且有不开口的终端子或搪锡,不松散、断股(√);可转动部位两端用卡子固定(√)

电气安装检查记录

			成套配电框、控制框(屏、台)和动力、照明配电箱(盘)安装　施工检查记录Ⅲ(照明配电箱(盘))	单位(子单位)工程： ××××学院××楼
序号			检查项目及检查情况记录	
6	箱内检查	低压电气组合	(5) 发热元件安装在散热良好的位置(√)	
			(6) 熔断器的熔体规格、自动开关的整定值符合设计要求(√)	
			(7) 切换压板接触良好,相邻压板间有安全距离(√)	
			(8) 信号回路动作和信号显示准确(√)	
			(9) 端子排安装牢固,有序号,强、弱电端子隔离布置,端子规格与芯线截面积大小适配(√)	
7	工序交接		(1) 箱(盘)安装前,埋设的基础型钢和框(箱、盘)下的电缆沟等相关的建筑物已检查合格(√)	
			(2) 落地柜柜体安装前,柜底电线、电缆导管已检查,基础验收合格(√)	
			(3) 墙上明装配电箱、预埋件已在抹灰前预留和埋设。墙上暗装配电箱预留孔和线盒及导管经检验确认到位后安装(√)	
备注				

施工技术员：×××　　　　　　　　施工班组长：×××

2004 年 7 月 6 日　　　　　　　　2004 年 7 月 6 日

电气安装检查记录

接闪器和避雷引下线安装施工检验记录		单位(子单位)工程:×××学院××楼	
分部(子分部)工程	防雷及接地装置安装工程	检验批号	060702
施工图号	无图	安装部位	屋顶钢结构

序号		检查项目及检查情况记录
1	产品检查	(1)接闪器应有合格证。新产品有安装说明书等技术文件(/) (2)镀锌制品有合格证或镀锌质量证明书(√) (4)镀锌制品镀锌层覆盖完整、表面无锈斑(√)
2	接闪器、避雷带和引下线	(1)建筑物顶部的避雷针、避雷带等与顶部外露的其他金属物体连成一个整体的电气通路,且与避雷引下线连接可靠(/) (2)避雷针、避雷带位置正确,焊接固定的焊缝饱满无遗漏,螺栓固定的备帽等防松零件齐全,焊接部分补刷的防护漆完整,面漆的颜色与避雷带颜色接近(/) (3)避雷带平正顺直,固定点支持件间距均匀、固定可靠,每个支持件能承受大于49N(5kg)的垂直拉力(/) (4)暗敷在建筑物抹灰层内的引下线有卡钉分段固定;明敷的引下线平直、无急弯,与支架焊接处补刷的防护护漆完整,面漆的颜色与引下线颜色接近(/) (5)设计无要求时,明敷引下线、避雷带支持件间距水平部分0.5~1.5m,垂直部分1.5~3m;弯曲部分0.3~0.5m(/) (6)设计要求接地的幕墙金属框架和建筑物的金属门窗,就近与接地干线可靠连接,连接处不同金属间有防电化腐蚀措施(/)
3	工序交接	(1)避雷引下线按以下程序进行: ① 利用建筑物柱内主筋作引下线,在柱内主筋绑扎后,按设计要求施工,经检验确认,连接可靠之后,支模(/) ② 直接从基础接地体或人工接地体暗敷埋入粉刷层内的引下线经检查确认不外露外,贴面砖或刷涂料(/) ③ 直接从基础接地体或人工接地体引出明敷的引下线,先埋设或安装支架,经检验确认后敷设引下线(/) (2)接闪器安装之前先安装接地装置和引下线,最后安装接闪器,然后与引下线连接(/)
备注		说明:#1楼接闪器是利用大屋盖钢结构,此部分钢结构、钢结构构件之间的跨接由中建三局负责施工,我公司负责大底板接地扁钢引至钢结构的钢柱上并焊接可靠,有隐蔽验收。

施工技术员:×××	质量检查员:×××	施工班组长:×××
2004年7月9日	2004年7月9日	2004年7月9日

电气安装检查记录

	电线导管、电缆导管和线槽敷设(室内)Ⅱ施工检查记录Ⅰ		单位(子单位)工程: ××××学院××楼
分部(子分部)工程	电气照明安装工程	检验批号	060505
施工图号	电施-13	安装部位	四层

序号		检查项目及检查情况记录
1	产品检查	(1) 每批都有合格证(√),镀锌制品有镀锌质量证明书或合格证(√)
		(2) 钢导管无压扁、内壁光滑。非镀锌钢导管无严重锈蚀,按制造标准油漆出厂,油漆完整(/);镀锌钢导管镀层覆盖完整、表面无锈斑(√);绝缘导管及配件不碎裂、表面有阻燃标记和制造厂标(/)
		(3) 按制造标准现场抽样检测导管的管径、壁厚及均匀度,符合标准(√)
		(4) 镀锌线槽的镀锌层覆盖完整、表面无锈斑、配件齐全(√)
		(5) 线槽表面光滑、不变形,部件齐全(√)
2	电线导管、电缆导管和线槽敷设	(1) 金属的导管和线槽接地(PE)或接零(PEN)可靠,符合下列规定: ① 镀锌钢导管,可挠性导管和金属线槽的跨接接地线不熔焊,以专用接地卡跨接,两卡间连线为截面不小于 4mm² 的铜芯软导线(√) ② 非镀锌钢导管用螺纹连接时,连接处的两端焊跨接接地线(/) ③ 套接紧定式钢导管管路连接的紧定螺钉,采用专用工具操作,套管连接处的缝隙有封堵措施。不作熔焊连接。施工符合 CECS120:2000 套接紧定式钢导管电线管路施工及验收规程规定(√) ④ 套接扣压式薄壁钢导管路连接,采用专用工具进行,不用敲打形成压点,连接扣压后接口的缝隙,有封堵措施。不作熔焊连接。施工符合 CECS100:98 套接扣压式薄壁钢导管电线管路施工及验收规范规定(√) ⑤ 金属线槽不作为设备的接地导体。设计无要求的金属线槽全长不少于 2 处与接地(PE)或接零(PEN)干线连接(√) ⑥ 非镀锌金属线槽间连接板的两端跨接铜芯接地线(√),镀锌线槽连接板两端不少于 2 个有防松螺帽或防松垫圈孤连接固定螺栓(√) (2) 金属导管没有对口熔焊连接(√);镀锌的壁厚小于等于 2mm 的钢导管没有用套管熔焊连接(√)。弯头处无明显凹陷,弯扁程度不大于管外径的 10%(√) (3) 绝缘导管在砌体上剔槽埋设采用强度等级不小于 M10 的水泥砂浆抹面保护,保护层厚度大于 15mm(√)。其他部位暗配管与建筑物、构筑物表面距离不少于 15mm(/)

电气安装检查记录

	电线导管、电缆导管和线槽敷设(室内)施工检查记录 I	单位(子单位)工程： ××××学院××楼

序号		检查项目及检查情况记录
2	电线导管、电缆导管和线槽敷设	(4) 电缆导管的弯曲半径不小于电缆最小允许弯曲半径,电缆最小允许弯曲半径符合GB50303—202 表12.2.2-1 的规定(√) (5) 非镀锌导管内外壁均作防腐处理,埋设于混凝土内的导管内壁作防腐处理,外壁不作防腐处理(/) (6) 室内进入落地式柜、台、箱、盘内的导管管口,高出柜、台、箱盘的基础面50~80mm(/) (7) 明配的导管排列整齐、固定点间距均匀,安装牢固;在终端、弯头中点或柜、台、箱、盘等边缘的距离150~500mm 范围内设有管卡,中间直线段管卡间最大距离符合GB50303—2002 表14.2.6 的规定,(√)见下表:

敷设 方式	导管种类	导管直径(mm)				
		15~20	25~32	32~40	50~65	65 以上
		管卡最大距离(m)				
支架或沿墙明敷	壁厚＞2mm 刚性钢导管	1.5	2.0	2.5	2.5	3.5
	壁厚≤2mm 刚性钢导管	1.0	1.5	2.0	—	—
	刚性绝缘导管	1.0	1.5	1.5	2.0	2.0

(8) 线槽安装牢固、无扭曲变形,紧固件的螺母在线槽外侧(√)

(9) 缘缘导管敷设符合下列规定:

① 管口平整光滑;管与管、管与盒(箱)等器件采用插入法连接的连接处结合面涂专用胶合剂,接口牢固密封(/)

② 直埋于地下或楼板内的刚性绝缘导管,在穿出地面或楼板易受机械损伤的一段,采用了保护措施(/)

③ 设计无要求,埋设在墙内或混凝土内的绝缘导管,采用中型以上(/)

④ 沿建筑物、构筑物表面和支架上敷设的刚性绝缘导管,按设计要求装设温度补偿装置(/)

(10) 金属、非金属柔性导管敷设符合下列规定:

① 刚性导管经柔性导管与电设备、器具连接,柔性导管的长度在动力工程中不大于0.8m,在照明工程中不大于1.2m(√)

电气安装检查记录

		电线导管、电缆导管和线槽敷设(室内)施工检查记录Ⅰ	单位(子单位)工程： ××××学院××楼

序号		检查项目及检查情况记录	
2	电线导管、电缆导管和线槽敷设	② 可挠金属管或其他柔性导管与刚性导管或电气设备、器具间的连接采用专用接头；复合型可挠金属管或其他柔性管的连接处密封良好，防液覆盖层完整无损(√)	
		③ 可挠性金属导管和金属柔性导管不做接地(PE)或接零(PEN)的接续导体(√)	
		(11) 导管和线槽在建筑物变形缝处，有补偿装置(/)	
3	工序交接	电线导管、电缆导管和线槽敷设按以下程序进行：	
		① 非镀锌钢导管的防腐处理，经过检查确认后配管(/)	
		② 现浇混凝土板内配管在底层钢筋绑扎完成，上层钢筋未绑扎前敷设，经检查确认后绑扎上层钢筋和浇捣混凝土(√)	
		③ 现浇混凝土墙体内的钢筋网片绑扎完成，门、窗等位置已放线，经检查确认后在墙体内配管(√)	
		④ 被隐蔽的接线盒和导管在隐蔽前检查合格，并经隐蔽验收(√)	
		⑤ 在梁、板、柱等部位明配管的导管套管、埋件、支架等检查合格后配管(√)	
		⑥ 吊顶上的灯位及电气器具位置先放样，且与土建及和专业施工单位商定后在吊顶内配管(√)	
		⑦ 不在顶棚内的线槽在顶棚和墙面的喷浆、油漆或壁纸等基本完成后敷设(√)	
备注			

施工技术员：×××	施工班组长：×××
2004年6月20日	2004年6月20日

通风与空调安装检查记录

分部(子分部)工程			通风与空调安装检查记录				单位(子单位)工程: ××××学院××楼			
安装区域		一层		送排风系统			检验批			080107
			施工图号				设施 M501a			
序号	检查项目		1	2	3	4	5	6	7	8
	风机型号		HTFC-I-12	HTFC-I-25	HTFC-I-18	HTFC-I-9	DGF3.0-6	DGF5.0-6	DGF4.0-8	
1	产品合格证和性能检测报告		√	√	√	√	√	√	√	
2	通风机安装方向正确		√	√	√	√	√	√	√	
3	叶轮旋转平稳,无异常振动		√	√	√	√	√	√	√	
4	地脚螺栓拧紧,有防松动措施		√	√	√	√	√	√	√	
5	传动装置防护罩(网)		√	√	√	√	√	√	√	
6	隔振器误差(<2mm)		2	1	2	1	0	2	2	
7	隔振支、吊架符合设计、技术文件规定		√	√	√	√	√	√	√	
8	中心线的平面位移(mm)	10	8	2	3	1	2	5	2	
9	标高(mm)	±10	5	−3	2	3	1	6	−5	
10	皮带轮轮宽中心偏移(mm)	1	1	0	1	0	1	1	1	
11	传动轴水平度	纵向	0.2/1000	0.1	0.2	0.1	0	0.2	0.2	0.1
12		横向	0.3/1000	0.2	0.2	0.1	0.2	0.3	0	0.1
13	联轴器	两轴芯径向位移	0.05	0.02	0.02	0.03	0.01	0.03	0.05	0.01
		两轴线倾斜	0.2/1000	0.1	0.2	0.1	0.1	0.1	0.1	0.1

施工技术员:×××   2004 年 8 月 1 日

施工班(组)长:×××   2004 年 8 月 1 日

通风与空调安装检查记录

		风管与空调设备绝热检查记录				单位(子单位)工程: ××××学院××楼		
分部(子分部)工程		空调系统			检验批			
安装区域		一层			施工图号	设施 M501a		

	检查项目		序 号							
			1	2	3	4	5	6	7	8
1	风管规格:矩形 A mm×B mm		630×	500×	500×	400×	300×			
	圆形 D mm		400	320	200	200	300			
2	数量(m)		32	16	42	25	45			
3	材料质保书及材料容重和厚度				√					
4	电加器前后 800mm 风管绝热应用不燃材料									
5	穿越防火墙两侧 2m 风管绝热应用不燃材料									
6	输送介质低于露点温度的风管,用非闭孔绝热材料时,防潮层应完整,封闭良好									
7	洁净室内风管绝热不应采用易产尘材料									
8	绝热材料层应严密、无裂缝、空隙,防潮层应完整,搭接顺水		√	√	√	√	√			
9	表面平整偏差	卷板、平板≤5mm	√	√	√	√	√			
		涂抹及其他方式≤10mm	√	√	√	√	√			
10	粘接捆扎	① 绝热材料与风管部件及设备表面紧密结合,无空隙								
		② 绝热层的纵、横向接缝应错开								
		③ 绝热层包扎搭接处应均匀,捆扎松紧适度,不损坏绝热层								
11	保温钉固定	① 保温钉与风管部件及设备表面结合牢固,不脱落	√	√	√	√	√			
		② 保温钉分布均匀,每平方底面≥16只,侧面≥10只,顶面≥8只,首行至边沿距离≤120mm	√	√	√	√	√			
		③ 法兰处绝热厚度不低于风管处 0.8 倍	√	√	√	√	√			
		④ 带防潮层绝热的拼缝用粘胶带封严,宽度≥50mm	√	√	√	√	√			
12	绝热涂料应分层涂抹,厚度均匀,无气泡、漏涂,牢固无缝隙									
13	玻璃纤维布绝热保护层时,搭接宽度 30～50mm									
14	金属保护壳	不得有脱壳、褶皱,接口搭接顺水,有凸筋加强,搭接尺寸 20～50mm								
		户外保护壳纵、横向接缝应顺水,纵向缝应在管道侧面,与外墙面或屋顶交接处设泛水								

施工技术员:×××   施工班组长:×××

2004 年 7 月 24 日   2004 年 7 月 24 日

通风与空调安装检查记录

风管系统安装检查记录 （空调系统）							单位(子单位)工程： ××××学院××楼	
分部(子分部)工程	空调系统				检验批		080403	
安装区域	一层				施工图号		M501a	

检查项目		序 号							
		1	2	3	4	5	6	7	8
1	风管和阀门规格	800× 400	800× 200	630× 400	500× 320	500× 200	400× 200	300× 300	
2	① 穿越防火、防爆墙或楼板,设预埋管,壁厚≥1.6mm								
	② 间隙用不燃且对人体无害柔性材料封堵								
3	止回阀、自动排气活门的安装方向应正确								
4	风管严密性检验	√	√	√	√	√	√	√	
5	① 安装接口有效截面不得偏小	√	√	√	√	√	√	√	
	② 法兰螺栓均匀拧紧,螺母在同侧	√	√	√	√	√	√	√	
	③ 法兰垫片厚度≥3mm 不得突出管内、外	√	√	√	√	√	√	√	
	④ 柔性软管安装松紧适度,无明显扭曲	√	√	√	√	√	√	√	
	⑤ 金属或非金属软管长度≤2m,没有死弯塌凹								
	⑥ 风管穿出屋面处有防雨装置								
	⑦ 不锈钢、铝板风管与钢支架间有绝缘措施								
6	无法兰连接风管 ① 连接处完整无缺、平整、无扭曲,连接无松动,连接件间隔≤150mm								
	② 承插式风管的内外密封粘贴牢固,完整无缺								
	③ 插条连接风管,连接后板面平整,无明显扭曲								
7	风管的连接 ① 应平直,不扭曲,暗装风管的位置应正确,无明显偏差	√	√	√	√	√	√	√	
	② 明装风管的水平度偏差3/1000,总偏差≤20mm,明装风管的垂直度偏差 2/1000,总偏差≤20mm,目测美观	√	√	√	√	√	√	√	
8	① 各类风阀安装在便于操作及检修的部位	√	√	√	√	√	√	√	
	② 防火阀直径(边长)≥630mm,设独立支吊架	√	√						
	③ 预埋套管不得有死弯及瘪陷								
9	消声器安装正确,设单独支、吊架								

施工技术员：×××　　　　　　　　　　施工班组长：×××

2004 年 7 月 24 日　　　　　　　　　　　　2004 年 7 月 24 日

通风与空调系统检查记录表

C 册:工程质量保证资料

工程质量保证资料目录

表号	资料名称	备注	页码
C-0	工程质量保证资料目录		95
C-1	承压设备(附件、配件)试验记录		97
C-2	阀门调试记录		98
C-3	管道系统压力试验记录		99
C-4	管道冲洗(通水)记录		104
C-5	室内消火栓系统试射试验记录		108
C-6	卫生洁具满水试验记录		109
C-7	排水管道通球(通水、灌水)试验记录		110
C-8	非承压设备灌水试验记录		111
C-9	管道系统调试记录		112
C-10	设备试运转记录		114
C-11	室内消火栓系统调试合格报告	见说明	115
C-12	生活给水水质检测报告	见说明	115
C-13	锅炉检测报告	见说明	115
C-14	油浸(干式)电力变压器试验记录		116
C-15	高压开关柜试验记录		117
C-16	低压开关柜试验记录		118
C-17	低压电气动力设备试验和试运行施工检查记录		119
C-18	大型花灯安装牢固性试验记录		123
C-19	建筑物照明通电试运行检查记录		124
C-20	接地装置施工检查测试记录		127
C-21	电缆(线)敷设绝缘测试记录		129
C-22	防雷检测报告	见说明	129
C-23	风机、空调设备机组单机试运转记录		130
C-24	通风机、空调机组调试记录		131
C-25	风量平衡调试记录		132
C-26	风管漏光检测记录		134
C-27-1	消防排烟测试记录表		135
C-27-2	正压送风测试记录表		136
C-28	净化空调系统测试记录		137

工程质量保证资料目录

表号	资 料 名 称	备 注	页码
C-29	空调（净化空调）系统检测报告	见说明	137
C-30	电力驱动、液压电梯隐蔽工程安装检查记录		138
C-31	电力驱动电梯整机安装检查记录		139
C-32	液压电梯整机安装检查记录		141
C-33	自动扶梯（人行道）整机安装检查记录		143
C-34	材料、设备质量证明书汇总表		145
C-35	建筑给排水、采暖钢材质量证明书		148
C-36	建筑电气质量证明书		158
C-37	通风与空调质量证明书		170

承压设备(附件、配件)试验记录

单位(子单位)工程：××××学院××楼

分部(子分部)工程		建筑给水、排水及采暖(室内给水系统)			试验日期			2004 年 10 月 27 日	
施工图号		水施 200021-2-8			安装部位			锅炉房	
计量器具名称及编号		压力表：编号 FP03-35113			设计压力(MPa)			设备 1MPa、阀门 1.6MPa	
型号规格	数量	强度试验			严密性试验			试验结果	
		介质	压力(MPa)	时间(min)	介质	压力(MPa)	时间(min)		
容积式换热器	2	水	1.4	10				合格	
截止阀	8	水	2.4	15	水	1.6	15	合格	
	建设单位或监理单位(章)				施 工 单 位(章)				
现场代表： ××× 2004 年 10 月 27 日				施工技术员： ××× 2004 年 10 月 27 日 质量检查员： ××× 2004 年 10 月 27 日 施工班(组)长： ××× 2004 年 10 月 27 日					

阀门调试记录

单位(子单位)工程：××××学院××楼

分部(子分部)工程		建筑给水、排水及采暖(室内给水系统)			调试日期			2004 年 11 月 05 日	
施工图号		水施-15			安装部位			一层	
管线号或位置	型号	规格(mm)	设　计		调试记录			调校人	
			介质	压力(MPa)	介质	压力(MPa)	试验结果		
采暖-01	A47H-16C	DN100	水	1	水	1	合 格	×××	

建设单位或监理单位(章)	施工单位(章)
现场代表： ××× 2004 年 11 月 05 日	施工技术员：　×××　　2004 年 11 月 05 日 质量检查员：　×××　　2004 年 11 月 05 日 施工班(组)长：　×××　　2004 年 11 月 05 日

管道系统压力试验记录

单位(子单位)工程：××××学院××楼

分部(子分部)工程	建筑给水、排水及采暖(室内给水系统)	试验日期	2004 年 06 月 21 日
施工图号	水施-17	安装部位	一至四层
管道系统号	XF(消防管)	计量器具名称及编号	压力表：编号 FP03-35110 压力表：编号 FP03-35115
设计压力	0.45MPa	设计温度	常温　℃	工作介质	水

强度试验	介质	水
	压力	0.7MPa
	时间	10min
	结果	合格
严密性试验	介质	水
	压力	0.5MPa
	时间	60min
	结果	合格
泄漏性试验 (真空试验)	介质	
	压力	MPa
	时间	min
	结果	
备注		

建设单位或监理单位(章)	施工单位(章)
现场代表： ××× 2004 年 06 月 21 日	施工技术员：　×××　2004 年 06 月 21 日 质量检查员：　×××　2004 年 06 月 21 日 施工班(组)长：　×××　2004 年 06 月 21 日

管道系统压力试验记录

单位(子单位)工程：××××学院××楼

分部(子分部)工程	建筑给水、排水及采暖(室内给水系统)		试验日期	2004 年 08 月 27 日
施工图号	水施-15		安装部位	一至四层
管道系统号	Sg(给水管)		计量器具名称及编号	压力表：编号 FP03-35009 压力表：编号 FP03-35115
设计压力	0.6MPa	设计温度	常温　℃	工作介质　水
强度试验	介质	水		
	压力	0.9MPa		
	时间	10min		
	结果	合格		
严密性试验	介质	水		
	压力	0.6MPa		
	时间	检查各连接处 120min		
	结果	合格		
泄漏性试验 (真空试验)	介质			
	压力	MPa		
	时间	min		
	结果			
备注				

建设单位或监理单位(章)	施 工 单 位(章)
现场代表： 　　　　××× 2004 年 08 月 28 日	施工技术员：　×××　　2004 年 08 月 27 日 质量检查员：　×××　　2004 年 08 月 27 日 施工班(组)长：　×××　　2004 年 08 月 27 日

管道系统压力试验记录

单位(子单位)工程：××××学院××楼

分部(子分部)工程		建筑给水、排水及采暖(室内给水系统)		试验日期	2004 年 06 月 15 日
施工图号		水施-2		安装部位	一层
管道系统号		ZP(喷淋)		计量器具名称及编号	压力表：编号 FP03-35113 压力表：编号 FP03-35115
设计压力		0.45MPa	设计温度	常温 ℃ 工作介质	水
强度试验	介质	水			
	压力	1.4MPa			
	时间	30min			
	结果	合格			
严密性试验	介质	水			
	压力	0.45MPa			
	时间	1440min			
	结果	合格			
泄漏性试验 (真空试验)	介质				
	压力	MPa			
	时间	min			
	结果				
备注					

建设单位或监理单位(章)	施 工 单 位(章)
现场代表： ××× 2004 年 06 月 15 日	施工技术员： ××× 2004 年 06 月 15 日 质量检查员： ××× 2004 年 06 月 15 日 施工班(组)长： ××× 2004 年 06 月 15 日

管道系统压力试验记录

单位(子单位)工程：××××学院××楼

分部(子分部)工程	建筑给水、排水及采暖(空调水系统)		试验日期	2004 年 07 月 13 日
施工图号	设施-10A		安装部位	一层
管道系统号	CHS,CHR(空调供回水)		计量器具名称及编号	压力表：编号 FP03-35113 压力表：编号 FP03-35115
设计压力	1MPa	设计温度	常温　℃	工作介质　水

强度试验	介质	水
	压力	1.5MPa
	时间	10min
	结果	合格
严密性试验	介质	水
	压力	1MPa
	时间	60min
	结果	合格
泄漏性试验 (真空试验)	介质	
	压力	MPa
	时间	min
	结果	

备注	

建设单位或监理单位(章)	施 工 单 位(章)
现场代表： ××× 2004 年 07 月 13 日	施工技术员：　×××　2004 年 07 月 13 日 质量检查员：　×××　2004 年 07 月 13 日 施工班(组)长：　×××　2004 年 07 月 13 日

管道系统压力试验记录

单位(子单位)工程：××××学院××楼

分部(子分部)工程	建筑给水、排水及采暖(室内热水供应系统)	试验日期		2004 年 08 月 27 日
施工图号	水施-15	安装部位		一至四层
管道系统号	R，r(热水供回水管)	计量器具名称及编号		压力表：编号 FP03-35098 压力表：编号 FP03-35098
设计压力	0.6MPa	设计温度	常温 ℃	工作介质 水

强度试验	介质	水
	压力	0.9MPa
	时间	10min
	结果	合格
严密性试验	介质	水
	压力	0.6MPa
	时间	对整个系统热水供回水管进行检查的时间　　　min
	结果	合格
泄漏性试验 (真空试验)	介质	
	压力	MPa
	时间	min
	结果	
备注		管材为钢管

建设单位或监理单位(章)	施工单位(章)
现场代表： ××× 2004 年 08 月 28 日	施工技术员：　×××　2004 年 08 月 27 日 质量检查员：　×××　2004 年 08 月 27 日 施工班(组)长：　×××　2004 年 08 月 27 日

管道冲洗(通水)记录

单位(子单位)工程:××××学院××楼

分部(子分部)工程		建筑给水、排水及采暖(室内给水系统)		试验日期		2004 年 10 月 15 日	
施工图号		水施-15		安装部位		一层	
管线号	材质	工作介质	冲 洗			通水(清洗)	
			流速(m/s)	介质	鉴定	介质	鉴定
Sg	#20 钢 Q235	水	2.6	水	合格	水	合格
Sg	铜管	水	2.6	水	合格	水	合格

建设单位或监理单位(章)	施工单位(章)
现场代表: ××× 2004 年 10 月 15 日	 施工技术员: ××× 2004 年 10 月 15 日 质量检查员: ××× 2004 年 10 月 15 日 施工班(组)长: ××× 2004 年 10 月 15 日

管道冲洗(通水)记录

单位(子单位)工程:××××学院××楼

分部(子分部)工程		建筑给水、排水及采暖(空调水系统)			试验日期		2004 年 10 月 11 日	
施工图号		设施-10A			安装部位		一层	
管线号	材质	工作介质	冲　洗			通水(清洗)		
			流速(m/s)	介质	鉴定	介质	鉴定	
CHR,CHS	♯20 钢 Q235	水	2.8	水	合格	水	合格	
CHR,CHS	♯20 钢 Q235	水	2.8	水	合格	水	合格	

建设单位或监理单位(章)	施工单位(章)
现场代表: ××× 2004 年 10 月 11 日	 施工技术员:　　　×××　　　2004 年 10 月 11 日 质量检查员:　　　×××　　　2004 年 10 月 11 日 施工班(组)长:　　×××　　　2004 年 10 月 11 日

管道冲洗(通水)记录

单位(子单位)工程:××××学院××楼

分部(子分部)工程	建筑给水、排水及采暖(室内热水供应系统)		试验日期	2004 年 10 月 15 日	
施工图号	水施-15		安装部位	一层	
管线号	材质	工作介质	冲 洗			通水(清洗)		
			流速(m/s)	介质	鉴定	介质	鉴定
R,r	铜管	水	2.6	水	合格	水	合格

建设单位或监理单位(章)	施 工 单 位(章)
现场代表: ××× 2004 年 10 月 16 日	施工技术员: ××× 2004 年 10 月 15 日 质量检查员: ××× 2004 年 10 月 15 日 施工班(组)长: ××× 2004 年 10 月 15 日

管道冲洗(通水)记录

单位(子单位)工程：××××学院××楼

分部(子分部)工程		建筑给水、排水及采暖(室内给水系统)			试验日期		2004 年 10 月 10 日	
施工图号		水施-17			安装部位		一层	
管线号	材质	工作介质	冲 洗			通水(清洗)		
			流速(m/s)	介质	鉴定	介质	鉴定	
ZP	#20 钢 Q235	水	2.8	水	合格	水	合格	

建设单位或监理单位(章)	施 工 单 位(章)
现场代表： ××× 2004 年 10 月 10 日	施工技术员： ××× 2004 年 10 月 10 日 质量检查员： ××× 2004 年 10 月 10 日 施工班(组)长： ××× 2004 年 10 月 10 日

室内消火栓系统试射试验记录

单位(子单位)工程:××××学院××楼

分部(子分部)工程	建筑给水、排水及采暖 (室内给水系统)	试验日期	2004 年 11 月 15 日
试验器具名称及编号		压力表:FP03-35110	

试验消火栓位置	设计压力(MPa)	试验压力(MPa)	充实水柱长度	备 注
顶层试验消火栓	—	—	10m	—
首层消火栓 1	—	—	12m	—
首层消火栓 2	—	—	12m	—

建设单位或监理单位(章)	施 工 单 位(章)
现场代表: ××× 2004 年 11 月 15 日	施工技术员: ××× 2004 年 11 月 15 日 质量检查员: ××× 2004 年 11 月 15 日 施工班(组)长: ××× 2004 年 11 月 15 日

卫生洁具满水试验记录

单位（子单位）工程：××××学院×××楼

分部（子分部）工程		建筑给水、排水及采暖（卫生器具安装）									试验日期	2004 年 12 月 05 日	
施工图号		水施-10、11、14											
试验洁具名称 盛水量 安装部位	水盘	拖布盘	污水 盆池	化验盆	磁面盆	妇女 卫生盆	浴缸	马桶 水箱	大（小） 便槽	盥洗槽	试验结果	备 注	
男卫生间三层	—	2/3	2/3	2/3	2/3	2/3	1/3	放满	1/2	放满	合格		
女卫生间三层	—	2/3	—	—	2/3	—	—	放满	—	—	合格		
垃圾间三层	2/3	—	—	—	2/3	—	—	放满	—	—	合格		

建设单位或监理单位（章）　　　　　　施工单位（章）

现场代表：　　　　　施工技术员：　　　　　质量检查员：　　　　　施工班（组）长：

　×××　　　　　　×××　　　　　　×××　　　　　　×××

2004 年 12 月 07 日　　2004 年 12 月 05 日　　2004 年 12 月 05 日　　2004 年 12 月 05 日

排水管道通球（通水、灌水）试验记录

单位（子单位）工程：×××学院×××楼

分部（子分部）工程		建筑给水、排水及采暖（室内排水系统）					试验日期	2004 年 7 月 25 日至 8 月 11 日	
施工图号		水施-16					安装部位	一层	
管线号或名称	规 格	通球试验		灌水试验				通水试验	
		球径（mm）	结果	灌水高度（m）	灌水时间（min）	结果	介质	结果	
排-1	φ50～φ100	—	—	1.5	1.5	合格	水	合格	
排-2	φ50～φ100	—	—	3	1.5	合格	水	合格	
排-3	φ100	75	畅通	—	—	—	—	—	
排-4	φ150	100	畅通	—	—	—	—	—	

施工技术员：	质量检查员：	施工班（组）长：
×××	×××	×××
2004 年 08 月 11 日	2004 年 08 月 11 日	2004 年 08 月 11 日

建设单位或监理单位（章）	施 工 单 位 （章）
现场代表：	施工单位：
×××	×××
2004 年 08 月 11 日	2004 年 08 月 11 日

非承压设备灌水试验记录

单位(子单位)工程：×××××学院××楼

分部(子分部)工程	建筑给水、排水及采暖(室内给水系统)	试验日期	2004年04月06日	水泵房顶层
施工图号	水施 200021-1-15	安装部位		水泵房顶层

灌水试验

设备名称	规格(mm×mm×mm)	灌水时间(min)	结　果
消防水箱	3000×2000×1500	1440	经灌满水静置24h后观察不渗不漏

建设单位或监理单位(章)　　　　　　　施工单位(章)

现场代表：　　　　　　　　施工技术员：　　　施工员：　　　质量检查员：　　　施工班(组)长：

×××　　　　　×××　　　　　　×××　　　　　×××　　　　　×××

2004年04月06日　　2004年04月06日　　2004年04月06日　　2004年04月06日　　2004年04月06日

管道系统调试记录

单位(子单位)工程：××××学院××楼

分部(子分部)工程	建筑给水、排水及采暖	调试日期	2004 年 10 月 20 日		
施工图号	水施-18	安装部位	室内外采暖系统		
4.2.3 生活给水系统管道在交付使用前必须冲洗和消毒，并经有关部门取样检验，符合国家《生活饮用水标准》方可使用。				检查情况	—
8.6.3 (室内采暖)系统冲洗完毕应充水、加热，进行试运行和调试。				检查情况	符合要求
9.2.7 给水管道在竣工后，必须对管道进行冲洗，饮用水管道还要在冲洗后进行消毒，满足饮用水卫生要求。				检查情况	—
11.3.3 (室外供热管网)管道冲洗完毕应通水、加热，进行试运行和调试。当不具备加热条件时，应延期进行。				检查情况	符合要求
管线号或名称	规格	材质	管道系统调试记录	日期	结果
采暖-01	DN15～DN20	镀锌管	通水加热运行正常	2004-10-20	符合要求
采暖-02	DN15～DN20	镀锌管	通水加热运行正常	2004-10-20	符合要求
采暖-03	DN15～DN20	镀锌管	通水加热运行正常	2004-10-20	符合要求
采暖-04	DN15～DN20	镀锌管	通水加热运行正常	2004-10-20	符合要求
采暖-05	DN25～DN32	镀锌管	通水加热运行正常	2004-10-20	符合要求

建设单位或监理单位(章)	施工单位(章)
现场代表： ××× 2004 年 10 月 20 日	施工技术员： ××× 2004 年 10 月 20 日 质量检查员： ××× 2004 年 10 月 20 日 施工班(组)长： ××× 2004 年 10 月 20 日

管道系统调试记录

单位(子单位)工程:××××学院××楼

分部(子分部)工程	建筑给水、排水及采暖		调试日期	2004 年 10 月 20 日
施工图号	水施-15	安装部位	给水管道系统	

4.2.3 生活给水系统管道在交付使用前必须冲洗和消毒,并经有关部门取样检验,符合国家《生活饮用水标准》方可使用。		检查情况	符合要求
8.6.3 (室内采暖)系统冲洗完毕应充水、加热,进行试运行和调试。		检查情况	—
9.2.7 给水管道在竣工后,必须对管道进行冲洗,饮用水管道还要在冲洗后进行消毒,满足饮用水卫生要求。		检查情况	符合要求
11.3.3 (室外供热管网)管道冲洗完毕应通水、加热,进行试运行和调试。当不具备加热条件时,应延期进行。		检查情况	—

管线号或名称	规格	材质	管道系统调试记录	日期	结果

建设单位或监理单位(章)	施 工 单 位(章)
现场代表: ××× 2004 年 10 月 20 日	施工技术员:　×××　2004 年 10 月 20 日 质量检查员:　×××　2004 年 10 月 20 日 施工班(组)长:　×××　2004 年 10 月 20 日

设备试运转记录

单位(子单位)工程:××××学院××楼　　　　　　　　　设备名称:水泵

分部(子分部)工程	建筑给水排水及采暖(室内给水系统)		
施工图号	GY-2061/5-1	安装部位	水泵房
试运日期	自 2004 年 11 月 3 日 13 时 30 分起		
	至 2004 年 11 月 3 日 15 时 30 分止		
试运转项目	消防泵在额定工况点连续试运转		
试运转情况	1. 运转正常,无异常声响和摩擦现象; 2. 各固定连接部位,无松动现象; 3. 填料密封的泄漏量<15mL/min; 4. 轴承温度<80℃; 5. 润滑情况及润滑油温度均符合设备技术要求; 6. 泵的安全保护和电控装置及各产中分仪表均灵敏、正确、可靠		
试运转结果	经试运转,各项技术指标均符合设备技术文件的规定,运转情况良好,无异常声响和摩擦现象,符合要求		

建设单位或监理单位(章)	施 工 单 位(章)		
现场代表: ××× 2004 年 11 月 03 日	施工技术员:	×××	2004 年 11 月 03 日
	质量检查员:	×××	2004 年 11 月 03 日
	施工班(组)长:	×××	2004 年 11 月 03 日

室内消火栓系统调试合格报告

该内容由社会第三方有资质调试单位提供。

生活给水水质检测报告

该内容由社会第三方有资质检测单位提供。

锅炉检测报告

该内容由社会第三方有资质检测单位提供。

油浸(干式)电力变压器试验记录

单位(子单位)工程：

分部(子分部)工程			建筑电气(变配电室)		试验日期：		
设备资料	产品编号	450083	容量	630kV·A	温升	/℃	顶视图
	型　号	SCB-630/10	电压	10000/400 V	器重	/kg	
	接线组别	Dyn11	电流	36.4/929.3 A	油重	/kg	
	制造厂	××××有限公司	阻抗	5.82%	总重	2300kg	

绝缘与耐压	测试项目	绝缘电阻(MΩ)R60/15		交流耐压(kV/min)	直流耐压(kV/min)	直流泄流		介质耗损(%)
	测试部位	耐压前	耐压后			kV	μA	
	一次对地及其他绕组	2500/2000	2500/2000	24/1	—	—	—	—
	一次对地及其他绕组	500/400	500/400	2.6/1	—	—	—	—
	干式变压器铁芯对地绝缘电阻(MΩ)				20			

接线组别	一次	AB	BC	CA	向量图	风冷电机绝缘电阻(MΩ)		50	
	二次					湿显装置	良好	温控装置	良好
	ab					绝缘油击穿电压	—	次平均电压	—(kV)
	bc					外观检查：		良好	
	ca								

额定电压	分接位置	直流电阻(Ω)			变压比(V)							铭牌比率/实际比率	误差
		A—B	B—C	C—A	A—B	B—C	C—A	a—b	b—c	c—a			
10500	6—5	1.315	1.325	1.326	210	210	8	8	8	8	26.25/26.23	−0.07%	
10250	5—7	1.28	1.289	1.291	205	205	8	8	8	8	25.625/25.63	0.02%	
10000	7—4	1.245	1.255	1.256	200	200	8	8	8	8	25/25.02	0.08%	
9750	4—8	1.214	1.222	1.224	195	195	8	8	8	8	24.375/24.36	−0.08%	
9500	8—3	1.018	1.189	1.191	190	190	8	8	8	8	23.75/23.73	−0.08%	

		a—0	b—0	c—0	试验日期：		2004 年 04 月 13 日		
400V		0.0008098	0.0008115	0.0008123	天气	雨	环境温度	15	℃

备注	

施工技术员：	×××	施工班(组)长：	×××
	2004 年 04 月 14 日		2004 年 04 月 14 日

高压开关柜试验记录

单位(子单位)工程：××××学院××楼

分部(子分部)工程			建筑电气(变配电室)		试验日期	2004 年 04 月 15 日	
铭牌	柜型号		KYN28A-12	电压(kV)	12	安装位置	♯4
	开关型号		VD4M	电流(A)	200	制造厂	××××电气有限公司
				产品编号	04Y005-K04	出厂日期	2004 年 03 月 02 日

开关本体		相别 / 项目			A	B	C
		导电杆行程			—	—	—
		导电杆行程(mm)			—	—	—
		导电杆接触后的行程(mm)			—	—	—
		H 尺寸(mm)			—	—	—
		触头接触电阻(μΩ)			31	36	33
	合闸状态	绝缘电阻(MΩ)	耐压前/耐压后		2500/2500	2500/2500	2500/2500
		工频耐压(kV/min)			27/1	27/1	27/1
	分闸状态	绝缘电阻(MΩ)	耐压前/耐压后		2500/2500	2500/2500	2500/2500
		工频耐压(kV/min)			38/1	38/1	38/1
	三相不同时接触性(mm)		—	本体检查情况		良好	

操作机构	试验项目	合闸接触器	合闸线圈	分闸线圈	电压脱扣线圈	电流脱扣线圈
	直流电阻(Ω)	—	46.5	46.7	—	—
	绝缘电阻(MΩ)	—	20	30	—	—
	最低工作值	—	68	68	—	—

二次直流绝缘电阻(MΩ)	80	母排绝缘电阻(MΩ)	2500	合闸时间(s)	0.07
				合闸速度(m/s)	—
二次交流绝缘电阻(MΩ)	60	母排工频耐压(kV/min)	42/1	分闸时间(s)	0.05
				分闸速度(m/s)	—

备注	合格

施工技术员：　×××　　　　　　　　　　　　　　2004 年 04 月 15 日	施工班(组)长：　×××　　　　　　　　　　　　2004 年 04 月 15 日

低压开关柜试验记录

单位（子单位）工程：×××××学院×××楼

	分部（子分部）工程：		建筑电气（变配电室）				试验时间							2004-04-27	
序号	柜号	回路名称	项目						整定值						结论
			开关型号	额定电流(A)	变流比	绝缘电阻(MΩ)	I_o (A)	I_r (A)	t_r (s)	I_m (A)	t_m (s)	I (A)	I_h (A)	t_h (s)	
1	001	#1进线柜	3WL1340	4000	4000/5×3	500	$1\times I_n$	$0.4\times I_n$	0.4	$10\times I_n$	0	—	—	—	合格
2	002	电容器柜	QSA-800	800	800/5×3	500	—	—	—	—	—	—	—	—	合格
3	003	电容器柜	QSA-800	800	800/5×3	500	—	—	—	—	—	—	—	—	合格
4	004	冷冻机组 CH—1—1	3WL1112	1250	1250/5×3	500	—	—	—	—	—	—	—	—	合格
5	004	冷冻机组 CH—1—2	3W1122	1250	1250/5×3	500	—	—	—	—	—	—	—	—	合格
6	005	冷却泵 CTP—1—1	3VF3N/3P	160	150/5×3	500	—	—	—	—	—	—	—	—	合格
7	005	冷却泵 CTP—1—2	3VF3N/3P	160	150/5×3	500	—	—	—	—	—	—	—	—	合格
8	005	冷却泵 CTP—1—3	3VF3N/3P	160	150/5×3	500	—	—	—	—	—	—	—	—	合格
9	005	冷却泵 CTP—1—4	3VF3N/3P	160	150/5×3	500	—	—	—	—	—	—	—	—	合格
10	005	空调管路电加热	3VF3N/3P	160	150/5×3	500	—	—	—	—	—	—	—	—	合格

施工技术员：×××　　2004 年 04 月 27 日　　　　施工班（组）长：×××　　2004 年 04 月 27 日

低压电气动力设备试验和试运行施工检查记录

单位(子单位)工程：××××学院××楼

分部(子分部)工程		电气动力安装工程		试验日期		2004 年 09 月 07 日	
施工图号		电施-6		安装部位		一层	

序号		检查项目及检查情况记录					
1	试运行前检查	(1) 相关电气设备和线路按规定试验合格（　√　）					
		(2) 现场单独安装的低压电器最小绝缘电阻值为 45MΩ(是否)潮湿环境					
		(3) 低压电器电压、液压或气压在额定值的 85%～110%范围内能可靠运作（　√　）					
		(4) 脱扣器的整定值误差符合产品技术条件规定（　√　）					
		(5) 电阻器和变阻器的直流电阻差值符合产品技术规定（　√　）					

2	试运行检查	电动机试运行	机械名称(编号)	1号送风机	3号排风机	2号送风机	2号排风机	1号空调箱
			额定电流(A)	0.98	0.98	5.8	5.8	29.7
			旋转方向	正确	正确	正确	正确	正确
			无杂声	无杂声	无杂声	无杂声	无杂声	无杂声
			空载电流(A)	—	—	—	—	—
			机身/轴承温度(K)	18/20	19/20	20/22	21/23	22/24
			运行时间(h)	2	2	2	2	2

(以下为序号2的检查项目，续)

(1) 成套配电(控制)柜、台、箱、盘的运行电压、电流正常（　√　），各种仪表指示正常（　√　）

(2) 大容量(630A 及以上)的导线或母线连接处，在设计计算负荷运行时的最高温度为 70℃，温升值稳定且不大于设计值（　√　）

(3) 电动执行机构的动作方向及指示与工艺装置的设计要求保持一致（　√　）

(4) 交流电动机在空载状态下，启动次数及间隔时间符合产品技术条件要求，无要求时，符合 GB50303—2002 第 10.2.3 条规定（　√　）

3	工序交接	(1) 试验前，设备的可接近裸露导体接地(PE)或接零(PEN)已连接完成，并检查合格（　√　）
		(2) 通电前动力成套配电(控制)柜(屏、台、箱、盘)的交流工频耐压试验，保护装置的动作试验合格（　√　）
		(3) 低压电气动力设备空载试运行前，控制回路模拟动作试验合格，盘车或手动操作，电气部分与机械部分的转动或动作协调一致，并检查确认（　√　）

备注	

建设单位或监理单位(章)	施工单位(章)
现场代表： 　　　　××× 　　　　2004 年 09 月 17 日	施工技术员：　　×××　　2004 年 09 月 17 日 质量检查员：　　×××　　2004 年 09 月 17 日 施工班(组)长：　　×××　　2004 年 09 月 17 日

低压电气动力设备试验和试运行施工检查记录

单位(子单位)工程：××××学院××楼

分部(子分部)工程	电气动力安装工程	试验日期	2004 年 09 月 07 日
施工图号	电施-9	安装部位	二层

序号		检查项目及检查情况记录				
1	试运行前检查	(1) 相关电气设备和线路按规定试验合格(✓)				
		(2) 现场单独安装的低压电器最小绝缘电阻值为 45MΩ(是否)潮湿环境				
		(3) 低压电器电压、液压或气压在额定值的 85%～110%范围内能可靠运作(✓)				
		(4) 脱扣器的整定值误差符合产品技术条件规定(✓)				
		(5) 电阻器和变阻器的直流电阻差值符合产品技术规定(✓)				
2	试运行检查	电动机试运行	机械名称(编号)	2 号空调箱	1 号热水循环泵	2 号热水循环泵	1 号排风机	—
			额定电流(A)	35.7	2.6	2.6	0.54	—
			旋转方向	正确	正确	正确	正确	—
			无杂声	无杂声	无杂声	无杂声	无杂声	—
			空载电流(A)	—	0.65	0.72		
			机身/轴承温度(K)	17/19	18/20	20/22	21/23	—
			运行时间(h)	2	2	2	2	
		(1) 成套配电(控制)柜、台、箱、盘的运行电压、电流正常(✓)，各种仪表指示正常(✓)							
		(2) 大容量(630A 及以上)的导线或母线连接处，在设计计算负荷运行时的最高温度为 70℃，温升值稳定且不大于设计值(✓)							
		(3) 电动执行机构的动作方向及指示与工艺装置的设计要求保持一致(✓)							
		(4) 交流电动机在空载状态下，启动次数及间隔时间符合产品技术条件要求，无要求时，符合 GB50303—2002 第 10.2.3 条规定(✓)							
3	工序交接	(1) 试验前，设备的可接近裸露导体接地(PE)或接零(PEN)已连接完成，并检查合格(✓)							
		(2) 通电前动力成套配电(控制)柜(屏、台、箱、盘)的交流工频耐压试验，保护装置的动作试验合格(✓)							
		(3) 低压电气动力设备空载试运行前，控制回路模拟动作试验合格，盘车或手动操作，电气部分与机械部分的转动或动作协调一致，并检查确认(✓)							

备注

建设单位或监理单位(章)	施 工 单 位(章)	
现场代表： ××× 2004 年 09 月 17 日	施工技术员： ×××	2004 年 09 月 17 日
	质量检查员： ×××	2004 年 09 月 17 日
	施工班(组)长： ×××	2004 年 09 月 17 日

低压电气动力设备试验和试运行施工检查记录

单位(子单位)工程：××××学院××楼

分部(子分部)工程	电气动力安装工程	试验日期	2004 年 09 月 07 日
施工图号	电施-12	安装部位	三层

序号		检 查 项 目 及 检 查 情 况 记 录					
1	试运行前检查	(1) 相关电气设备和线路按规定试验合格(✓)					
		(2) 现场单独安装的低压电器最小绝缘电阻值为 45MΩ(是否)潮湿环境					
		(3) 低压电器电压、液压或气压在额定值的 85%～110%范围内能可靠运作(✓)					
		(4) 脱扣器的整定值误差符合产品技术条件规定(✓)					
		(5) 电阻器和变阻器的直流电阻差值符合产品技术规定(✓)					
2	试运行检查	电动机试运行	机械名称(编号)	1号空调器	2号空调器	3号空调器	新风机	1号一次水泵
			额定电流(A)	1.52	1.52	1.52	14.6	22.6
			旋转方向	正确	正确	正确	正确	正确
			无杂声	无杂声	无杂声	无杂声	无杂声	无杂声
			空载电流(A)	—	—	—	—	5.3
			机身/轴承温度(K)	18/20	19/21	21/23	18/20	22/24
			运行时间(h)	2	2	2	2	2
		(1) 成套配电(控制)柜、台、箱、盘的运行电压、电流正常(✓),各种仪表指示正常(✓)					
		(2) 大容量(630A 及以上)的导线或母线连接处,在设计计算负荷运行时的最高温度为 70℃,温升值稳定且不大于设计值(✓)					
		(3) 电动执行机构的动作方向及指示与工艺装置的设计要求保持一致(✓)					
		(4) 交流电动机在空载状态下,启动次数及间隔时间符合产品技术条件要求,无要求时,符合 GB50303-2002 第10.2.3 条规定(✓)					
3	工序交接	(1) 试验前,设备的可接近裸露导体接地(PE)或接零(PEN)已连接完成,并检查合格(✓)					
		(2) 通电前动力成套配电(控制)柜(屏、台、箱、盘)的交流工频耐压试验,保护装置的动作试验合格(✓)					
		(3) 低压电气动力设备空载试运行前,控制回路模拟动作试验合格,盘车或手动操作,电气部分与机械部分的转动或动作协调一致,并检查确认(✓)					
备注							

建设单位或监理单位(章)	施 工 单 位(章)		
现场代表： ××× 2004 年 09 月 17 日	施工技术员：	×××	2004 年 09 月 17 日
	质量检查员：	×××	2004 年 09 月 17 日
	施工班(组)长：	×××	2004 年 09 月 17 日

低压电气动力设备试验和试运行施工检查记录

单位(子单位)工程:××××学院××楼

分部(子分部)工程	电气动力安装工程		试验日期	2004 年 09 月 07 日
施工图号	电施-14A		安装部位	四层

序号		检查项目及检查情况记录				
1	试运行前检查	(1) 相关电气设备和线路按规定试验合格(√)				
		(2) 现场单独安装的低压电器最小绝缘电阻值为 45MΩ(是否)潮湿环境				
		(3) 低压电器电压、液压或气压在额定值的 85%～110%范围内能可靠运作(√)				
		(4) 脱扣器的整定值误差符合产品技术条件规定(√)				
		(5) 电阻器和变阻器的直流电阻差值符合产品技术规定(√)				
2	试运行检查	电动机试运行	机械名称(编号)	2号一次水泵	3号一次水泵	4号一次水泵	5号一次水泵	6号一次水泵

			机械名称(编号)	2号一次水泵	3号一次水泵	4号一次水泵	5号一次水泵	6号一次水泵
			额定电流(A)	22.6	2.6	22.6	22.6	22.6
			旋转方向	正确	正确	正确	正确	正确
			无杂声	无杂声	无杂声	无杂声	无杂声	无杂声
			空载电流(A)	5.3	5.5	5.5	5.4	5.3
			机身/轴承温度(K)	18/20	19/21	20/22	21/23	22/24
			运行时间(h)	2	2	2	2	2

(1) 成套配电(控制)柜、台、箱、盘的运行电压、电流正常(√),各种仪表指示正常(√)

(2) 大容量(630A 及以上)的导线或母线连接处,在设计计算负荷运行时的最高温度为 70℃,温升值稳定且不大于设计值(√)

(3) 电动执行机构的动作方向及指示与工艺装置的设计要求保持一致(√)

(4) 交流电动机在空载状态下,启动次数及间隔时间符合产品技术条件要求,无要求时,符合 GB50303—2002 第 10.2.3 条规定(√)

3	工序交接	(1) 试验前,设备的可接近裸露导体接地(PE)或接零(PEN)已连接完成,并检查合格(√)

(2) 通电前动力成套配电(控制)柜(屏、台、箱、盘)的交流工频耐压试验,保护装置的动作试验合格(√)

(3) 低压电气动力设备空载试运行前,控制回路模拟动作试验合格,盘车或手动操作,电气部分与机械部分的转动或动作协调一致,并检查确认(√)

备注

建设单位或监理单位(章)	施工单位(章)
现场代表: ××× 2004 年 09 月 17 日	施工技术员: ××× 2004 年 09 月 17 日 质量检查员: ××× 2004 年 09 月 17 日 施工班(组)长: ××× 2004 年 09 月 17 日

大型花灯安装牢固性试验记录

单位(子单位)工程：××××学院××楼

分部(子分部)工程		建筑电气(电气照明安装)	试验日期		2004 年 09 月 15 日	
施工图号		电施-03	安装部位		大厅	
序号	灯具名称	型号规格	灯具重量(kg)	吊钩直径	试验重量(kg)	试验结果
1	水晶吊灯	GMD1-D1200 H2500	60	φ20	120	合格
2	水晶吊灯	GMD2-D1000 H800	45	φ16	90	合格
3	水晶吊灯	GMD3-D720 H860	45	φ16	90	合格
4	水晶吊灯	GMD4-D550 H600	30	φ16	60	合格
备注						

建设单位或监理单位(章)	施 工 单 位(章)	
现场代表： ××× 2004 年 09 月 15 日	施工技术员： ×××　　2004 年 09 月 15 日 质量检查员： ×××　　2004 年 09 月 15 日 施工班(组)长： ×××　　2004 年 09 月 15 日	

建筑物照明通电试运行检查记录

单位(子单位)工程:××××学院××楼

分部(子分部)工程	建筑电气(电气照明安装)	试验日期	2004 年 10 月 20 日
施工图号	电施-4,5,60 电施 01-05A,06A	安装部位	一层

序号		检查项目及检查情况记录
1	工序交接确认	(1) 电线(电缆)绝缘电阻测试后完成电线的接续(√)
		(2) 照明箱(盘)、灯具、开关、插座的绝缘电阻测试在就位安装前或接线前完成(√)
		(3) 备用电源或事故照明电源作空载自动投切试验前拆除负荷,空载自动投切试验合格,做有载自动投切试验(√)
		(4) 电气器具及线路绝缘电阻测试合格后通电试验(√)
2	试运行	(1) 照明系统通电、灯具回路控制应与照明配电箱及回路的标识一致(√);开关与灯具控制顺序相对应(√),风扇的转向及调速开关应正常(√)
		(2) 公用建筑照明系统,通电连续试运行时间为 24h,民用住宅照明系统通电连续运行时间为 8h。所有照明均应开启,且每 2h 记录运行状态 1 次,连续试运行时间内无故障(√)
		(3) 测量电子镇流器荧光灯和金属卤素灯、电子调光装置三相回路的相线和中性线电流,均小于导线(电缆)额定电流(√)
备注		

建设单位或监理单位(章)	施工单位(章)
现场代表: ××× 2004 年 10 月 20 日	施工技术员: ××× 质量检查员: ××× 施工班(组)长: ××× 2004 年 10 月 20 日

建筑物照明通电试运行检查记录

单位(子单位)工程:××××学院××楼

分部(子分部)工程	建筑电气(电气照明安装)	试运行日期	2004 年 10 月 20 日
施工图号	电施-7,8,61 电施 01-07A,08A	安装部位	二层

序号		检 查 项 目 及 检 查 情 况 记 录
1	工序交接确认	(1) 电线(电缆)绝缘电阻测试后完成电线的接续(√)
		(2) 照明箱(盘)、灯具、开关、插座的绝缘电阻测试在就位安装前或接线前完成(√)
		(3) 备用电源或事故照明电源作空载自动投切试验前拆除负荷,空载自动投切试验合格,做有载自动投切试验(√)
		(4) 电气器具及线路绝缘电阻测试合格后通电试验(√)
2	试运行	(1) 照明系统通电、灯具回路控制应与照明配电箱及回路的标识一致(√);开关与灯具控制顺序相对应(√),风扇的转向及调速开关应正常(√)
		(2) 公用建筑照明系统,通电连续试运行时间为 24h,民用住宅照明系统通电连续运行时间为 8h。所有照明均应开启,且每 2h 记录运行状态 1 次,连续试运行时间内无故障(√)
		(3) 测量电子镇流器荧光灯和金属卤素灯、电子调光装置三相回路的相线和中性线电流,均小于导线(电缆)额定电流(√)
备注		

建设单位或监理单位(章)	施工单位(章)	
现场代表:	施工技术员:	×××
	质量检查员:	×××
×××	施工班(组)长:	×××
2004 年 10 月 20 日	2004 年 10 月 20 日	

建筑物照明通电试运行检查记录

单位(子单位)工程:××××学院××楼

分部(子分部)工程		建筑电气(电气照明安装)	试运行日期	2004 年 10 月 20 日
施工图号		电施-10	安装部位	三层
序号		检 查 项 目 及 检 查 情 况 记 录		
1	工序交接确认	(1) 电线(电缆)绝缘电阻测试后完成电线的接续(√)		
		(2) 照明箱(盘)、灯具、开关、插座的绝缘电阻测试在就位安装前或接线前完成(√)		
		(3) 备用电源或事故照明电源作空载自动投切试验前拆除负荷,空载自动投切试验合格,做有载自动投切试验(√)		
		(4) 电气器具及线路绝缘电阻测试合格后通电试验(√)		
2	试运行	(1) 照明系统通电、灯具回路控制应与照明配电箱及回路的标识一致(√);开关与灯具控制顺序相对应(√),风扇的转向及调速开关应正常(√)		
		(2) 公用建筑照明系统,通电连续试运行时间为 24h,民用住宅照明系统通电连续运行时间为 8h。所有照明均应开启,且每 2h 记录运行状态 1 次,连续试运行时间内无故障(√)		
		(3) 测量电子镇流器荧光灯和金属卤素灯、电子调光装置三相回路的相线和中性线电流,均小于导线(电缆)额定电流(√)		
备注				

建设单位或监理单位(章)	施工单位(章)	
现场代表:	施工技术员:	×××
	质量检查员:	×××
×××	施工班(组)长:	×××
2004 年 10 月 20 日	2004 年 10 月 20 日	

接地装置施工检查测试记录

单位(子单位)工程:××××学院××楼

(子)分部工程		防雷及接地安装		
施工图号	电施-1	接地种类	防雷接地	安装地点	一层底板
测试仪表名称	接地电阻测试仪	型号规格		ZC29B-2

接 地 电 阻 测 量					
序号	测试位置	允许值(Ω)	实测值(Ω)	测试日期	当天及前三天天气情况
1	1～3-1～A	小于10	0.1	2003年11月12日	多云
2	1～4-1～G	小于10	0.1	2003年11月12日	晴天
3	1～1-1～A	小于10	0.1	2003年11月12日	多云
4	1～1-1～G	小于10	0.1	2003年11月12日	晴天

简绘接地布置图或简述接地情况(规格、长度、埋入深度、数量、连接方法、网路尺寸、地质、接地模块基坑开挖地层情况等)

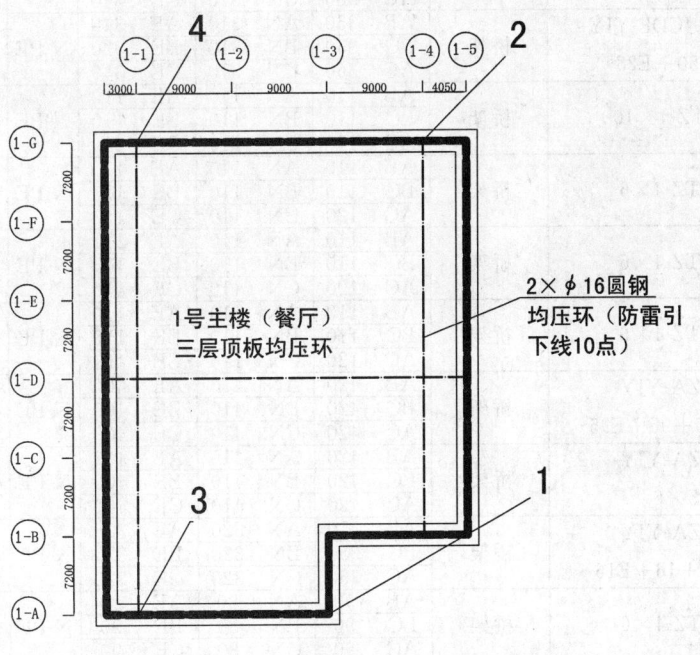

建设单位或监理单位(章)	施工单位(章)	
现场代表:	施工技术员:	×××
	质量检查员:	×××
×××	施工班(组)长:	×××
2003年11月12日	2003年11月12日	

电缆(线)敷设绝缘测试记录

单位(子单位)工程：××××学院××楼

分部 (子分部)工程	建筑电气(电气动力)					测试日期		
施工图号	电施-6,9,12,14A,15					安装部位	一至四层	
电缆(回路) 编号	电缆(导线) 型号及规格	敷设方法	绝缘电阻最小值(MΩ)				起始点	长度
			相间	相对零	相对地	零对地		
1N-1	BTTZ-4×6	桥架	AB 150 BC 150 AC 130	AN 110 BN 130 CN 130	AE 120 BE 120 CE 120	N-PE 110	低压室1至 4APE	120
2N-1	WDZA-JCDF-YJY- 4×240+E120	桥架	AB 350 BC 350 AC 360	AN 310 BN 310 CN 310	AE 340 BE 320 CE 340	N-PE 320	低压室2至 1AL-3AL	65
2N-1	WDZA-JCDF-YJY- 4×50+E25	桥架	AB 350 BC 350 AC 360	AN 310 BN 310 CN 310	AE 340 BE 320 CE 340	N-PE 320	一层至1AL	20
2N-1	WDZA-JCDF-YJY- 4×50+E25	桥架	AB 350 BC 350 AC 360	AN 310 BN 310 CN 310	AE 340 BE 320 CE 340	N-PE 320	二层至2AL	20
2N-1	WDZA-JCDF-YJY- 4×50+E25	桥架	AB 350 BC 350 AC 360	AN 310 BN 310 CN 310	AE 340 BE 320 CE 340	N-PE 320	三层至3AL	20
2N-2	BTTZ-4×10	桥架	AB 110 BC 110 AC 120	AN 110 BN 110 CN 110	AE 110 BE 110 CE 110	N-PE 100	低压室2至 EPS-PDALE-1A LE-3ALE	95
2N-2	BTTZ-4×6	桥架	AB 110 BC 110 AC 120	AN 110 BN 110 CN 110	AE 110 BE 110 CE 110	N-PE 100	一层至 PDALE-1ALE	35
2N-2	BTTZ-4×6	桥架	AB 110 BC 110 AC 120	AN 110 BN 110 CN 110	AE 110 BE 110 CE 110	N-PE 100	二层至2ALE	25
2N-2	BTTZ-4×6	桥架	AB 110 BC 110 AC 120	AN 110 BN 110 CN 110	AE 110 BE 110 CE 110	N-PE 100	三层至3AL	25
2N-3	WDZA-YJY- 3×185+95+E95	桥架	AB 420 BC 420 AC 420	AN 410 BN 410 CN 410	AE 400 BE 400 CE 400	N-PE 400	低压室2至 1CAP,2CAP	65
2N-4	WDZA-YJY- 5×6	桥架	AB 420 BC 420 AC 420	AN 410 BN 410 CN 410	AE 400 BE 400 CE 400	N-PE 400	低压室2至 RDJALE	45
2N-5	WDZA-YJY- 3×25+16+E16	桥架	AB 350 BC 350 AC 350	AN 320 BN 320 CN 320	AE 320 BE 320 CE 320	N-PE 320	低压室2至 KTAP	120
2N-6	BTTZ-4×6	桥架	AB 90 BC 90 AC 90	AN 80 BN 80 CN 80	AE 90 BE 90 CE 90	N-PE 90	低压室2至 XFALE	25
2N-7	WDZA-YJY- 3×120+70+E70	桥架	AB 350 BC 350 AC 350	AN 350 BN 350 CN 350	AE 350 BE 350 CE 340	N-PE 320	低压室2至 冷冻水泵1	80
计算器具名称	兆欧表	型号规格	ZC25B-2500V					

施工技术员：　×××　　　质量检查员：　　×××　　　施工班(组)长：　　×××

2004年09月01日　　　　　2004年09月01日　　　　　2004年09月01日

电缆(线)敷设绝缘测试记录

单位(子单位)工程:××××学院××楼

分部(子分部)工程	建筑电气(电气照明)						测试日期	2004 年 09 月 01 日
施工图号	电施-4,5,7,8,10,11,13,60,61,62 电施 01-04A-10A						安装部位	一至四层
电缆(回路)编号	电缆(导线)型号及规格	敷设方法	相间	相对零	相对地	零对地	起始点	长度
XFALE-WLE1	ZDN-BYJ(F)-2×2.5+E2.5	穿管	AB / BC / AC	AN 120 / BN / CN	AE 120 / BE / CE	N-PE 110	低压室 1 至 4APE	120
PDALE-WLE1	ZDN-BYJ(F)-2×2.5+E2.5	穿管	AB / BC / AC	AN 120 / BN / CN	AE 120 / BE / CE	N-PE 320	低压室 2 至 1AL-3AL	65
PDALE-WLE2	ZDN-BYJ(F)-2×2.5+E2.5	穿管	AB / BC / AC	AN / BN 120 / CN	AE / BE 120 / CE	N-PE 320	一层至 1AL	20
PDALE-WLE3	ZDN-BYJ(F)-2×2.5+E2.5	穿管	AB / BC / AC	AN / BN / CN 120	AE / BE / CE 120	N-PE 320	二层至 2AL	20
PDALE-WLE4	ZDN-BYJ(F)-2×2.5+E2.5	穿管	AB / BC / AC	AN 120 / BN / CN	AE 120 / BE / CE	N-PE 320	三层至 3AL	20
1AL-WLA	ZDN-BYJ(F)-2×2.5+E2.5	穿管	AB / BC / AC	AN 120 / BN / CN	AE 120 / BE / CE	N-PE 100	低压室 2 至 EPS-PDALE-1ALE-3ALE	95
1AL-WL5	ZDN-BYJ(F)-2×2.5+E2.5	穿管	AB / BC / AC	AN / BN 250 / CN	AE / BE 250 / CE	N-PE 100	一层至 PDALE-1ALE	35
1AL-WL6	ZDN-BYJ(F)-2×2.5+E2.5	穿管	AB / BC / AC	AN / BN / CN 150	AE / BE / CE 180	N-PE 100	二层至 2ALE	25
1AL-WL7	ZDN-BYJ(F)-2×2.5+E2.5	穿管	AB / BC / AC	AN 140 / BN / CN	AE 160 / BE / CE	N-PE 100	三层至 3AL	25
1AL-WL8	ZDN-BYJ(F)-2×2.5+E2.5	穿管	AB / BC / AC	AN / BN 130 / CN	AE / BE 160 / CE	N-PE 400	低压室 2 至 1CAP、2CAP	65
1AL-WL9	ZDN-BYJ(F)-2×2.5+E2.5	穿管	AB / BC / AC	AN / BN / CN 350	AE / BE / CE 250	N-PE 400	低压室 2 至 RDJALE	45
1ALE-WLE1	ZDN-BYJ(F)-2×2.5+E2.5	穿管	AB / BC / AC	AN 300 / BN / CN	AE 350 / BE / CE	N-PE 320	低压室 2 至 KTAP	120
1ALE-WLE2	ZDN-BYJ(F)-2×2.5+E2.5	穿管	AB / BC / AC	AN / BN 190 / CN	AE / BE 130 / CE	N-PE 90	低压室 2 至 XFALE	25
1ALE-WLE3	ZDN-BYJ(F)-2×2.5+E2.5	穿管	AB / BC / AC	AN / BN / CN 320	AE / BE / CE 330	N-PE 320	低压室 2 至 冷冻水泵 1	70
计算器具名称	兆欧表		型号规格	ZC25B-2500V				

施工技术员: ×××　　　质量检查员: ×××　　　施工班(组)长: ×××

2004 年 09 月 01 日　　　　2004 年 09 月 01 日　　　　2004 年 09 月 01 日

防雷检测报告

该内容由社会第三方有资质检测单位提供。

风机、空调设备机组单机试运转记录

单位(子单位)工程：××××学院××楼

系统名称			空调			安装区域		四层	
系统编号			KT-4-1			施工技术员		×××	
机组类别		组合式空调机组		检测依据		GB50243—2002			

序号	型号规格	电机转速(r/min)		风机转速(r/min)		额定值		电流实测值	轴承实测温度(℃)	测定结果
		额定值	实测值	额定值	实测值	功率	电流			
1	39G2520	1455	1467	930	944	11kW	21.46	22A-22A-22A	43	正常

建设单位(或监理单位)(章)	施工单位(章)
现场代表： ××× 2004 年 12 月 05 日	测试人员： ××× 2004 年 12 月 05 日

通风机、空调机组调试记录

单位(子单位)工程：××××学院××楼

系统名称	空调	系统编号		KT-4-1	
设备名称	空调机组	设备编号		—	
型号规格	39G2520	安装区域	四层	施工技术员	×××
检测依据	GB50243—2002				
序 号	测试项目	设计值		铭牌值	实测值
1	电机转速(r/min)	1455		1455	1467
2	风机转速(r/min)	930		930	944
3	余 压(Pa)	300		300	315
4	总 风 量(m³/h)	16 500		16 500	17 000
5	功 率(kW)	11		11	—
6	电 压(V)	380		380	382
7	电 流(A)	21.46		21.46	22A-22A-22A
评定意见	符合要求				

建设单位(或监理单位)(章)	施工单位(章)
现场代表：	测试人员：
×××	×××
2004 年 12 月 08 日	2004 年 12 月 08 日

风量平衡调试记录

单位(子单位)工程：××××学院××楼

系统名称	空调系统		系统编号		二层 1-PHU-2
施工技术员	×××		检测依据		GB50243—2002
设计总风量(m³/h)	21000		实测总风量(m³/h)		21048

序号	调试位置	风口		设计风量(m³/h)	实测风量(m³/h)	误差率(%)
		型式	规格			
1	厨房加工区	单层格栅风口	1200mm×1000mm	4380	4406	0.6
2	面点区	单层格栅风口	650mm×250mm	1725	1745	1.4
3						
4						
5						
6						
7						
8						
9						
10						
评定意见	符合设计要求					

建设单位(或监理单位)(章)	施工单位(章)
现场代表：	测试人员：
×××	×××
2004 年 11 月 27 日	2004 年 11 月 27 日

风量平衡调试记录

单位(子单位)工程:××××学院××楼

系统名称	空调系统		系统编号			三层 1-PHU-3	
施工技术员	×××		检测依据			GB50243—2002	
设计总风量(m^3/h)	17500		实测总风量(m^3/h)			17699	
序号	调试位置	风口		设计风量(m^3/h)	实测风量(m^3/h)	误差率(%)	
		型式	规格				
1	清真点心制作	单层格栅风口	1200mm×1000mm	5490	5620	0.2	
2	冷菜间	散流器	240mm×240mm	500	543	8.6	
3	洗碗间	散流器	240mm×240mm	500	560	12	
4							
5							
6							
7							
8							
9							
10							
评定意见	符合设计要求						

建设单位(或监理单位)(章)	施工单位(章)
现场代表:	测试人员:
×××	×××
2004 年 11 月 27 日	2004 年 11 月 27 日

— 133 —

风管漏光检测记录

单位(子单位)工程：××××学院××楼

系统名称		送排风系统		系统编号		××-××-××	
检测依据		风管漏光检测工艺　××-×××					
系统接缝长度(m)		127.8	试验接缝总长度(m)			123.5	
风管级别		低压风管	试验光源	1000W		施工技术员	×××
允许单位长度漏光点(个/10m)		2		实测单位长度漏光点(个/10m)			1
允许单位长度漏光点(个/100m)		16		实测单位长度漏光点(个/100m)			4

检查段示意图

```
  1000*500       800*400     500*320
```

评定意见	符合设计及规范要求

建设单位(或监理单位)(章)	施工单位(章)
现场代表： ××× 2004 年 7 月 15 日	测试人员： ××× 2004 年 7 月 15 日

消防排烟测试记录表

单位(子单位)工程：××××学院××楼

系统名称		防排烟系统		系统编号		×××-××		区域	××-××层(轴)

模拟火灾区域	测试楼层	模拟火灾层及上、下层门同时开启时，门开启处测定风速(m/s)							系统门全关闭时压力差(Pa)
		1	2	3	4	5	6	平均	前室/走道
		前室/走道							
		楼梯/前室							楼梯/前室

排烟区									
排烟口	测点风速 (m/s)	1	2	3	4	5	6	平均	风口面积 (m²)
1		8	7.9	8.7	9.4	9.5	9.7	8.87	0.48
2									
3									
4									

实测排烟量(m³/h)	30 412
有效容积(m³)	5 068.67
换气次数(1/h)	6
评定意见	符合要求

检测员	审核	检测日期
×××	×××	2004 年 11 月 30 日

正压送风测试记录表

单位(子单位)工程：××××学院××楼

系统名称		防排烟系统		系统编号		×××-××	区域	××-××层(轴)

模拟火灾区域	测试楼层	模拟火灾层及上、下层门同时开启时,门开启处测定风速 V(m/s)							系统门全关闭时压力差(Pa)
		1	2	3	4	5	6	平均	前室/走道
		前室/走道							
4F	4F	1.2	0.5	1.1	0.6	0.7	0.83	0.94	32
		楼梯/前室							楼梯/前室
	4F	1.1	0.79	0.9	1.4	0.81	0.69	0.94	61

排烟区									
排烟口	测点风速(m/s)	1	2	3	4	5	6	平均	风口面积(m²)
	1								
	2								
	3								
	4								
实测排烟量(m³/h)									
有效容积(m³)									
换气次数(1/h)									
评定意见		符合要求							
检测员		审 核			检测日期				
×××		×××			2004 年 11 月 30 日				

净化空调系统测试记录

单位(子单位)工程：××××学院××楼

系统名称	净化空调		系统编号		AHU-1-1		区域						
检测依据	GB50243—2002						施工技术员	×××					
房间编号	房间用途	洁净度(粒/m³)≥0.3μm		洁净度(粒/m³)≥0.5μm		洁净度(粒/m³)≥1.0μm		洁净度(粒/m³)≥5.0μm		正压(Pa)		噪声dB(A)	
		设计值	实测值	设计值	实测值	设计值	实测值	设计值	实测值	设计	实测	设计	实测
1	缓冲30万级	—	—	35 200	30 000	—	—	293	200	5		45	
2	男更衣室10万级	—	—	3 520	3 000	—	—	29	20	10		47	
3	女更衣室10万级	—	—	3 520	3 000	—	—	29	20	15		47	
4	走道1万级	—	—	352	300	—	—	—	—	20		50	
5	洁净室—1000级	—	—	35	30	—	—	—	—	25		52	
6	洁净室—1000级	—	—	35	30	—	—	—	—	25		52	
备注													

建设单位(或监理单位)(章)	施工单位(章)
现场代表： ××× 2004年08月20日	测试人员： ××× 2004年08月20日

空调(净化空调)系统检测报告

本工程无此项内容。

电力驱动、液压电梯隐蔽工程安装检查记录

单位(子单位)工程：××××学院××楼

分部(子分部)工程：	电梯(电力驱动曳引式或强制式电梯安装)	检查日期：	2004 年 06 月 15 日

电梯编号：	＃1 梯

<table>
<tr><td rowspan="10">隐蔽工程内容</td><td rowspan="10"></td><td colspan="4">实测值(mm)</td></tr>
<tr><td>分项工程名称</td><td>L</td><td>b</td><td>w</td></tr>
<tr><td>驱动主机</td><td>300</td><td>40</td><td>190</td></tr>
<tr><td>—</td><td>—</td><td>—</td><td>—</td></tr>
<tr><td colspan="4">L—承重墙总厚度
b—曳引机搁机承重钢梁埋入承重墙内超过墙厚中心的支承长度
w—曳引机搁机承重钢梁埋入承重墙内的支承总长度
b≥20mm
w≥75mm</td></tr>
</table>

		实测值(mm)		
隐蔽工程内容		分项工程名称	M	h	d
		驱动主机			
		道轨			
		门系统			
		悬挂装置、随行电缆、补偿装置			

M—膨胀螺栓直径
h—构筑物钻孔深度
d—构筑物钻孔直径
注:构筑物必须是混凝土结构

螺栓规格 mm	钻孔直径 mm	钻孔深度 mm
M8	12.5	45
M10	14.5	55
M12	19	65
M16	23	90

建设单位(或监理单位)(章)	施工单位(章)
现场代表： ××× 2004 年 6 月 15 日	施工技术员：　××× 质量检查员：　××× 施工班(组)长：　××× 2004 年 6 月 15 日

— 138 —

电力驱动电梯整机安装检查记录(一)

单位(子单位)工程:××××学院××楼

分部(子分部)工程:	电梯(电力驱动曳引式或强制式电梯安装)		检查日期:	2004 年 11 月 10 日
电梯编号		♯1 梯		
序号		检 查 项 目		检查情况
1		**每层层门必须能够用三角钥匙开启**		能够用钥匙开启
2		**当一层门或轿门(在多扇门中任何一扇门)被非正常打开时,电梯严禁启动或继续运行**		电梯运行不能启动或运行
3		限速器与安全钳电气开关在联动试验中必须动作可靠,且应使驱动主机立即制动		动作可靠,主机立即制动
4		瞬时式安全钳,轿厢载有平均分布的额定载荷;渐进型安全钳,轿厢应载有平均分布125%的额定载荷。短接限速器和安全钳电气开关,以检修速度下行时人为地让限速器机械动作时,安全钳应可靠地动作,轿厢必须可靠制动,且轿底倾斜度不超过 5%		安全钳可靠动作,轿厢可靠制动,轿底倾斜为 1.5mm
5		电梯在行程上部范围内空载上行及行程下部范围载有125%额定载荷下行,分别停层 3 次以上,轿厢必须可靠制停(空载上行工况应平层)。轿厢载有125%额定载荷以正常速度下行时,切断电动机与制动器供电,电梯必须可靠制动		符合要求
6		当对重完全压在缓冲器上,且驱动主机按轿厢上行方向连续运转时,空载轿厢严禁向上提升		符合要求
7		电梯平衡系数应为 40%~50%		45%
8		轿厢分别以空载、额定载荷工况下,按产品设计规定,每天不少于 8 小时,各起、制动运行1000 次,液压电梯空载和额定载荷各运行 4h,电梯应运行平衡,制动可靠,连续运行无故障,液压电梯的液压系统工作应正常		符合要求
9		当电源为额定频率和额定电压、轿厢载有 50%额定载荷时,向下运行至行程中段(除去加速加减速段)时的速度,不应大于额定速度的 105%,且不应小于小于额定速度的 92%		符合要求
10		耗能型缓冲器进行复位试验,复位时间不大于 120 秒		110 秒
11	观感检查	轿门带动层门开、关运行,门扇与门扇、门扇与门套、门扇与门楣、门扇与门口处轿壁、门扇下端与地坎应无刮碰现象		无刮碰现象
12		门扇与门扇、门扇与门套、门扇与门楣、门扇与门口处轿壁、门扇下端与地坎之间各自的间隙在整个长度上基本一致		间隙基本一致
13		对机房、导轨支架、底坑、轿顶、轿内、轿门、层门及门地坎等部位应清理干净		干净

施工技术员:	质量检查员:	施工班(组)长:
×××	×××	×××
2004 年 11 月 10 日	2004 年 11 月 10 日	2004 年 11 月 10 日

注:黑体字为强制性条文

电力驱动电梯整机安装检查记录(二)

单位(子单位)工程:××××学院××楼

分部(子分部)工程:	电梯(电力驱动曳引式或强制式电梯安装)		检查日期:	2004 年 11 月 13 日
电梯编号			#1 梯	

序号		检 查 项 目	检查情况
1	安全保护	断相、错相保护装置或功能应使电梯不发生危险	符合要求
2		动力电路、控制电路、安全电路必须有与负载匹配的短路保护装置	符合要求
3		动力电路必须有过载保护装置	有过载保护装置
4		限速器上的轿厢(对重)下行标志必须与轿厢(对重)的实际下行方向相符	符合要求
5		限速器铭牌上的额定速度、动作速度必须与被检电梯相符	符合要求
6		安全钳必须与其型式试验证书相符	符合要求
7		缓冲器必须与其型式试验证书相符	符合要求
8		门锁装置必须与其型式试验证书相符	符合要求
9		上、下极限开关必须是安全触点,在端站位置进行动作试验时必须动作正常	动作正常
10		上、下极限开关在轿厢或对重接触缓冲器前必须动作,且缓冲器完全压缩时,保持动作状态	动作可靠
11		轿顶、机房、滑轮间、底坑停止装置的动作必须正常	动作可靠
1	安全开关	限速器绳张紧开关必须动作可靠	动作可靠
2		液压缓冲器复位开关必须动作可靠	动作可靠
3		补偿绳张紧开关必须动作可靠	动作可靠
4		额定速度大于 3.5m 时,补偿绳轮防跳开关必须动作可靠	动作可靠
5		轿厢安全窗开关必须动作可靠	动作可靠
6		安全门、底坑门、检修活板门的开关必须动作可靠	动作可靠
7		对可拆卸式紧急操纵装置所需要的安全开关必须动作可靠	动作可靠
8		当悬挂钢丝绳(链条)为两根时,防松动安全开关必须动作可靠	动作可靠

序号	平层准确度		允许偏差 (mm)	实 测 值 (mm)									
				1	2	3	4	5	6	7	8	9	10
1	速度 m/s	≤0.63,>1.0	±15	5	10	5	5	5	5	5	5	10	5
2		>0.63,1.0≤	±30	—	—	—	—	—	—	—	—	—	—

施工技术员:	质量检查员:	施工班(组)长:
×××	×××	×××
2004 年 11 月 13 日	2004 年 11 月 13 日	2004 年 11 月 13 日

液压电梯整机安装检查记录(一)

单位(子单位)工程:××××学院××楼

分部(子分部)工程:		电梯(液压电梯安装)	检查日期:	2004 年 11 月 20 日
电梯编号			#5 梯	

序号	检 查 项 目		检查情况
1	**每层层门必须能够用三角钥匙开启**		能够用钥匙开启
2	**当一层门或轿门(在多扇门中任何一扇门)被非正常打开时,电梯严禁启动或继续运行**		电梯不能启动或运行
3	限速器与安全钳电气开关在联动试验中必须动作可靠,且应使驱动电梯停止运行		动作可靠,主机立即制动
4	当液压电梯的额定载重量与最大有效面积符合 GB50310 规范要求时,轿厢应载有均匀分布的额定载重量;当液压电梯额定载重量小于 GB50310 规范规定的轿厢最大有效面积对应的额定载重量时,轿厢应载有均匀分布的 125% 的液压电梯额定载重量,但载荷不应超过 GB50310 规范规定的轿厢最大有效面积对应的额定载重量。对瞬时式安全钳,轿厢应以额定速度下行;渐进式安全钳,应以检修速度下行,进行限速器(安全绳)安全钳联动试验。		限速器、安全钳联动试验,符合要求
5	当装有限速器安全钳时,使下行阀保持开启状态(直到钢丝绳松弛为止)的同时,人为地让限速器机械动作,安全钳应可靠地动作,轿厢必须可靠制动,且轿底倾斜度不超过 5%		—
6	当装有安全绳安全钳时,使下行阀保持开启状态(直到钢丝绳松弛为止)的同时,人为地让限速器机械动作,安全钳应可靠地动作,轿厢必须可靠制动,且轿底倾斜度不超过 5%		安全钳可靠动作,轿厢可靠制动,轿底倾斜为 1.5mm
7	在超载试验中,当轿厢载有 125% 额定载荷时严禁液压电梯启动		电梯不能启动
8	运行速度检验时,空载轿厢上行速度与上行额定速度的差值不应大于上行额定速度的 8%;载有额定载重量的轿厢下行速度与下行额定速度的差值不应大于下行额定速度的 8%		空载上行与下行速度差值为 25mm。满载上行与下行速度差值为 20mm
9	额定载重量沉降量试验时,载有额定载重量的轿厢停靠在最高层,停梯 10min,沉降量不应大于 10mm,但因油温变化而引起的油体积缩小所造成的沉降不包括在 10mm 内		停梯 10min,沉降量 5mm
10	液压泵站上的溢流阀应设定在系统压力为满载压力的 140%~170% 时动作		满载压力的 150%
11	超压静载试验时,将截止阀关闭,在轿内施加 200% 的额定载荷,持续 5min 后液压系统应完好无损		液压系统完好无损
12	观感检查	轿门带动层门开、关运行,门扇与门扇、门扇与门套、门扇与门楣、门扇与门口处轿壁、门扇下端与地坎应无刮碰现象	无刮碰现象
13		门扇与门扇、门扇与门套、门扇与门楣、门扇与门口处轿壁、门扇下端与地坎之间各自的间隙在整个长度上基本一致	间隙基本一致
14		对机房、导轨支架、底坑、轿顶、轿内、轿门、层门及门地坎等部位应清理干净	干净

施工技术员:	质量检查员:	施工班(组)长:
×××	×××	×××
2004 年 11 月 20 日	2004 年 11 月 20 日	2004 年 11 月 20 日

注:黑体字为强制性条文

液压电梯整机安装检查记录(二)

单位(子单位)工程:××××学院××楼

分部(子分部)工程:		电梯(液压电梯安装)					检查日期:		2004 年 11 月 20 日	
电梯编号						#5 梯				

序号		检 查 项 目	检查情况
1	安全保护	断相、错相保护装置或功能应使电梯不发生危险	符合要求
2		动力电路、控制电路、安全电路必须有与负载匹配的短路保护装置	符合要求
3		动力电路必须有过载保护装置	有过载保护装置
4		液压电梯必须装有防止轿厢坠落、超速下降的装置、且各装置必须与其型式试验证书相符	装置与型式试验证书相符
5		门锁装置必须与其型式试验证书相符	装置与型式试验证书相符
6		上、下极限开关必须是安全触点,在端站位置进行动作试验时,必须动作正常	动作正常
7		上、下极限开关在轿厢或对重接触缓冲器前必须动作,且缓冲器完全压缩时,保持动作状态	符合要求
8		机房、滑轮间、轿顶、底坑停止装置的动作必须正常	动作正常
9		当液压油达到产品设计温度时,温升保护装置必须动作,使液压电梯停止运行	动作正常
10		在停电或电气系统发生故障时,移动轿厢的装置必须能够移动轿厢上行或下行,且下行时还必须装设防止顶升机构与轿厢运动相脱离的装置	动作可靠
1	安全开关	限速器绳张紧开关必须动作可靠	动作可靠
2		液压缓冲器复位开关必须动作可靠	动作可靠
3		轿厢安全窗开关必须动作可靠	动作可靠
4		安全门、底坑门、检修活板门的开关必须动作可靠	动作可靠
5		悬挂钢丝绳(链条)为两根时,防松动安全开关必须动作可靠	动作可靠

序号	检 测 项 目	允许偏差 (mm)	实 测 值 (mm)									
			1	2	3	4	5	6	7	8	9	10
1	平层准确度	±15mm	5	5	8	5	10	—	—	—	—	—
2	机房噪音	≯85dB(A)	80									
3	客梯、医用梯运行噪音	≯55dB(A)	—									
4	客梯、医用梯开关门噪音	≯65dB(A)	—									

施工技术员:	质量检查员:	施工班(组)长:
×××	×××	×××
2004 年 11 月 20 日	2004 年 11 月 20 日	2004 年 11 月 20 日

自动扶梯(人行道)整机安装检查记录(一)

单位(子单位)工程：××××学院××楼

分部(子分部)工程：		电梯(自动扶梯、自动人行道安装)	检查日期：	2004 年 11 月 25 日
自动扶梯人行道编号：			#1自动扶梯	
序号		检 查 项 目		检查情况
1	必须自动停止	无控制电压		立即自动停止
2		电路接地的故障		立即自动停止
3		过载		立即自动停止
4		控制装置在超速和运行方向非操纵逆转下动作		立即自动停止
5	开关断开的动作必须通过安全触点或安全电路来完成	附加制动器动作		符合要求
6		直接驱动梯级、踏板或胶带的部件断裂或过分伸长		符合要求
7		驱动装置与转向装置之间的距离缩短		符合要求
8		梯级、踏板或胶带进入梳齿板处有异物夹住。且产生损坏梯级、踏板或胶带支撑结构		符合要求
9		无中间出口的连续安装的多台自动扶梯、自动人行道中的一台停止运行		符合要求
10		扶手带入口保护装置动作		符合要求
11		梯级或踏板下陷		符合要求
12	梯级、踏板、胶带的楞齿及梳齿板应完整、光滑			完整、光滑
13	在自动扶梯、自动人行道入口处应设置使用须知的标牌			有使用须知的标牌
14	内、外盖板、围裙板、扶手支架、扶手导轨、护壁板接缝应平整。接缝处的凸台不应大于 0.5mm			0.3mm
15	梳齿板梳齿与踏板面齿槽的啮合深度不应小于 6mm			6.5mm
16	梳齿板梳齿与踏板面齿槽的间隙不应大于 4mm			3.5mm
17	围裙板与梯级、踏板或胶带的水平间隙不应大于 4mm,两边间隙之和不大于 7mm,踏板表面与围裙板下端垂直间隙不应大于 4mm			水平间隙 3mm,两边间隙之和 6mm,垂直间隙 3mm
18	踏板或胶带摆动时的侧边与围裙板垂直投影之间不得产生间隙			无间隙
19	踏板面的相邻梯级或踏板之间的间隙不应大于 6mm			6mm
20	自动人行道过渡曲线区段,踏板的前缘和相邻踏板的后缘啮合,其间隙不应大于 8mm			8mm
21	护壁板之间的空隙不大应大于 4mm,间隙的上下偏差不大于 2mm			空隙 3mm,间隙 1mm
22	主电源开关不应切断电源插座、检修和维护所必需的照明电源			符合要求
23	线槽或导管内导线总截面积不大于线槽净截面积的 60%			符合要求
24	电管、软管及 PVC 管的固定间距不大于 1m			0.8m
25	端头固定间距不大于 0.1m			0.1m
26	接地总线必须采用黄绿相间绝缘导线,且截面积应与主电源线截面积一致			符合要求
27	接地支线必须采用黄绿相间绝缘导线			采用黄绿绝缘导线
28	电源线相序应标色清楚及正确			清楚、正确

施工技术员：	质量检查员：	施工班(组)长：
×××	×××	×××
2004 年 11 月 25 日	2004 年 11 月 25 日	2004 年 11 月 25 日

自动扶梯(人行道)整机安装检查记录(二)

单位(子单位)工程：××××学院××楼

分部(子分部)工程:	电梯(自动扶梯、自动人行道安装)		检查日期:	2004 年 11 月 25 日
自动扶梯人行道编号:		＃1 自动扶梯		

相 对 运 动 速 度 的 检 测

序号	检 查 项 目	允许偏差	实测值
1	梯级运行速度与额定速度的偏差	±5%	−3%
2	踏板或胶带运行速度与额定速度的偏差	±5%	−2%
3	扶手带与梯级相对运行速度的偏差	0～+2%	2%
4	扶手带与踏板或胶带相对运行速度的偏差	0～+2%	1%

制 停 距 离 检 测

序号	额定速度(m/s)	制停距离范围 自动扶梯(m)	实测值(m)	制停距离范围 自动人行道(m)	实测值(m)
1	0.5	0.20～1.00	0.65	0.20～1.00	—
2	0.65	0.30～1.30		0.30～1.30	—
3	0.75	0.35～1.50		0.35～1.50	—
4	0.9			0.40～1.70	—

绝 缘 电 阻 检 测

序号	检测项目	规范要求	实测值
1	电力电路	≮0.5MΩ	35MΩ
2	电气安全装置电路	≮0.5MΩ	1.5MΩ
3	控制电路	≮0.25MΩ	10MΩ
4	照明电路	≮0.25MΩ	5MΩ
5	信号电路	≮0.25MΩ	1MΩ

观 感 检 查

序号	检 查 内 容	检查结果
1	上行和下行自动扶梯、自动人行道的梯级、踏板或胶带与围初板之间应无刮碰现象,扶手带外表面应无刮痕	外表面无刮痕
2	对梯级、踏板或胶带、梳齿板、扶手带、护壁板、围裙板、内外盖板、前沿板及活动板等部位的外表面应清理干净	干净

施工技术员:	质量检查员:	施工班(组)长:
×××	×××	×××
2004 年 11 月 25 日	2004 年 11 月 25 日	2004 年 11 月 25 日

材料、设备质量证明书汇总表

单位(子单位)工程:××××学院××楼

分部(子分部)工程			建筑给水、排水及采暖		
序	材料(设备)名称	型号规格	生产(供应)厂商	证明书名称	备 注
1	热轧碳素结构角钢	4mm×40mm×40mm	××××铜铁有限公司	型钢质量证明书	摘自原件
2	紫铜管	55mm×2mm～22mm ×1.0mm	××市有色金属公司	××××钢铁有限公司	摘自原件
3	钢塑复合管	φ108～φ50	××××净水管道制造有限公司	质量证明书	摘自原件
4	过滤器	1/2,3/4	××××铜管管道有限公司	合格证	摘自原件
5	卫生器具	—	××××科勒有限公司	合格证	摘自原件
6	板式换热器	N35-MGS-10c/2	××(中国)有限公司	产品质量合格证 试验合格证	摘自原件
7	防火型、JLH 截止节流 止回多功能阀	JLH41H	××××阀门有限公司	合格证	摘自原件
8	电焊条	SH-J422φ3.2mm	××焊接器材有限公司	质量证明书	摘自原件
9	电焊条	SH-J422φ2.5mm	××焊接器材有限公司	质量证明书	摘自原件

施工单位:　　　　　　　　　　　填表人:

　　××市安装××××公司　　　　　　　　　　×××

　　　　　　　　　　　　　　　　　　　　　　　2004 年 10 月 20 日

注:此表为给排水及采暖、电气、智能建筑、通风与空调、电梯各分部工程通用表格。

材料、设备质量证明书汇总表

单位(子单位)工程：××××学院××楼

分部(子分部)工程			建筑电气		
序	材料(设备)名称	型号规格	生产(供应)厂商	证明书名称	备 注
1	热轧镀锌扁钢	4mm×25mm 4mm×40mm	××市××轧钢厂	产品质量证明书	摘自原件
2	镀锌电线套管	ϕ25mm×6m ϕ20mm×6m	××市××冷轧焊管厂	质量证明书	摘自原件
3	密集型母线槽	CCX11-100A/SW	××××电器设备厂	产品合格证书	摘自原件
4	钢制电缆桥架	—	××××电讯器材有限公司	质量保证书	摘自原件
5	电线	YC	××××电缆总厂	质量保证书	摘自原件
6	电缆	NH-VV 3×95+2×50	××××电缆总厂	质量证明书	摘自原件
7	耐火电缆		××××电缆厂	电缆检验报告	摘自原件
8	Y-TJD系列消防应急灯	Y-TJD201 201S	××实业有限公司	产品质量保证书	摘自原件
9	××系列开关、插座	—	××市××科技实业有限公司	产品合格证书	摘自原件
10	动力箱	XL-C	××电器设备厂	产品合格证书	摘自原件
11	电焊条	SH-J422ϕ3.2mm	××焊接器材有限公司	质量保证书	摘自原件
12	电焊条	SH-J422ϕ2.5mm	××焊接器材有限公司	质量保证书	摘自原件

施工单位：　　　　　　　　　　　填表人：

××市安装××××公司　　　　　　　　　　×××

2004 年 10 月 06 日

注：此表为给排水及采暖、电气、智能建筑、通风与空调、电梯各分部工程通用表格。

材料、设备质量证明书汇总表

单位(子单位)工程:××××学院××楼

分部(子分部)工程			通风与空调		
序	材料(设备)名称	型号规格	生产(供应)厂商	证明书名称	备 注
1	热镀锌钢卷		××钢铁股份有限公司	产品质量证明书	摘自原件
2	防火阀(电讯)、止回阀	FVD、CD	××××机械有限公司	产品质量合格保证书	摘自原件
3	离心玻璃棉制品		××××玻璃厂	质量保证书	摘自原件
4	喷流诱导风机	TOPVENT	××××风机有限公司	产品合格证明书	摘自原件
5	喷流诱导装置	TOPVENT2	××××风机有限公司	质量保证书	摘自原件

施工单位:　　　　　　　　　　　　填表人:

　　××市安装××××公司　　　　　　　　　　　　×××

2004 年 09 月 29 日

注:此表为给排水及采暖、电气、智能建筑、通风与空调、电梯各分部工程通用表格。

建筑给排水、采暖钢材质量证明书

型钢质量证明书

品种名称：热轧碳素结构角钢
技术条件：GB/T14292—93

尺寸规格：4mm×10mm×40mm
交货状态：热轧

冶炼炉号	牌号	化学成分（%）					化学工艺性能				交货长度(m)	重量(t)	备注
		C	Mn	Si	S	P	屈服点(MPa)	抗拉强度(MPa)	伸长率(%)	冷弯			
5-4	Q215-A	10~12	42~50	21	25~28	16~23	250	320	40	180°完好	4~12	3.91	
5-11	Q215-F	8	45~49	1	32~41	17~29	240	375	42	180°完好	4~12	10.78	
5-212	Q215-F	6~7	33~36	1	23~25	13~28	225	355	42	180°完好	4~12	30.68	
5-733	Q215-F	6~7	41~42	1	27~39	17~20	250	355	42	180°完好	4~12	25.32	

注:1. 表面质量、外形尺寸和其余检验项目均经检验符合产品技术条件要求。

2. 铝、镍、氧均保证合格。

复印单位：××市安装××××公司　　　　复印人：×××

注:该批热轧碳素结构角钢质量证明原件存放在××××学院筹建处

2004 年 1 月 25 日

供货单位：××市有色金属公司

建筑给排水、采暖钢材质量证明书

提货单位	×××学院筹建处

品 名	材料名	规 格	公差 (mm)		状态	重量 (kg)
			外径	壁 厚		
紫铜管	T_2	55×2,35×1.5,22×1.3 44×2,28×1.5,15×1.0	±0.020~0.15	±0.020~0.15	y	18200

供货技术条件	GB/T18033—2000	生产许可证	XK27-101 0010

化学成分 (%)

铜 Cu	铅 Pb	铁 Fe	硅 Si	锰 Mn	磷 P	砷 As	锑 Sb
≥99.9	≤0.005	≤0.005				≤0.002	≤0.002

铋 Bi	锡 Sn	铝 Al	硫 S	碳 C	镍 Ni	镁 Mg	氧 O	铬 Cr	氨
≤0.001	≤0.002		≤0.005		≤0.005		≤0.06		

试验项目

抗拉强度 (MPa)	屈服强度 (MPa)	延伸率 (%)	硬 度 (HB)	扩 大	压 扁	导电率	晶粒度	探 伤
≥314								

复印单位：××市安装××××公司

复印人：×××

注：该批紫铜管质量证明原件存放在××××学院筹建处。

2004 年 1 月 22 日

××××净水管道制造有限公司

《钢塑复合管》质量证明书

供货单位:××××××学院×××楼

检验报告编号:AT 00-356-281

签发日期:04-3-26

序号	规格	数量		性 能 试 验							冷水型	热水型
		m	捆数	外观尺寸偏差 Q/NPBV01—1999	水压试验 2.5MPa	压扁试验 Q/NPBN01—1999	冷弯曲 90°试验 Q/NPBN01—1999	卫生指标 GB/T17219—1998				
1	Φ108	45.15	10	合格	合格	合格	合格	合格			√	
2	Φ133	29.97.15	7	合格	合格	合格	合格	合格			√	
3	Φ159	29.92	6	合格	合格	合格	合格	合格			√	
4	Φ65	90	15	合格	合格	合格	合格	合格			√	
5	Φ50	12	2	合格	合格	合格	合格	合格			√	
6												

1. 本产品根据 Q/NPBV01—1999 标准进行检验。
2. 本产品钢管内层衬聚乙烯材料(热水型 PEX,冷水型 PE)。
3. 有缝钢管采用 GB/T3091—93 标准检验,无缝钢管采用 GB/T8163—1999 标准检验。
4. 购货单位验收时,如发现质量问题请将原物妥善保管并在一周之内来函电通知我厂方。

复印单位:××市安装××××公司

复印人:×××

注:该批钢塑复合管质量证明原件存放在××××学院筹建处。

科 THE BOLDLOOK

勒 OF **KOHLER**

全 球 厨 卫 经 典

合 格 证

本产品执行标准 Q/FKL1.1-1999 和 Q/FKL1.2-1999 等同采用美国国家标准 ASMEA112.19.2M-1998 和 ASMEA112.19.6-1995。

本产品符合 GB6566-2001《建筑材料放射性核素限量》标准要求。

检 验 员 _____2 2 7 7 2 1 7 8_____

出厂日期 _____2002 年 9 月 25 日_____

××科勒有限公司

××××市××镇第二工业区

邮编:×××××××

合 格 证

黄 铜 管 配 件

标准：Q/YTG03

（通过 ISO9002 认证）

由中国人民保险公司提供产品保险

名称：___过滤器___ 检 验 员：___03___

规格：___1/2、3/4___ 出厂日期：___2002 年 9 月 20 日___

×××× 铜 管 管 道 有 限 公 司

地址：××××镇×××工业区

电话：××××-×××××××

合 格 证

防 火 型、JLH 截 止

节 流、止 回 多 功 能 阀

型号	JLH41H	通径	DN125
公称 压力	PN1.6QMPa	密封 试验	PN×1.1
适用	温度	29℃～350℃	
范围	介质	水、蒸气、气、油品等	

本阀门是根据中华人民共和国专利局97106432。6号专利技术
生产。法兰连接尺寸按 JB79 标准试验压力按 ZBJ16006 标准进行检
查合格,现予出厂。

质检处:检验员 JC202

出厂日期:2002 年 6 月

×××××阀门有限公司

产 品 质 量 合 格 证

下 列 产 品 经 质 量 检 验 合 格 准 予 出 厂

产 品 型 号:　　　　N35-MGS-10c/2

产 品 编 号:　　　　HES00002069

出 厂 日 期:　　　　2004-5-10

检　　　　验:　　　　×××

质 量 部 主 管:　　　　×××

××(中国)有限公司

试 验 合 格 证 书

订单号：　650283　　　　　　　用户：　×××学院筹建处　

　　兹证明以下货品属于以上订单订购货品之一部分,已经过第一侧和第二侧的30 分钟水压试验并认定合格。

板式换热器技术数据：

板式换热器型号	N35-MGS-10c/2		系列号		HES0002069
流　体	热　侧	水		冷　侧	水
容　量	1100kW		换热面积		15.40m²
设计压力	10bar		检测压力		13bar

检 验 合 格 !

　　检　　　验：　×××　　　　日　　期：　2003.12.10　

　　质量部主管：　×××　　　　日　　期：　2003.12.10　

××(中国)有限公司

××焊接器材有限公司

电焊条质量证明书

电焊条牌号及规格:SH-J422　　φ3.2mm　　　　　报告编号:03-04-322

样品编号(或批号)330093　　　　　　　　　　　报告日期:2003.6.25

一、焊条药皮外观质量及偏心度:

  1. 外表质量:　　　　　　　　　　合　格

  2. 焊条药皮偏心度:　　　　　　　合　格

  3. 焊接工艺性能:　　　　　　　　优　良

二、熔敷金属及焊接接头机械性能:

屈服点 σ_S	抗拉强度 σ_S	伸长率	冲击值(V型)
MPa	MPa	$\delta(\%)$	$J(℃)$
≥330	≥420	≥22	≥27
395	510	29	88
			90
			90

三、熔敷金属化学成分(%):

    S≤0.035　P≤0.040　C—　Mn—　Si—

    0.014　　　0.024　　0.07　0.48　0.25

四、T型接头角焊缝:　　　　　　　　合　格

五、X射线探伤:　　　　　　　　　　合　格

       此焊条质量符合中华人民共和国

       国标 GB/T5117—1995

        检　验　合　格

检验员:×××

××焊接器材有限公司

电焊条质量证明书

电焊条牌号及规格：SH-J422　　　φ3.2mm　　　　　报告编号：03-02-169

样品编号（或批号）330093　　　　　　　　　　　报告日期：2003.5.28

一、焊条药皮外观质量及偏心度：

　　1. 外表质量：　　　　　　　　　　　合　格

　　2. 焊条药皮偏心度：　　　　　　　　合　格

　　3. 焊接工艺性能：　　　　　　　　　优　良

二、熔敷金属及焊接接头机械性能：

屈服点 σ_S	抗拉强度 σ_S	伸长率	冲击值（V 型）
MPa	MPa	$\delta(\%)$	$J(℃)$
≥330	≥420	≥22	≥27
375	470	31	87
			86
			85

三、熔敷金属化学成分（%）：

　　S≤0.035　P≤0.040　C—　Mn—　Si—

　　0.016　　0.025　　0.09　0.45　0.25

四、T 型接头角焊缝：　　　　　　　　合　格

五、X 射线探伤：　　　　　　　　　　合　格

此焊条质量符合中华人民共和国

国标 GB/T5117—1995

检 验 合 格

检验员：×××

×××市×××轧钢厂
产品质量证明书

购货单位：　×××××金属材料有限公司
执行标准：　GB704—88／T13912—92（热轧镀锌扁钢）

产品规格	炉号	钢号	化学成分 (%)							力学工艺性能				定尺长度 (m)	件数	重量 kg
			C	Si	Mn	P	S	Cr	Cu	屈服点 σs (MPa)	抗拉强度 σb (MPa)	延伸率 δ (%)	冷弯 180° d=2a			
4mm×25mm	11-24	Q215A	0.11	0.20	0.41	0.017	0.029			235	340	36	合格			11022
4mm×40mm	12-4	Q215A	0.10	0.38	0.38	0.015	0.020			230	340	36	合格			15187
备注																

注：1. 如有不符，请在七天内提出异议。
　　2. 签发单位红章有效，复印件无效。

检验员：×××

质量管理部门：×××市×××轧钢厂质量科
日期：2002年12月19日

编号：003023

××市×××冷轧焊管厂

电线套管质量证明书

收货单位：×××××学院筹建处

产品名称	钢号	规格	件数	重量	化学成分						冷弯试验	外观
					C	Si	Mn	P	S	Cr	Cu		
镀锌电线套管	Q235A	φ25mm×6m	200支	1.26吨	0.14	0.19	0.39	0.024	0.03	0.03	0.12	合格	合格
镀锌电线套管	Q235A	φ20mm×6m	1000支	4.59吨	0.14	0.19	0.39	0.024	0.03	0.03	0.12	合格	合格

备注：产品标准：GB3640—88

××市××冷轧焊管厂质管科

检验员：××

2003年5月12日

××××电缆总厂

电缆产品质量证明书

1. 工程名程 ××××学院建设工程

2. 型号 NH-VV

3. 规格 3×95+2×50

4. 额定电压 0.6/1kV

5. 电缆经 3.5 kV 交流电压 5 min 未击穿。

6. 在20℃时导电线芯的直流电阻不大于 0.193 Ω/km。

7. 20℃ 时线芯绝缘电阻不小于 30 MΩ·km。

8. 电缆交货长度 255 m。

结论:本产品经结构、性能及外观检查均符合

Q/32028DECWZ-2001 要求

检验员 检验2 检验日期 2003年4月9日

电 缆 检 验 报 告

编号:2001-1339

产品名称	耐火电缆
型号规格	NH-VV　3×120mm² + 1×70mm²　0.6/1kV
委托单位	国家质量技术监督局
生产单位	××××电缆厂
受检单位	××××电缆厂
抽样者	××、×××
抽样地点	仓库
抽样基数	1970m
抽样日期	2001 年 7 月 4 日
送样者	×××
送样日期	2001 年 6 月 28 日
样品数量	5m
检验依据	GB/T12666.6—90
样品等级	空白
检验项目	耐火特性(B类)
检验日期	2001 年 8 月 1 日
检验地点	本中心内
检验结论	××××电缆厂生产的 NH-VV　3×120mm² + 1×70mm²　0.6/1kV 耐火电缆,经按 GB/T12666.6—90《电线电缆燃烧试验方法第 6 部分:电线电缆耐火特性试验方法》检验,火焰强度为 B 类时,耐火特性合格。(以下空白) 签发单位:国家质量技术监督局 检测中心 签发日期:2001 年 8 月 24 日

检验结果汇总	检验项目名称	标准要求及标准条款号	实测结果	本项结论
	耐火特性	在 90min 的燃烧试验期间,3A 熔丝不熔断。(6)	喷灯名称:管型喷灯 燃料:液化石油气 火焰强度:B 类 试验电压:600/1000V 结果:燃烧实验进行到 90min 时,3A 熔丝不熔断。	合格

批准:×××　　　　　　　　　　审核:×××　　　　　　　　　　编制:×××

××××电器设备厂
产品合格证书

编号：TX/SJ06 200 072

工程名称	××××学院建设工程		
产品名称	密集型母线槽	产品型号	CCX$_{11}$100A/5W
出厂编号	011350301～011350309	产品数量	24 段

序	检验项目	检验结果	检验人员
1	一般检验	合　格	检 09
2	工艺检验	合　格	检 09
3	接地连续电阻测试	≤0.1Ω	检 09
4	绝缘电阻测试（分线箱）	≥20MΩ	
5	介电强度试验（分线箱）	2 500V	
6	绝缘电阻测试（低压母线槽）	≥50MΩ	检 09
7	介电强度测试（低压母线槽）	3 750V	检 09
8	绝缘电阻测试（10.5kV 母线槽）	≥100MΩ	
9	耐压试验（10.5kV 母线槽）	3 500kV	
结论	本产品经检验符合 Q/IB0010—2001 标准技术条件，准予出厂		

检验人员签字	×××	
质量检验科长签字	×××	（质检科章）
检验日期	×××	

××××电缆总厂

电线产品质量证明书

工程名称　××××学院建设工程

编　　号＿＿＿＿＿＿＿＿＿＿＿＿＿

型　　号＿＿＿＿＿＿YC＿＿＿＿＿＿＿

规　　格＿＿＿＿$1×240m^2$＿＿＿＿＿

长　　度＿＿＿＿＿185m＿＿＿＿＿＿

电缆标准或规范参照＿＿＿GB50B—1997＿＿＿

（1）额定电压＿450/750V＿

火花试验：经＿＿＿＿—＿＿＿＿kV 不击穿。

耐压试验电缆经＿＿＿＿2.5＿＿＿kV/5 分钟不击穿。

（2）在 20℃时导电线芯的直流电阻≤0.00801Ω/km。

（3）电线外径≥＿＿＿＿—＿＿＿＿mm

检验员＿检验1＿检验组长＿检验1＿出厂日期2003 年8 月9 日

质 量 保 证 书

我厂生产的钢制电缆桥架符合企业标准 ISOR04—1998 的要求。主要质量指标如下：

一、桥架所采用的钢材料材质符合 GB700 和 GB912 的规格。

二、防腐措施。

1. 普通钢板制造

(1) 热镀锌表面锌层平均厚度≥0.065mm(460g/m²)；

(2) 电镀锌表面锌层平均厚度≥0.012mm(84g/m²)；

2. 镀锌钢板极制造

(1) 电镀锌钢板表面锌层平均厚度≥0.012mm(84g/m²)；

(2) 热镀锌钢板表面锌层平均厚度≥0.04mm(275g/m²)；

3. PVC(聚氯乙烯)

当桥架防腐采用表面喷涂 PVC 时满足：

(1) 涂层厚度≥0.060mm；

(2) 附着力 2 级；

三、桥架的焊接符合 Q/ISQK04—1998 的要求。

四、桥架端部之间接地电阻小于 0.00033Ω。

五、荷载等级在支承跨距为 2m 时符合 Q/ISQK04—1998 的要求。

××××电讯器材有限公司

2002 年 3 月 8 日

××电器设备厂

产品合格证

名　　称：　　　　　　　　　动力箱

型　　号：　　　　　　　　　XL-C

规　　格：　　　　800mm×2200mm×650mm

编　　号：　　　　　　　　　26380

日　　期：　　　　　　　　2004 年 1 月

结论:本产品经检验符合标准

　　　　　　　GB7251.1—1997　　　准予出厂

检验员：　　　　　×××

检验科：　　　　　×××

产 品 质 量 保 证 书

工程名称： ××××学院建设工程

产品名称： Y-TJD 系列消防应急灯

规格型号： Y-TJD201、201S

出厂日期： 2003-07-18

质量保证：

1. 本批产品经检验符合 GB17945—2000 标准要求。

2. 产品主要技术参数及性能。

输入电压：AC220V/50Hz　　　　　再充电时间：≤24h

应急转换时间：＜3s　　　　　　　应急时间：≥90min

3. 产品从购买日期起，凭质保书在中国境风享有规格的"质量三包"必须直接向××实业或授权代理购买。

4. 不负责"质量三包"条款

（A）产品由于安装或使用不当发生故障；

（B）产品由于保管不良及自然灾害造成损坏；

（C）消耗品的补充；

5. 凡不在此质保书内说明的责任，本公司将不负责。

××实业有限公司质检部

质量投诉电话：×××-×××××××××

照明开关、插座产品合格证

本产品开关类符合国家 GB16915.1—1997 标准要求,插座类符合国家 GB2099.1—1996、GB1002—1996 标准要求,准予出厂。本产品("××"系列开关和插座)提供 12 年的品质保证。若有任何咨询,请附上此卡。

谢谢!

××授权并监督生产

总 经 销:×××国际贸易(上海)有限公司

地　　址:×××××保税区×××路×××号

邮　　编:××××××

联系电话:×××-××××××××转××××

传　　真:×××-××××××××

生 产 商:××市××科技实业有限公司

邮　　编:××××××

电　　话:××××-××××××××

检 验 员:＿＿＿＿＿＿03＿＿＿＿＿＿＿＿

检验日期:＿＿＿＿2003.12＿＿＿＿＿＿

××焊接器材有限公司

电焊条质量证明书

电焊条牌号及规格：SH-J422　　　φ3.2mm

样品编号（或批号）330093

报告编号：03-04-322

报告日期：2003.6.25

一、焊条药皮外观质量及偏心度：

    1. 外表质量：　　　　　　　　　　合　格

    2. 焊条药皮偏心度：　　　　　　　合　格

    3. 焊接工艺性能：　　　　　　　　优　良

二、熔敷金属及焊接接头机械性能：

屈服点 σ_S	抗拉强度 σ_S	伸长率	冲击值（V 型）
MPa	MPa	$\delta(\%)$	$J(\degree C)$
≥330	≥420	≥22	≥27
395	510	29	88
			90
			90

三、熔敷金属化学成分（%）：

    S≤0.035　　P≤0.040　　C—　　Mn—　　Si—

    0.014　　　　0.024　　0.07　　0.48　　0.25

四、T 型接头角焊缝：　　　　　　　　合　格

五、X 射线探伤：　　　　　　　　　　合　格

此焊条质量符合中华人民共和国

国标 GB/T5117—1995

检 验 合 格

检验员：×××

××焊接器材有限公司

电焊条质量证明书

电焊条牌号及规格：SH-J422　　φ2.5mm　　　　报告编号：03-02-169

样品编号（或批号）330043　　　　　　　　　报告日期：2003.5.28

一、焊条药皮外观质量及偏心度：

　　1. 外表质量：　　　　　　　　　　　合　格

　　2. 焊条药皮偏心度：　　　　　　　　合　格

　　3. 焊接工艺性能：　　　　　　　　　优　良

二、熔敷金属及焊接接头机械性能：

屈服点 σ_S	抗拉强度 σ_S	伸长率	冲击值（V 型）
MPa	MPa	$\delta(\%)$	$J(℃)$
≥330	≥420	≥22	≥27
375	470	31	87
			86
			85

三、熔敷金属化学成分（%）：

　　　　S≤0.035　　P≤0.040　　C—　　Mn—　　Si—

　　　　0.016　　　0.025　　　0.09　　0.45　　0.25

四、T 型接头角焊缝：　　　　　　　　　合　格

五、X 射线探伤：　　　　　　　　　　　合　格

　　　　　　　　　　　　　　此焊条质量符合中华人民共和国

　　　　　　　　　　　　　　国标 GB/T5117—1995

　　　　　　　　　　　　　　检　验　合　格

检验员：×××

××钢铁股份有限公司

产品质量证明书
（通风与空调钢材）

订货单位	××××钢材贸易有限公司	产品名称 热镀锌钢卷
收货单位	××××钢材贸易有限公司	代 号
标 准	Q/BQB 420 St02Z '180-Z-FA-LY PT.A	客户订单编号

证书号 000425 / 131002L0204××03
签发日期 2003/10/02
交货日期 2003/10/02
许可证号
合同号 M330812A01

×××市×××区×××路××××号
邮编：×××××××

序号	钢卷号	捆包号	件数	炉号	规格及重量					化学成分（熔炼分析）					拉伸试验（G.L=L3）			硬度	弯曲值	杯突	镀层重量 g/m²		
					厚度 mm	宽度 mm	长度 mm	张数	重量	C ×10²	Si ×10²	Mn ×10²	p ×10³	s ×10³	屈服 MPa	抗拉 MPa	伸长 %				两面	上面	下面
1	1526199	02	1	113487	1.20	1250	COIL		4550							372					193.0	98.00	95.00
2	1526199	03	1	113487	1.20	1250	COIL		4530							372					193.0	98.00	95.00
3	1526199	04	1	113487	1.20	1250	COIL		4790							372					193.0	98.00	95.00
4	1526199	05	1	113487	1.20	1250	COIL		4730							372					193.0	98.00	95.00
5	1526199	06	1	113487	1.20	1250	COIL		4540							372					193.0	98.00	95.00
合计			5						23410														

本产品已按上述要求进行制造和检验，其结果符合要求，特此证明。

会验者	制造管理部部长 ×××
备注	

××××机械有限公司

产品质量合格保证书

定货单位：　　×××学院建设工程

工程名称：　　×××学院筹建处××楼

产品名称：　　防火阀（电讯）、止回阀

型　　号：　　FVD、CD

检测日期：　　2003 年 3 月

检测结果：　　　　合格

产品名称	规　格	数　量	检验项目	检验结果
防火阀 （电讯号） 280℃	3100×550 2500×1000 2000×1250 1000×800 800×1000 1000×500	1只 1只 1只 1只 1只 1只	1. 焊接应光滑平整 2. 表面喷塑光滑 3. 截面积尺寸及钢板厚度 2mm	合格 合格 合格
防火阀 （电讯号） 70℃	1750×1000 1600×900 900×750 1100×1550 1600×800 1300×600 1200×400 400×250	1只 1只 1只 1只 1只 1只 1只 1只	4. 叶片在 0°～90°范围内开启灵活 5. 手动及 DC24V，阀门应能迅速打开 6. 熔片熔断温度：280℃、70℃	合格 合格 合格
止回阀	600×350 400×250 300×250	1只 1只 1只	7. 熔片熔断后阀门应能迅速灵活地重新关闭	合格

检 验 员：　×××

检验科长：　×××

×××× 玻 璃 厂

离 心 玻 璃 棉 制 品 质 量 保 证 书

（通风保温材料）

用户名称：＿＿＿＿＿＿＿＿＿＿＿＿＿＿＿＿＿＿

工程名称：＿＿＿＿＿＿＿＿＿＿＿＿＿＿＿＿＿＿

贵单位所购我厂"××"牌离心玻璃棉制品

产品品种＿＿＿＿＿＿＿＿＿＿＿＿＿产品规格＿＿＿＿＿＿＿＿＿＿＿＿＿

数　　量＿＿＿＿＿＿＿＿＿＿＿＿＿发 票 号＿＿＿＿＿＿＿＿＿＿＿＿＿

购货日期＿＿＿＿＿＿＿＿＿＿＿＿＿销售经办人＿＿＿＿＿＿＿＿＿＿＿

其产品质量符合 Q/ALA01-02 标准之规定，特此质量保证。

（如有质量反馈意见可打电话××××××××或×××××××××）

声明　★ 本质量保证书盖章有效。

　　　★ 本质量保证书复印件无效。

　　　★ 本厂玻璃棉制品均有"××××"印字标识。

喷 流 诱 导 装 置 质 量 保 证 书

品名:日本 FLAKT 喷流诱导风机

型号:TOPVENT2

工程名称:×××××学院××楼

台数:38 台

参数:

型　　号	TOPVENT2
风　　量	630m³/h
电　　源	单相220V
功　　率	88BV

质量保证:

　　1. 产品系用原材料和一流工艺制造,并保证在各方面合同规定的质量、规格

和性能相一致。

　　2. 产品质量保证期为产品安装调试完毕并验收合格后1年。

　　3. 产品质量保证期内,正常使用下,质量实行三包。

　　××市××贸易有限公司(盖章)　　　　××××风机有限公司(盖章)
　　　　　2003/6/10　　　　　　　　　　　　　　2003/6/10

××××风机有限公司
产品合格证明

编号:JTL/QR8.06.3.1—02

产品名称	喷流诱导风机
型　号	TOPVENT
生产批号	2002K471(200206001～200206138)
出厂数量	38
出厂日期	2003.6.4

检验结果:

合格,准予出厂

检验员	××

生产厂:日本富列克特株式会社

产　地:中国××

D 册:工程质量验收资料

工程质量验收资料目录

单位(子单位)工程质量竣工验收记录

表 G.0.1-1

工程名称	××××学院××楼	结构类型	混凝土框架	层数/建筑面积	—
施工单位	××市安装××××公司	技术负责人	×××	开工日期	2003 年 09 月 30 日
项目经理	×××	项目技术负责人	×××	竣工日期	2004 年 12 月 30 日

序号	项 目	验 收 记 录	验收结论
1	分部工程	共 5 分部,经查 5 分部 符合标准设计要求 5 分部	同意验收
2	质量控制资料核查	共 34 项,经审查符合要求 34 项, 经核定符合规范要求 0 项	同意验收
3	安全和主要使用功能核查及抽查结果	共核查 15 项,符合要求 15 项, 共抽查 6 项,符合要求 6 项, 经返工处理符合要求 0 项	同意验收
4	观感质量验收	共抽查 17 项,符合要求 17 项, 不符合要求 0 项	好
5	综合验收结论	通过验收	同意验收

参加验收单位	建设单位	监理单位	施工单位	设计单位
	(公章)	(公章)	(公章)	(公章)
	单位 (项目)　××× 负责人	总监理 工程师　×××	单位 负责人　×××	单位 (项目)　××× 负责人
	2004 年 12 月 25 日	2004 年 12 月 25 日	2004 年 12 月 25 日	2004 年 12 月 25 日

单位(子单位)工程质量控制资料核查记录

表 G.0.1-2

工程名称		×××学院××楼		施工单位	××市安装××××公司	
序号	项目	资料名称	份数	核查意见		核查人
1	建筑与结构	图纸会审、设计变更、洽商记录				
2		工程定位测量、放线记录				
3		原材料出厂合格证及进场检(试)验报告				
4		施工试验报告及见证检测报告				
5		隐蔽工程验收记录				
6		施工记录				
7		预制构件、预拌混凝土合格证				
8		地基基础、主体结构检验及抽样检测资料				
9		分项、分部工程质量验收记录				
10		工程质量事故及事故调查处理资料				
11		新材料、新工艺施工记录				
12						
1	给排水与采暖	图纸会审、设计变更、洽商记录	9	符合要求		×××
2		材料、配件出厂合格证书及进场检(试)验报告	289	符合要求		
3		管道、设备强度试验、严密性试验记录	15	符合要求		
4		隐蔽工程验收记录	10	符合要求		
5		系统清洗、灌水、通水、通球试验记录	29	符合要求		
6		施工记录	75	符合要求		
7		分项、分部工程质量验收记录	40	符合要求		
8						
1	建筑电气	图纸会审、设计变更、洽商记录	22	符合要求		×××
2		材料、配件出厂合格证书及进场检(试)验报告	130	符合要求		
3		设备调试记录	11	符合要求		
4		接地、绝缘电阻测试记录	2	符合要求		
5		隐蔽工程验收记录	29	符合要求		
6		施工记录	162	符合要求		
7		分项、分部工程质量验收记录	93	符合要求		
8						

续表

工程名称		×××学院××楼		施工单位	××市安装××××公司	
序号	项目	资料名称	份数	核查意见		核查人
1	通风与空调	图纸会审、设计变更、洽商记录	8	符合要求		×××
2		材料、设备出厂合格证书及进场检（试）验报告	157	符合要求		
3		制冷、空调、水管道强度试验、严密性试验记录	3	符合要求		
4		隐蔽工程验收记录	6	符合要求		
5		制冷设备进行调试记录				
6		通风、空调系统调试记录	18	符合要求		
7		施工记录	52	符合要求		
8		分项、分部工程质量验收记录	90	符合要求		
9						
1	电梯	土建布置图纸会审、设计变更、洽商记录	—	—		×××
2		设备出厂合格证书及开箱检验记录	15	符合要求		
3		隐蔽工程验收记录	5	符合要求		
4		施工记录	60	符合要求		
5		接地、绝缘电阻测试记录	5	符合要求		
6		负荷试验、安全装置检查记录	5	符合要求		
7		分项、分部工程质量验收记录	53	符合要求		
8						
1	建筑智能化	图纸会审、设计变更、洽商记录、竣工图及设计说明	5	符合要求		×××
2		材料、设备出厂合格证及技术文件及进场检（试）验报告	20	符合要求		
3		隐蔽工程验收记录	5	符合要求		
4		系统功能测定及设备调试记录	6	符合要求		
5		系统技术、操作和维护手册	—	—		
6		系统管理、操作人员培训记录	2	符合要求		
7		系统检测报告	6	符合要求		
8		分项、分部工程质量验收报告	10	符合要求		

结论： 同意验收。

总监理工程师 ×××
（建设单位 项目负责人）

施工单位项目经理 ××× 2004 年 12 月 25 日 2004 年 12 月 25 日

单位(子单位)工程安全和功能检验
资料核查及主要功能抽查记录

表 G.0.1-3

工程名称			×××学院××楼	施工单位	××市安装××××公司		
序号	项目		安全和功能检查项目	份数	核查意见	抽查结果	核查(抽查)人
1	建筑结构		屋面淋水试验记录				
2			地下室防水效果检查记录				
3			有防水要求的地面蓄水试验记录				
4			建筑物垂直度、标高、全高测量记录				
5			抽气(风)道检查记录				
6			幕墙及外窗气密性、水密性、耐风压检测报告				
7			建筑物沉降观测测量记录				
8			节能、保温测试记录				
9			室内环境检测报告				
10							
1	给排水与采暖		给水管道通水试验记录	29	符合要求	—	×××
2			暖气管道、散热器压力试验记录	—	—	—	
3			卫生器具满水试验记录	2	符合要求	符合要求	
4			消防管道、燃气管道压力试验记录	7	符合要求	—	
5			排水干管通球试验记录	3	符合要求	符合要求	
6							
1	电气		照明全负荷试验记录	4	符合要求	—	×××
2			大型灯具牢固性试验记录	—	—	—	
3			避雷接地电阻测试记录	2	符合要求	符合要求	
4			线路、插座、开关接地检验记录	12	符合要求	符合要求	
5							
1	通风与空调		通风、空调系统试运行记录	4	符合要求	—	×××
2			风量、温度测试记录	4	符合要求	符合要求	
3			洁净室洁净度测试记录	1	符合要求	—	
4			制冷机组试运行调试记录	1	符合要求	—	
5							
1	电梯		电梯运行记录	5	符合要求	符合要求	×××
2			电梯安全装置检测报告	20	符合要求	—	
1	智能建筑		系统试运行记录	2	符合要求		×××
2			系统电源及接地检测报告	2	符合要求		
3							

结论:	同意验收。		
		总监理工程师	×××
施工单位项目经理 ×××	2004 年 12 月 25 日	(建设单位项目负责人)	2004 年 12 月 25 日

注:抽查项目由验收组协商确定。

单位(子单位)工程观感质量检查记录

表 G.0.1-4

工程名称		×××学院××楼							施工单位				××市安装××××公司			
序号		项 目	检查质量状况											质量评价		
													好	一般	差
1	建筑与结构	室外墙面													
2		变形缝													
3		水落管、屋面													
4		室内墙面													
5		室内顶棚													
6		室内地面													
7		楼梯、踏步、护栏													
8		门窗													
1	给排水与采暖	管道接口、坡度、支架	★	★	●	★	★	●	★	★	★	★	√		
2		卫生器具、支架、阀门	●	●	★	★	●	★	●	★	★	★	√		
3		检查口、扫除口、地漏	●	●	●	★	★	★	●	●	●	●		√	
4		散热器、支架													
1	建筑电气	配电箱、盘、板、接线盒	★	★	★	●	★	★	★	★	★	★	√		
2		设备器具、开关、插座	★	★	★	★	★	★	★	★	★	★	√		
3		防雷、接地	★	●	★	★	★	★	●	★	★	★	√		
1	通风与空调	风管、支架	★	★	★	★	●	★	★	★	★	★	√		
2		风口、风阀	●	●	★	★	★	★	●	★	★	★	√		
3		风机、空调设备	★	★	★	★	★	★	★	★	★	★	√		
4		阀门、支架	●	●	●	●	★	●	●'	★	●	●		√	
5		水泵、冷却塔	★	★	★	★	★	★	★	●	★	★	√		
6		绝热	●	●	●	★	●	●	●	●	●	●		√	
1	电梯	运行、平层、开关门	★	★	★	●	●	★					√		
2		层门、信号系统	●	●	●	★	★	●						√	
3		机房	★	★									√		
1	智能建筑	机房设备安装及布局	★	★	★	●							√		
2		现场设备安装	●	●	●	●	★	★						√	
3															

观感质量综合评价	好

检查结论	同意验收。 总监理工程师　　　　××× 施工单位 项目经理　　×××　　　　　　（建设单位项目负责人） 2004 年 12 月 25 日　　　　　　　2004 年 12 月 25 日

注:质量评价为差的项目,应进行返修。

分项分部工程质量验收证明书

参照上海市建设工程备案文件汇编（一）第 144 页，对附表三分项、分部工程质量验收证明书填写范围，对安装工程未作要求。

建筑给水、排水及采暖分部工程验收记录

表 F.0.1

工程名称	×××学院××楼		结构类型	混凝土结构	层数	三层
施工单位	××市安装××××公司		技术部门负责人	×××	质量部门负责人	×××
分包单位	××安装公司		分包单位负责人	×××	分包技术负责人	×××
序号	子分部工程名称	检验批数	施工单位检查评定		验收意见	
1	室内给水系统	8	检查评定合格			
2	室内排水系统	7	同意验收			
3	卫生器具安装	6	检查评定合格			
4	室内热水供应系统	5	检查评定合格			
					同意验收。	
	质量控制资料		符合要求		同意验收	
	安全和功能检验（检测）报告		符合要求		同意验收	
	观感质量验收		好			
验收单位	分包单位	××市安装××××公司		项目经理：×××		2004-12-20
	施工单位	××市××建筑有限公司		项目经理：×××		2004-12-20
	勘察单位			项目负责人：		年 月 日
	设计单位	××市设计研究院		项目负责人：×××		2004-12-20
	监理（建设）单位	××市××监理公司		总监理工程师：（建设单位项目专业负责人）	×××	2004 年 11 月 30 日

单位(子单位)工程质量控制资料核查记录
(建筑给水、排水及采暖分部)

表 G.0.1-2

工程名称		×××学院××楼	施工单位	××市安装××××公司	
序号	项目	资料名称	份数	核查意见	核查人
1	建筑与结构	图纸会审、设计变更、洽商记录			
2		工程定位测量、放线记录			
3		原材料出厂合格证及进场检(试)验报告			
4		施工试验报告及见证检测报告			
5		隐蔽工程验收记录			
6		施工记录			
7		预制构件、预拌混凝土合格证			
8		地基基础、主体结构检验及抽样检测资料			
9		分项、分部工程质量验收记录			
10		工程质量事故及事故调查处理资料			
11		新材料、新工艺施工记录			
12					
1	给排水与采暖	图纸会审、设计变更、洽商记录	9	符合要求	×××
2		材料、配件出厂合格证书及进场检(试)验报告	189	符合要求	
3		管道、设备强度试验、严密性试验记录	8	符合要求	
4		隐蔽工程验收记录	10	符合要求	
5		系统清洗、灌水、通水、通球试验记录	5	符合要求	
6		施工记录	75	符合要求	
7		分项、分部工程质量验收记录	40	符合要求	
8					
1	建筑电气	图纸会审、设计变更、洽商记录			
2		材料、配件出厂合格证书及进场检(试)验报告			
3		设备调试记录			
4		接地、绝缘电阻测试记录			
5		隐蔽工程验收记录			
6		施工记录			
7		分项、分部工程质量验收记录			
8					

续表

工程名称		×××学院××楼		施工单位		××市安装××××公司	
序号	项目	资料名称		份数	核查意见		核查人
1	通风与空调	图纸会审、设计变更、洽商记录					
2		材料、设备出厂合格证书及进场检(试)验报告					
3		制冷、空调、水管道强度试验、严密性试验记录					
4		隐蔽工程验收记录					
5		制冷设备进行调试记录					
6		通风、空调系统调试记录					
7		施工记录					
8		分项、分部工程质量验收记录					
9							
1	电梯	土建布置图纸会审、设计变更、洽商记录					
2		设备出厂合格证书及开箱检验记录					
3		隐蔽工程验收记录					
4		施工记录					
5		接地、绝缘电阻测试记录					
6		负荷试验、安全装置检查记录					
7		分项、分部工程质量验收记录					
8							
1	建筑智能化	图纸会审、设计变更、洽商记录、竣工图及设计说明					
2		材料、设备出厂合格证及技术文件及进场检(试)验报告					
3		隐蔽工程验收记录					
4		系统功能测定及设备调试记录					
5		系统技术、操作和维护手册					
6		系统管理、操作人员培训记录					
7		系统检测报告					
8		分项、分部工程质量验收报告					

结论：　　　　　　　　　　　　同意验收。

总监理工程师　　　×××
（建设单位
项目负责人）

施工单位项目经理　　×××　　　　　　2004 年 12 月 22 日　　　　　2004 年 12 月 22 日

185

单位(子单位)工程安全和功能检验
资料核查及主要功能抽查记录
(建筑给水、排水及采暖分部)

表 G.0.1-3

工程名称		×××学院××楼		施工单位	××市安装××××公司		
序号	项目	安全和功能检查项目	份数	核查意见	抽查结果	核查(抽查)人	
1	建筑结构	屋面淋水试验记录					
2		地下室防水效果检查记录					
3		有防水要求的地面蓄水试验记录					
4		建筑物垂直度、标高、全高测量记录					
5		抽气(风)道检查记录					
6		幕墙及外窗气密性、水密性、耐风压检测报告					
7		建筑物沉降观测测量记录					
8		节能、保温测试记录					
9		室内环境检测报告					
10							
1	给排水与采暖	给水管道通水试验记录	29	符合要求	—	×××	
2		暖气管道、散热器压力试验记录	—	—	—		
3		卫生器具满水试验记录	2	符合要求	符合要求		
4		消防管道、燃气管道压力试验记录	7	符合要求	—		
5		排水干管通球试验记录	3	符合要求	符合要求		
6							
1	电气	照明全负荷试验记录					
2		大型灯具牢固性试验记录					
3		避雷接地电阻测试记录					
4		线路、插座、开关接地检验记录					
5							
1	通风与空调	通风、空调系统试运行记录					
2		风量、温度测试记录					
3		洁净室洁净度测试记录					
4		制冷机组试运行调试记录					
5							
1	电梯	电梯运行记录					
2		电梯安全装置检测报告					
1	智能建筑	系统试运行记录					
2		系统电源及接地检测报告					
3							

结论: 同意验收。

总监理工程师 ×××

施工单位项目经理	×××	2005 年 01 月 01 日	(建设单位项目负责人)	2005 年 01 月 01 日

注:抽查项目由验收组协商确定。

单位(子单位)工程观感质量检查记录
(建筑给水、排水及采暖分部)

表 G.0.1-4

工程名称		×××学院××楼							施工单位		××市安装××××公司				
序号		项　目	检查质量状况									质量评价			好	一般	差

序号		项　目	检查质量状况									好	一般	差
1	建筑与结构	室外墙面												
2		变形缝												
3		水落管,屋面												
4		室内墙面												
5		室内顶棚												
6		室内地面												
7		楼梯、踏步、护栏												
8		门窗												
1	给排水与采暖	管道接口、坡度、支架	★	★	●	★	★	●	★	★	★	★	√		
2		卫生器具、支架、阀门	●	●	★	★	●	★	●	★	★	★	√		
3		检查口、扫除口、地漏	●	●	●	●	★	★	★	●	●	●		√	
4		散热器、支架													
1	建筑电气	配电箱、盘、板、接线盒													
2		设备器具、开关、插座													
3		防雷、接地													
1	通风与空调	风管、支架													
2		风口、风阀													
3		风机、空调设备													
4		阀门、支架													
5		水泵、冷却塔													
6		绝热													
1	电梯	运行、平层、开关门													
2		层门、信号系统													
3		机房													
1	智能建筑	机房设备安装及布局													
2		现场设备安装													
3															
		观感质量综合评价					好								

检查结论	同意验收。 　　　　　　　　　　　总监理工程师　　　　××× 施工单位　　×××　　　　　(建设单位项目负责人) 项目经理 2004 年 12 月 22 日　　　　　　　　　2004 年 12 月 22 日

注:质量评价为差的项目,应进行返修。

建筑给水、排水及采暖分部室内给水系统子分部工程质量验收记录

表 F.0.1

工程名称	×××学院××楼		结构类型	混凝土结构	层数	3 层
施工单位	××市××建筑有限公司		技术部门负责人	×××	质量部门负责人	×××
分包单位	××市安装××××公司		分包单位负责人	×××	分包技术负责人	×××
序号	分项工程名称	检验批数	施工单位检查评定	验收意见		
1	室内给水管道及配件安装	4 批	检查评定合格			
2	室内消火栓安装	4 批	检查评定合格			
3	给水设备安装	1 批	检查评定合格			
4						
5				同意验收。		
6						
质量控制资料						
安全和功能检验(检测)报告						
观感质量验收						
验收单位	分包单位	××市安装××××公司	项目经理: ×××	2004 年 10 月 28 日		
	施工单位	××市××建筑有限公司	项目经理: ×××	2004 年 10 月 28 日		
	勘察单位		项目负责人:	年 月 日		
	设计单位		项目负责人:	年 月 日		
	监理(建设)单位	××市××监理公司	总监理工程师: ××× (建设单位项目专业负责人)	2004 年 10 月 28 日		

建筑给水、排水及采暖分部室内排水系统子分部工程质量验收记录

表 F.0.1

工程名称	×××学院××楼		结构类型	混凝土结构	层数	3层
施工单位	××市××建筑有限公司		技术部门负责人	×××	质量部门负责人	×××
分包单位	××市安装××××公司		分包单位负责人	×××	分包技术负责人	×××
序号	分项工程名称	检验批数	施工单位检查评定	验收意见		
1	室内排水管道及配件安装	3批	检查评定合格			
2	雨水管道及配件安装	4批	检查评定合格			
3						
4				同意验收。		
5						
6						
质量控制资料						
安全和功能检验(检测)报告						
观感质量验收						
验收单位	分包单位	××市安装××××公司 项目经理：××× 2004年09月20日				
	施工单位	××市××建筑有限公司 项目经理：××× 2004年09月20日				
	勘察单位	项目负责人： 年 月 日				
	设计单位	项目负责人： 年 月 日				
	监理(建设)单位	××市××监理公司 总监理工程师：××× (建设单位项目专业负责人) 2004年09月20日				

建筑给水、排水及采暖分部卫生器具安装子分部工程质量验收记录

表 F.0.1

工程名称	×××学院××楼		结构类型	混凝土结构	层数	3 层
施工单位	××市××建筑有限公司		技术部门负责人	×××	质量部门负责人	×××
分包单位	××市安装××××公司		分包单位负责人	×××	分包技术负责人	×××
序号	分项工程名称	检验批数	施工单位检查评定	验收意见		
1	卫生器具及给水配件安装	3 批	检查评定合格			
2	卫生器具排水管道安装	3 批	检查评定合格			
3						
4						
5				同意验收。		
6						
质量控制资料						
安全和功能检验(检测)报告						
观感质量验收						
验收单位	分包单位	××市安装××××公司	项目经理： ×××	2004 年 12 月 06 日		
	施工单位	××市××建筑有限公司	项目经理： ×××	2004 年 12 月 06 日		
	勘察单位		项目负责人：	年 月 日		
	设计单位		项目负责人：	年 月 日		
	监理(建设)单位	××市××监理公司	总监理工程师： (建设单位项目专业负责人)	××× 2004 年 12 月 06 日		

建筑给水、排水及采暖分部室内热水供应系统子分部工程质量验收记录

表 F.0.1

工程名称		×××学院××楼		结构类型	混凝土结构	层数	3 层
施工单位		××市××建筑有限公司		技术部门负责人	×××	质量部门负责人	×××
分包单位		××市安装××××公司		分包单位负责人	×××	分包技术负责人	×××
序号	分项工程名称		检验批数	施工单位检查评定		验收意见	
1	室内热水管道及配件安装		4 批	检查评定合格			
2	热水供应系统辅助设备安装		1 批	检查评定合格			
3							
4							
5						同意验收。	
6							
	质量控制资料						
	安全和功能检验(检测)报告						
	观感质量验收						
验收单位	分包单位		××市安装××××公司 项目经理: ××× 2004 年 11 月 12 日				
	施工单位		××市××建筑有限公司 项目经理: ××× 2004 年 11 月 12 日				
	勘察单位		项目负责人: 年 月 日				
	设计单位		项目负责人: 年 月 日				
	监理(建设)单位		××市××监理公司 总监理工程师: ××× (建设单位项目专业负责人) 2004 年 11 月 12 日				

建筑电气分部工程质量验收记录

表 F.0.1

工程名称	×××学院××楼		结构类型	混凝土结构	层数	4层
施工单位	××市安装××××公司		技术部门负责人	×××	质量部门负责人	×××
分包单位	××安装公司		分包单位负责人	×××	分包技术负责人	×××
序号	子分部工程名称	检验批数	施工单位检查评定		验收意见	
1	电气动力	24	检查评定合格			
2	电气照明安装	32	检查评定合格			
3	备用和不间断电源安装	3	检查评定合格			
4	防雷及接地安装	6	检查评定合格		同意验收。	
质量控制资料			符合要求		同意验收	
安全和功能检验(检测)报告			符合要求		同意验收	
观感质量验收			好			
验收单位	分包单位	××市安装××××公司		项目经理:　×××		2004-10-28
	施工单位	××市××建筑有限公司		项目经理:　×××		2004-10-28
	勘察单位			项目负责人:		年　月　日
	设计单位	××市设计研究院		项目负责人:×××		2004-10-28
	监理(建设)单位	××市××监理公司		总监理工程师: (建设单位项目专业负责人)	×××	2004-10-28

单位(子单位)工程质量控制资料核查记录
(建筑电气分部)

表 G.0.1-2

工程名称		×××学院××楼	施工单位		××市安装××××公司
序号	项目	资料名称	份数	核查意见	核查人
1	建筑与结构	图纸会审、设计变更、洽商记录			
2		工程定位测量、放线记录			
3		原材料出厂合格证及进场检(试)验报告			
4		施工试验报告及见证检测报告			
5		隐蔽工程验收记录			
6		施工记录			
7		预制构件、预拌混凝土合格证			
8		地基基础、主体结构检验及抽样检测资料			
9		分项、分部工程质量验收记录			
10		工程质量事故及事故调查处理资料			
11		新材料、新工艺施工记录			
12					
1	给排水与采暖	图纸会审、设计变更、洽商记录			
2		材料、配件出厂合格证书及进场检(试)验报告			
3		管道、设备强度试验、严密性试验记录			
4		隐蔽工程验收记录			
5		系统清洗、灌水、通水、通球试验记录			
6		施工记录			
7		分项、分部工程质量验收记录			
8					
1	建筑电气	图纸会审、设计变更、洽商记录	22	符合要求	×××
2		材料、配件出厂合格证书及进场检(试)验报告	130	符合要求	
3		设备调试记录	11	符合要求	
4		接地、绝缘电阻测试记录	2	符合要求	
5		隐蔽工程验收记录	29	符合要求	
6		施工记录	162	符合要求	
7		分项、分部工程质量验收记录	63	符合要求	
8					

工程名称		×××学院××楼		施工单位	××市安装××××公司	
序号	项目	资料名称	份数	核查意见		核查人
1	通风与空调	图纸会审、设计变更、洽商记录				
2		材料、设备出厂合格证书及进场检(试)验报告				
3		制冷、空调、水管道强度试验、严密性试验记录				
4		隐蔽工程验收记录				
5		制冷设备进行调试记录				
6		通风、空调系统调试记录				
7		施工记录				
8		分项、分部工程质量验收记录				
9						
1	电梯	土建布置图纸会审、设计变更、洽商记录				
2		设备出厂合格证书及开箱检验记录				
3		隐蔽工程验收记录				
4		施工记录				
5		接地、绝缘电阻测试记录				
6		负荷试验、安全装置检查记录				
7		分项、分部工程质量验收记录				
8						
1	建筑智能化	图纸会审、设计变更、洽商记录、竣工图及设计说明				
2		材料、设备出厂合格证及技术文件及进场检(试)验报告				
3		隐蔽工程验收记录				
4		系统功能测定及设备调试记录				
5		系统技术、操作和维护手册				
6		系统管理、操作人员培训记录				
7		系统检测报告				
8		分项、分部工程质量验收报告				

结论：　　　　　　　　　　　　　　同意验收。

　　　　　　　　　　　　　　　　　　　　　　　　　总监理工程师　　　×××
　　　　　　　　　　　　　　　　　　　　　　　　　　（建设单位
　　　　　　　　　　　　　　　　　　　　　　　　　　项目负责人）

施工单位项目经理　　×××　　　　　　2004 年 11 月 02 日　　　　2004 年 11 月 02 日

单位(子单位)工程安全和功能检验
资料核查及主要功能抽查记录
(建筑电气分部)

表 G.0.1-3

工程名称		×××学院××楼		施工单位	××市安装××××公司		
序号	项目	安全和功能检查项目	份数	核查意见	抽查结果	核查(抽查)人	
1	建筑结构	屋面淋水试验记录					
2		地下室防水效果检查记录					
3		有防水要求的地面蓄水试验记录					
4		建筑物垂直度、标高、全高测量记录					
5		抽气(风)道检查记录					
6		幕墙及外窗气密性、水密性、耐风压检测报告					
7		建筑物沉降观测测量记录					
8		节能、保温测试记录					
9		室内环境检测报告					
10							
1	给排水与采暖	给水管道通水试验记录					
2		暖气管道、散热器压力试验记录					
3		卫生器具满水试验记录					
4		消防管道、燃气管道压力试验记录					
5		排水干管通球试验记录					
6							
1	电气	照明全负荷试验记录	4	符合要求	—	×××	
2		大型灯具牢固性试验记录	—	—	—		
3		避雷接地电阻测试记录	2	符合要求	符合要求		
4		线路、插座、开关接地检验记录	12	符合要求	符合要求		
5							
1	通风与空调	通风、空调系统试运行记录					
2		风量、温度测试记录					
3		洁净室洁净度测试记录					
4		制冷机组试运行调试记录					
5							
1	电梯	电梯运行记录					
2		电梯安全装置检测报告					
1	智能建筑	系统试运行记录					
2		系统电源及接地检测报告					
3							

结论:　　　　　　　　　　　　同意验收。

　　　　　　　　　　　　　　　　　　　总监理工程师　　　　　×××

施工单位
项目经理　×××　　　　　2004 年 11 月 02 日　　　(建设单位
　　　　　　　　　　　　　　　　　　　　　　　　项目负责人)　　2004 年 11 月 02 日

注:抽查项目由验收组协商确定。

单位(子单位)工程观感质量检查记录
(建筑电气分部)

表 G.0.1-4

| 工程名称 | | ×××学院××楼 | | | | | 施工单位 | | | ××市安装××××公司 | | |

序号		项　目	检查质量状况									质量评价		
											好	一般	差
1	建筑与结构	室外墙面												
2		变形缝												
3		水落管,屋面												
4		室内墙面												
5		室内顶棚												
6		室内地面												
7		楼梯、踏步、护栏												
8		门窗												
1	给排水与采暖	管道接口、坡度、支架												
2		卫生器具、支架、阀门												
3		检查口、扫除口、地漏												
4		散热器、支架												
1	建筑电气	配电箱、盘、板、接线盒	★	★	★	●	★	★	★	★	★ ★	√		
2		设备器具、开关、插座	●	★	★	★	★	★	★	★	● ●	√		
3		防雷、接地	★	●	★	★	★	★	★	●	★ ★	√		
1	通风与空调	风管、支架												
2		风口、风阀												
3		风机、空调设备												
4		阀门、支架												
5		水泵、冷却塔												
6		绝热												
1	电梯	运行、平层、开关门												
2		层门、信号系统												
3		机房												
1	智能建筑	机房设备安装及布局												
2		现场设备安装												
3														
观感质量综合评价			好											

检查结论	同意验收。 总监理工程师　　　××× 施工单位 项目经理　　×××　　　（建设单位项目负责人） 2004 年 11 月 02 日　　　　　　　　2004 年 11 月 02 日

注:质量评价为差的项目,应进行返修。

建筑电气分部电气动力安装工程子分部工程质量验收记录

表 F.0.1

工程名称	×××学院××楼		结构类型	混凝土结构	层数	4 层
施工单位	××市××建筑有限公司		技术部门负责人	×××	质量部门负责人	×××
分包单位	××市安装××××公司		分包单位负责人	×××	分包技术负责人	×××
序号	分项工程名称	检验批数	施工单位检查评定	验收意见		
11	成套配电柜、控制柜(屏、台)和动力、照明配电箱(盘)及安装	4	检查评定合格			
12	低压电动机、电加热器及电动执行机构检查、接线	4	检查评定合格			
13	低压电动动力设备检测、试验和空载试运行	4	检查评定合格			
14	电线、电缆导管和线槽敷设	4	检查评定合格			
15	电线、电线穿管和线槽敷设	4	检查评定合格			
16	电缆头制作、导线连接和线路电气试验	4	检查评定合格	同意验收。		
17						
18						
19						
20						
质量控制资料						
安全和功能检验(检测)报告						
观感质量验收						
验收单位	分包单位	××市安装××××公司　　项目经理：　×××　　2004 年 10 月 25 日				
	施工单位	××市××建筑有限公司　　项目经理：　×××　　2004 年 10 月 25 日				
	勘察单位	项目负责人：　　　　　　2004 年 10 月 25 日				
	设计单位	项目负责人：　　　　　　年　　月　　日				
	监理(建设)单位	××市××监理公司　　总监理工程师：　××× (建设单位项目专业负责人)　2004 年 10 月 25 日				

建筑电气分部电气照明安装子分部工程质量验收记录

表 F.0.1

工程名称	×××学院××楼		结构类型	混凝土结构	层数	4层
施工单位	××市××建筑有限公司		技术部门负责人	×××	质量部门负责人	×××
分包单位	××市安装××××公司		分包单位负责人	×××	分包技术负责人	×××
序号	分项工程名称	检验批数	施工单位检查评定		验收意见	
21	专用灯具安装	4	检查评定合格			
22	普通灯具安装	4	检查评定合格			
23	成套配电柜、控制柜(屏、台)和动力、照明配电箱(盘)及安装	4	检查评定合格			
24	电线、电缆导管和线槽敷设	4	检查评定合格			
25	电缆头制作、导线连接和线路电气试验	4	检查评定合格		同意验收。	
26	电线、电缆穿管和线槽敷设	4	检查评定合格			
27	插座、开关、风扇安装	4	检查评定合格			
28	建筑物照明通电试验运行	4	检查评定合格			
29						
30						
质量控制资料						
安全和功能检验(检测)报告						
观感质量验收						
验收单位	分包单位	××市安装××××公司	项目经理：　×××　　2004 年 10 月 25 日			
	施工单位	××市××建筑有限公司	项目经理：　×××　　2004 年 10 月 25 日			
	勘察单位		项目负责人：　　　　　年　　月　　日			
	设计单位		项目负责人：　　　　　年　　月　　日			
	监理(建设)单位	××市××监理公司	总监理工程师：　　　　　××× (建设单位项目专业负责人)　　2004 年 10 月 25 日			

建筑电气分部备用和不间断电源安装子分部工程质量验收记录

表 F.0.1

工程名称	×××学院××楼		结构类型	混凝土结构	层数	4 层
施工单位	××市××建筑有限公司		技术部门负责人	×××	质量部门负责人	×××
分包单位	××市安装××××公司		分包单位负责人	×××	分包技术负责人	×××
序号	分项工程名称	检验批数	施工单位检查评定	验收意见		
1	成套电柜、控制柜(屏、台)和动力、照明配电箱(盘)安装	1	检查评定合格			
2	不间断电源安装	1	检查评定合格			
3	电线、电缆导管和线槽敷设	1	检查评定合格			
4	柴油发电机组安装	1	检查评定合格			
5	裸母线、封闭母线、插接式母线槽安装	1	检查评定合格	同意验收。		
6	电缆头制作、导线连接和线路绝缘测试	1	检查评定合格			
7						
8						
9						
10						
质量控制资料						
安全和功能检验(检测)报告						
观感质量验收						
验收单位	分包单位	××市安装××××公司　项目经理：　×××　2004 年 10 月 25 日				
	施工单位	××市××建筑有限公司　项目经理：　×××　2004 年 10 月 25 日				
	勘察单位	项目负责人：　　　　年　月　日				
	设计单位	项目负责人：　　　　年　月　日				
	监理(建设)单位	××市××监理公司　　总监理工程师：　××× (建设单位项目专业负责人)　2004 年 10 月 25 日				

建筑电气分部防雷及接地装置安装子分部工程质量验收记录

表 F.0.1

工程名称	×××学院××楼		结构类型	混凝土结构	层数	四层
施工单位	××市××建筑有限公司		技术部门负责人	×××	质量部门负责人	×××
分包单位	××市安装××××公司		分包单位负责人	×××	分包技术负责人	×××
序号	分项工程名称	检验批数	施工单位检查评定		验收意见	
1	接地装置安装工程	1	检查评定合格			
2	避雷引下线和变配电室接地干线敷设	1	检查评定合格			
3	建筑物等电位连接	4	检查评定合格			
4						
5					同意验收。	
6						
质量控制资料						
安全和功能检验(检测)报告						
观感质量验收						
验收单位	分包单位	××市安装××××公司		项目经理：×××		2004年10月25日
	施工单位	××市××建筑有限公司		项目经理：×××		2004年10月25日
	勘察单位			项目负责人：		年　月　日
	设计单位			项目负责人：		年　月　日
	监理(建设)单位	××市××监理公司		总监理工程师： (建设单位项目专业负责人)	×××	2004年10月25日

智能建筑分部工程质量验收记录

表 F.0.1

工程名称	×××学院××楼		结构类型	混凝土结构	层数	四层
施工单位	××市安装××××公司		技术部门负责人	×××	质量部门负责人	×××
分包单位	××安装公司		分包单位负责人	×××	分包技术负责人	×××
序号	子分部工程名称	检验批数	施工单位检查评定	验收意见		
1	建筑设备监控系统	5	检查评定合格			
2	综合布线系统	3	检查评定合格			
				同意验收。		
质量控制资料			符合要求	同意验收		
安全和功能检验(检测)报告			符合要求	同意验收		
观感质量验收			好			
验收单位	分包单位	××市安装××××公司	项目经理：　×××		2004-10-25	
	施工单位	××市××建筑有限公司	项目经理：　×××		2004-10-25	
	勘察单位		项目负责人：		年　月　日	
	设计单位	××市设计研究院	项目负责人：×××		2004-10-25	
	监理(建设)单位	××市××监理公司	总监理工程师： (建设单位项目专业负责人)	×××	2004-10-25	

单位(子单位)工程质量控制资料核查记录
(智能建筑分部)

表 G.0.1-2

工程名称		×××学院××楼	施工单位	××市安装××××公司	
序号	项目	资料名称	份数	核查意见	核查人
1	建筑与结构	图纸会审、设计变更、洽商记录			
2		工程定位测量、放线记录			
3		原材料出厂合格证及进场检(试)验报告			
4		施工试验报告及见证检测报告			
5		隐蔽工程验收记录			
6		施工记录			
7		预制构件、预拌混凝土合格证			
8		地基基础、主体结构检验及抽样检测资料			
9		分项、分部工程质量验收记录			
10		工程质量事故及事故调查处理资料			
11		新材料、新工艺施工记录			
12					
1	给排水与采暖	图纸会审、设计变更、洽商记录			
2		材料、配件出厂合格证书及进场检(试)验报告			
3		管道、设备强度试验、严密性试验记录			
4		隐蔽工程验收记录			
5		系统清洗、灌水、通水、通球试验记录			
6		施工记录			
7		分项、分部工程质量验收记录			
8					
1	建筑电气	图纸会审、设计变更、洽商记录			
2		材料、配件出厂合格证书及进场检(试)验报告			
3		设备调试记录			
4		接地、绝缘电阻测试记录			
5		隐蔽工程验收记录			
6		施工记录			
7		分项、分部工程质量验收记录			
8					

续表

工程名称		×××学院××楼		施工单位	××市安装××××公司	
序号	项目	资料名称	份数	核查意见		核查人
1	通风与空调	图纸会审、设计变更、洽商记录				
2		材料、设备出厂合格证书及进场检(试)验报告				
3		制冷、空调、水管道强度试验、严密性试验记录				
4		隐蔽工程验收记录				
5		制冷设备进行调试记录				
6		通风、空调系统调试记录				
7		施工记录				
8		分项、分部工程质量验收记录				
9						
1	电梯	土建布置图纸会审、设计变更、洽商记录				
2		设备出厂合格证书及开箱检验记录				
3		隐蔽工程验收记录				
4		施工记录				
5		接地、绝缘电阻测试记录				
6		负荷试验、安全装置检查记录				
7		分项、分部工程质量验收记录				
8						
1	建筑智能化	图纸会审、设计变更、洽商记录、竣工图及设计说明	5	符合要求		×××
2		材料、设备出厂合格证及技术文件及进场检(试)验报告	20	符合要求		
3		隐蔽工程验收记录	5	符合要求		
4		系统功能测定及设备调试记录	6	符合要求		
5		系统技术、操作和维护手册	—	—		
6		系统管理、操作人员培训记录	2	符合要求		
7		系统检测报告	6	符合要求		
8		分项、分部工程质量验收报告	10	符合要求		

结论：　　　　　　　　　　　　　同意验收。

总监理工程师　　　　×××
（建设单位
项目负责人）

施工单位项目经理　　×××　　　　　2004 年 11 月 29 日　　　　2004 年 11 月 29 日

单位(子单位)工程安全和功能检验
资料核查及主要功能抽查记录
(智能建筑分部)

表 G.0.1-3

工程名称		×××学院××楼		施工单位	××市安装××××公司		
序号	项目	安全和功能检查项目	份数	核查意见	抽查结果		核查(抽查)人
1	建筑结构	屋面淋水试验记录					
2		地下室防水效果检查记录					
3		有防水要求的地面蓄水试验记录					
4		建筑物垂直度、标高、全高测量记录					
5		抽气(风)道检查记录					
6		幕墙及外窗气密性、水密性、耐风压检测报告					
7		建筑物沉降观测测量记录					
8		节能、保温测试记录					
9		室内环境检测报告					
10							
1	给排水与采暖	给水管道通水试验记录					
2		暖气管道、散热器压力试验记录					
3		卫生器具满水试验记录					
4		消防管道、燃气管道压力试验记录					
5		排水干管通球试验记录					
6							
1	电气	照明全负荷试验记录					
2		大型灯具牢固性试验记录					
3		避雷接地电阻测试记录					
4		线路、插座、开关接地检验记录					
5							
1	通风与空调	通风、空调系统试运行记录					
2		风量、温度测试记录					
3		洁净室洁净度测试记录					
4		制冷机组试运行调试记录					
5							
1	电梯	电梯运行记录					
2		电梯安全装置检测报告					
1	智能建筑	系统试运行记录	2	符合要求	—		
2		系统电源及接地检测报告	2	符合要求	—		×××
3							

结论:　　　　　　　　　　　　　同意验收。

　　　　　　　　　　　　　　　　　　总监理工程师　　　　　　　　×××

施工单位
项目经理　　×××　　　2004 年 11 月 29 日　　　(建设单位
　　　　　　　　　　　　　　　　　　　项目负责人)　　2004 年 11 月 29 日

注:抽查项目由验收组协商确定。

单位(子单位)工程观感质量检查记录
（智能建筑分部）

表 G.0.1-4

工程名称		×××学院××楼	施工单位		××市安装××××公司						
序号		项 目	检查质量状况							质量评价		
									好	一般	差
1	建筑与结构	室外墙面									
2		变形缝									
3		水落管,屋面									
4		室内墙面									
5		室内顶棚									
6		室内地面									
7		楼梯、踏步、护栏									
8		门窗									
1	给排水与采暖	管道接口、坡度、支架									
2		卫生器具、支架、阀门									
3		检查口、扫除口、地漏									
4		散热器、支架									
1	建筑电气	配电箱、盘、板、接线盒									
2		设备器具、开关、插座									
3		防雷、接地									
1	通风与空调	风管、支架									
2		风口、风阀									
3		风机、空调设备									
4		阀门、支架									
5		水泵、冷却塔									
6		绝热									
1	电梯	运行、平层、开关门									
2		层门、信号系统									
3		机房									
1	智能建筑	机房设备安装及布局	★	★	★				√		
2		现场设备安装	●	●	●	★	★			√	
3											
	观感质量综合评价				好						

检查结论	同意验收。 总监理工程师　　××× 施工单位 项目经理　　×××　　　（建设单位项目负责人） 2004 年 11 月 29 日　　　　　　　　　2004 年 11 月 29 日

注:质量评价为差的项目,应进行返修。

智能建筑分部建筑设备监控系统子分部工程质量验收记录

表 F.0.1

工程名称	×××学院××楼		结构类型	混凝土结构	层数	4 层
施工单位	××市××建筑有限公司		技术部门负责人	×××	质量部门负责人	×××
分包单位	××市安装××××公司		分包单位负责人	×××	分包技术负责人	×××
序号	分项工程名称	检验批数	施工单位检查评定		验收意见	
1	空调与通风系统	1 批	检查评定合格			
2	变配电系统	1 批	检查评定合格			
3	给排水系统	1 批	检查评定合格			
4	冷冻和冷却水系统	1 批	检查评定合格			
5	电梯和自动扶梯系统	1 批	检查评定合格			
6					同意验收。	
7						
8						
9						
10						
质量控制资料						
安全和功能检验(检测)报告						
观感质量验收						
验收单位	分包单位	××市安装××××公司	项目经理:×××		2004 年 10 月 25 日	
	施工单位	××市××建筑有限公司	项目经理:×××		2004 年 10 月 25 日	
	勘察单位		项目负责人:		年 月 日	
	设计单位		项目负责人:		年 月 日	
	监理(建设)单位	××市××监理公司	总监理工程师:(建设单位项目专业负责人)	×××	2004 年 10 月 25 日	

智能建筑分部综合布线系统子分部工程质量验收记录

表 F.0.1

工程名称	×××学院××楼		结构类型	混凝土结构	层数	4 层
施工单位	××市××建筑有限公司		技术部门负责人	×××	质量部门负责人	×××
分包单位	××市安装××××公司		分包单位负责人	×××	分包技术负责人	×××
序号	分项工程名称	检验批数	施工单位检查评定	验收意见		
1	综合布线系统安装（Ⅰ）	1 批	检查评定合格			
2	综合布线系统安装（Ⅱ）	1 批	检查评定合格			
3	综合布线系统性能检测（Ⅰ）	1 批	检查评定合格			
4						
5				同意验收。		
6						
	质量控制资料					
	安全和功能检验（检测）报告					
	观感质量验收					
验收单位	分包单位	××市安装××××公司　　项目经理： ×××		2004 年 10 月 15 日		
	施工单位	××市××建筑有限公司　　项目经理： ×××		2004 年 10 月 15 日		
	勘察单位	项目负责人：		年　月　日		
	设计单位	项目负责人：		年　月　日		
	监理（建设）单位	××市××监理公司　　总监理工程师：（建设单位项目专业负责人）	×××	2004 年 10 月 15 日		

通风与空调分部工程质量验收记录

表 F.0.1

工程名称	×××学院××楼		结构类型	混凝土结构	层数	3 层
施工单位	××市安装××××公司		技术部门负责人	×××	质量部门负责人	×××
分包单位	××安装公司		分包单位负责人	×××	分包技术负责人	×××
序号	子分部工程名称	检验批数	施工单位检查评定		验收意见	
1	送排风系统	23	检查评定合格			
2	防排风系统	17	检查评定合格			
3	空调风系统	15	检查评定合格			
4	空调水系统	12	检查评定合格			
					同意验收。	
质量控制资料			符合要求		同意验收	
安全和功能检验(检测)报告			符合要求		同意验收	
观感质量验收			好			
验收单位	分包单位	××市安装××××公司	项目经理： ×××		2004 年 12 月 1 日	
	施工单位	××市××建筑有限公司	项目经理： ×××		2004 年 12 月 1 日	
	勘察单位		项目负责人：		年 月 日	
	设计单位	××市设计研究院	项目负责人：×××		2004 年 12 月 1 日	
	监理(建设)单位	××市××监理公司	总监理工程师： ×××			
			（建设单位项目专业负责人）		2004 年 12 月 1 日	

单位(子单位)工程质量控制资料核查记录
(通风与空调分部)

表 G.0.1-2

工程名称		×××学院××楼	施工单位	××市安装××××公司	
序号	项目	资料名称	份数	核查意见	核查人
1	建筑与结构	图纸会审、设计变更、洽商记录			
2		工程定位测量、放线记录			
3		原材料出厂合格证及进场检(试)验报告			
4		施工试验报告及见证检测报告			
5		隐蔽工程验收记录			
6		施工记录			
7		预制构件、预拌混凝土合格证			
8		地基基础、主体结构检验及抽样检测资料			
9		分项、分部工程质量验收记录			
10		工程质量事故及事故调查处理资料			
11		新材料、新工艺施工记录			
12					
1	给排水与采暖	图纸会审、设计变更、洽商记录			
2		材料、配件出厂合格证书及进场检(试)验报告			
3		管道、设备强度试验、严密性试验记录			
4		隐蔽工程验收记录			
5		系统清洗、灌水、通水、通球试验记录			
6		施工记录			
7		分项、分部工程质量验收记录			
8					
1	建筑电气	图纸会审、设计变更、洽商记录			
2		材料、配件出厂合格证书及进场检(试)验报告			
3		设备调试记录			
4		接地、绝缘电阻测试记录			
5		隐蔽工程验收记录			
6		施工记录			
7		分项、分部工程质量验收记录			
8					

续表

工程名称		×××学院××楼	施工单位		××市安装××××公司	
序号	项目	资料名称	份数	核查意见		核查人
1	通风与空调	图纸会审、设计变更、洽商记录	8	符合要求		×××
2		材料、设备出厂合格证书及进场检(试)验报告	157	符合要求		
3		制冷、空调、水管道强度试验、严密性试验记录	3	符合要求		
4		隐蔽工程验收记录	6	符合要求		
5		制冷设备进行调试记录	—	—		
6		通风、空调系统调试记录	18	符合要求		
7		施工记录	52	符合要求		
8		分项、分部工程质量验收记录	90	符合要求		
9						
1	电梯	土建布置图纸会审、设计变更、洽商记录				
2		设备出厂合格证书及开箱检验记录				
3		隐蔽工程验收记录				
4		施工记录				
5		接地、绝缘电阻测试记录				
6		负荷试验、安全装置检查记录				
7		分项、分部工程质量验收记录				
8						
1	建筑智能化	图纸会审、设计变更、洽商记录、竣工图及设计说明				
2		材料、设备出厂合格证及技术文件及进场检(试)验报告				
3		隐蔽工程验收记录				
4		系统功能测定及设备调试记录				
5		系统技术、操作和维护手册				
6		系统管理、操作人员培训记录				
7		系统检测报告				
8		分项、分部工程质量验收报告				

结论：　　　　　　　　　　　　同意验收。

　　　　　　　　　　　　　　　　　　　　　　总监理工程师　　　　×××
　　　　　　　　　　　　　　　　　　　　　　（建设单位
　　　　　　　　　　　　　　　　　　　　　　项目负责人）

施工单位项目经理　　×××　　　　　　2004 年 11 月 06 日　　　　2004 年 11 月 06 日

单位(子单位)工程安全和功能检验
资料核查及主要功能抽查记录
(通风与空调分部)

表 G.0.1-3

工程名称		×××学院××楼		施工单位		××市安装××××公司	
序号	项目	安全和功能检查项目		份数	核查意见	抽查结果	核查(抽查)人
1	建筑结构	屋面淋水试验记录					
2		地下室防水效果检查记录					
3		有防水要求的地面蓄水试验记录					
4		建筑物垂直度、标高、全高测量记录					
5		抽气(风)道检查记录					
6		幕墙及外窗气密性、水密性、耐风压检测报告					
7		建筑物沉降观测测量记录					
8		节能、保温测试记录					
9		室内环境检测报告					
10							
1	给排水与采暖	给水管道通水试验记录					
2		暖气管道、散热器压力试验记录					
3		卫生器具满水试验记录					
4		消防管道、燃气管道压力试验记录					
5		排水干管通球试验记录					
6							
1	电气	照明全负荷试验记录					
2		大型灯具牢固性试验记录					
3		避雷接地电阻测试记录					
4		线路、插座、开关接地检验记录					
5							
1	通风与空调	通风、空调系统试运行记录		4	符合要求	—	×××
2		风量、温度测试记录		4	符合要求	符合要求	
3		洁净室洁净度测试记录		1	符合要求	—	
4		制冷机组试运行调试记录		1	符合要求	—	
5							
1	电梯	电梯运行记录					
2		电梯安全装置检测报告					
1	智能建筑	系统试运行记录					
2		系统电源及接地检测报告					
3							

结论: 同意验收。

总监理工程师 ×××

施工单位项目经理	×××	2004 年 11 月 06 日	(建设单位项目负责人)	2004 年 11 月 06 日

注:抽查项目由验收组协商确定。

单位(子单位)工程观感质量检查记录
(通风与空调分部)

表 G.0.1-4

工程名称		×××学院××楼						施工单位			××市安装××××公司				
序号		项 目	检查质量状况										质量评价		
												好	一般	差
1	建筑与结构	室外墙面												
2		变形缝												
3		水落管、屋面												
4		室内墙面												
5		室内顶棚												
6		室内地面												
7		楼梯、踏步、护栏												
8		门窗												
1	给排水与采暖	管道接口、坡度、支架												
2		卫生器具、支架、阀门												
3		检查口、扫除口、地漏												
4		散热器、支架												
1	建筑电气	配电箱、盘、板、接线盒												
2		设备器具、开关、插座												
3		防雷、接地												
1	通风与空调	风管、支架	★	★	★	★	●	★	★	★	★	★	√	
2		风口、风阀	●	●	★	★	★	★	★	★	●	★	√	
3		风机、空调设备	★	★	★	★	★	★	●	★	★		√	
4		阀门、支架	●	●	★	★	★	★	★	★	★	●		√
5		水泵、冷却塔	★	★	★	★	●	★	★	★	★	★	√	
6		绝热	●	●	●	★	●	●	●	●	●	●		√
1	电梯	运行、平层、开关门												
2		层门、信号系统												
3		机房												
1	智能建筑	机房设备安装及布局												
2		现场设备安装												
3														
观感质量综合评价			好											

检查结论	同意验收。
	总监理工程师　　　×××
	施工单位项目经理　　×××　　　　　　　（建设单位项目负责人）
	2004 年 11 月 06 日　　　　　　　　　　2004 年 11 月 06 日

注:质量评价为差的项目,应进行返修。

通风与空调分部送排风系统子分部工程质量验收记录

表 F.0.1

工程名称	×××学院××楼		结构类型	混凝土结构	层数	3 层
施工单位	××市××建筑有限公司		技术部门 负责人	×××	质量部门 负责人	×××
分包单位	××市安装××××公司		分包单位 负责人	×××	分包技术 负责人	×××
序号	分项工程名称	检验批数	施工单位检查评定		验收意见	
1	风管与配件制作	7	检查评定合格			
2	风管部件与消声器制作	4	检查评定合格			
3	风管系统安装	4	检查评定合格			
4	风机安装	4	检查评定合格			
5	系统调试	4	检查评定合格		同意验收。	
6						
	质量控制资料					
	安全和功能检验(检测)报告					
	观感质量验收					

验收单位	分包单位	××市安装××××公司	项目经理: ×××	2004 年 11 月 30 日
	施工单位	××市××建筑有限公司	项目经理: ×××	2004 年 11 月 30 日
	勘察单位		项目负责人:	年 月 日
	设计单位		项目负责人:	年 月 日
	监理(建设)单位	××市××监理公司	总监理 工程师: ××× (建设单位项目专业负责人)	2004 年 11 月 30 日

通风与空调分部防排烟系统子分部工程质量验收记录

表 F.0.1

工程名称	×××学院××楼		结构类型	混凝土结构	层数	3 层
施工单位	××市××建筑有限公司		技术部门负责人	×××	质量部门负责人	×××
分包单位	××市安装××××公司		分包单位负责人	×××	分包技术负责人	×××
序号	分项工程名称	检验批数	施工单位检查评定		验收意见	
1	风管与配件制作	4	检查评定合格			
2	风管部件与消声器制作	4	检查评定合格			
3	风管系统安装	4	检查评定合格			
4	风机安装	1	检查评定合格			
5	系统调试	4	检查评定合格		同意验收。	
6						
	质量控制资料					
	安全和功能检验(检测)报告					
	观感质量验收					
验收单位	分包单位	××市安装××××公司		项目经理: ×××	2004 年 11 月 30 日	
	施工单位	××市××建筑有限公司		项目经理: ×××	2004 年 11 月 30 日	
	勘察单位			项目负责人:	年 月 日	
	设计单位			项目负责人:	年 月 日	
	监理(建设)单位	××市××监理公司		总监理工程师: ××× (建设单位项目专业负责人)	2004 年 11 月 30 日	

通风与空调分部空调风系统子分部工程质量验收记录

表 F.0.1

工程名称	×××学院××楼		结构类型	混凝土结构	层数	3层
施工单位	××市××建筑有限公司		技术部门负责人	×××	质量部门负责人	×××
分包单位	××市安装××××公司		分包单位负责人	×××	分包技术负责人	×××
序号	分项工程名称	检验批数	施工单位检查评定	验收意见		
1	风管与配件制作	3	检查评定合格			
2	风管部件与消声器制作	3	检查评定合格			
3	风管系统安装	3	检查评定合格			
4	风机安装	3	检查评定合格			
5	系统调试	3	检查评定合格	同意验收。		
6						
质量控制资料						
安全和功能检验(检测)报告						
观感质量验收						
验收单位	分包单位	××市安装××××公司	项目经理: ×××	2004 年 11 月 30 日		
	施工单位	××市××建筑有限公司	项目经理: ×××	2004 年 11 月 30 日		
	勘察单位		项目负责人:	年 月 日		
	设计单位		项目负责人:	年 月 日		
	监理(建设)单位	××市××监理公司 总监理工程师: ××× (建设单位项目专业负责人)		××× 2004 年 11 月 30 日		

通风与空调分部空调水系统子分部工程质量验收记录

表 F.0.1

工程名称	×××学院××楼		结构类型	混凝土结构	层数	3层
施工单位	××市××建筑有限公司		技术部门负责人	×××	质量部门负责人	×××
分包单位	××市安装××××公司		分包单位负责人	×××	分包技术负责人	×××
序号	分项工程名称	检验批数	施工单位检查评定	验收意见		
1	管道冷热(媒)水系统安装	4	检查评定合格			
2	水泵及附属设备安装	4	检查评定合格			
3	系统调试	4	检查评定合格			
4						
5				同意验收。		
6						
	质量控制资料					
	安全和功能检验(检测)报告					
	观感质量验收					
验收单位	分包单位	××市安装××××公司	项目经理： ×××	2004 年 11 月 07 日		
	施工单位	××市××建筑有限公司	项目经理： ×××	2004 年 11 月 07 日		
	勘察单位		项目负责人：	年 月 日		
	设计单位		项目负责人：	年 月 日		
	监理(建设)单位	××市××监理公司	总监理工程师： ××× (建设单位项目专业负责人)	2004 年 11 月 07 日		

电梯分部工程质量验收记录

表 F.0.1

工程名称	×××学院××楼		结构类型		层数	
施工单位	××市安装××××公司		技术部门负责人	×××	质量部门负责人	×××
分包单位	××安装公司		分包单位负责人	×××	分包技术负责人	×××
序号	子分部工程名称	检验批数	施工单位检查评定		验收意见	
1	电力驱动的曳引式或强制式电梯安装	27	检查评定合格			
2						
3						
4						
5					同意验收	
6						
	质量控制资料		符合要求		同意验收	
	安全和功能检验(检测)报告		符合要求		同意验收	
	观感质量验收		好			
验收单位	分包单位	××市安装××××公司　项目经理：×××　2004年10月30日				
	施工单位	××市××建筑有限公司　项目经理：×××　2004年10月30日				
	勘察单位	项目负责人：　年　月　日				
	设计单位	××市设计研究院　项目负责人：×××　2004年10月30日				
	监理(建设)单位	××市××监理公司　总监理工程师：××× (建设单位项目专业负责人)　2004年10月30日				

单位(子单位)工程质量控制资料核查记录
（电梯分部）

表 G.0.1-2

工程名称		×××学院××楼	施工单位	×× 市安装××××公司	
序号	项目	资料名称	份数	核查意见	核查人
1	建筑与结构	图纸会审、设计变更、洽商记录			
2		工程定位测量、放线记录			
3		原材料出厂合格证及进场检(试)验报告			
4		施工试验报告及见证检测报告			
5		隐蔽工程验收记录			
6		施工记录			
7		预制构件、预拌混凝土合格证			
8		地基基础、主体结构检验及抽样检测资料			
9		分项、分部工程质量验收记录			
10		工程质量事故及事故调查处理资料			
11		新材料、新工艺施工记录			
12					
1	给排水与采暖	图纸会审、设计变更、洽商记录			
2		材料、配件出厂合格证书及进场检(试)验报告			
3		管道、设备强度试验、严密性试验记录			
4		隐蔽工程验收记录			
5		系统清洗、灌水、通水、通球试验记录			
6		施工记录			
7		分项、分部工程质量验收记录			
8					
1	建筑电气	图纸会审、设计变更、洽商记录			
2		材料、配件出厂合格证书及进场检(试)验报告			
3		设备调试记录			
4		接地、绝缘电阻测试记录			
5		隐蔽工程验收记录			
6		施工记录			
7		分项、分部工程质量验收记录			
8					

续表

工程名称		×××学院××楼		施工单位	××市安装××××公司	
序号	项目	资料名称	份数	核查意见		核查人
1	通风与空调	图纸会审、设计变更、洽商记录				
2		材料、设备出厂合格证书及进场检(试)验报告				
3		制冷、空调、水管道强度试验、严密性试验记录				
4		隐蔽工程验收记录				
5		制冷设备进行调试记录				
6		通风、空调系统调试记录				
7		施工记录				
8		分项、分部工程质量验收记录				
9						
1	电梯	土建布置图纸会审、设计变更、洽商记录	—	—		
2		设备出厂合格证书及开箱检验记录	15	符合要求		×××
3		隐蔽工程验收记录	5	符合要求		
4		施工记录	60	符合要求		
5		接地、绝缘电阻测试记录	5	符合要求		
6		负荷试验、安全装置检查记录	5	符合要求		
7		分项、分部工程质量验收记录	53	符合要求		
8						
1	建筑智能化	图纸会审、设计变更、洽商记录、竣工图及设计说明				
2		材料、设备出厂合格证及技术文件及进场检(试)验报告				
3		隐蔽工程验收记录				
4		系统功能测定及设备调试记录				
5		系统技术、操作和维护手册				
6		系统管理、操作人员培训记录				
7		系统检测报告				
8		分项、分部工程质量验收报告				

结论：　　　　　　　　　　　　　同意验收。

总监理工程师　　　×××
（建设单位
项目负责人）

施工单位项目经理　　×××　　　　　2004 年 11 月 05 日　　　2004 年 11 月 05 日

单位(子单位)工程安全和功能检验
资料核查及主要功能抽查记录
(电梯分部)

表 G.0.1-3

工程名称		×××学院××楼		施工单位		××市安装××××公司	
序号	项目	安全和功能检查项目	份数	核查意见	抽查结果	核查 (抽查)人	
1	建筑结构	屋面淋水试验记录					
2		地下室防水效果检查记录					
3		有防水要求的地面蓄水试验记录					
4		建筑物垂直度、标高、全高测量记录					
5		抽气(风)道检查记录					
6		幕墙及外窗气密性、水密性、耐风压检测报告					
7		建筑物沉降观测测量记录					
8		节能、保温测试记录					
9		室内环境检测报告					
10							
1	给排水与采暖	给水管道通水试验记录					
2		暖气管道、散热器压力试验记录					
3		卫生器具满水试验记录					
4		消防管道、燃气管道压力试验记录					
5		排水干管通球试验记录					
6							
1	电气	照明全负荷试验记录					
2		大型灯具牢固性试验记录					
3		避雷接地电阻测试记录					
4		线路、插座、开关接地检验记录					
5							
1	通风与空调	通风、空调系统试运行记录					
2		风量、温度测试记录					
3		洁净室洁净度测试记录					
4		制冷机组试运行调试记录					
5							
1	电梯	电梯运行记录	5	符合要求	符合要求	×××	
2		电梯安全装置检测报告	20	符合要求	—		
1	智能建筑	系统试运行记录					
2		系统电源及接地检测报告					
3							

结论：　　　　　　　　　　　　同意验收。

　　　　　　　　　　　　　　　总监理工程师　　　　　　×××

施工单位
项目经理　　×××　　　　2004 年 11 月 05 日　　（建设单位
　　　　　　　　　　　　　　　　　　　　　　　项目负责人）　　2004 年 11 月 05 日

注:抽查项目由验收组协商确定。

单位(子单位)工程观感质量检查记录
(电梯部分)

表 G.0.1-4

工程名称		×××学院××楼						施工单位				×× 市安装××××公司		
序号		项 目	检查质量状况									质量评价			
											好	一般	差
1	建筑与结构	室外墙面												
2		变形缝												
3		水落管,屋面												
4		室内墙面												
5		室内顶棚												
6		室内地面												
7		楼梯、踏步、护栏												
8		门窗												
1	给排水与采暖	管道接口、坡度、支架												
2		卫生器具、支架、阀门												
3		检查口、扫除口、地漏												
4		散热器、支架												
1	建筑电气	配电箱、盘、板、接线盒												
2		设备器具、开关、插座												
3		防雷、接地												
1	通风与空调	风管、支架												
2		风口、风阀												
3		风机、空调设备												
4		阀门、支架												
5		水泵、冷却塔												
6		绝热												
1	电梯	运行、平层、开关门	★	★	★	●	●	★				√		
2		层门、信号系统	●	●	★	★	●	●					√	
3		机房	★	★	★	★	★	★				√		
1	智能建筑	机房设备安装及布局												
2		现场设备安装												
3														
		观感质量综合评价				好								

检查结论	同意验收。 总监理工程师　　　××× 施工单位 项目经理　　×××　　　（建设单位项目负责人） 2004 年 11 月 05 日　　　　　　　　2004 年 11 月 05 日

注:质量评价为差的项目,应进行返修。

电梯分部电力驱动的曳引式或强制式电梯安装工程
子分部工程质量验收记录

表 F.0.1

工程名称	×××学院××楼			结构类型	混凝土结构	层数	4 层
施工单位	××市××建筑有限公司			技术部门 负责人	×××	质量部门 负责人	×××
分包单位	××市安装××××公司			分包单位 负责人	×××	分包技术 负责人	×××
序号	分项工程名称		检验批数	施工单位检查评定		验收意见	
1	设备进场验收		3	检查评定合格			
2	土建交接验收		3	检查评定合格			
3	驱动主机		3	检查评定合格			
4	导轨		3	检查评定合格			
5	门安装		3	检查评定合格			
6	轿厢		3	检查评定合格		同意验收。	
7	对重(平衡重)		3	检查评定合格			
8	安全部件		3	检查评定合格			
9	悬挂装置、随行电缆		3	检查评定合格			
质量控制资料							
安全和功能检验(检测)报告							
观感质量验收							
验收单位	分包单位	××市安装××××公司		项目经理：×××		2005 年 11 月 30 日	
	施工单位	××市××建筑有限公司		项目经理：×××		2005 年 11 月 30 日	
	勘察单位			项目负责人：		年 月 日	
	设计单位			项目负责人：		年 月 日	
	监理(建设)单位	××市××监理公司		总监理 工程师： (建设单位项目专业负责人)		××× 2005 年 11 月 30 日	

电梯分部自动扶梯、自动人行道安装工程
子分部工程质量验收记录

表 F.0.1

工程名称	×××学院××楼		结构类型	混凝土结构	层数	1-2层
施工单位	××市安装××××公司		技术部门负责人	×××	质量部门负责人	×××
分包单位	××市××电梯公司		分包单位负责人	×××	分包技术负责人	×××
序号	分项工程名称	检验批数	施工单位检查评定	验收意见		
1	设备进场验收	1	检查评定合格			
2	土建交接验收	1	检查评定合格			
3	整机安装验收	1	检查评定合格			
4						
5				同意验收。		
6						
7						
8						
9						
质量控制资料						
安全和功能检验(检测)报告						
观感质量验收						
验收单位	分包单位	××市××电梯公司	项目经理: ×××	2004 年 12 月 05 日		
	施工单位	××市安装××公司	项目经理: ×××	2004 年 12 月 05 日		
	勘察单位		项目负责人:	年 月 日		
	设计单位		项目负责人:	年 月 日		
	监理(建设)单位	××市××监理公司	总监理工程师: ××× (建设单位项目专业负责人)	2004 年 12 月 05 日		

分项工程质量验收记录

建筑给水、排水及采暖分部(子分部)工程所含分项工程

给水管道及配件安装
（室内给水系统）分项工程质量验收记录

表 E.0.1

工程名称	×××学院××楼		结构类型	混凝土结构	检验批数	4 批
施工单位	××市××建筑有限公司		项目经理	×××	项目技术负责人	×××
分包单位	××市安装××××公司		分包单位负责人	×××	分包项目经理	×××
序号	检验批部位、区段		施工单位检查评定结果		监理(建设)单位验收结论	
1	1F		检查评定合格		合 格	
2	2F		检查评定合格		合 格	
3	3F		检查评定合格		合 格	
4	屋顶		检查评定合格		合 格	
5						
6						
7						
8						
9						
10						
11						
12						
13						
14						
检查结论	检查评定合格 项目专业技术负责人： ××× 2004 年 10 月 16 日			验收结论	同意验收。 监理工程师 ××× (建设单位项目专业技术负责人) 2004 年 10 月 16 日	

室内消火栓系统安装 （室内给水系统） 分项工程质量验收记录

表 E.0.1

工程名称	×××学院××楼		结构类型	混凝土结构	检验批数	4 批
施工单位	××市安装××××公司 ××市××建筑有限公司		项目经理	×××	项目技术负责人	×××
分包单位	××安装公司××市安装××××公司		分包单位 负责人	×××	分包项目经理	×××
序号	检验批部位、区段		施工单位检查 评定结果		监理(建设)单位验收结论	
1	1F		检查评定合格		合　格	
2	2F		检查评定合格		合　格	
3	3F		检查评定合格		合　格	
4	屋顶		检查评定合格		合　格	
5						
6						
7						
8						
9						
10						
11						
12						
13						
14						
15						
16						
17						
检查 结论	检查评定合格 项目专业技术负责人：　××× 2004 年 10 月 26 日		验收结论		同意验收。 监理工程师　××× (建设单位项目 专业技术负责人) 2004 年 10 月 26 日	

给水设备安装 分项工程质量验收记录
(室内给水系统)

表 E.0.1

工程名称	×××学院××楼		结构类型	混凝土结构	检验批数	1批
施工单位	××市××建筑有限公司		项目经理	×××	项目技术负责人	×××
分包单位	××市安装××××公司		分包单位负责人	×××	分包项目经理	×××
序号	检验批部位、区段			施工单位检查评定结果	监理(建设)单位验收结论	
1	1F			检查评定合格	合 格	
2						
3						
4						
5						
6						
7						
8						
9						
10						
11						
12						
13						
14						
15						
16						
17						
检查结论	检查评定合格 项目专业技术负责人： ××× 2004 年 10 月 26 日			验收结论	同意验收。 监理工程师 ××× (建设单位项目专业技术负责人) 2004 年 10 月 26 日	

排水管道及配件安装 分项工程质量验收记录
（室内排水系统）

表 E.0.1

工程名称	×××学院××楼	结构类型	混凝土结构	检验批数	3批
施工单位	××市××建筑有限公司	项目经理	×××	项目技术负责人	×××
分包单位	××市安装××××公司	分包单位负责人	×××	分包项目经理	×××

序号	检验批部位、区段	施工单位检查评定结果	监理(建设)单位验收结论
1	1F	检查评定合格	合　格
2	2F	检查评定合格	合　格
3	3F	检查评定合格	合　格
4			
5			
6			
7			
8			
9			
10			
11			
12			
13			
14			
15			
16			
17			
检查结论	检查评定合格 项目专业技术负责人：　××× 2004 年 09 月 04 日	验收结论	同意验收。 监理工程师　　××× (建设单位项目专业技术负责人) 2004 年 09 月 04 日

227

雨水管道及配件安装 (室内排水系统) 分项工程质量验收记录

表 E.0.1

工程名称	×××学院××楼	结构类型	混凝土框架	检验批数	4批
施工单位	××市××建筑有限公司	项目经理	×××	项目技术负责人	×××
分包单位	××市安装××××公司	分包单位负责人	×××	分包项目经理	×××

序号	检验批部位、区段	施工单位检查评定结果	监理(建设)单位验收结论
1	1F	检查评定合格	合格
2	2F	检查评定合格	合格
3	3F	检查评定合格	合格
4	屋顶	检查评定合格	合格
5			
6			
7			
8			
9			
10			
11			
12			
13			
14			
15			
16			
17			

检查结论	检查评定合格 项目专业技术负责人： ××× 2004 年 09 月 18 日	验收结论	同意验收。 监理工程师 ××× (建设单位项目专业技术负责人) 2004 年 09 月 18 日

辅助设备安装 (室内热水供应系统) 分项工程质量验收记录

表 E.0.1

工程名称	×××学院××楼	结构类型	混凝土结构	检验批数	1批
施工单位	××市××建筑有限公司	项目经理	×××	项目技术负责人	×××
分包单位	××市安装××××公司	分包单位负责人	×××	分包项目经理	×××

序号	检验批部位、区段	施工单位检查评定结果	监理(建设)单位验收结论
1	1F	检查评定合格	合 格
2			
3			
4			
5			
6			
7			
8			
9			
10			
11			
12			
13			
14			
15			
16			
17			
检查结论	检查评定合格 项目专业技术负责人： ××× 2004 年 11 月 10 日	验收结论	同意验收。 监理工程师 ××× (建设单位项目专业技术负责人) 2004 年 11 月 10 日

管道及配件安装 (室内热水供应系统) 分项工程质量验收记录

表 E.0.1

工程名称	×××学院××楼	结构类型	混凝土结构	检验批数	4批
施工单位	××市××建筑有限公司	项目经理	×××	项目技术负责人	×××
分包单位	××市安装××××公司	分包单位负责人	×××	分包项目经理	×××

序号	检验批部位、区段	施工单位检查评定结果	监理(建设)单位验收结论
1	1F	检查评定合格	合 格
2	2F	检查评定合格	合 格
3	3F	检查评定合格	合 格
4	屋顶	检查评定合格	合 格
5			
6			
7			
8			
9			
10			
11			
12			
13			
14			
15			
16			
17			
检查结论	检查评定合格 项目专业技术负责人：　××× 2004 年 10 月 16 日	验收结论	同意验收。 监理工程师　　××× (建设单位项目专业技术负责人) 2004 年 10 月 16 日

卫生器具给水配件安装 分项工程质量验收记录
（卫生器具安装）

表 E.0.1

工程名称	×××学院××楼	结构类型	混凝土框架	检验批数	3批
施工单位	××市××建筑有限公司	项目经理	×××	项目技术负责人	×××
分包单位	××市安装××××公司	分包单位负责人	×××	分包项目经理	×××

序号	检验批部位、区段	施工单位检查评定结果	监理(建设)单位验收结论
1	1F	检查评定合格	合 格
2	2F	检查评定合格	合 格
3	3F	检查评定合格	合 格
4			
5			
6			
7			
8			
9			
10			
11			
12			
13			
14			
15			
16			
17			
检查结论	检查评定合格 项目专业技术负责人：　××× 2004 年 12 月 05 日	验收结论	同意验收。 监理工程师　　××× (建设单位项目专业技术负责人) 2004 年 12 月 05 日

卫生器具排水管道安装 （卫生器具安装） 分项工程质量验收记录

表 E.0.1

工程名称	×××学院××楼		结构类型	混凝土框架	检验批数	3 批
施工单位	××市××建筑有限公司		项目经理	×××	项目技术负责人	×××
分包单位	××市安装××××公司		分包单位负责人	×××	分包项目经理	×××
序号	检验批部位、区段		施工单位检查评定结果		监理（建设）单位验收结论	
1	1F		检查评定合格		合　格	
2	2F		检查评定合格		合　格	
3	3F		检查评定合格		合　格	
4						
5						
6						
7						
8						
9						
10						
11						
12						
13						
14						
15						
16						
17						
检查结论	检查评定合格 项目专业技术负责人：××× 2004 年 08 月 17 日		验收结论		同意验收。 监理工程师　××× （建设单位项目专业技术负责人） 2004 年 08 月 17 日	

建筑电气分布(子分部)工程所含分项工程

电线、电缆穿管和线槽敷设
(室外电气) 分项工程质量验收记录

表 E.0.1

工程名称	×××学院××楼		结构类型	混凝土结构	检验批数	4 批
施工单位	××市××建筑有限公司		项目经理	×××	项目技术负责人	×××
分包单位	××市安装××××公司		分包单位负责人	×××	分包项目经理	×××
序号	检验批部位、区段			施工单位检查评定结果	监理(建设)单位验收结论	
1	1F			检查评定合格	合 格	
2	2F			检查评定合格	合 格	
3	3F			检查评定合格	合 格	
4	4F			检查评定合格	合 格	
5						
6						
7						
8						
9						
10						
11						
12						
13						
14						
15						
检查结论	检查评定合格 项目专业技术负责人： ××× 2004 年 07 月 25 日			验收结论	同意验收。 监理工程师 ××× (建设单位项目专业技术负责人) 2004 年 07 月 25 日	

电缆头制作、导线连接和线路 电气试验(室外电气) 分项工程质量验收记录

表 E.0.1

工程名称	×××学院××楼		结构类型	混凝土结构	检验批数	4
施工单位	××市××建筑有限公司		项目经理	×××	项目技术负责人	×××
分包单位	××市安装××××公司		分包单位负责人	×××	分包项目经理	×××
序号	检验批部位、区段		施工单位检查评定结果		监理(建设)单位验收结论	
1	1F		检查评定合格		合　格	
2	2F		检查评定合格		合　格	
3	3F		检查评定合格		合　格	
4	4F		检查评定合格		合　格	
5						
6						
7						
8						
9						
10						
11						
12						
13						
14						
15						
16						
17						
18						
19						
检查结论	检查评定合格 项目专业技术负责人：　××× 2004 年 08 月 12 日		验收结论		同意验收。 监理工程师　××× (建设单位项目专业技术负责人) 2004 年 08 月 12 日	

成套配电柜、控制柜(屏、台)和动力、照明配电箱(盘)安装(室外电气) 分项工程质量验收记录

表 E.0.1

工程名称	×××学院××楼		结构类型	混凝土结构	检验批数	4
施工单位	××市××建筑有限公司		项目经理	×××	项目技术负责人	×××
分包单位	××市安装××××公司		分包单位负责人	×××	分包项目经理	×××
序号	检验批部位、区段			施工单位检查评定结果	监理(建设)单位验收结论	
1	1F			检查评定合格	合　格	
2	2F			检查评定合格	合　格	
3	3F			检查评定合格	合　格	
4	4F			检查评定合格	合　格	
5						
6						
7						
8						
9						
10						
11						
12						
13						
14						
15						
16						
17						
18						
19						
检查结论	检查评定合格　　　　　　　　　项目专业技术负责人：　×××　　　　　　　　　2004 年 07 月 06 日			验收结论	同意验收。　　　监理工程师　　×××　　(建设单位项目专业技术负责人)　　2004 年 07 月 06 日	

电缆头制作、导线连接和线路电气试验(电气动力) 分项工程质量验收记录

表 E.0.1

工程名称	×××学院××楼		结构类型	混凝土结构	检验批数	4
施工单位	××市××建筑有限公司		项目经理	×××	项目技术负责人	×××
分包单位	××市安装××××公司		分包单位负责人	×××	分包项目经理	×××
序号	检验批部位、区段			施工单位检查评定结果	监理(建设)单位验收结论	
1	1F			检查评定合格	合　格	
2	2F			检查评定合格	合　格	
3	3F			检查评定合格	合　格	
4	4F			检查评定合格	合　格	
5						
6						
7						
8						
9						
10						
11						
12						
13						
14						
15						
16						
17						
18						
19						
检查结论	检查评定合格 项目专业技术负责人：　××× 2004 年 08 月 12 日			验收结论	同意验收。 监理工程师　　××× (建设单位项目专业技术负责人) 2004 年 08 月 12 日	

低压电气动力设备检测、试验和空载试运行(电气动力) 分项工程质量验收记录

表 E.0.1

工程名称	×××学院××楼	结构类型	混凝土结构	检验批数	4批
施工单位	××市××建筑有限公司	项目经理	×××	项目技术负责人	×××
分包单位	××市安装××××公司	分包单位负责人	×××	分包项目经理	×××

序号	检验批部位、区段	施工单位检查评定结果	监理(建设)单位验收结论
1	1F	检查评定合格	合 格
2	2F	检查评定合格	合 格
3	3F	检查评定合格	合 格
4	4F	检查评定合格	合 格
5			
6			
7			
8			
9			
10			
11			
12			
13			
14			
15			
16			
17			
18			
19			
检查结论	检查评定合格 项目专业技术负责人: ××× 2004年09月17日	验收结论	同意验收。 监理工程师 ××× (建设单位项目专业技术负责人) 2004年09月17日

低压电动机、电加热器及电动 执行机构检查、接线(电气动力) 分项工程质量验收记录

表 E.0.1

工程名称	×××学院××楼	结构类型	混凝土结构	检验批数	4 批
施工单位	××市××建筑有限公司	项目经理	×××	项目技术负责人	×××
分包单位	××市安装××××公司	分包单位负责人	×××	分包项目经理	×××

序号	检验批部位、区段	施工单位检查评定结果	监理(建设)单位验收结论
1	1F	检查评定合格	合 格
2	2F	检查评定合格	合 格
3	3F	检查评定合格	合 格
4	4F	检查评定合格	合 格
5			
6			
7			
8			
9			
10			
11			
12			
13			
14			
15			
16			
17			
18			
19			
检查结论	检查评定合格 项目专业技术负责人： ××× 2004 年 09 月 10 日	验收结论	同意验收。 监理工程师 ××× (建设单位项目 专业技术负责人) 2004 年 09 月 10 日

电线、电缆导管和线槽敷设 (电气动力) 分项工程质量验收记录

表 E.0.1

工程名称	×××学院××楼	结构类型	混凝土结构	检验批数	4
施工单位	××市××建筑有限公司	项目经理	×××	项目技术负责人	×××
分包单位	××市安装××××公司	分包单位负责人	×××	分包项目经理	×××

序号	检验批部位、区段	施工单位检查评定结果	监理(建设)单位验收结论
1	1F	检查评定合格	合格
2	2F	检查评定合格	合格
3	3F	检查评定合格	合格
4	4F	检查评定合格	合格
5			
6			
7			
8			
9			
10			
11			
12			
13			
14			
15			
16			
17			
18			
19			
检查结论	检查评定合格 项目专业技术负责人： ××× 2004 年 06 月 25 日	验收结论	同意验收。 监理工程师 ××× (建设单位项目专业技术负责人) 2004 年 06 月 25 日

电线、电缆穿管和线槽敷设 分项工程质量验收记录
（电气动力）

表 E.0.1

工程名称	×××学院××楼	结构类型	混凝土结构	检验批数		4 批
施工单位	××市××建筑有限公司	项目经理	×××	项目技术负责人		×××
分包单位	××市安装××××公司	分包单位负责人	×××	分包项目经理		×××
序号	检验批部位、区段		施工单位检查评定结果	监理（建设）单位验收结论		
1	1F		检查评定合格	合 格		
2	2F		检查评定合格	合 格		
3	3F		检查评定合格	合 格		
4	4F		检查评定合格	合 格		
5						
6						
7						
8						
9						
10						
11						
12						
13						
14						
15						
16						
17						
18						
19						
检查结论	检查评定合格 项目专业技术负责人： ××× 2004 年 07 月 25 日		验收结论	同意验收。 监理工程师 ××× （建设单位项目专业技术负责人） 2004 年 07 月 25 日		

普通灯具安装 (电气照明安装) 分项工程质量验收记录

表 E.0.1

工程名称	×××学院××楼	结构类型	混凝土结构	检验批数	4
施工单位	××市××建筑有限公司	项目经理	×××	项目技术负责人	×××
分包单位	××市安装××××公司	分包单位负责人	×××	分包项目经理	×××

序号	检验批部位、区段	施工单位检查评定结果	监理(建设)单位验收结论
1	1F	检查评定合格	合 格
2	2F	检查评定合格	合 格
3	3F	检查评定合格	合 格
4	4F	检查评定合格	合 格
5			
6			
7			
8			
9			
10			
11			
12			
13			
14			
15			
16			
17			
18			
19			
检查结论	检查评定合格 项目专业技术负责人： ××× 2004 年 09 月 28 日	验收结论	同意验收。 监理工程师 ××× (建设单位项目专业技术负责人) 2004 年 09 月 28 日

专用灯具安装
(电气照明安装) 分项工程质量验收记录

表 E.0.1

工程名称	×××学院××楼		结构类型	混凝土结构	检验批数	4 批
施工单位	××市××建筑有限公司		项目经理	×××	项目技术负责人	×××
分包单位	××市安装××××公司		分包单位负责人	×××	分包项目经理	×××
序号	检验批部位、区段		施工单位检查评定结果		监理(建设)单位验收结论	
1	1F		检查评定合格		合 格	
2	2F		检查评定合格		合 格	
3	3F		检查评定合格		合 格	
4	4F		检查评定合格		合 格	
5						
6						
7						
8						
9						
10						
11						
12						
13						
14						
15						
16						
17						
18						
19						
检查结论	检查评定合格 项目专业技术负责人： ××× 2004 年 10 月 05 日		验收结论		同意验收。 监理工程师 ××× (建设单位项目专业技术负责人) 2004 年 10 月 05 日	

开关、插座、风扇安装 分项工程质量验收记录
（电气照明安装）

表 E.0.1

工程名称	×××学院××楼	结构类型	混凝土结构	检验批数	4
施工单位	××市××建筑有限公司	项目经理	×××	项目技术负责人	×××
分包单位	××市安装××××公司	分包单位 负责人	×××	分包项目经理	×××

序号	检验批部位、区段	施工单位检查 评定结果	监理(建设)单位验收结论
1	1F	检查评定合格	合　格
2	2F	检查评定合格	合　格
3	3F	检查评定合格	合　格
4	4F	检查评定合格	合　格
5			
6			
7			
8			
9			
10			
11			
12			
13			
14			
15			
16			
17			
18			
19			
检查结论	检查评定合格 项目专业技术负责人：　××× 2004 年 10 月 18 日	验收结论	同意验收。 监理工程师　××× (建设单位项目 专业技术负责人) 2004 年 10 月 18 日

建筑物照明通电试运行 （电气照明安装） 分项工程质量验收记录

表 E.0.1

工程名称	×××学院××楼	结构类型	混凝土结构	检验批数	4批
施工单位	××市××建筑有限公司	项目经理	×××	项目技术负责人	×××
分包单位	××市安装××××公司	分包单位负责人	×××	分包项目经理	×××
序号	检验批部位、区段		施工单位检查评定结果	监理(建设)单位验收结论	
1	1F		检查评定合格	合格	
2	2F		检查评定合格	合格	
3	3F		检查评定合格	合格	
4	4F		检查评定合格	合格	
5					
6					
7					
8					
9					
10					
11					
12					
13					
14					
15					
16					
17					
18					
19					
检查结论	检查评定合格 项目专业技术负责人： ××× 2004 年 10 月 22 日		验收结论	同意验收。 监理工程师 ××× (建设单位项目专业技术负责人) 2004 年 10 月 22 日	

不间断电源的其他功能单元安装(备用和不间断电源安装) 分项工程质量验收记录

表 E.0.1

工程名称	×××学院××楼	结构类型	混凝土结构	检验批数	1批
施工单位	××市××建筑有限公司	项目经理	×××	项目技术负责人	×××
分包单位	××市安装××××公司	分包单位负责人	×××	分包项目经理	×××

序号	检验批部位、区段	施工单位检查评定结果	监理(建设)单位验收结论
1	1F	检查评定合格	合 格
2			
3			
4			
5			
6			
7			
8			
9			
10			
11			
12			
13			
14			
15			
16			
17			
18			
19			
检查结论	检查评定合格 项目专业技术负责人: ××× 2004 年 07 月 10 日	验收结论	同意验收。 监理工程师 ××× (建设单位项目专业技术负责人) 2004 年 07 月 10 日

电缆头制作、导线连接和线路电气试验（备用和不间断电源安装）分项工程质量验收记录

表 E.0.1

工程名称	×××学院××楼	结构类型	混凝土结构	检验批数	1 批
施工单位	××市××建筑有限公司	项目经理	×××	项目技术负责人	×××
分包单位	××市安装××××公司	分包单位负责人	×××	分包项目经理	×××

序号	检验批部位、区段	施工单位检查评定结果	监理(建设)单位验收结论
1	1F	检查评定合格	合 格
2			
3			
4			
5			
6			
7			
8			
9			
10			
11			
12			
13			
14			
15			
16			
17			
18			
19			
检查结论	检查评定合格 项目专业技术负责人： ××× 2004 年 08 月 13 日	验收结论	同意验收。 监理工程师 ××× (建设单位项目专业技术负责人) 2004 年 08 月 13 日

电线、电缆导管和线槽敷线 （备用和不间断电源安装） 分项工程质量验收记录

表 E.0.1

工程名称	×××学院××楼		结构类型	混凝土结构	检验批数	1
施工单位	××市××建筑有限公司		项目经理	×××	项目技术负责人	×××
分包单位	××市安装××××公司		分包单位负责人	×××	分包项目经理	×××
序号	检验批部位、区段		施工单位检查评定结果		监理(建设)单位验收结论	
1	1F		检查评定合格		合　格	
2						
3						
4						
5						
6						
7						
8						
9						
10						
11						
12						
13						
14						
15						
16						
17						
18						
19						
检查结论	检查评定合格 项目专业技术负责人：　××× 2004 年 06 月 24 日		验收结论		同意验收。 监理工程师　××× (建设单位项目专业技术负责人) 2004 年 06 月 24 日	

电线、电缆穿管和线槽敷设 分项工程质量验收记录
（备用和不间断电源安装）

表 E.0.1

工程名称	×××学院××楼	结构类型	混凝土结构	检验批数	1批
施工单位	××市××建筑有限公司	项目经理	×××	项目技术负责人	×××
分包单位	××市安装××××公司	分包单位负责人	×××	分包项目经理	×××

序号	检验批部位、区段	施工单位检查评定结果	监理（建设）单位验收结论
1	1F	检查评定合格	合 格
2			
3			
4			
5			
6			
7			
8			
9			
10			
11			
12			
13			
14			
15			
16			
17			
18			
19			
检查结论	检查评定合格 项目专业技术负责人： ××× 2004 年 07 月 25 日	验收结论	同意验收。 监理工程师 ××× （建设单位项目专业技术负责人） 2004 年 07 月 25 日

接地装置安装（防雷及接地安装）分项工程质量验收记录

表 E.0.1

工程名称	×××学院××楼	结构类型	混凝土结构	检验批数	1批
施工单位	××市××建筑有限公司	项目经理	×××	项目技术负责人	×××
分包单位	××市安装××××公司	分包单位负责人	×××	分包项目经理	×××
序号	检验批部位、区段		施工单位检查评定结果	监理(建设)单位验收结论	
1	1F		检查评定合格	合 格	
2					
3					
4					
5					
6					
7					
8					
9					
10					
11					
12					
13					
14					
15					
16					
17					
18					
19					
检查结论	检查评定合格 项目专业技术负责人： ××× 2004 年 11 月 20 日		验收结论	同意验收。 监理工程师 ××× (建设单位项目专业技术负责人) 2004 年 11 月 20 日	

避雷引下线和变配电室接地干线敷设
（防雷及接地安装）分项工程质量验收记录

表 E.0.1

工程名称	×××学院××楼		结构类型	混凝土结构	检验批数	1批
施工单位	××市××建筑有限公司		项目经理	×××	项目技术负责人	×××
分包单位	××市安装××××公司		分包单位负责人	×××	分包项目经理	×××
序号	检验批部位、区段			施工单位检查评定结果	监理(建设)单位验收结论	
1	1F～屋顶			检查评定合格	合 格	
2						
3						
4						
5						
6						
7						
8						
9						
10						
11						
12						
13						
14						
15						
16						
17						
18						
19						
检查结论	检查评定合格 项目专业技术负责人： ××× 2004 年 07 月 09 日			验收结论	同意验收。 监理工程师 ××× (建设单位项目专业技术负责人) 2004 年 07 月 09 日	

接闪器安装 (防雷及接地安装) 分项工程质量验收记录

表 E.0.1

工程名称	×××学院××楼	结构类型	混凝土结构	检验批数	4 批
施工单位	××市××建筑有限公司	项目经理	×××	项目技术负责人	×××
分包单位	××市安装××××公司	分包单位负责人	×××	分包项目经理	×××

序号	检验批部位、区段	施工单位检查评定结果	监理(建设)单位验收结论
1	1F	检查评定合格	合 格
2	2F	检查评定合格	合 格
3	3F	检查评定合格	合 格
4	4F	检查评定合格	合 格
5			
6			
7			
8			
9			
10			
11			
12			
13			
14			
15			
16			
17			
18			
19			
检查结论	检查评定合格 项目专业技术负责人：　××× 2004 年 08 月 24 日	验收结论	同意验收。 监理工程师　××× (建设单位项目专业技术负责人) 2004 年 08 月 24 日

智能建筑分部(子分部)工程所含分项工程

空调与通风系统分项工程质量验收记录表

表 C.0.1—0601

单位(子单位)工程名称		×××学院××楼	子分部工程	建筑设备监控系统
分项工程名称		空调与通风系统	验收部位	1～4F
施工单位		××市××建筑有限公司	项目经理	×××
施工执行标准名称及编号				
分包单位		××市安装××××公司	分包项目经理	×××
检测项目(主控项目) (执行本规范第 6.3.5 条的规定)		检查评定记录	备 注	
1	空调系统温度控制	控制稳定性	符合要求	
		响应时间	5min(实测时间)	
		控制效果	良好	
2	空调系统相对湿度控制	控制稳定性	符合要求	
		响应时间	5min(实测时间)	
		控制效果	良好	
3	新风量自动控制	控制稳定性	符合要求	检测数量为每类机组按总数 20％抽检,且不得少于 5 台,不足 5 台时全部检测,抽检设备全部符合设计要求时为检测合格。
		响应时间	5min(实测时间)	
		控制效果	良好	
4	预定时间表自动启停	稳定性	符合要求	
		响应时间	2min(实测时间)	
		控制效果	良好	
5	节能优化控制	稳定性	符合要求	
		响应时间	2min(实测时间)	
		控制效果	良好	
6	设备连锁控制	正确性	100％	
		实时性	符合要求	
7	故障报警	正确性	100％	
		实时性	符合要求	
8				
检测意见:合格				

监理工程师签字: ×××　　　　　　　　　　　　检测机构负责人签字: 　　　×××

(建设单位项目专业技术负责人)

日期:　　　　2004 年 10 月 22 日　　　　　　日期:　　　　2004 年 10 月 22 日

变配电系统分项工程质量验收记录表

编号:表C.0.1—0602

单位(子单位)工程名称		×××学院××楼	子分部工程	建筑设备监控系统
分项工程名称		变配电系统	验收部位	1～4F
施工单位		××市××建筑有限公司	项目经理	×××
施工执行标准名称及编号				
分包单位		××市安装××××公司	分包项目经理	×××

	检测项目(主控项目)(执行本规范第6.3.6条的规定)	检查评定记录	备 注
1	电气参数测量	电压、电流、电量等监测正常	各类参数按20%抽检,且不得小于20点,被检参数合格率100%时为检测合格。
2	电气设备工作状态测量	电容器、所用变、CT、PT运行正常	
3	变配电系统故障报警	过电压、过电流、轻瓦斯等故障报警正常	
4	高低压配电柜运行状态	高低压配电柜分、合、联络自切动作正常	
5	电力变压器温度	温升检测、超温报警、跳闸	
6	应急发电机组工作状态	启、停、电流、电压、相位、频率检测正常	各项参数全部检测,被检参数合格率100%为检测合格。
7	储油罐液位	液位高、中、低监视正常,高、低位报警	
8	蓄电池组及充电设备工作状态	浮充状态、故障状态监视正常	
9	不间断电源工作状态	热备用、冷备用监视正常	
10			
11			
12			
13			

检测意见:合格

监理工程师签字:　　　×××　　　　　　　　　　检测机构负责人签字:　　　×××

(建设单位项目专业技术负责人)

日期:　　2004年10月20日　　　　　　　　日期:　　2004年10月20日

— 253 —

给排水系统分项工程质量验收记录表

编号:表C.0.1—0604

单位(子单位)工程名称			×××学院××楼	子分部工程	建筑设备监控系统
分项工程名称			给排水系统	验收部位	1～4F
施工单位			××市××建筑有限公司	项目经理	×××
施工执行标准名称及编号					
分包单位			××市安装××××公司	分包项目经理	×××
检测项目(主控项目) (执行本规范第6.3.8条的规定)			检查评定记录	备 注	
1	给水系统	参数检测	液位	2m	按系统50%数量抽检,且不得小于5点,被检系统合格率100%时为系统检测合格。
			压力	0.3MPa	
			水泵运行状态	低启、高停,运行正常	
		自动调节水泵转速		自动调整正常	
		水泵投运切换		运行泵、备用泵投运切换正常	
		故障报警及保护		高水位、低水位报警	
2	排水系统	参数检测	液位	0.5m	按系统50%数量抽检,且不得小于5点,被检系统合格率100%时为系统检测合格。
			压力	0.05MPa	
			水泵运行状态	低启、高停,运行正常	
		自动调节水泵转速		自动调整正常	
		水泵投运切换		运行泵、备用泵投运切换正常	
		故障报警及保护		高水位报警	
3	中水系统监控	液位		—	—
		压力		—	
		水泵运行状态		—	

检测意见:合格

监理工程师签字: ×××　　　　　　　　　　检测机构负责人签字: ×××

(建设单位项目专业技术负责人)

日期:　　　2004 年 11 月 25 日　　　　　　　日期:　　　2004 年 11 月 25 日

冷冻和冷却水系统分项工程质量验收记录表

编号：表 C.0.1—0606

单位(子单位)工程名称			×××学院××楼	子分部工程	建筑设备监控系统
分项工程名称			冷冻和冷却水系统	验收部位	1～4F
施工单位			××市××建筑有限公司	项目经理	×××
施工执行标准名称及编号					
分包单位			××市安装××××公司	分包项目经理	×××
检测项目(主控项目) (执行本规范第6.3.10条的规定)			检查评定记录		备注
1	冷冻水系统	参数检测	温度、压力、流量监视正常		各系统全部检测，满足设计要求时为检测合格。
		系统负荷调节	自动负荷切换30％～100％		
		预定时间表启停	启停正常		
		节能优化控制	符合设备性能标准		
		故障检测记录与报警	报警、消音、复位、记录功能正常		
2	冷却水系统	参数检测	温度、压力、流量监视正常		各系统全部检测，满足设计要求时为检测合格。
		系统负荷调节	60％～100％		
		预定时间表启停	启停正常		
		节能优化控制	符合设备性能标准		
		故障检测记录与报警	报警、消音、复位、记录功能正常		
3	能耗计量与统计		合格		满足设计要求时为合格

检测意见：合格

监理工程师签字：　　　　×××　　　　　　　　　检测机构负责人签字：　　　　×××

(建设单位项目专业技术负责人)

日期：　　　2004年11月10日　　　　　　　日期：　　　2004年11月10日

电梯和自动扶梯系统分项工程质量验收记录表

编号:表C.0.1—0607

单位(子单位)工程名称			×××学院××楼	子分部工程	建筑设备监控系统
分项工程名称			电梯和自动扶梯系统	验收部位	1~4F
施工单位			××市××建筑有限公司	项目经理	×××
施工执行标准名称及编号					
分包单位			××市安装××××公司	分包项目经理	×××
检测项目(主控项目) (执行本规范第6.3.11条的规定)			检查评定记录	备 注	
1	电梯系统	电梯运行状态	运行正常	各系统全部检测,合格率100%时为检测合格。	
		故障检测记录与报警	门锁等安全系统故障记录正常,消防等报警正常。		
2	自动扶梯系统	扶梯运行状态	运行正常	各系统全部检测,合格率100%时为检测合格。	
		故障检测记录与报警	梳齿板异物卡住、断链、断带、扶手带入口保护装置动作等故障报警。		
3					
4					
5					
6					
7					
检测意见:合格					
监理工程师签字: ×××　　　　　　　　　　　检测机构负责人签字: ×××					
(建设单位项目专业技术负责人)					
日期: 　　2004年11月25日　　　　　　　　日期: 　　2004年11月25日					

综合布线系统安装分项工程质量验收记录表(Ⅰ)

编号:表 C.0.1—0901

单位(子单位)工程名称		×××学院××楼	子分部工程	综合布线系统
分项工程名称		系统安装质量检测	验收部位	1~4F
施工单位		××市××建筑有限公司	项目经理	×××
施工执行标准名称及编号				
分包单位		××市安装××××公司	分包项目经理	×××

检测项目(主控项目) (执行本规范第9.2.1~9.2.4条的规定)		检测记录	备 注
1	缆线的弯曲半径	主干对绞电缆10d、光缆15d	执行 GB/T50312 中第5.1.1条第五款规定。
2	预埋线槽和暗管的线缆敷设	符合规定要求	执行 GB/T50312 中第5.1.2条规定。
3	电源线、综合布线系统缆线应分各布放	分隔布放,最小净距130mm (不同规格应符合规定要求)	1. 缆线间最小间距应符合设计要求 2. 执行 GB/T50312 中第5.1.1条第六款的规定
4	电、光缆暗管敷设及与其他管线 最小净距	不同管线种类应符合要求	执行 GB/T50312 中第5.1.1条第六款的规定
5	对绞电缆芯线终接	按色标和顺序卡接正确	执行 GB/T50312 中第6.0.2条的规定。
6	光纤连接损耗值	多模、单模按实测数填写、符合规定要求。	执行 GB/T50312 中第6.0.3条第四款的规定
7	架空、管道、直埋电、光缆敷设	符合规定要求	执行 GB/T50312 中第5.1.5的规定。
8	机柜、机架、配线 架的安装	符合规定	符合 GB/T50312 规定	执行 GB/T50312 第四节的规定。
		色标一致	色标完整、清晰、标志齐全	
		色谱组合	—	
		线序及排列	符合设计要求	
9	信息插座安装	安装位置	活动地板(或地面)上	执行本规范9.2.4条的规定。
		防水防尘	具有防水、防尘、抗压功能	

检测意见:合格

监理工程师签字: ×××

(建设单位项目专业技术负责人)

检测机构负责人签字: ×××

日期: 2004 年 09 月 20 日

日期: 2004 年 09 月 20 日

综合布线系统安装分项工程质量验收记录表(Ⅱ)

编号:表 C.0.1—0902

单位(子单位)工程名称		×××学院××楼	子分部工程	综合布线系统
分项工程名称		机柜、机架、配线架安装	验收部位	1～4F
施工单位		××市××建筑有限公司	项目经理	×××
施工执行标准名称及编号				
分包单位		××市安装××××公司	分包项目经理	×××

检测项目(一般项目) (执行本规范第9.2.5～9.2.9条的规定)			检测记录	备 注
1	缆线终接		按色标和线对顺序与模块插座连接	执行 GB/T50312 中第6.0.2条的规定。
2	各类跳线的终接		接触良好,接线正确	执行 GB/T50312 中第6.0.4条的规定。
3	机柜、机架、配线架的安装	符合规定	符合 GB/T50312 规定	执行 GB/T50312 第4.0.1条的规定。
		设备底座	安装牢固	
		预留空间	实测值	
		紧固状况	牢固	
		距地面距离	实测值	
		与桥架线槽连接	电气连接良好	
		接线端子标志	齐全\清晰	
4	信息插座安装		符合规定要求	执行 GB/T50312 中第4.0.3条的规定。
5	光缆芯线终端的安装连接标志		连接盒面板有标志	执行本规范9.2.9条的规定。
6				

检测意见:合格

监理工程师签字:　　　　×××　　　　　　　　　检测机构负责人签字:　　　　×××

(建设单位项目专业技术负责人)

日期:　　　　2004 年 09 月 15 日　　　　　　　日期:　　　　2004 年 09 月 15 日

综合布线系统性能检测分项工程质量验收记录表(Ⅰ)

编号:表 C.0.1—0903

单位(子单位)工程名称		×××学院××楼	子分部工程	综合布线系统
分项工程名称		信息插座和光缆芯线终端的安装	验收部位	1～4F
施工单位		××市××建筑有限公司	项目经理	×××
施工执行标准名称及编号		智能综合布线操作规程		
分包单位		××市安装××××公司	分包项目经理	×××

检测项目(主控项目) (执行本规范第9.3.4条的规定)			检测记录	备 注
1	工程电气性能检测	连接图	基本链路或信道测试	
		长度	50m(≤90m)	
		衰减	基本链路,1.00MHz,3.2dB,3类线	
		近端串音(两段)	基本链路,1.00MHz,40.1dB,3类线	
		其他特殊规定的测试内容	无特殊规定可不填	GB/T50312 8.0.2条的规定。
2	光纤特性检测	连通性	单工连接或双工连接	
		衰减	单模(1310nm)2.2dB	
		长度	100m	

检测意见:合格

监理工程师签字: ×××
(建设单位项目专业技术负责人)
日期: 2004 年 09 月 16 日

检测机构负责人签字: ×××
日期: 2004 年 09 月 16 日

空调与通风分部(子分部)工程所含分项工程

风机安装
(送排风系统) 分项工程质量验收记录

表 E.0.1

工程名称	×××学院××楼	结构类型	混凝土结构	检验批数	4 批
施工单位	××市××建筑有限公司	项目经理	×××	项目技术负责人	×××
分包单位	××市安装××××公司	分包单位负责人	×××	分包项目经理	×××

序号	检验批部位、区段	施工单位检查评定结果	监理(建设)单位验收结论
1	1F	检查评定合格	合 格
2	2F	检查评定合格	合 格
3	3F	检查评定合格	合 格
4	屋顶	检查评定合格	合 格
5			
6			
7			
8			
9			
10			
11			
12			
13			
14			
15			
16			
17			

检查结论	检查评定合格 项目专业技术负责人： ××× 2004 年 08 月 06 日	验收结论	同意验收。 监理工程师 ××× (建设单位项目 专业技术负责人) 2004 年 08 月 06 日

风管与配件制作(送排风系统)分项工程质量验收记录

表 E.0.1

工程名称	×××学院××楼	结构类型	混凝土结构	检验批数	7批
施工单位	××市××建筑有限公司	项目经理	×××	项目技术负责人	×××
分包单位	××市安装××××公司	分包单位负责人	×××	分包项目经理	×××
序号	检验批部位、区段		施工单位检查评定结果	监理(建设)单位验收结论	
1	1F(金属风管)		检查评定合格	合格	
2	2F(金属风管)		检查评定合格	合格	
3	3F(金属风管)		检查评定合格	合格	
4	1F(非金属风管)		检查评定合格	合格	
5	2F(非金属风管)		检查评定合格	合格	
6	3F(非金属风管)		检查评定合格	合格	
7	屋顶(非金属风管)		检查评定合格	合格	
8					
9					
10					
11					
12					
13					
14					
15					
16					
17					
检查结论	检查评定合格 项目专业技术负责人: ××× 2004 年 07 月 11 日		验收结论	同意验收。 监理工程师 ××× (建设单位项目专业技术负责人) 2004 年 07 月 11 日	

风管系统安装 (送排风系统) 分项工程质量验收记录

表 E.0.1

工程名称	×××学院××楼		结构类型	混凝土结构	检验批数	4批
施工单位	××市××建筑有限公司		项目经理	×××	项目技术负责人	×××
分包单位	××市安装××××公司		分包单位负责人	×××	分包项目经理	×××
序号	检验批部位、区段			施工单位检查评定结果		监理(建设)单位验收结论
1	1F			检查评定合格		合 格
2	2F			检查评定合格		合 格
3	3F			检查评定合格		合 格
4	屋顶			检查评定合格		合 格
5						
6						
7						
8						
9						
10						
11						
12						
13						
14						
15						
16						
17						
检查结论	检查评定合格 项目专业技术负责人：　××× 2004 年 07 月 16 日			验收结论		同意验收。 监理工程师　　××× (建设单位项目专业技术负责人) 2004 年 07 月 16 日

系统调试
(送排风系统) 分项工程质量验收记录

表 E.0.1

工程名称	×××学院××楼	结构类型	混凝土结构	检验批数	4批
施工单位	××市××建筑有限公司	项目经理	×××	项目技术负责人	×××
分包单位	××市安装××××公司	分包单位负责人	×××	分包项目经理	×××

序号	检验批部位、区段	施工单位检查评定结果	监理(建设)单位验收结论
1	1F	检查评定合格	合 格
2	2F	检查评定合格	合 格
3	3F	检查评定合格	合 格
4	屋顶	检查评定合格	合 格
5			
6			
7			
8			
9			
10			
11			
12			
13			
14			
15			
16			
17			

检查结论	检查评定合格 项目专业技术负责人： ××× 2004 年 11 月 29 日	验收结论	同意验收。 监理工程师 ××× (建设单位项目专业技术负责人) 2004 年 11 月 29 日

消声设备制作与安装（送排风系统） 分项工程质量验收记录

表 E.0.1

工程名称	×××学院××楼		结构类型	混凝土结构	检验批数	4 批
施工单位	××市××建筑有限公司		项目经理	×××	项目技术负责人	×××
分包单位	××市安装××××公司		分包单位负责人	×××	分包项目经理	×××
序号	检验批部位、区段		施工单位检查评定结果		监理（建设）单位验收结论	
1	1F		检查评定合格		合 格	
2	2F		检查评定合格		合 格	
3	3F		检查评定合格		合 格	
4	屋顶		检查评定合格		合 格	
5						
6						
7						
8						
9						
10						
11						
12						
13						
14						
15						
16						
17						
检查结论	检查评定合格 项目专业技术负责人： ××× 2004 年 07 月 11 日		验收结论		同意验收。 监理工程师 ××× （建设单位项目专业技术负责人） 2004 年 07 月 11 日	

风管与配件制作 (防排烟系统) 分项工程质量验收记录

表 E.0.1

工程名称	×××学院××楼	结构类型	混凝土结构	检验批数	4批
施工单位	××市××建筑有限公司	项目经理	×××	项目技术负责人	×××
分包单位	××市安装××××公司	分包单位负责人	×××	分包项目经理	×××

序号	检验批部位、区段	施工单位检查评定结果	监理(建设)单位验收结论
1	一层	检查评定合格	合 格
2	二层	检查评定合格	合 格
3	三层	检查评定合格	合 格
4	屋顶	检查评定合格	合 格
5			
6			
7			
8			
9			
10			
11			
12			
13			
14			
15			
16			
17			
检查结论	检查评定合格 项目专业技术负责人：　××× 2004年07月06日	验收结论	同意验收。 监理工程师　　××× (建设单位项目专业技术负责人) 2004年07月06日

风机安装 (防排烟系统) 分项工程质量验收记录

表 E.0.1

工程名称	×××学院××楼	结构类型	混凝土结构	检验批数		1 批
施工单位	××市××建筑有限公司	项目经理	×××	项目技术负责人		×××
分包单位	××市安装××××公司	分包单位负责人	×××	分包项目经理		×××
序号	检验批部位、区段		施工单位检查评定结果		监理(建设)单位验收结论	
1	屋顶		检查评定合格		合 格	
2						
3						
4						
5						
6						
7						
8						
9						
10						
11						
12						
13						
14						
15						
16						
17						
检查结论	检查评定合格 项目专业技术负责人： ××× 2004 年 08 月 04 日		验收结论		同意验收。 监理工程师 ××× (建设单位项目专业技术负责人) 2004 年 08 月 04 日	

消声设备制作与安装 (防排烟系统) 分项工程质量验收记录

表 E.0.1

工程名称	×××学院××楼	结构类型	混凝土结构	检验批数	4批
施工单位	××市××建筑有限公司	项目经理	×××	项目技术负责人	×××
分包单位	××市安装××××公司	分包单位负责人	×××	分包项目经理	×××

序号	检验批部位、区段	施工单位检查评定结果	监理(建设)单位验收结论
1	1F	检查评定合格	合格
2	2F	检查评定合格	合格
3	3F	检查评定合格	合格
4	屋顶	检查评定合格	合格
5			
6			
7			
8			
9			
10			
11			
12			
13			
14			
15			
16			
17			
检查结论	检查评定合格 项目专业技术负责人： ××× 2004 年 07 月 07 日	验收结论	同意验收。 监理工程师 ××× (建设单位项目专业技术负责人) 2004 年 07 月 07 日

风管系统安装 分项工程质量验收记录
(防排烟系统)

表 E.0.1

工程名称	×××学院××楼	结构类型	混凝土结构	检验批数	4 批
施工单位	××市××建筑有限公司	项目经理	×××	项目技术负责人	×××
分包单位	××市安装××××公司	分包单位负责人	×××	分包项目经理	×××
序号	检验批部位、区段		施工单位检查评定结果	监理(建设)单位验收结论
1	1F		检查评定合格	合 格
2	2F		检查评定合格	合 格
3	3F		检查评定合格	合 格
4	屋顶		检查评定合格	合 格
5				
6				
7				
8				
9				
10				
11				
12				
13				
14				
15				
16				
17				
检查结论	检查评定合格 项目专业技术负责人: ××× 2004 年 07 月 16 日		验收结论	同意验收。 监理工程师 ××× (建设单位项目专业技术负责人) 2004 年 07 月 16 日

系统调试 分项工程质量验收记录
（防排烟系统）

表 E.0.1

工程名称	×××学院××楼	结构类型	混凝土结构	检验批数	4批
施工单位	××市××建筑有限公司	项目经理	×××	项目技术负责人	×××
分包单位	××市安装××××公司	分包单位负责人	×××	分包项目经理	×××

序号	检验批部位、区段	施工单位检查评定结果	监理(建设)单位验收结论
1	1F	检查评定合格	合格
2	2F	检查评定合格	合格
3	3F	检查评定合格	合格
4	屋顶	检查评定合格	合格
5			
6			
7			
8			
9			
10			
11			
12			
13			
14			
15			
16			
17			
检查结论	检查评定合格 项目专业技术负责人： ××× 2004 年 11 月 29 日	验收结论	同意验收。 监理工程师 ××× (建设单位项目专业技术负责人) 2004 年 11 月 29 日

风管系统安装 (空调风系统) 分项工程质量验收记录

表 E.0.1

工程名称	×××学院××楼	结构类型	混凝土结构	检验批数	3批
施工单位	××市××建筑有限公司	项目经理	×××	项目技术负责人	×××
分包单位	××市安装××××公司	分包单位负责人	×××	分包项目经理	×××

序号	检验批部位、区段	施工单位检查评定结果	监理(建设)单位验收结论
1	1F	检查评定合格	合 格
2	2F	检查评定合格	合 格
3	3F	检查评定合格	合 格
4			
5			
6			
7			
8			
9			
10			
11			
12			
13			
14			
15			
16			
17			
检查结论	检查评定合格 项目专业技术负责人： ××× 2004 年 07 月 09 日	验收结论	同意验收。 监理工程师 ××× (建设单位项目专业技术负责人) 2004 年 07 月 09 日

系统调试 (空调风系统) 分项工程质量验收记录

表 E.0.1

工程名称	×××学院××楼	结构类型	混凝土结构	检验批数	3批
施工单位	××市××建筑有限公司	项目经理	×××	项目技术负责人	×××
分包单位	××市安装××××公司	分包单位负责人	×××	分包项目经理	×××

序号	检验批部位、区段	施工单位检查评定结果	监理(建设)单位验收结论
1	1F	检查评定合格	合 格
2	2F	检查评定合格	合 格
3	3F	检查评定合格	合 格
4			
5			
6			
7			
8			
9			
10			
11			
12			
13			
14			
15			
16			
17			
检查结论	检查评定合格 项目专业技术负责人：　××× 2004 年 11 月 29 日	验收结论	同意验收。 监理工程师　　××× (建设单位项目专业技术负责人) 2004 年 11 月 29 日

— 271 —

风管与配件制作（空调风系统）分项工程质量验收记录

表 E.0.1

工程名称	×××学院××楼		结构类型	混凝土结构	检验批数	3批
施工单位	××市××建筑有限公司		项目经理	×××	项目技术负责人	×××
分包单位	××市安装××××公司		分包单位负责人	×××	分包项目经理	×××
序号	检验批部位、区段		施工单位检查评定结果		监理(建设)单位验收结论	
1	1F(非金属风管)		检查评定合格		合格	
2	2F(非金属风管)		检查评定合格		合格	
3	3F(非金属风管)		检查评定合格		合格	
4						
5						
6						
7						
8						
9						
10						
11						
12						
13						
14						
15						
16						
17						
检查结论	检查评定合格 项目专业技术负责人: 2004 年 07 月 11 日		验收结论		同意验收。 监理工程师 ××× (建设单位项目 专业技术负责人) 2004 年 07 月 11 日	

消声设备制作与安装（空调风系统）分项工程质量验收记录

工程名称	×××学院××楼	结构类型	混凝土结构	检验批数	3 批
施工单位	××市××建筑有限公司	项目经理	×××	项目技术负责人	×××
分包单位	××市安装××××公司	分包单位负责人	×××	分包项目经理	×××

序号	检验批部位、区段	施工单位检查评定结果	监理（建设）单位验收结论
1	1F	检查评定合格	合　格
2	2F	检查评定合格	合　格
3	3F	检查评定合格	合　格
4			
5			
6			
7			
8			
9			
10			
11			
12			
13			
14			
15			
16			
17			
检查结论	检查评定合格 项目专业技术负责人：　××× 2004 年 07 月 07 日	验收结论	同意验收。 监理工程师　　××× （建设单位项目专业技术负责人） 2004 年 07 月 07 日

系统调试
（空调水系统）分项工程质量验收记录

表 E.0.1

工程名称	×××学院××楼		结构类型	混凝土结构	检验批数	4 批
施工单位	××市××建筑有限公司		项目经理	×××	项目技术负责人	×××
分包单位	××市安装××××公司		分包单位负责人	×××	分包项目经理	×××
序号	检验批部位、区段		施工单位检查评定结果		监理（建设）单位验收结论	
1	1F		检查评定合格		合 格	
2	2F		检查评定合格		合 格	
3	3F		检查评定合格		合 格	
4	屋顶		检查评定合格		合 格	
5						
6						
7						
8						
9						
10						
11						
12						
13						
14						
15						
16						
17						
检查结论	检查评定合格 项目专业技术负责人： ××× 2004 年 11 月 06 日		验收结论		同意验收。 监理工程师 ××× （建设单位项目 专业技术负责人） 2004 年 11 月 06 日	

管道冷热(媒)水系统安装 (空调水系统) 分项工程质量验收记录

表 E.0.1

工程名称	×××学院××楼	结构类型	混凝土结构	检验批数	4批
施工单位	××市××建筑有限公司	项目经理	×××	项目技术负责人	×××
分包单位	××市安装××××公司	分包单位负责人	×××	分包项目经理	×××

序号	检验批部位、区段	施工单位检查评定结果	监理(建设)单位验收结论
1	1F	检查评定合格	合　格
2	2F	检查评定合格	合　格
3	3F	检查评定合格	合　格
4	4F	检查评定合格	合　格
5			
6			
7			
8			
9			
10			
11			
12			
13			
14			
15			
16			
17			
检查结论	检查评定合格 项目专业技术负责人：　××× 2004 年 10 月 15 日	验收结论	同意验收。 监理工程师　××× (建设单位项目专业技术负责人) 2004 年 10 月 15 日

水泵及附属设备安装（空调水系统）分项工程质量验收记录

表 E.0.1

工程名称	×××学院××楼	结构类型	混凝土结构	检验批数	4 批
施工单位	××市××建筑有限公司	项目经理	×××	项目技术负责人	×××
分包单位	××市安装××××公司	分包单位负责人	×××	分包项目经理	×××

序号	检验批部位、区段	施工单位检查评定结果	监理（建设）单位验收结论
1	1F	检查评定合格	合 格
2	2F	检查评定合格	合 格
3	3F	检查评定合格	合 格
4	4F	检查评定合格	合 格
5			
6			
7			
8			
9			
10			
11			
12			
13			
14			
15			
16			
17			
检查结论	检查评定合格 项目专业技术负责人： 2004 年 10 月 15 日	验收结论	同意验收。 监理工程师　××× （建设单位项目专业技术负责人） 2004 年 10 月 15 日

电梯分部(子分部)工程所含分项工程

电梯安装工程设备进场质量验收记录表

GB50310—2002

090101   1
090201

单位(子单位)工程名称			××××学院××楼		
分部(子分部)工程名称			电梯(电力驱动的曳引式或强制式电梯安装工程)	验收部位	#1梯
施工单位			××市××建筑有限公司	项目经理	×××
分包单位			××市安装××××公司	分包项目经理	×××
施工执行标准名称及编号			电梯安装工程操作规程××—××—××		

施工质量验收规范规定				施工单位检查评定记录		监理(建设)单位验收记录
主控项目	1	随机文件必须包括	(1) 土建布置图	第4.1.1条 第5.1.1条	符合要求	符合要求
			(2) 产品出厂合格证		符合要求	
			(3) 门锁装置、退速器、安全钳及缓冲器的型式试验证收复印件		符合要求	
一般项目	1	随机文件还应包括	(1) 装箱单	第4.1.2条 第5.1.2条	符合要求	符合要求
			(2) 产品出厂合格证		符合要求	
			(3) 门锁装置、退速器、安全钳及缓冲器的型式试验证收复印件		符合要求	
			(4) 液压系统原理图		符合要求	
	2	设备零部件与装箱单		内容相符	符合要求	
	3	设备外观		无明显损坏	符合要求	

施工单位检查评定结果	专业工长(施工员)	×××	施工班组长	×××
	检查评定合格			
	项目专业质量检查员: ×××			2005 年 10 月 28 日

监理(建设)单位验收结论	合格	
	专业监理工程师: (建设单位项目专业技术负责人) ×××	2005 年 10 月 28 日

电梯安装土建交接质量验收记录表

GB50310—2002

单位(子单位)工程名称			××××学院××楼		
分部(子分部)工程名称		电梯(电力驱动的曳引式或强制式电梯安装工程)	验收部位		＃1梯
施工单位		××市××建筑有限公司	项目经理		×××
分包单位		××市安装××××公司	分包项目经理		×××
施工执行标准名称及编号		电梯安装工程操作规程××—××—××			

施工质量验收规范规定				施工单位检查评定记录	监理(建设)单位验收记录
主控项目	1	机房内部、井道土建(钢架)结构布置	必须符合电梯土建布置图要求	符合要求	符合要求
	2	主电源开关	第4.2.2条	符合要求	
	3	井道	第4.2.3条	符合要求	
一般项目	1	机房还应符合的规定	第4.2.4条	符合要求	符合要求
	2	井道还应符合的规定	第4.2.5条	符合要求	

施工单位检查评定结果	专业工长(施工员)	×××	施工班组长	×××
	检查评定合格			
	项目专业质量检查员： ×××			2005 年 11 月 02 日
监理(建设)单位验收结论	合格			
	专业监理工程师： (建设单位项目专业技术负责人) ×××			2005 年 11 月 02 日

电梯驱动主机安装工程质量验收记录表
（曳引式或强制式）

GB50310—2002

单位(子单位)工程名称			××××学院××楼		
分部(子分部)工程名称			电梯(电力驱动的曳引式或强制式电梯安装工程)	验收部位	#1梯
施工单位			××市××建筑有限公司	项目经理	×××
分包单位			××市安装××××公司	分包项目经理	×××
施工执行标准名称及编号			电梯安装工程操作规程××—××—××		

施工质量验收规范规定				施工单位检查评定记录	监理(建设)单位验收记录
主控项目	1	驱动主机安装	第4.3.1条	符合要求	符合要求
一般项目	1	主机承重埋设	第4.3.2条	符合要求	符合要求
	2	制动器动作、制动间隙	第4.3.3条	符合要求	
	3	驱动主机及其底座与梁安装	产品设计要求	符合要求	
	4	驱动主机减速箱内油量	应在限定范围	符合要求	
	5	机房内钢丝绳与楼板孔洞间隙	第4.3.6条	符合要求	

施工单位检查评定结果	专业工长(施工员)	×××	施工班组长	×××
	检查评定合格			
	项目专业质量检查员： ×××			2005年11月10日

监理(建设)单位验收结论	合格	
	专业监理工程师： ×××	2005年11月10日
	(建设单位项目专业技术负责人)	

电梯导轨安装工程质量验收记录表

GB50310—2002

单位(子单位)工程名称			××××学院××楼										
分部(子分部)工程名称			电梯(电力驱动的曳引式或强制式电梯安装工程)					验收部位		#1梯			
施工单位			××市安装××××公司					项目经理		×××			
分包单位			××市××电梯公司					分包项目经理		×××			
施工执行标准名称及编号			电梯安装工程操作规程××—××—××										

			施工质量验收规范规定		施工单位检查评定记录									监理(建设)单位验收记录
主控项目	1	导轨安装位置	设计要求		符合设计要求									符合要求
一般项目	1	两列导轨顶面间的距离偏差	轿厢导轨(mm)0—+2		1	②	1	1	0	1	②	1	0	1	符合要求
			对重导轨(mm)0—+3		2	1	③	0	1	1	2	1	0	1	
	2	导轨支架安装	第4.4.3条												
	3	每列导轨工作面与安装基准线每5米偏差值	轿厢导轨和设有安全钳的对重导轨≤0.6mm		0	0.5	0	0.5	0	0.3	0.4	0.4	0	0.5	
			不设安全钳的对重导轨≤1.0mm		0.5	0.6	0.1	0.7	0.5	0.6	0.4	0.7	①	0.5	
	4	轿厢导轨和设有安全钳的对重导轨工作面接头	第4.4.5条												
	5	不设安全钳对重导轨接头	接头缝隙(mm)≤1.0mm		0.5	0.7	0.5	0.8	0.4	0.6	①	△1.2	0.5	①	
			接头台阶(mm)≤0.15mm		0.1	0.1	0.1	⓪.15	0.1	0.1	0.1	0.1	0.1	0.1	

施工单位检查评定结果	专业工长(施工员)	×××	施工班组长	×××
	检查评定合格			
	项目专业质量检查员：　　　×××			2005年11月13日

监理(建设)单位验收结论	合格	
	专业监理工程师： (建设单位项目专业技术负责人)　　　×××	2005年11月13日

电力液压电梯门系统安装工程质量验收记录表

GB50310—2002

单位(子单位)工程名称	××××学院××楼		
分部(子分部)工程名称	电梯(电力驱动的曳引式或强制式电梯安装工程)	验收部位	＃1梯
施工单位	××市××建筑有限公司	项目经理	×××
分包单位	××市安装××××公司	分包项目经理	×××
施工执行标准名称及编号	电梯安装工程操作规程××—××—××		

		施工质量验收规范规定		施工单位检查评定记录									监理(建设)单位验收记录
主控项目	1	层门地坎至桥厢地坎间距离偏差	第4.5.1条	符合要求									符合要求
	2	层门强迫关门装置	必须动作正常	符合要求									
	3	水平滑动门关门开始1/3行程之后,阻止关门的力	≤150N	130	135	130	140						
	4	层门锁钩动作要求	第4.5.4条										
一般项目	1	门刀与层门地坎、门锁滚轮与轿厢地坎间隙	≥5mm	6	6	7	8						符合要求
	2	层门地坎水平度	≯2/1000	2	1.5	2	1						
		层门地坎应高出装修地面	2～5mm	3	4	2	⑤						
	3	层门指标灯、盒及各显示安装	第4.5.7条	符合要求									
	4	门扇及其与周边间隙	第4.5.8条	符合要求									

	专业工长(施工员)	×××	施工班组长	×××
施工单位检查评定结果	检查评定合格			
	项目专业质量检查员:　　　　×××　　　　　　　2005 年 11 月 15 日			
监理(建设)单位验收结论	合格			
	专业监理工程师:　　　　　　×××　　　　　　　2005 年 11 月 15 日 (建设单位项目专业技术负责人)			

电梯轿厢及对重安装工程质量验收记录表

GB50310—2002

单位(子单位)工程名称			××××学院××楼		
分部(子分部)工程名称		电梯(电力驱动的曳引式或强制式电梯安装工程)		验收部位	#1梯
施工单位		××市××建筑有限公司		项目经理	×××
分包单位		××市安装××××公司		分包项目经理	×××
施工执行标准名称及编号		电梯安装工程操作规程××—××—××			

		施工质量验收规范规定		施工单位检查评定记录	监理(建设)单位验收记录
主控项目	1	玻璃轿壁扶手的设置	第4.6.1条	符合要求	符合要求
一般项目	1	反绳轮应设防护装置	第4.6.2条	符合要求	符合要求
	2	轿顶防护及警示规定	第4.6.3条	符合要求	
	3	反绳轮和档绳装置	第4.7.1条	符合要求	
	4	对生(平衡重)块安装	第4.7.2条	符合要求	

施工单位检查评定结果	专业工长(施工员)	×××	施工班组长	×××
	检查评定合格			
	项目专业质量检查员：　　　×××　　　　　　　　2005年11月20日			
监理(建设)单位验收结论	合格			
	专业监理工程师： (建设单位项目专业技术负责人)　　×××　　　　　　2005年11月20日			

电梯安全部件安装工程质量验收记录表

GB50310—2002

单位(子单位)工程名称			××××学院××楼		
分部(子分部)工程名称		电梯(电力驱动的曳引式或强制式电梯安装工程)		验收部位	#1梯
施工单位		××市××建筑有限公司		项目经理	×××
分包单位		××市安装××××公司		分包项目经理	×××
施工执行标准名称及编号		电梯安装工程操作规程××—××—××			

		施工质量验收规范规定		施工单位检查评定记录	监理(建设)单位验收记录
主控项目	1	限速器动作速度封记	第4.8.1条	符合要求	符合要求
	2	安全钳可调节封记	第4.8.2条	符合要求	
一般项目	1	限速器张紧装置安装位置	第4.8.3条	符合要求	符合要求
	2	安全钳与导轨间隙	设计要求	符合要求	
	3	缓冲器撞板中心与缓冲器中心相关距离及偏差	第4.8.5条	符合要求	
	4	液压缓冲器垂直度及充液量	第4.8.6条	符合要求	

施工单位检查评定结果	专业工长(施工员)	×××	施工班组长	×××
	检查评定合格			
	项目专业质量检查员: ×××			2005年11月22日
监理(建设)单位验收结论	合格			
	专业监理工程师: ××× (建设单位项目专业技术负责人)			2005年11月22日

电梯悬挂装置、随行电缆、补偿装置安装工程质量验收记录表

GB50310—2002

单位(子单位)工程名称			××××学院××楼		
分部(子分部)工程名称			电梯(电力驱动的曳引式或强制式电梯安装工程)	验收部位	#1梯
施工单位			××市××建筑有限公司	项目经理	×××
分包单位			××市安装××××公司	分包项目经理	×××
施工执行标准名称及编号			电梯安装工程操作规程××—××—××		

施工质量验收规范规定				施工单位检查评定记录	监理(建设)单位验收记录
主控项目	1	绳头组合	第4.9.1条 第5.9.1条	符合要求	符合要求
	2	钢丝绳严禁有死弯	第4.9.2条 第5.9.2条	符合要求	
	3	轿厢悬挂的二根绳(链)发生异常相对伸长时,电气安全开关动作可靠	第4.9.3条 第5.9.4条	符合要求	
一般项目	4	随行电缆严禁打结和波浪扭曲	第4.9.4条 第5.9.4条	符合要求	符合要求
	1	每根钢丝绳张力与平均值偏差不大于5%	第4.9.5条 第5.9.5条	符合要求	
	2	随行电缆的安装规定	第4.9.6条 第5.9.6条	符合要求	
	3	补偿绳、链、缆等补偿装置的端部应固定可靠	第4.9.7条	符合要求	
	4	张紧轮、补偿绳张紧的电气安全开关动作可靠,张紧轮应安防护装置	第4.9.8条	—	

施工单位检查评定结果	专业工长(施工员)		×××	施工班组长	×××
	检查评定合格				
	项目专业质量检查员:		×××		2005年11月18日

监理(建设)单位验收结论	合格	
	专业监理工程师: (建设单位项目专业技术负责人)	××× 　　2005年11月18日

— 284 —

电梯电气装置安装工程质量验收记录表

GB50310—2002

单位(子单位)工程名称		××××学院××楼			
分部(子分部)工程名称		电梯(电力驱动的曳引式或强制式电梯安装工程)	验收部位		#1梯
施工单位		××市××建筑有限公司	项目经理		×××
分包单位		××市安装××××公司	分包项目经理		×××
施工执行标准名称及编号		电梯安装工程操作规程××—××—××			
施工质量验收规范规定				施工单位检查评定记录	监理(建设)单位验收记录
主控项目	1	电气设备接地	第4.10.1条	符合要求	符合要求
	2	导体之间、导体对地之间绝缘电阻	第4.10.2条	符合要求	
一般项目	1	主电源开关不应切断的电路	第4.10.3条	符合要求	符合要求
	2	机房和井道内配线	第4.10.4条	符合要求	
	3	导管、线槽敷设	第4.10.5条	符合要求	
	4	接地支线色标	应采用黄绿相间的绝缘导线	符合要求	
	5	控制柜(屏)的安装位置	设计要求	符合要求	

施工单位检查评定结果	专业工长(施工员)	×××	施工班组长	×××
	检查评定合格			
	项目专业质量检查员: ×××　　　　　　　　2005年11月15日			

监理(建设)单位验收结论	合格
	专业监理工程师: (建设单位项目专业技术负责人) ×××　　　　　　2005年11月15日

电梯整机安装工程质量验收记录表

GB50310—2002

单位(子单位)工程名称			××××学院××楼		
分部(子分部)工程名称			电梯(电力驱动的曳引式或强制式电梯安装工程)	验收部位	♯1梯
施工单位			××市××建筑有限公司	项目经理	×××
分包单位			××市安装××××公司	分包项目经理	×××
施工执行标准名称及编号			电梯安装工程操作规程××—××—××		

		施工质量验收规范规定		施工单位检查评定记录	监理(建设)单位验收记录
主控项目	1	安全保护验收	第4.11.1条	符合要求	符合要求
	2	限速器安全钳联动试验	第4.11.2条	符合要求	
	3	层门与轿门试验	第4.11.3条	符合要求	
	4	曳引式电梯曳引能力试验	第4.11.4条	符合要求	
一般项目	1	曳引式电梯平衡系数	0.4～0.5		符合要求
	2	试运行试验	第4.11.6条	符合要求	
	3	噪声检验	第4.11.7条	符合要求	
	4	平层准确度检验	第4.11.8条	符合要求	
	5	运行速度检验	第4.11.9条	符合要求	
	6	观感检查	第4.11.10条	好	

施工单位检查评定结果	专业工长(施工员)	×××	施工班组长	×××
	检查评定合格			
	项目专业质量检查员：　　　　　　×××			2005年11月28日

监理(建设)单位验收结论	合格
	专业监理工程师： (建设单位项目专业技术负责人)　　××× 　　　　　　　　2005年11月28日

液压电梯安装工程子分部工程所含分项工程,本项目未含此分部工程。

— 286 —

自动扶梯、自动人行道设备进场质量验收记录表

GB50310—2002

单位(子单位)工程名称	××××学院××楼		
分部(子分部)工程名称	电梯(自动扶梯、自动人行道安装工程)	验收部位	#1自动扶梯
施工单位	××市安装××××公司	项目经理	×××
分包单位	××市××电梯公司	分包项目经理	×××
施工执行标准名称及编号	电梯安装工程操作规程××—××—××		

施工质量验收规范规定			施工单位检查评定记录	监理(建设)单位验收记录
主控项目	必须提供的资料	技术资料	梯级或踏板的型式试验报告复印件;或胶带的断裂强度证明文件复印件	符合要求
			符合要求	符合要求
			对公共交通型自动扶梯、自动人行道应有扶手带的断裂强度证书复印件	符合要求
		随机文件	土建布置图	符合要求
			产品出厂合格证	符合要求	符合要求
一般项目	1	随机文件还应提供	装箱单	符合要求
			安装、使用维护说明书	符合要求	符合要求
			动力及安全电路的电气原理图	符合要求
	2	设备零部件	应与装箱单内容相符	符合要求
	3	设备外观	不存在明显损坏	符合要求	符合要求

施工单位检查评定结果	专业工长(施工员)	×××	施工班组长	×××
	检查评定合格			
	项目专业质量检查员： ××× 2005 年 11 月 10 日			
监理(建设)单位验收结论	合格			
	专业监理工程师： ××× 2005 年 11 月 10 日 (建设单位项目专业技术负责人)			

自动扶梯、自动人行道土建交接检验质量验收记录表

GB50310—2002

单位(子单位)工程名称		××××学院××楼		
分部(子分部)工程名称		电梯(自动扶梯、自动人行道安装工程)	验收部位	#1自动扶梯
施工单位		××市安装××××公司	项目经理	×××
分包单位		××市××电梯公司	分包项目经理	×××
施工执行标准名称及编号		电梯安装工程操作规程××—××—××		

		施工质量验收规范规定		施工单位检查评定记录		监理(建设)单位验收记录
主控项目	1	梯级、踏板或胶带上空垂直净高	≮2.3m	2.5	2.8	符合要求
	2	安装前井道周围的栏杆或屏隙高度	≮1.2m	1.5	1.6	
一般项目	1	土建主要尺寸允许偏差	提升高度(mm)	第6.2.3条	符合要求	符合要求
			跨度(mm)		符合要求	
	2	设备进场	通道和搬运空间	符合要求		
	3	安装前土建单位提供	水准基准线标识	符合要求		
	4	电源零件与接地线应分开，接地装置电阻	≯4Ω	3		

施工单位检查评定结果	专业工长(施工员)	×××	施工班组长	×××
	检查评定合格			
	项目专业质量检查员：　　　　×××　　　　2005 年 11 月 06 日			

监理(建设)单位验收结论	合格
	专业监理工程师： (建设单位项目专业技术负责人)　　　×××　　　2005 年 11 月 06 日

— 288 —

自动扶梯、自动人行道整机安装质量验收记录表

GB50310—2002

单位(子单位)工程名称			××××学院××楼		
分部(子分部)工程名称			电梯(自动扶梯、自动人行道安装工程)	验收部位	＃1自动扶梯
施工单位			××市安装××××公司	项目经理	×××
分包单位			××市××电梯公司	分包项目经理	×××
施工执行标准名称及编号			电梯安装工程操作规程××—××—××		

施工质量验收规范规定				施工单位检查评定记录	监理(建设)单位验收记录
主控项目	1	自动停止运行规定	第6.3.1条	符合要求	符合要求
	2	不同回路导线对地绝缘电阻测量	第6.3.2条	符合要求	
	3	电器设备接地	第4.10.1条	符合要求	
一般项目	1	整机安装检查	第6.3.4条	符合要求	符合要求
	2	性能试验	第6.3.5条	符合要求	
	3	制动试验	第6.3.6条	符合要求	
	4	电气装置	第6.3.7条	符合要求	
	5	观感检查	第6.3.8条	符合要求	

施工单位检查评定结果	专业工长(施工员)	×××	施工班组长	×××
	检查评定合格			
	项目专业质量检查员：　　　　×××　　　　　　　　　2005年11月30日			

监理(建设)单位验收结论	合格
	专业监理工程师： (建设单位项目专业技术负责人)　　　×××　　　　　　2005年11月30日

检验批质量验收记录

建筑给水、排水及采暖分部(子分部)分项工程所含检验批质量验收记录

室内给水管道及配件安装工程检验批质量验收记录表

GB50242—2002

050101   1

单位(子单位)工程名称					××××学院××楼											
分部(子分部)工程名称					建筑给水排水及采暖(室内给水系统)					验收部位					1F	
施工单位					××市××建筑有限公司					项目经理					×××	
分包单位					××市安装××××公司					分包项目经理					×××	
施工执行标准名称及编号					给水管道安装工艺××—××—××											

		××安装公司				施工单位检查评定记录									监理(建设)单位验收记录	
主控项目	1	给水管道 水压试验			设计要求	符合要求									符合要求	
	2	给水系统 通水试验			第4.2.2条	符合要求										
	3	生活给水系统管 冲洗和消毒			第4.2.3条	符合要求										
	4	直埋金属给水管道 防腐			第4.2.4条	—										
一般项目	1	给排水管铺设的平行、垂直净距			第4.2.5条	符合要求									符合要求	
	2	金属给水管道及管件焊接			第4.2.6条	符合要求										
	3	给水水平管道 坡度坡向			第4.2.7条	符合要求										
	4	管道、支、吊架			第4.2.9条	符合要求										
	5	水表安装			第4.2.10条	—										
	6	水平管道纵、横方向弯曲允许偏差	钢管	每米	1mm	0.5	①	0	0.5	①	0	0	0.5	0.4	0	
				全长25m以上	≯25mm											
			塑料管复合管	每米	1.5mm											
				全长25m以上	≯25mm											
			铸铁管	每米	2mm											
				全长25m以上	≯25mm											
		立管垂直度允许偏差	钢管	每米	3mm	1	0	1.5	2	0.5	0	2.5	3	④	1	
				5m以上	≯8mm											
			塑料管复合管	每米	2mm											
				5m以上	≯8mm											
			铸铁管	每米	3mm											
				5m以上	≯10mm											
		成排管段和成排阀门		在同一平面上间距	3mm											

施工单位检查评定结果	专业工长(施工员)		×××	施工班组长	×××
	检查评定合格				
	项目专业质量检查员： ××× 2005年11月16日				
监理(建设)单位验收结论	合格				
	专业监理工程师： ××× 2005年11月16日 (建设单位项目专业技术负责人)				

室内给水管道及配件安装工程检验批质量验收记录表

GB50242—2002

单位(子单位)工程名称	××××学院××楼		
分部(子分部)工程名称	建筑给水排水及采暖(室内给水系统)	验收部位	2F
施工单位	××市××建筑有限公司	项目经理	×××
分包单位	××市安装××××公司	分包项目经理	×××
施工执行标准名称及编号	给水管道安装工艺××—××—××		

		××安装公司			施工单位检查评定记录	监理(建设)单位验收记录
主控项目	1	给水管道　水压试验		设计要求	符合要求	符合要求
	2	给水系统　通水试验		第4.2.2条	符合要求	
	3	生活给水系统管　冲洗和消毒		第4.2.3条	符合要求	
	4	直埋金属给水管道　防腐		第4.2.4条	—	
一般项目	1	给排水管铺设的平行、垂直净距		第4.2.5条	符合要求	符合要求
	2	金属给水管道及管件焊接		第4.2.6条	符合要求	
	3	给水水平管道　坡度坡向		第4.2.7条	符合要求	
	4	管道、支、吊架		第4.2.9条	符合要求	
	5	水表安装		第4.2.10条	—	
	6	水平管道纵、横方向弯曲允许偏差	钢管	每米　1mm	0　①　0　0.5　0.5　△2　0　0　0.6　0.5	
				全长25m以上　≯25mm		
			塑料管复合管	每米　1.5mm		
				全长25m以上　≯25mm		
			铸铁管	每米　2mm		
				全长25m以上　≯25mm		
		立管垂直度允许偏差	钢管	每米　3mm	3　0　1　2　0　1.5　1　2.5　△3.5　0	
				5m以上　≯8mm		
			塑料管复合管	每米　2mm		
				5m以上　≯8mm		
			铸铁管	每米　3mm		
				5m以上　≯10mm		
		成排管段和成排阀门	在同一平面上间距	3mm		

施工单位检查评定结果	专业工长(施工员)	×××	施工班组长	×××
	检查评定合格			
	项目专业质量检查员：　　　×××　　　　2004年10月16日			

监理(建设)单位验收结论	合格
	专业监理工程师：　　　　×××　　　　2004年10月16日
	(建设单位项目专业技术负责人)

室内给水管道及配件安装工程检验批质量验收记录表

GB50242—2002

单位(子单位)工程名称	××××学院××楼		
分部(子分部)工程名称	建筑给水排水及采暖(室内给水系统)	验收部位	3F
施工单位	××市××建筑有限公司	项目经理	×××
分包单位	××市安装××××公司	分包项目经理	×××
施工执行标准名称及编号	给水管道安装工艺××—××—××		

		××安装公司			施工单位检查评定记录										监理(建设)单位验收记录
主控项目	1	给水管道 水压试验		设计要求	符合要求										符合要求
	2	给水系统 通水试验		第4.2.2条	符合要求										
	3	生活给水系统管 冲洗和消毒		第4.2.3条	符合要求										
	4	直埋金属给水管道 防腐		第4.2.4条	—										
一般项目	1	给排水管铺设的平行、垂直净距		第4.2.5条	符合要求										符合要求
	2	金属给水管道及管件焊接		第4.2.6条	符合要求										
	3	给水水平管道 坡度坡向		第4.2.7条	符合要求										
	4	管道、支、吊架		第4.2.9条	符合要求										
	5	水表安装		第4.2.10条	—										
	6	水平管道纵、横方向弯曲允许偏差	钢管	每米 1mm	0	0	①	0.5	0.4	0	0	①	0.5	0.5	
				全长25m以上 ≯25mm											
			塑料管复合管	每米 1.5mm											
				全长25m以上 ≯25mm											
			铸铁管	每米 2mm											
				全长25m以上 ≯25mm											
		立管重直度允许偏差	钢管	每米 3mm	1	0	0	1.5	0.5	0	△3.5	2	2.5	2	
				5m以上 ≯8mm											
			塑料管复合管	每米 2mm											
				5m以上 ≯8mm											
			铸铁管	每米 3mm											
				5m以上 ≯10mm											
		成排管段和成排阀门	在同一平面上间距	3mm											

施工单位检查评定结果	专业工长(施工员)	×××	施工班组长	×××
	检查评定合格			
	项目专业质量检查员: ×××			2004 年 10 月 16 日

监理(建设)单位验收结论	合格	
	专业监理工程师: (建设单位项目专业技术负责人) ×××	2004 年 10 月 16 日

室内给水管道及配件安装工程检验批质量验收记录表

GB50242—2002

050101   4

单位(子单位)工程名称	××××学院××楼		
分部(子分部)工程名称	建筑给水排水及采暖(室内给水系统)	验收部位	4F
施工单位	××市××建筑有限公司	项目经理	×××
分包单位	××市安装××××公司	分包项目经理	×××
施工执行标准名称及编号	给水管道安装工艺××—××—××		

		××安装公司			施工单位检查评定记录	监理(建设)单位验收记录
主控项目	1	给水管道　水压试验		设计要求	符合要求	符合要求
	2	给水系统　通水试验		第4.2.2条	符合要求	
	3	生活给水系统管　冲洗和消毒		第4.2.3条	符合要求	
	4	直埋金属给水管道　防腐		第4.2.4条	—	
一般项目	1	给排水管铺设的平行、垂直净距		第4.2.5条	符合要求	符合要求
	2	金属给水管道及管件焊接		第4.2.6条	符合要求	
	3	给水水平管道　坡度坡向		第4.2.7条	符合要求	
	4	管道、支、吊架		第4.2.9条	符合要求	
	5	水表安装		第4.2.10条	—	
	6	水平管道纵、横方向弯曲允许偏差	钢管	每米	1mm	① 0 0.5 0.5 0.5 0 0.6 0 0.5 △1.5
				全长25m以上	≮25mm	
			塑料管复合管	每米	1.5mm	
				全长25m以上	≮25mm	
			铸铁管	每米	2mm	
				全长25m以上	≮25mm	
		立管垂直度允许偏差	钢管	每米	3mm	1 0 1.5 2 0.5 1 2 1.5 △4 0
				5m以上	≮8mm	
			塑料管复合管	每米	2mm	
				5m以上	≮8mm	
			铸铁管	每米	3mm	
				5m以上	≮10mm	
		成排管段和成排阀门		在同一平面上间距	3mm	

施工单位检查评定结果	专业工长(施工员)	×××	施工班组长	×××
	检查评定合格			
	项目专业质量检查员：　　　　×××　　　　　　　2004年10月16日			

监理(建设)单位验收结论	合格
	专业监理工程师： (建设单位项目专业技术负责人)　　×××　　　　2004年10月16日

— 293 —

室内消火栓系统安装检验批质量验收记录表

GB50242—2002

050102   1

单位(子单位)工程名称	××××学院××楼		
分部(子分部)工程名称	建筑给水排水及采暖(室内给水系统)	验收部位	1F
施工单位	××市××建筑有限公司	项目经理	×××
分包单位	××市安装××××公司	分包项目经理	×××
施工执行标准名称及编号	沟槽式连接管道安装工艺××—××—××		

		施工质量验收规范规定		施工单位检查评定记录							监理(建设)单位验收记录
主控项目	1	室内消火栓试射试验	设计要求	符合要求							符合要求
一般项目	1	室内消火栓水龙带在箱内安放	第4.3.2条	符合要求							符合要求
		栓口朝外,并不应安装在门轴侧	第4.3.3-1	符合要求							
	2	栓口中心距地面1.1m允许偏差	±20mm	△2.5	10	−5	15	18			
		阀门中心距箱侧面允许偏差 140mm 距箱后内表面 100mm 允许偏差	±5mm	4	2	0	−1	⑤			
		消火栓箱体安装的垂直度允许偏差	3mm	2	2	1	③	2			

施工单位检查评定结果	专业工长(施工员)	×××	施工班组长	×××
	检查评定合格			
	项目专业质量检查员: ×××		2004年10月16日	
监理(建设)单位验收结论	合格			
	监理工程师: (建设单位项目专业技术负责人) ×××		2004年10月16日	

— 294 —

室内消火栓系统安装检验批质量验收记录表

GB50242—2002

单位(子单位)工程名称		××××学院××楼		
分部(子分部)工程名称		建筑给水排水及采暖(室内给水系统)	验收部位	2F
施工单位		××市××建筑有限公司	项目经理	×××
分包单位		××市安装××××公司	分包项目经理	×××
施工执行标准名称及编号		沟槽式连接管道安装工艺××—××—××		

		施工质量验收规范规定		施工单位检查评定记录					监理(建设)单位验收记录
主控项目	1	室内消火栓试射试验	设计要求	符合要求					符合要求
一般项目	1	室内消火栓水龙带在箱内安放	第4.3.2条	符合要求					符合要求
		栓口朝外,并不应安装在门轴侧	第4.3.3-1	符合要求					
	2	栓口中心距地面1.1m允许偏差	±20mm	10	0	—10	15	⑳	
		阀门中心距箱侧面允许偏差 140mm 距箱后内表面 100mm 允许偏差	±5mm	3	△-6	0	1	2	
		消火栓箱体安装的 垂直度允许偏差	3mm	2	1	0	③	0	

施工单位检查评定结果	专业工长(施工员)	×××	施工班组长	×××
	检查评定合格			
	项目专业质量检查员:　×××　　　　　2004年10月16日			

监理(建设)单位验收结论	合格		
	监理工程师:　×××　　　　　2004年10月16日 (建设单位项目专业技术负责人)		

室内消火栓系统安装检验批质量验收记录表

GB50242—2002

单位(子单位)工程名称	××××学院××楼		
分部(子分部)工程名称	建筑给水排水及采暖(室内给水系统)	验收部位	3F
施工单位	××市××建筑有限公司	项目经理	×××
分包单位	××市安装××××公司	分包项目经理	×××
施工执行标准名称及编号	沟槽式连接管道安装工艺××—××—××		

		施工质量验收规范规定		施工单位检查评定记录							监理(建设)单位验收记录
主控项目	1	室内消火栓试射试验	设计要求	符合要求							符合要求
一般项目	1	室内消火栓水龙带在箱内安放	第4.3.2条	符合要求							符合要求
		栓口朝外,并不应安装在门轴侧	第4.3.3-1	符合要求							
	2	栓口中心距地面1.1m允许偏差	±20mm	5	−5	⚠23	0	15			
		阀门中心距箱侧面允许偏差140mm 距箱后内表面100mm 允许偏差	±5mm	−4	0	3	⑤	3			
		消火栓箱体安装的垂直度允许偏差	3mm	2	0	2	1	1			

施工单位检查评定结果	专业工长(施工员)	×××	施工班组长	×××
	检查评定合格			
	项目专业质量检查员: ×××			2004年10月16日
监理(建设)单位验收结论	合格			
	监理工程师: (建设单位项目专业技术负责人) ×××			2004年10月16日

室内消火栓系统安装检验批质量验收记录表

GB50242—2002

单位(子单位)工程名称			××××学院××楼								
分部(子分部)工程名称			建筑给水排水及采暖(室内给水系统)			验收部位			屋顶		
施工单位			××市××建筑有限公司			项目经理			×××		
分包单位			××市安装××××公司			分包项目经理			×××		
施工执行标准名称及编号			沟槽式连接管道安装工艺××—××—××								

		施工质量验收规范规定		施工单位检查评定记录							监理(建设)单位验收记录
主控项目	1	室内消火栓试射试验	设计要求	符合要求							符合要求
一般项目	1	室内消火栓水龙带在箱内安放	第4.3.2条	符合要求							符合要求
	2	栓口朝外,并不应安装在门轴侧	第4.3.3-1	符合要求							
		栓口中心距地面1.1m允许偏差	±20mm	0	15	△23	-10	-5			
		阀门中心距箱侧面允许偏差140mm 距箱后内表面100mm允许偏差	±5mm	3	4	3	1	3			
		消火栓箱体安装的垂直度允许偏差	3mm	1	2	0	2	1			

施工单位检查评定结果	专业工长(施工员)	×××	施工班组长	×××
	检查评定合格			
	项目专业质量检查员: ×××			2004 年 10 月 16 日
监理(建设)单位验收结论	合格			
	监理工程师: (建设单位项目专业技术负责人) ×××			2004 年 10 月 16 日

给水设备安装工程检验批质量验收记录表

GB502424—2002

单位(子单位)工程名称				××××学院××楼								
分部(子分部)工程名称				建筑给水排水及采暖(室内给水系统)				验收部位			1F	
施工单位				××市××建筑有限公司				项目经理			×××	
分包单位				××市安装××××公司				分包项目经理			×××	
施工执行标准名称及编号				《机械设备安装操作规程》								

施工质量验收规范规定						施工单位检查评定记录						监理(建设)单位验收记录	
主控项目	1	水泵基础			设计要求	符合要求						符合要求	
	2	水泵试运转的轴承温升			设计要求	符合要求							
	3	敞口水箱满水试验和密闭水箱(罐)水压试验			第4.4.3条	符合要求							
一般项目	1	水箱支架或底座安装			第4.4.4条	符合要求						符合要求	
	2	水箱溢流管和泄放管设置			第4.4.5条	符合要求							
	3	立式水泵减振装置			第4.4.6条	—							
	4	安装允许偏差	静置设备	坐标	15mm	10	⚠18	0	8	5	4		
				标高	±5mm	−3	0	1	4	−5	4		
				垂直度(每米)	5mm	3	4	0	3	4	2		
			离心式水泵	立式垂直度(每米)	0.1mm								
				卧式水平度(每米)	0.1mm	0.08	0.06	0	0.05	0.05	0.05		
			联轴器同心度	轴向倾斜(每米)	0.8mm	0.7	0.5	0.5	0	0.7	0.5		
				径向位移	0.1mm	0.05	(0.1)	0	0.05	0.04	0		
	5	保温层允许偏差	允许偏差	厚度δ	+0.1δ −0.05δ								
			表面平整度(mm)	卷材	5								
				涂抹	10								

施工单位检查评定结果	专业工长(施工员)	×××	施工班组长	×××
	检查评定合格 项目专业质量检查员：　　　　×××　　　　2004年10月16日			

监理(建设)单位验收结论	合格 专业监理工程师：(建设单位项目专业技术负责人)　　　×××　　　2004年10月16日

室内排水管道及配件安装工程检验批质量验收记录表

GB50242—2002

050201　　1

单位(子单位)工程名称			××××学院××楼											
分部(子分部)工程名称			建筑给水排水及采暖(室内排水系统)					验收部位				1F		
施工单位			××市××建筑有限公司					项目经理				×××		
分包单位			××市安装××××公司					分包项目经理				×××		
施工执行标准名称及编号			柔性连接式铸铁管道安装工艺××—××—××											

			施工质量验收规范规定		施工单位检查评定记录										监理(建设)单位验收记录
主控项目	1	排水管道、灌水试验	第5.2.1条		符合要求										符合要求
	2	生活污水铸铁管，塑料管坡度	第5.2.2、5.2.3条		符合要求										
	3	排水塑料管安装伸缩节	第5.2.4条		符合要求										
	4	排水立管及水平干管通球试验	第5.2.5条		符合要求										
一般项目	1	生活污水管道上设检查口和清扫口	第5.2.6、5.2.7条		符合要求										符合要求
	2	金属和塑料管支、吊架安装	第5.2.8、5.2.9条		符合要求										
	3	排水通气管安装	第5.2.10条		符合要求										
	4	医院污水和饮食业工艺排水	第5.2.11、5.2.12条		—										
	5	室内排水管道安装	第5.2.13、5.2.14、5.2.15条		符合要求										

		排水管安装允许偏差	坐标			15	10	5	6	9	/17\	11	8	13	10	12

一般项目 6 排水管安装允许偏差

项目		允许偏差	检查点
坐标		15	10　5　6　9　⑰　11　8　13　10　12
标高		±15	−11　−12　10　8　7　8　14　7　8　10
横管纵横方向弯曲　铸铁管	每米	≥1	
	全长(25m以上)	≥25	
钢管	每米　管径小于或等于100mm	1	
	每米　管径大于100mm	1.5	0　1　0　1　1　0　1　0　1　1
	全长(25m以上)　管径小于或等于100mm	≥25	
	全长(25m以上)　管径大于100mm	≥38	
塑料管	每米	1.5	0　1　0　1　1　0　1　0　1　1
	全长(25m以上)	≥38	
钢筋混凝土管、混凝土管	每米	3	
	全长(25m以上)	≥75	
立管垂直度　铸铁管	每米	3	
	全长(5m以上)	≥15	
钢管	每米	3	
	全长(5m以上)	≥10	
塑料管	每米	3	3　1　1　0　2　1　0　△4△　1　2
	全长(5m以上)	≥15	

施工单位检查评定结果	专业工长(施工员)	×××	施工班组长	×××
	检查评定合格			
	项目专业质量检查员：　×××			2004年10月10日
监理(建设)单位验收结论	合格			
	监理工程师：　××× (建设单位项目专业技术负责人)			2004年10月10日

室内排水管道及配件安装工程检验批质量验收记录表

GB50242—2002

单位(子单位)工程名称	××××学院××楼		
分部(子分部)工程名称	建筑给水排水及采暖(室内排水系统)	验收部位	2F
施工单位	××市××建筑有限公司	项目经理	×××
分包单位	××市安装××××公司	分包项目经理	×××
施工执行标准名称及编号	柔性连接式铸铁管道安装工艺××—××—××		

施工质量验收规范规定				施工单位检查评定记录	监理(建设)单位验收记录
主控项目	1	排水管道、灌水试验	第5.2.1条	符合要求	符合要求
	2	生活污水铸铁管,塑料管坡度	第5.2.2、5.2.3条	符合要求	
	3	排水塑料管安装伸缩节	第5.2.4条	符合要求	
	4	排水立管及水平干管通球试验	第5.2.5条	符合要求	

一般项目														符合要求
1	生活污水管道上设检查口和清扫口	第5.2.6、5.2.7条	符合要求											
2	金属和塑料管支、吊架安装	第5.2.8、5.2.9条	符合要求											
3	排水通气管安装	第5.2.10条	符合要求											
4	医院污水和饮食业工艺排水	第5.2.11、5.2.12条	—											
5	室内排水管道安装	第5.2.13、5.2.14、5.2.15条	符合要求											

6 排水管安装允许偏差

项目			规定值											
坐标			15	12	6	0	13	5	4	12	⒅	1	0	
标高			±15	0	3	7	−5	13	0	6	9	4	7	
横管纵横方向弯曲	铸铁管	每米	≯1											
		全长(25m以上)	≯25											
	钢管	每米 管径小于或等于100mm	1											
		每米 管径大于100mm	1.5											
		全长(25m以上) 管径小于或等于100mm	≯25											
		全长(25m以上) 管径大于100mm	≯38											
	塑料管	每米	1.5	0	1	1	1	0	1	1	0	0	1	
		全长(25m以上)	≯38											
	钢筋混凝土管、混凝土管	每米	3											
		全长(25m以上)	≯75											
立管垂直度	铸铁管	每米	3											
		全长(5m以上)	≯15											
	钢管	每米	3	2	③	0	1	2	0	1	1	2	1	
		全长(5m以上)	≯10											
	塑料管	每米	3											
		全长(5m以上)	≯15											

施工单位检查评定结果	专业工长(施工员)	×××	施工班组长	×××
	检查评定合格			
	项目专业质量检查员：　×××　　　　2004年10月10日			
监理(建设)单位验收结论	合格			
	监理工程师：　×××　　　　2004年10月10日			
	(建设单位项目专业技术负责人)			

室内排水管道及配件安装工程检验批质量验收记录表

GB50242—2002

单位(子单位)工程名称			××××学院××楼										
分部(子分部)工程名称			建筑给水排水及采暖(室内排水系统)						验收部位			3F	
施工单位			××市××建筑有限公司						项目经理			×××	
分包单位			××市安装××××公司						分包项目经理			×××	
施工执行标准名称及编号			柔性连接式铸铁管道安装工艺××—××—××										

施工质量验收规范规定						施工单位检查评定记录									监理(建设)单位验收记录
主控项目	1	排水管道、灌水试验			第5.2.1条	符合要求									符合要求
	2	生活污水铸铁管,塑料管坡度			第5.2.2、5.2.3条	符合要求									
	3	排水塑料管安装伸缩节			第5.2.4条	符合要求									
	4	排水立管及水平干管通球试验			第5.2.5条	符合要求									
一般项目	1	生活污水管道上设检查口和清扫口			第5.2.6、5.2.7条	符合要求									符合要求
	2	金属和塑料管支、吊架安装			第5.2.8、5.2.9条	符合要求									
	3	排水通气管安装			第5.2.10条	符合要求									
	4	医院污水和饮食业工艺排水			第5.2.11、5.2.12条	—									
	5	室内排水管道安装			第5.2.13、5.2.14、5.2.15条	符合要求									

一般项目	排水管安装允许偏差		坐标				15	15	3	7	9	8	14	6	10	5	⑪
			标高				±15	11	13	8	6	△17	5	9	0	1	3
		横管纵横方向弯曲	铸铁管	每米			≯1										
				全长(25m以上)			≯25										
			钢管	每米	管径小于或等于100mm		1										
					管径大于100mm		1.5	0	0	1	0.5	1.5	0	0	1	0	1
				全长(25m以上)	管径小于或等于100mm		≯25										
					管径大于100mm		≯38										
			塑料管	每米			1.5										
				全长(25m以上)			≯38										
			钢筋混凝土管、混凝土管	每米			3										
				全长(25m以上)			≯75										
		立管垂直度	铸铁管	每米			3										
				全长(5m以上)			≯15										
			钢管	每米			3	1.5	0	3	2	0.5	0	0.5	3	0	△3.5
				全长(5m以上)			≯10										
			塑料管	每米			3										
				全长(5m以上)			≯15										

施工单位检查评定结果	专业工长(施工员)	×××	施工班组长	×××
	检查评定合格			
	项目专业质量检查员：×××			2004 年 10 月 10 日
监理(建设)单位验收结论	合格			
	监理工程师：×××			2004 年 10 月 10 日
	(建设单位项目专业技术负责人)			

— 301 —

雨水管道及配件安装工程检验批质量验收记录表

GB502424—2002

单位(子单位)工程名称			××××学院××楼									
分部(子分部)工程名称			建筑给水排水及采暖(室内排水系统)					验收部位			1F	
施工单位			××市××建筑有限公司					项目经理			×××	
分包单位			××市安装××××公司					分包项目经理			×××	
施工执行标准名称及编号			中低压碳素钢及柔性连接式铸铁管道安装工艺××—××—××									

		施工质量验收规范规定				施工单位检查评定记录								监理(建设)单位验收记录
主控项目	1	室内雨水管道灌水试验		第5.3.1条		符合要求								符合要求
	2	塑料雨水管安装伸缩节		第5.3.2条		符合要求								
	3	地下埋设雨水管道最小坡度	(1)	50mm	20‰									
			(2)	75mm	15‰									
			(3)	100mm	8‰									
			(4)	125mm	6‰									
			(5)	150mm	5‰									
			(6)	200~400mm	4‰									
			(7)	悬吊雨水管最小坡度≥5‰		9	6	△4	7	9	7	6	8　7　6	
一般项目	1	雨水管道不得与生活污水管道相连接		第5.3.4条		符合要求								符合要求
	2	雨水斗管的连接		第5.3.5条		符合要求								
	3	悬吊前检查口间距		≤150 ≯15m										
				≥200 ≯20m										
	4	焊缝允许偏差	焊口平直度	管壁厚10mm以内	管壁厚1/4									
			焊缝加强面	高度	+1mm									
				宽度										
			咬边	深度	小于0.5mm									
				长度　连续长度	25mm									
				长度　总长度(两侧)	小于焊缝长度的10%									
	5	雨水管道安装的允许偏差同室内排水管		第5.3.7条		符合要求								

施工单位检查评定结果	专业工长(施工员)	×××	施工班组长	×××
	检查评定合格			
	项目专业质量检查员：　　×××　　　　　　　　2004年09月18日			

监理(建设)单位验收结论	合格
	监理工程师：　　　　　　×××　　　　　　　2004年09月18日 (建设单位项目专业技术负责人)

雨水管道及配件安装工程检验批质量验收记录表

GB502424—2002

单位(子单位)工程名称			××××学院××楼									
分部(子分部)工程名称			建筑给水排水及采暖(室内排水系统)				验收部位			2F		
施工单位			××市××建筑有限公司				项目经理			×××		
分包单位			××市安装××××公司				分包项目经理			×××		
施工执行标准名称及编号			中低压碳素钢及柔性连接式铸铁管道安装工艺××—××—××									

		施工质量验收规范规定			施工单位检查评定记录								监理(建设)单位验收记录
主控项目	1	室内雨水管道灌水试验		第5.3.1条	符合要求								符合要求
	2	塑料雨水管安装伸缩节		第5.3.2条	符合要求								
	3	地下埋设雨水管道最小坡度	(1) 50mm	20‰									
			(2) 75mm	15‰									
			(3) 100mm	8‰									
			(4) 125mm	6‰									
			(5) 150mm	5‰									
			(6) 200～400mm	4‰									
			(7) 悬吊雨水管最小坡度≥5‰	7	6	⑤	5	6	6	8	6	7	8
一般项目	1	雨水管道不得与生活污水管道相连接		第5.3.4条	符合要求								符合要求
	2	雨水斗管的连接		第5.3.5条	符合要求								
	3	悬吊前检查口间距		≤150 ≯15m									
				≥200 ≯20m									
	4	焊缝允许偏差	焊口平直度 管壁厚10mm以内	管壁厚1/4									
			焊缝加强面 高度	+1mm									
			焊缝加强面 宽度										
			咬边 深度	小于0.5mm									
			咬边 长度 连续长度	25mm									
			咬边 长度 总长度(两侧)	小于焊缝长度的10%									
	5	雨水管道安装的允许偏差同室内排水管		第5.3.7条	符合要求								

施工单位检查评定结果	专业工长(施工员)	×××	施工班组长	×××
	检查评定合格 项目专业质量检查员:　　　×××　　　　　2004年09月18日			

监理(建设)单位验收结论	合格 监理工程师: (建设单位项目专业技术负责人)　　×××　　　　2004年09月18日

雨水管道及配件安装工程检验批质量验收记录表

GB502424—2002

单位(子单位)工程名称				××××学院××楼									
分部(子分部)工程名称				建筑给水排水及采暖(室内排水系统)				验收部位			3F		
施工单位				××市××建筑有限公司				项目经理			×××		
分包单位				××市安装××××公司				分包项目经理			×××		
施工执行标准名称及编号				中低压碳素钢及柔性连接式铸铁管道安装工艺××—××—××									

		施工质量验收规范规定			施工单位检查评定记录									监理(建设)单位验收记录
主控项目	1	室内雨水管道灌水试验		第5.3.1条	符合要求									符合要求
	2	塑料雨水管安装伸缩节		第5.3.2条	符合要求									
	3	地下埋设雨水管道最小坡度	(1) 50mm	20‰										
			(2) 75mm	15‰										
			(3) 100mm	8‰										
			(4) 125mm	6‰										
			(5) 150mm	5‰										
			(6) 200～400mm	4‰										
			(7) 悬吊雨水管最小坡度≥5‰		6	⑤	8	6	6	5	7	9	6	6	
一般项目	1	雨水管道不得与生活污水管道相连接		第5.3.4条	符合要求									符合要求
	2	雨水斗管的连接		第5.3.5条	符合要求									
	3	悬吊前检查口间距		≤150 ≯15m										
				≥200 ≯20m										
	4	焊缝允许偏差	焊口平直度 管壁厚10mm以内	管壁厚1/4										
			焊缝加强面 高度	+1mm										
			焊缝加强面 宽度												
			咬边 深度	小于0.5mm										
			咬边 长度 连续长度	25mm										
			咬边 长度 总长度(两侧)	小于焊缝长度的10%										
	5	雨水管道安装的允许偏差同室内排水管		第5.3.7条	符合要求									

施工单位检查评定结果	专业工长(施工员)		×××	施工班组长	×××
	检查评定合格				
	项目专业质量检查员：　　　×××				2004年09月18日

监理(建设)单位验收结论	合格	
	监理工程师： (建设单位项目专业技术负责人)　　　×××	2004年09月18日

雨水管道及配件安装工程检验批质量验收记录表

GB502424—2002

单位(子单位)工程名称				××××学院××楼										
分部(子分部)工程名称				建筑给水排水及采暖(室内排水系统)				验收部位				4F		
施工单位				××市××建筑有限公司				项目经理				×××		
分包单位				××市安装××××公司				分包项目经理				×××		
施工执行标准名称及编号				中低压碳素钢及柔性连接式铸铁管道安装工艺××—××—××										

		施工质量验收规范规定			施工单位检查评定记录										监理(建设)单位验收记录
主控项目	1	室内雨水管道灌水试验		第5.3.1条	符合要求										符合要求
	2	塑料雨水管安装伸缩节		第5.3.2条	符合要求										
	3	地下埋设雨水管道最小坡度	(1) 50mm	20‰											
			(2) 75mm	15‰											
			(3) 100mm	8‰											
			(4) 125mm	6‰											
			(5) 150mm	5‰											
			(6) 200~400mm	4‰											
			(7) 悬吊雨水管最小坡度≥5‰		8	⚠4	7	9	10	7	6	8	9	10	
一般项目	1	雨水管道不得与生活污水管道相连接		第5.3.4条	符合要求										符合要求
	2	雨水斗管的连接		第5.3.5条	符合要求										
	3	悬吊前检查口间距		≤150 ≯15m											
				≥200 ≯20m											
	4	焊缝允许偏差	焊口平直度	管壁厚10mm以内	管壁厚1/4										
			焊缝加强面	高度	+1mm										
				宽度											
			咬边	深度	小于0.5mm										
				长度 连续长度	25mm										
				总长度(两侧)	小于焊缝长度的10%										
	5	雨水管道安装的允许偏差同室内排水管		第5.3.7条	符合要求										

施工单位检查评定结果	专业工长(施工员)	×××	施工班组长	×××
	检查评定合格			
	项目专业质量检查员: ××× 2004年09月18日			

监理(建设)单位验收结论	合格
	监理工程师: (建设单位项目专业技术负责人) ××× 2004年09月18日

室内热水管道及配件安装工程检验批质量验收记录表

GB50242—2002

单位(子单位)工程名称	××××学院××楼		
分部(子分部)工程名称	建筑给水排水及采暖(室内热水供应系统)	验收部位	1F
施工单位	××市××建筑有限公司	项目经理	×××
分包单位	××市安装××××公司	分包项目经理	×××
施工执行标准名称及编号	铜管道安装工艺××—××—××		

			施工质量验收规范规定			施工单位检查评定记录											监理(建设)单位验收记录
主控项目	1		热水供应系统管道水压试验		设计要求	符合要求											符合要求
	2		热水供应系统管道安装补偿器		第6.2.2条	符合要求											
	3		热水供应系统管道冲洗		第6.2.3条	符合要求											
一般项目	1		管道安装坡度		设计规定	符合要求											符合要求
	2		温度控制器和阀门安装		第6.2.5条	符合要求											
	3	管道安装偏差	水平管道纵横方向弯曲	钢管	每米	1mm	0	0	0.5	0	△1.5	0.5	0.5	0.4	0.7	0.5	
					全长25m以上	≯25mm											
				塑料管复合管	每米	1.5mm											
					全长25m以上	≯25mm											
			立管垂直度	钢管	每米	3mm	1	1.5	0	2	1.5	1	2	③	2	1	
					5m以上	≯8mm											
				塑料管复合管	每米	2mm											
					全长25m以上	≯8mm											
			成排管道和成排阀门		在同一平面上间距	3mm											
	4	保温层允许偏差		厚度		$+0.1\delta, -0.05\delta$	2	3	-1	1	1.5	0	1	2.5	3	2	
			表面平整度	卷材		5mm											
				涂抹		10mm											

施工单位检查评定结果	专业工长(施工员)	×××	施工班组长	×××
	检查评定合格 项目专业质量检查员：　　×××　　　　　2004年10月16日			

监理(建设)单位验收结论	合格 监理工程师：　　　　　×××　　　　　2004年10月16日 (建设单位项目专业技术负责人)

室内热水管道及配件安装工程检验批质量验收记录表

GB50242—2002

单位(子单位)工程名称				××××学院××楼							
分部(子分部)工程名称				建筑给水排水及采暖(室内热水供应系统)				验收部位			2F	
施工单位				××市××建筑有限公司				项目经理			×××	
分包单位				××市安装××××公司				分包项目经理			×××	
施工执行标准名称及编号				铜管道安装工艺××—××—××								

		施工质量验收规范规定				施工单位检查评定记录							监理(建设)单位验收记录
主控项目	1	热水供应系统管道水压试验			设计要求	符合要求							符合要求
	2	热水供应系统管道安装补偿器			第6.2.2条	符合要求							
	3	热水供应系统管道冲洗			第6.2.3条	符合要求							
一般项目	1	管道安装坡度			设计规定	符合要求							符合要求
	2	温度控制器和阀门安装			第6.2.5条	符合要求							
	3	管道安装偏差	水平管道纵横方向弯曲	钢管	每米	1mm	0.5	0.6	⚠1.5	0.5	0.5 0.6	0.3 0	0.5 0.5
					全长25m以上	≯25mm							
				塑料管复合管	每米	1.5mm							
					全长25m以上	≯25mm							
			立管垂直度	钢管	每米	3mm	2	1	3	1.5	2.5 0	③ 0.5	1 3
					5m以上	≯8mm							
				塑料管复合管	每米	2mm							
					全长25m以上	≯8mm							
			成排管道和成排阀门		在同一平面上间距	3mm							
	4	保温层允许偏差	厚度			+0.1δ,−0.05δ	3.5	1	0	−0.5	1 1.5	2 3	−1 3
			表面平整度	卷材		5mm							
				涂抹		10mm							

施工单位检查评定结果	专业工长(施工员)		×××	施工班组长	×××
	检查评定合格				
	项目专业质量检查员: ×××			2004 年 10 月 16 日	

监理(建设)单位验收结论	合格	
	监理工程师: ××× (建设单位项目专业技术负责人)	2004 年 10 月 16 日

室内热水管道及配件安装工程检验批质量验收记录表

GB50242—2002

单位(子单位)工程名称	××××学院××楼		
分部(子分部)工程名称	建筑给水排水及采暖(室内热水供应系统)	验收部位	3F
施工单位	××市××建筑有限公司	项目经理	×××
分包单位	××市安装××××公司	分包项目经理	×××
施工执行标准名称及编号	铜管道安装工艺××—××—××		

		施工质量验收规范规定				施工单位检查评定记录	监理(建设)单位验收记录
主控项目	1	热水供应系统管道水压试验			设计要求	符合要求	符合要求
	2	热水供应系统管道安装补偿器			第6.2.2条	符合要求	
	3	热水供应系统管道冲洗			第6.2.3条	符合要求	
一般项目	1	管道安装坡度			设计规定	符合要求	符合要求
	2	温度控制器和阀门安装			第6.2.5条	符合要求	
	3	管道安装偏差	水平管道纵横方向弯曲	钢管	每米	1mm	0.5 0.6 0.4 0.5 0.5 ① 0.3 0 0.5 0.5	
					全长25m以上	≥25mm		
				塑料管复合管	每米	1.5mm		
					全长25m以上	≥25mm		
			立管垂直度	钢管	每米	3mm	2 1 △3.3 1.5 2.5 0 1 0.5 1 3	
					5m以上	≥8mm		
				塑料管复合管	每米	2mm		
					全长25m以上	≥8mm		
			成排管道和成排阀门	在同一平面上间距		3mm		
	4	保温层允许偏差	厚度			$+0.1\delta,-0.05\delta$	3.5 1 0 −0.5 1 1.5 2 3 −1 3	
			表面平整度	卷材		5mm		
				涂抹		10mm		

施工单位检查评定结果	专业工长(施工员)	×××	施工班组长	×××
	检查评定合格			
	项目专业质量检查员：　　×××　　　　　2004 年 10 月 16 日			

监理(建设)单位验收结论	合格
	监理工程师： (建设单位项目专业技术负责人)　　×××　　　　　2004 年 10 月 16 日

热水供应系统辅助设备安装工程检验批质量验收记录表

GB50242—2002

050302   1

单位(子单位)工程名称	××××学院××楼		
分部(子分部)工程名称	建筑给水排水及采暖(室内热水供应系统)	验收部位	1F
施工单位	××市××建筑有限公司	项目经理	×××
分包单位	××市安装××××公司	分包项目经理	×××
施工执行标准名称及编号	《机械设备安装操作规程》		

		施工质量验收规范规定			施工单位检查评定记录						监理(建设)单位验收记录
主控项目	1	热交换器、太阳能热水器排管和水箱等水压和灌水试验	第6.3.1条 第6.3.2条 第6.3.5条		符合要求						符合要求
	2	水泵基础	第6.3.3条		符合要求						
	3	水泵试运转温升	第6.3.4条		符合要求						
一般项目	1	太阳能热水器的安装	第6.3.6条		—						符合要求
	2	太阳能热水器上、下集箱的循环管道坡度	第6.3.7条		—						
	3	水箱底部与上集水管间距	第6.3.8条		—						
	4	集热排管安装紧固	第6.3.9条		—						
	5	热水器最低处安装泄水装置	第6.3.10条		—						
	6	太阳能热水器上、下集箱管道保温，防冻	第6.3.11条 第6.3.12条		—						
	7	设备安装允许偏差(mm) 静置设备	坐标	15	10	8	10	7			
			标高	±5	−3	4					
			垂直直度(每米)	5	2	4.5					
		离心式水泵	立式泵体垂直度(每米)	0.1							
			卧式泵体水平度(每米)	0.1	⓪.1	0.08					
		联轴器同心度	轴向倾斜(每米)	0.8							
			径向位移	0.1							
	8	热水器安装允许偏差	标高 中心线距地面(mm)	±20							
			朝向 最大偏移角	不大于15°							

	专业工长(施工员)	×××	施工班组长	×××
施工单位检查评定结果	检查评定合格 项目专业质量检查员： ××× 2004年11月10日			
监理(建设)单位验收结论	合格 监理工程师： (建设单位项目专业技术负责人) ××× 2004年11月10日			

— 309 —

卫生器具及给水配件安装检验批质量验收记录表

GB50242—2002

单位(子单位)工程名称			××××学院××楼							
分部(子分部)工程名称			建筑给水排水及采暖(卫生器具安装)				验收部位			1F
施工单位			××市××建筑有限公司				项目经理			×××
分包单位			××市安装××××公司				分包项目经理			×××
施工执行标准名称及编号			卫生器具安装工艺××—××—××							

施工质量验收规范规定					施工单位检查评定记录						监理(建设)单位验收记录
主控项目	1	卫生器具满水试验和通水试验		第7.2.2条	符合要求						
	2	排水栓与地漏安装		第7.2.1条	符合要求						符合要求
	3	卫生器具给水配件		第7.3.1条	符合要求						
一般项目	1	卫生器具安装允许偏差	坐标 单独器具	10mm							
			坐标 成排器具	5mm	4	3	0	4	⚠6	1.5	
			标高 单独器具	±15mm							
			标高 成排器具	±10mm	−3	5	−7	8	4	7	
			器具水平度	2mm	1.5	0	2	0.5	1	1.5	
			器具垂直度	3mm	2	1	2	1.5	1	2	
	2	给水配件安装允许偏差	高、低水箱、阀角及截止阀水嘴	±10mm	3	5	9	−8	−4	12	8	符合要求
			淋浴器喷头下沿	±15mm							
			浴盆软管淋浴器挂钩	±20mm							
	3	浴盆检修门、小便槽冲洗管安装		第7.2.4条 第7.2.5条	—						
	4	卫生器具的支、托架		第7.2.6条	符合要求						
	5	浴盆淋浴器挂钩高度距地1.8m		第7.3.3条	—						

施工单位检查评定结果	专业工长(施工员)	×××	施工班组长	×××
	检查评定合格			
	项目专业质量检查员：　　×××			2004 年 12 月 05 日
监理(建设)单位验收结论	合格			
	监理工程师：　　　　　　　×××　 (建设单位项目专业技术负责人)			2004 年 12 月 05 日

卫生器具及给水配件安装检验批质量验收记录表

GB50242—2002

单位(子单位)工程名称			××××学院××楼								
分部(子分部)工程名称			建筑给水排水及采暖(卫生器具安装)			验收部位		2F				
施工单位			××市××建筑有限公司			项目经理		×××				
分包单位			××市安装××××公司			分包项目经理		×××				
施工执行标准名称及编号			卫生器具安装工艺××—××—××								

施工质量验收规范规定					施工单位检查评定记录								监理(建设)单位验收记录
主控项目	1	卫生器具满水试验和通水试验		第7.2.2条		符合要求							符合要求
	2	排水栓与地漏安装		第7.2.1条		符合要求							
	3	卫生器具给水配件		第7.3.1条		符合要求							
一般项目	1	卫生器具安装允许偏差	坐标	单独器具	10mm								符合要求
				成排器具	5mm	0	1	3	4.5	4	△6		
			标高	单独器具	±15mm								
				成排器具	±10mm	−9	5	8	6	4	5		
			器具水平度		2mm	0.5	0	1	1	1	0		
			器具垂直度		3mm	2	2	1	1.5	1	2		
	2	给水配件安装允许偏差	高、低水箱、阀角及截止阀水嘴		±10mm	4 6 7 −3 −4 5 −8 3 5 9							
			淋浴器喷头下沿		±15mm								
			浴盆软管淋浴器挂钩		±20mm								
	3	浴盆检修门、小便槽冲洗管安装		第7.2.4条 第7.2.5条		—							
	4	卫生器具的支、托架		第7.2.6条		符合要求							
	5	浴盆淋浴器挂钩高度距地1.8m		第7.3.3条		—							

施工单位检查评定结果	专业工长(施工员)	×××	施工班组长	×××
	检查评定合格			
	项目专业质量检查员：　　×××　　　　　　　2004 年 12 月 05 日			

监理(建设)单位验收结论	合格
	监理工程师：　　　　　　　×××　　　　　　　2004 年 12 月 05 日
	(建设单位项目专业技术负责人)

311

卫生器具及给水配件安装检验批质量验收记录表

GB50242—2002

单位(子单位)工程名称				××××学院××楼										
分部(子分部)工程名称				建筑给水排水及采暖(卫生器具安装)					验收部位				3F	
施工单位				××市××建筑有限公司					项目经理				×××	
分包单位				××市安装××××公司					分包项目经理				×××	
施工执行标准名称及编号				卫生器具安装工艺××—××—××										

		施工质量验收规范规定				施工单位检查评定记录									监理(建设)单位验收记录
主控项目	1	卫生器具满水试验和通水试验			第7.2.2条				符合要求						符合要求
	2	排水栓与地漏安装			第7.2.1条				符合要求						
	3	卫生器具给水配件			第7.3.1条				符合要求						
一般项目	1	卫生器具安装允许偏差	坐标	单独器具	10mm										符合要求
				成排器具	5mm	3	2	1	2.5	4	3.5				
			标高	单独器具	±15mm										
				成排器具	±10mm	10	5	4	0	7	8				
			器具水平度		2mm	1	1.5	③	1.5	1	0				
			器具垂直度		3mm	2	1.5	1	0	1.5	2				
	2	给水配件安装允许偏差	高、低水箱、阀角及截止阀水嘴		±10mm	5	−6	5	−7	6.5	5	−8			
			淋浴器喷头下沿		±15mm										
			浴盆软管淋浴器挂钩		±20mm										
	3	浴盆检修门、小便槽冲洗管安装			第7.2.4条 第7.2.5条				—						
	4	卫生器具的支、托架			第7.2.6条				符合要求						
	5	浴盆淋浴器挂钩高度距地1.8m			第7.3.3条				—						

施工单位检查评定结果	专业工长(施工员)		×××	施工班组长	×××
	检查评定合格				
	项目专业质量检查员：　　　　×××			2004 年 12 月 05 日	
监理(建设)单位验收结论	合格				
	监理工程师： (建设单位项目专业技术负责人)　　×××　　　　　　　　2004 年 12 月 05 日				

卫生器具排水管道安装工程检验批质量验收记录表

GB50242—2002

050402   1

单位(子单位)工程名称	××××学院××楼										
分部(子分部)工程名称	建筑给水排水及采暖(卫生器具安装)				验收部位			1F			
施工单位	××市×××建筑有限公司				项目经理			×××			
分包单位	××市安装××××公司				分包项目经理			×××			
施工执行标准名称及编号	卫生器具安装工艺××—××—××										

		施工质量验收规范规定			施工单位检查评定记录											监理(建设)单位验收记录
主控项目	1	器具受水口与立管,管道与楼板接合		第7.4.1条	符合要求											符合要求
	2	连接排水管应严密,其支托架安装		第7.4.2条	符合要求											
一般项目	1	安装允许偏差(mm)	横管弯曲度	每米长	2	1	1.5	2	0.5	⚠3	1	0	2	1.5		符合要求
				横管长度≤10m,全长	8											
				横管长度>10m,全长	10											
			卫生器具的排水管口及横支管的纵横坐标	单独器具	10											
				成排器具	5	4	0	3	1.5	3.5	5	1	4	3	2.5	
			卫生器具的接口标高	单独器具	±10											
				成排器具	±5	−3	1	1.5	−2	0	4	⑤	3	1	0	
	2	排水管最小坡度	污水盆(池)	50mm	25‰											
			单、双格洗涤盆(池)	50mm	25‰											
			洗手盆、洗脸盆	32~50mm	20‰	23	25	21	20	26						
			浴盆	50mm	20‰											
			淋浴器	50mm	20‰											
			大便器 高低水箱	100mm	12‰	15	14	10	15	18						
			大便器 自闭式冲洗阀	100mm	12‰											
			大便器 拉管式冲洗阀	100mm	12‰											
			小便器 冲洗阀	40~50mm	20‰	24	25	22	21	27						
			小便器 自动冲洗水箱	40~50mm	20‰											
			化验盆(无塞)	40~50mm	25‰											
			净身器	40~50mm	20‰											
			饮水器	20~50mm	10‰~20‰											

施工单位检查评定结果	专业工长(施工员)	×××	施工班组长	×××
	检查评定合格			
	项目专业质量检查员: ××× 2004 年 12 月 05 日			
监理(建设)单位验收结论	合格			
	专业监理工程师: ××× 2004 年 12 月 05 日			
	(建设单位项目专业技术负责人)			

卫生器具排水管道安装工程检验批质量验收记录表

GB50242—2002

单位(子单位)工程名称	××××学院××楼		
分部(子分部)工程名称	建筑给水排水及采暖(卫生器具安装)	验收部位	2F
施工单位	××市××建筑有限公司	项目经理	×××
分包单位	××市安装××××公司	分包项目经理	×××
施工执行标准名称及编号	卫生器具安装工艺××—××—××		

		施工质量验收规范规定				施工单位检查评定记录	监理(建设)单位验收记录
主控项目	1	器具受水口与立管,管道与楼板接合		第7.4.1条		符合要求	符合要求
	2	连接排水管应严密,其支托架安装		第7.4.2条		符合要求	
一般项目	1 安装允许偏差(mm)	横管弯曲度	每米长		2	1.5　0.5　0　1.5　1　△3　1.3　1　1.5　0	符合要求
			横管长度≤10m,全长		8		
			横管长度>10m,全长		10		
		卫生器具的排水管口及横支管的纵横坐标	单独器具		10		
			成排器具		5	4　2　0　3　5　1　△3.5　0　2	
		卫生器具的接口标高	单独器具		±10		
			成排器具		±5	−4　−3　−1　0　3.5　2　1.5　5.5　1　3	
	2 排水管最小坡度	污水盆(池)	50mm		25‰		
		单、双格洗涤盆(池)	50mm		25‰		
		洗手盆、洗脸盆	32~50mm		20‰	23　26　28　22　30	
		浴盆	50mm		20‰		
		淋浴器	50mm		20‰		
		大便器	高低水箱	100mm	12‰	15　16　14　16　17	
			自闭式冲洗阀	100mm	12‰		
			拉管式冲洗阀	100mm	12‰		
		小便器	冲洗阀	40~50mm	20‰	24　26　23　25　22	
			自动冲洗水箱	40~50mm	20‰		
		化验盆(无塞)	40~50mm		25‰		
		净身器	40~50mm		20‰		
		饮水器	20~50mm		10‰~20‰		

施工单位检查评定结果	专业工长(施工员)	×××	施工班组长	×××
	检查评定合格			
	项目专业质量检查员:	×××		2004 年 12 月 05 日

监理(建设)单位验收结论	合格	
	专业监理工程师: (建设单位项目专业技术负责人)	×××　　　　　2004 年 12 月 05 日

卫生器具排水管道安装工程检验批质量验收记录表

GB50242—2002

单位(子单位)工程名称	××××学院××楼		
分部(子分部)工程名称	建筑给水排水及采暖(卫生器具安装)	验收部位	3F
施工单位	××市××建筑有限公司	项目经理	×××
分包单位	××市安装××××公司	分包项目经理	×××
施工执行标准名称及编号	卫生器具安装工艺××—××—××		

	施工质量验收规范规定	施工单位检查评定记录	监理(建设)单位验收记录
主控项目 1	器具受水口与立管,管道与楼板接合　第7.4.1条	符合要求	符合要求
主控项目 2	连接排水管应严密,其支托架安装　第7.4.2条	符合要求	

一般项目					施工单位检查评定记录										监理(建设)单位验收记录
1 安装允许偏差(mm)	横管弯曲度	每米长		2	1.5	0.5	0	1	1	△3	1	1	0	0	符合要求
		横管长度≤10m,全长		8											
		横管长度>10m,全长		10											
	卫生器具的排水管口及横支管的纵横坐标	单独器具		10											
		成排器具		5	4	2	0	3	⑤	1	3.5	3.5	0	2	
	卫生器具的接口标高	单独器具		±10											
		成排器具		±5	−4	−3	−1	0	3.5	2	1.5	5.5	1	3	
2 排水管最小坡度	污水盆(池)		50mm	25‰											
	单、双格洗涤盆(池)		50mm	25‰											
	洗手盆、洗脸盆		32~50mm	20‰	25	22	25	28	26						
	浴盆		50mm	20‰											
	淋浴器		50mm	20‰											
	大便器	高低水箱	100mm	12‰	15	15	14	16	18						
		自闭式冲洗阀	100mm	12‰											
		拉管式冲洗阀	100mm	12‰											
	小便器	冲洗阀	40~50mm	20‰	28	26	24	27	25						
		自动冲洗水箱	40~50mm	20‰											
	化验盆(无塞)		40~50mm	25‰											
	净身器		40~50mm	20‰											
	饮水器		20~50mm	10‰~20‰											

施工单位检查评定结果	专业工长(施工员)　×××　施工班组长　×××
	检查评定合格
	项目专业质量检查员:　×××　　2004 年 12 月 05 日

监理(建设)单位验收结论	合格
	专业监理工程师:　×××　　2004 年 12 月 05 日
	(建设单位项目专业技术负责人)

室内采暖管道及配件安装工程检验批质量验收记录表

GB50242—2002

单位(子单位)工程名称				××××学院××楼							
分部(子分部)工程名称				建筑给水排水及采暖(室内采暖系统)				验收部位		1F		
施工单位				××市××建筑有限公司				项目经理		×××		
分包单位				××市安装××××公司				分包项目经理		×××		
施工执行标准名称及编号				采暖管道安装施工工艺××—××—××								

		施工质量验收规范规定						施工单位检查评定记录					监理(建设)单位验收记录
主控项目	1	管道安装坡度			第8.2.1条			符合要求					符合要求
	2	采暖系统水压试验			第8.6.1条			符合要求					
	3	采暖系统冲洗、试运行和调试			第8.6.2条、第8.6.3条			符合要求					
	4	补偿器的制作、安装及预拉伸			第8.2.2条、第8.2.5条、第8.2.6条			符合要求					
	5	平衡阀、调节阀、减压阀安装			第8.2.3条、第8.2.4条			符合要求					
一般项目	1	热量表、疏水器、除污器等			第8.2.7条			符合要求					符合要求
	2	钢管焊接			第8.2.8条			符合要求					
	3	采暖入口及分户计算入户装置安装			第8.2.9条			—					
	4	管道连接及散热器支管安装			第8.2.10、8.2.11、8.2.12、8.2.13、8.2.14、8.2.15条			符合要求					
	5	管道及金属支架的防腐			第8.2.16条			符合要求					
	6	管道安装允许偏差	横管道纵、横方向弯曲(mm)	每毫米	管径≤100mm	1	0.5	①	0.5	0.6	0.5		
					管径>100mm	1.5	0	0.5	0.7	0	1	
				全长(5m以上)	管径≤100mm	≯13	10	8				
					管径>100mm	≯25	20	15				
			立管垂直度(mm)	每米		2	1	1.5				
				全长(5mm)		≯10	7	5				
			弯管	椭圆率	管径≤100mm	10%	5	7				
					管径>100mm	8%	7	6				
				折皱不平度(mm)	管径≤100mm	4	3	2				
					管径>100mm	5	4	3				
	7	管道保温允许偏差(mm)	厚度		$+0.1\delta$ -0.05δ	3	2.5	3	3	2		
			表面平整度	卷材	5	4	3	2.5	3	2		
				涂抹	10	8	6	7	5	6		

施工单位检查评定结果	专业工长(施工员)	×××	施工班组长	×××
	检查评定合格			
	项目专业质量检查员: ×××			2005 年 08 月 25 日
监理(建设)单位验收结论	合格			
	监理工程师:(建设单位项目专业技术负责人) ×××			2005 年 08 月 25 日

室内采暖辅助设备及散热器及金属辐射板
安装工程检验批质量验收记录表

GB50242—2002

单位(子单位)工程名称			××××学院××楼		
分部(子分部)工程名称			建筑给水排水及采暖(室内采暖系统)	验收部位	1F
施工单位			××市××建筑有限公司	项目经理	×××
分包单位			××市安装××××公司	分包项目经理	×××
施工执行标准名称及编号			《机械设备安装操作规程》		

		施工质量验收规范规定		施工单位检查评定记录						监理(建设)单位验收记录
主控项目	1	散热器水压试验	第8.3.1条	符合要求						符合要求
	2	金属辐射板水压试验	第8.4.1条	符合要求						
	3	金属辐射板安装	第8.4.2条、第8.4.3条	符合要求						
	4	水泵、水箱安装	第8.3.2条	符合要求						
一般项目	1	散热器的组对	第8.3.3条、第8.3.4条	符合要求						符合要求
	2	散热器的安装	第8.3.5条、第8.3.6条	符合要求						
	3	散热器表面防腐涂漆	第8.3.8条	符合要求						
	散热器允许偏差	散热器背面与墙内表面距离	3mm	2	0	1	2	1		
		与窗中心线或设计定位尺寸	20mm	15	10	5	7	10		
		散热器垂直度	3mm	2	1	1	0	2		

	专业工长(施工员)	×××	施工班组长	×××
施工单位检查评定结果	检查评定合格			
	项目专业质量检查员: ×××			2004年08月26日
监理(建设)单位验收结论	合格			
	监理工程师: ××× (建设单位项目专业技术负责人)			2004年08月26日

低温热水地板辐射采暖系统
安装工程检验批质量验收记录表

GB50242—2002

单位(子单位)工程名称		××××学院××楼			
分部(子分部)工程名称		建筑给水排水及采暖(室内采暖系统)		验收部位	1F
施工单位		××市××建筑有限公司		项目经理	×××
分包单位		××市安装××××公司		分包项目经理	×××
施工执行标准名称及编号		采暖管道安装工艺××—××—××			
施工质量验收规范规定			施工单位检查评定记录		监理(建设)单位 验收记录
主控项目	1	加热盘管埋地	第8.5.1条	符合要求	符合要求
	2	加热盘管水压试验	第8.5.2条	符合要求	
	3	加热盘管弯曲的曲率半径	第8.5.3条	符合要求	
一般项目	1	分、集水器规格及安装	设计要求	符合设计要求	符合要求
	2	加热盘管安装	第8.5.5条	符合要求	
	3	防潮层、防水层、隔热层、伸缩缝	设计要求	符合设计要求	
	4	填充层混凝土强度	设计要求	符合设计要求	
施工单位检查评定结果	专业工长(施工员)		×××	施工班组长	×××
	检查评定合格 项目专业质量检查员：　　　×××　　　　　　2005年08月30日				
监理(建设)单位验收结论	合格 监理工程师： (建设单位项目专业技术负责人)　　×××　　　　　　2005年08月30日				

室外给水管道安装工程检验批质量验收记录表

GB50242—2002

单位(子单位)工程名称			××××学院××楼								
分部(子分部)工程名称			建筑给水排水及采暖(室外给水管网)				验收部位			室外	
施工单位			××市××建筑有限公司				项目经理			×××	
分包单位			××市安装××××公司				分包项目经理			×××	
施工执行标准名称及编号			埋地碳钢管道安装工艺××—××—××								

		施工质量验收规范规定				施工单位检查评定记录						监理(建设)单位验收记录
主控项目	1	埋地管道覆土深度		第9.2.1条		符合要求						符合要求
	2	给水管道不得直接穿越污染源		第9.2.2条		—						
	3	管道上可拆和易腐件,不埋在土中		第9.2.3条		符合要求						
	4	管井内安装与井壁的距离		第9.2.4条		符合要求						
	5	管道的水压试验		第9.2.5条		符合要求						
	6	埋地管道的防腐		第9.2.6条		符合要求						
	7	管道的冲洗与消毒		第9.2.7条		符合要求						
一般项目	1	管道和支架的涂漆			第9.2.9条		符合要求					符合要求
	2	阀门、水表安装位置			第9.2.10条		符合要求					
	3	给水与污水管平行铺设的最小间距			第9.2.11条		符合要求					
	4	管道连接应符合规范要求			第9.2.12,9.2.13,9.2.14,9.2.15,9.2.16,9.2.17条		符合要求					
	5	管道安装允许偏差(mm)	坐标	铸铁管	埋地	100						
					敷设在沟槽内	50						
				钢管、塑料管、复合管	埋地	100	80	75	88	△115	90 85 88 78	
					敷沟内或架空	40						
			标高	铸铁管	埋地	±50						
					敷设地沟内	±30						
				钢管、塑料管、复合管	埋地	±50	25	35	30	45	38 40 −30 △55	
					敷沟内或架空	±30						
			水平管纵向横向弯曲	铸铁管	直段(25m以上)起点~终点	40						
				钢管、塑料管、复合管	直段(25m以上)起点~终点	30	20	15	22	20	25	

施工单位检查评定结果	专业工长(施工员)	×××	施工班组长	×××
	检查评定合格			
	项目专业质量检查员: ×××			2004 年 11 月 30 日

监理(建设)单位验收结论	合格	
	监理工程师: (建设单位项目专业技术负责人) ×××	2004 年 11 月 30 日

消防水泵结合器及消火栓
安装工程检验批质量验收记录表

GB50242—2002

单位(子单位)工程名称		××××学院××楼		
分部(子分部)工程名称		建筑给水排水及采暖(室外给水管网)	验收部位	室外
施工单位		××市××建筑有限公司	项目经理	×××
分包单位		××市安装××××公司	分包项目经理	×××
施工执行标准名称及编号		中低压碳钢管道安装施工工艺、沟槽式连接管道安装工艺××—××—××		

施工质量验收规范规定			施工单位检查评定记录	监理(建设)单位验收记录
主控项目	1	系统水压试验	符合要求	符合要求
	2	管道冲洗	第9.3.2条	符合要求
	3	消防水泵接合器和室外消火栓位置标志	符合要求	符合要求
一般项目	1	地下式消防水泵接合器、消火栓安装	符合要求	符合要求
	2	阀门安装应方向正确,启闭灵活	第9.3.6条	符合要求
	3	室外消火栓和消防水泵结合器安装尺寸,栓口安装高度允许偏差	±20mm　㉟ 15 10 8 12 6 14 15	

	专业工长(施工员)	×××	施工班组长	×××
施工单位检查评定结果	检查评定合格 项目专业质量检查员：　　　　×××　　　　2004 年 11 月 20 日			
监理(建设)单位验收结论	合格 监理工程师： (建设单位项目专业技术负责人)　　　×××　　　2004 年 11 月 20 日			

管沟及井室检验批工程质量验收记录表

GB50242—2002

单位(子单位)工程名称		××××学院××楼			
分部(子分部)工程名称		建筑给水排水及采暖(室外给水管网)		验收部位	室外
施工单位		××市××建筑有限公司		项目经理	×××
分包单位		××市安装××××公司		分包项目经理	×××
施工执行标准名称及编号		室外排水施工工艺××—××—××			

		施工质量验收规范规定		施工单位检查评定记录	监理(建设)单位验收记录
主控项目	1	管沟的基层处理和井室的地基	设计要求	符合要求	符合要求
	2	各类井盖的标识应清楚,使用正确	第9.4.2条	符合要求	
	3	通车路面上的各类井盖安装	第9.4.3条	—	
	4	重型井圈或墙体结合部处理	第9.4.4条	—	
一般项目	1	管沟及各类井室的坐标,沟底标高	设计要求	符合要求	符合要求
	2	管沟的回填要求	第9.4.6条	符合要求	
	3	管沟岩石基底要求	第9.4.7条	符合要求	
	4	管沟回填的要求	第9.4.8条	符合要求	
	5	井室内施工要求	第9.4.9条	符合要求	
	6	井室内应严密,不透水	第9.4.10条	符合要求	

施工单位检查评定结果	专业工长(施工员)	×××	施工班组长	×××
	检查评定合格			
	项目专业质量检查员：　　　　×××			2004 年 12 月 20 日

监理(建设)单位验收结论	合格
	监理工程师：　　　　　　　　××× (建设单位项目专业技术负责人)　　　　　　　　　2004 年 12 月 20 日

室外排水管道安装工程检验批质量验收记录表

GB50242—2002

单位(子单位)工程名称		××××学院××楼		
分部(子分部)工程名称		建筑给水排水及采暖(室外排水管网)	验收部位	室外
施工单位		××市××建筑有限公司	项目经理	×××
分包单位		××市安装××××公司	分包项目经理	×××
施工执行标准名称及编号		中低压碳素钢管道及柔性连接式铸铁管道安装工艺××—××—××		

		施工质量验收规范规定			施工单位检查评定记录								监理(建设)单位验收记录
主控项目	1	管道坡度符合设计要求、严禁无坡和倒坡		设计要求				符合要求					符合要求
	2	灌水和通水试验		第10.2.2条				符合要求					
一般项目	1	排水铸铁管的水泥捻口		第10.2.4条				—					符合要求
	2	排水铸铁管，除锈、涂漆		第10.2.5条				—					
	3	承插接口安装方向		第10.2.6条				符合要求					
	4	混凝土管或钢筋混凝土管抹带接口的要求		第10.2.7条									
	5	允许偏差(mm)	坐标	埋地	100	30	45	35	40	⑤⑤	36	40	38
				敷设在沟槽内	50								
			标高	埋地	±20	−9	−8	9	15	12	16	18	⑳
				敷设在沟槽内	±20								
			水平管道纵向横向弯曲	每5m长	10	5	8	3	4	7	2	9	6
				全长(两井间)	30								

施工单位检查评定结果	专业工长(施工员)	×××	施工班组长	×××
	检查评定合格 项目专业质量检查员：　　　　×××　　　　2004年11月15日			

监理(建设)单位验收结论	合格 监理工程师：　　　　　　　　　　　×××　　　　2004年11月15日 (建设单位项目专业技术负责人)

室外排水管沟及井池工程检验批质量验收记录表

GB50242—2002

050702   1

单位(子单位)工程名称			××××学院××楼		
分部(子分部)工程名称			建筑给水排水及采暖(室外排水管网)	验收部位	室外
施工单位			××市××建筑有限公司	项目经理	×××
分包单位			××市安装××××公司	分包项目经理	×××
施工执行标准名称及编号			室外排水施工工艺××—××—××		
施工质量验收规范规定			施工单位检查评定记录		监理(建设)单位验收记录
主控项目	1	沟基的处理和井池底板	设计要求	符合要求	符合要求
	2	检查井、化粪池的底板及进出口水管	设计要求	符合要求	
一般项目	1	井池的规格、尺寸和位置砌筑、抹灰	第10.3.3条	符合要求	符合要求
	2	井盖标识、选用正确	第10.3.4条	符合要求	
施工单位检查评定结果		专业工长(施工员)	×××	施工班组长	×××
		检查评定合格 项目专业质量检查员： ××× 2004 年 11 月 17 日			
监理(建设)单位验收结论		合格 监理工程师： (建设单位项目专业技术负责人) ××× 2004 年 11 月 17 日			

— 323 —

室外供热管道及配件安装工程检验批质量验收记录表

GB50242—2002

单位(子单位)工程名称			××××学院××楼						
分部(子分部)工程名称		建筑给水排水及采暖(室外供热管网)			验收部位		室外		
施工单位		××市××建筑有限公司			项目经理		×××		
分包单位		××市安装××××公司			分包项目经理		×××		
施工执行标准名称及编号		采暖管道安装工艺××—××—××							

		施工质量验收规范规定			施工单位检查评定记录					监理(建设)单位验收记录
主控项目	1	平衡阀与调节阀安装位置及调试		设计要求	符合要求					符合要求
	2	直埋无补偿供热管道预热伸长及三通加固		设计要求	—					
	3	补偿器位置、予拉伸,支架位置和构造		设计要求	符合要求					
	4	检查井、入口管道布置方便操作维修		第11.2.4条	—					
	5	直埋管道及接口现场发泡保温处理		第11.2.5条	—					
	6	管道系统的水压试验		第11.3.1条、第11.3.4条	符合要求					
	7	管道冲洗		第11.3.2条	符合要求					
	8	通热试运行调试		第11.3.3条	符合要求					
一般项目	1	管道的坡度		设计要求	符合要求					符合要求
	2	除污器构造、安装位置		第11.2.7条	符合要求					
	3	管道焊接		第11.2.9条、第11.2.10条	符合要求					
	4	管道安装对应位置尺寸		第12.2.11、11.2.12、11.2.13条	符合要求					
	5	管道防腐应符合规范		第11.2.14条	符合要求					
	6	安装允许偏差(mm)			测量值(mm)					
	1)	坐标(mm)	敷设在沟槽内及架空	20	15	10	13	△2.5	8　7	
			埋地	50						
	2)	标高(mm)	敷设在沟槽内及架空	±10	−5	−7	5	6	7　4	
			埋地	±15						
	3)	水平管道纵、横方向弯曲(mm)	每米　管径≤100mm	1	0	1	0	1	0　0	
			每米　管径>100mm	1.5	1	0	1	1	0　1	
			全长(25m以上)　管径≤100mm	≯13						
			全长(25m以上)　管径>100mm	≯25						
	4)	弯管	椭圆率　管径≤100mm	8%						
			椭圆率　管径>100mm	5%						
			折皱不平　管径≤100mm	4						
			折皱不平　管径125～200mm	5						
			折皱不平　管径250～400mm	7						
	7	管道保温允许偏差	厚度	+0.1δ,−0.05δ	3	2	1	2	3　4	
			表面平整度(mm)　卷材	5	3	2	1	3	2　3	
			表面平整度(mm)　涂材	10	8	5	7	5	8　4	

施工单位检查评定结果	专业工长(施工员)	×××	施工班组长	×××
	检查评定合格			
	项目专业质量检查员：　　　　×××　　　　　　　　　　　　　2004年11月10日			
监理(建设)单位验收结论	合格			
	监理工程师：　　　　　　×××　　　　　　　　　　　　　　　2004年11月10日 (建设单位项目专业技术负责人)			

建筑中水系统及游泳池水系统安装工程检验批质量验收记录表

GB50242—2002

单位(子单位)工程名称		××××学院××楼			
分部(子分部)工程名称		建筑给水排水及采暖 (建筑中水系统及游泳池系统)		验收部位	室外
施工单位		××市××建筑有限公司		项目经理	×××
分包单位		××市安装××××公司		分包项目经理	×××
施工执行标准名称及编号		中低压碳素钢管道及柔性连接式铸铁管道安装工艺××—××—××			

		施工质量验收规范规定		施工单位检查评定记录	监理(建设)单位 验收记录
主控项目	1	中水水箱设置	第12.2.1条	符合要求	符合要求
	2	中水给水管道不得装设取水水嘴	第12.2.2条	符合要求	
	3	中水管道严禁与生活饮用水管道连接	第12.2.3条	符合要求	
	4	管道暗装时的要求	第12.2.4条	符合要求	
	5	游泳池给水配件材质	第12.3.1条	符合要求	
	6	游泳池毛发聚集器、过滤网	第12.3.2条	—	
	7	游泳池地面应采取措施防止冲洗排水流入池内	第12.3.3条	—	
一般项目	1	中水管道及配件材质	第12.3.5条	符合要求	符合要求
	2	中水管道与其他管道平行交叉铺设的净距	第12.2.6条	符合要求	
	3	游泳池加药、消毒设备及管材	第12.3.4、12.3.5条	—	

施工单位检查评定结果	专业工长(施工员)	×××	施工班组长	×××
	检查评定合格			
	项目专业质量检查员： ×××		2004年11月18日	

监理(建设)单位验收结论	合格	
	监理工程师： (建设单位项目专业技术负责人) ×××	2004年11月18日

锅炉安装工程检验批质量验收记录表

GB50242—2002

单位(子单位)工程名称					××××学院××楼						
分部(子分部)工程名称					建筑给水排水及采暖(供热锅炉及辅助设备安装)				验收部位		锅炉房	
施工单位					××市××建筑有限公司				项目经理		×××	
分包单位					××市安装××××公司				分包项目经理		×××	
施工执行标准名称及编号					整装锅炉安装工艺××—××—××							

		施工质量验收规范规定				施工单位检查评定记录					监理(建设)单位 验收记录	
主控项目	1	锅炉基础验收		设计要求		符合要求					符合要求	
	2	燃油、燃汽及非承压 锅炉安装		第13.2.2,13.2.3,13.2.4条		符合要求						
	3	锅炉烘炉和试运行		第13.5.1,13.5.2,13.5.3条		符合要求						
	4	排污管和排污阀安装		第13.2.5条		符合要求						
	5	锅炉和省煤器的水压试验		第13.2.6条		符合要求						
	6	机械炉排冷态试运行		第13.2.7条		—						
	7	本体管道焊接		第13.2.8条		符合要求						
一般项目	1	锅炉煮炉		第13.5.4条		符合要求					符合要求	
	2	铸铁省煤器肋片破损数		第13.2.12条		—						
	3	锅炉本体安装的坡度		第13.2.13条		符合要求						
	4	锅炉炉底风室		第13.2.14条		—						
	5	省煤器出入口管道及阀门		第13.2.15条		—						
	6	电动调节阀安装		第13.2.16条		—						
	7	锅炉安装 允许偏差	坐标		10mm	6	5	7	8			
			标高		±5mm	3	−1					
			中心线 垂直度	立式锅炉炉体全高	4mm							
				卧式锅炉炉体全高	3mm	2	1					
	8	链条炉排 安装允许 偏差	炉排中心位置		2mm							
			前后中心线的相对标高差		5mm							
			前轴、后轴的水平度(每米)		1mm							
			墙壁板间两对角线长度之差		5mm							
	9	往复炉排 安装允许 偏差	炉排片 间隙	纵向	1mm							
				两侧	2mm							
			两侧板对角线长度之差		5mm							
	10	省煤器 支架安装 允许偏差	支承架的水平方向位置		3mm							
			支承架的标高		0,−5mm							
			支承架纵横水平度(每米)		1mm							

施工单位检查评定结果	专业工长(施工员)	×××	施工班组长	×××
	检查评定合格 项目专业质量检查员: ××× 2004 年 11 月 10 日			
监理(建设)单位验收结论	合格 监理工程师: (建设单位项目专业技术负责人) ××× 2004 年 11 月 10 日			

锅炉辅助设备安装工程检验批质量验收记录表

GB50242—2002

（Ⅰ）

单位（子单位）工程名称			××××学院××楼			
分部（子分部）工程名称			建筑给水排水及采暖（供热锅炉及辅助设备安装）		验收部位	锅炉房
施工单位			××市××建筑有限公司		项目经理	×××
分包单位			××市安装××××公司		分包项目经理	×××
施工执行标准名称及编号			锅炉辅助设备安装施工××—××—××			

	施工质量验收规范规定			施工单位检查评定记录	监理（建设）单位验收记录
主控项目	1	辅助设备基础验收	设计要求	符合要求	符合要求
	2	风机试运转	第13.3.2条	—	
	3	分汽缸、分水器、集水器水压试验	第13.3.3条	符合要求	
	4	敞口水箱、密闭水箱、满水或压力试验	第13.3.4条	符合要求	
	5	地下直埋油罐气密性试验	第13.3.5条	符合要求	
	6	各种设备的操作通道	第13.3.7条	符合要求	
一般项目	1	斗式提升机安装	第13.3.12条	—	符合要求
	2	风机传动部位安全防护装置	第13.3.13条	符合要求	
	3	手摇泵、注水器安装高度	第13.3.15、13.3.17条	—	
	4	水泵安装及试运转	第13.3.14、13.3.16条	符合要求	
	5	除尘器安装	第13.3.18条	—	
	6	除氧器排汽管	第13.3.19条	符合要求	
	7	软化水设备安装	第13.3.20条	符合要求	
	8	安装允许偏差（mm）		测量值（mm）	
	1)	送、引风机　坐标	10		
		标高	±5		
	2)	各种静置设备　坐标	15		
		标高	±5		
		垂直度（1m）	2		
	3)	离心式水泵　泵体水平度（每米）	0.1	0.05 ⓪.1 0 0.05	
		联轴器同心度　轴向倾斜（每米）	0.8	0.5 0 0.5 0.1 0 0.3 0.2 0.5	
		径向位移	0.1	0.05 0 0.08 0.03 0.05 0.08 0.04 0.06	

	专业工长（施工员）	×××	施工班组长	×××
施工单位检查评定结果	检查评定合格			
	项目专业质量检查员：　　　　×××　　　　　　　　2004年11月15日			
监理（建设）单位验收结论	合格			
	监理工程师：　　　　　　×××　　　　　　　　2004年11月15日 （建设单位项目专业技术负责人）			

锅炉辅助设备安装工程检验批质量验收记录表

GB50242—2002

（Ⅱ）

单位(子单位)工程名称				××××学院××楼					
分部(子分部)工程名称				建筑给水排水及采暖(供热锅炉及辅助设备安装)		验收部位			锅炉房
施工单位				××市××建筑有限公司		项目经理			×××
分包单位				××市安装××××公司		分包项目经理			×××
施工执行标准名称及编号				中低压碳素钢管道及工业管道室外架空安装工艺××—××—××					

		施工质量验收规范规定				施工单位检查评定记录				监理(建设)单位验收记录
主控项目	1	工艺管道水压试验		第13.3.6条		符合要求				符合要求
	2	仪表、阀门的安装		第13.3.8条		符合要求				
	3	管道焊接		第13.3.9条		符合要求				
一般项目	1	管道及设备表面涂漆		第13.3.22条		符合要求				符合要求
	2	安装允许偏差	坐标	架空	15mm	4	2	10	⑮	
				地沟	10mm	7	5	3	8	
			标高	架空	±15mm	−8	6	7	5	
				地沟	±10mm	4	8	7	⑩	
			水平管道纵、横方向弯曲	DN≤100mm（每米）	2‰,最大50mm	1	2	2	0	
				DN>100mm（每米）	3‰,最大70mm	2	0	2	3	
			立管垂直(每米)		2‰,最大15mm	1	1.5	0	1	
			成排管道间距		3mm	2	1	1	0	
			交叉管的外壁或绝热层间距		10mm	7	5	6	4	
	3	管道设备保温	厚度		+0.1δ,−0.05δ	0.1	0	0.05	0	
			表面平整度	卷材	5mm	3	4	0	2	
				涂材	10mm	5	7	8	6	

	专业工长(施工员)	×××	施工班组长	×××
施工单位检查评定结果	检查评定合格 项目专业质量检查员：　　×××		2004 年 11 月 20 日	
监理(建设)单位验收结论	合格 监理工程师：　　　　　××× (建设单位项目专业技术负责人)		2004 年 11 月 20 日	

锅炉安全附件安装工程检验批质量验收记录表

GB50242—2002

单位(子单位)工程名称	××××学院××楼		
分部(子分部)工程名称	建筑给水排水及采暖(供热锅炉及辅助设备安装)	验收部位	锅炉房
施工单位	××市××建筑有限公司	项目经理	×××
分包单位	××市安装××××公司	分包项目经理	×××
施工执行标准名称及编号	整装锅炉安装工艺××—××—××		

施工质量验收规范规定			施工单位检查评定记录	监理(建设)单位验收记录
主控项目	1	锅炉和省煤器安全阀定压	第13.4.1条	符合要求	符合要求
	2	压力表刻度极限、表盘直径	第13.4.2条	符合要求	
	3	水位表安装	第13.4.3条	符合要求	
	4	锅炉的超温、超压及高低水位报警装置	第13.4.4条	符合要求	
	5	安全阀排气和泄水管安装	第13.4.5条	符合要求	
一般项目	1	压力表安装	第13.4.6条	符合要求	符合要求
	2	测压仪表取源部件安装	第13.4.7条	符合要求	
	3	温度计安装	第13.4.8条	符合要求	
	4	压力表与温度计在管道上相对位置	第13.4.9条	符合要求	

施工单位检查评定结果	专业工长(施工员)	×××	施工班组长	×××
	检查评定合格 项目专业质量检查员： ×××			2004 年 11 月 12 日
监理(建设)单位验收结论	合格 监理工程师： ××× (建设单位项目专业技术负责人)			2004 年 11 月 12 日

建筑电气分部(子分部)分项工程所含检验批质量验收记录

架空线路及杆上电气设备安装检验批质量验收记录表

GB50303—2002

060101　　　1

单位(子单位)工程名称			××××学院××楼									
分部(子分部)工程名称			建筑电气(室外电气)					验收部位		室外		
施工单位			××市××建筑有限公司					项目经理		×××		
分包单位			××市安装××××公司					分包项目经理		×××		
施工执行标准名称及编号			电气架空线路安装工艺××—××—××									

施工质量验收规范规定			施工单位检查评定记录								监理(建设)单位验收记录
主控项目	1	变压器中性点的接地及接地电阻值测试	第4.1.3条	符合要求							符合要求
	2	杆上高压电气设备的交接试验	第4.1.4条	符合要求							
	3	杆上低压配电装置和馈电线路的交接试验	第4.1.5条	符合要求							
	4	电杆坑、拉线坑深度允许偏差(mm)	+100，-50	50	60	65	80	70	30	45	60
	5	架空导线的弧垂值允许偏差	±5%	⑤%	4%	3%	4%	2%	4%		
	6	水平排列的同档导线间的弧垂值允许偏差(mm)	±50	45	40	45	㊿	40	35		
一般项目	1	拉线及其绝缘子、金具安装	第4.2.1条	符合要求							符合要求
	2	电杆组立	第4.2.2条	符合要求							
	3	横担及横担的镀锌处理	第4.2.3条	符合要求							
	4	导线架设	第4.2.4条	符合要求							
	5	线路安全距离	第4.2.5条	符合要求							
	6	杆上电气设备安装	第4.2.6条	符合要求							

施工单位检查评定结果	专业工长(施工员)	×××	施工班组长	×××
	检查评定合格			
	项目专业质量检查员：　　　×××　　　　　　　　2004年12月02日			

监理(建设)单位验收结论	合格	
	监理工程师： (建设单位项目专业技术负责人)　　　×××	2004年12月02日

变压器、箱式变电所安装检验批质量验收记录表

GB50303—2002

单位(子单位)工程名称				××××学院××楼		
分部(子分部)工程名称				建筑电气(变配电室)	验收部位	变配电所
施工单位				××市××建筑有限公司	项目经理	×××
分包单位				××市安装××××公司	分包项目经理	×××
施工执行标准名称及编号				10kV及以下变电所电气装置施工工艺		

		施工质量验收规范规定		施工单位检查评定记录	监理(建设)单位验收记录
主控项目	1	变压器安装及外观检查	第5.1.1条	位置正确、附件齐全	符合要求
	2	变压器中性点、箱式变电所N和PE母线的接地连接及支架或框架接地	第5.1.2条	符合要求	
	3	变压器的交接试验	第5.1.3条	符合要求	
	4	箱式变电所及落地配电箱的固定、箱体的接地或接零	第5.1.4条	—	
	5	箱式变电所的交接试验	第5.1.5条	—	
一般项目	1	有载调压开关检查	第5.2.1条	符合要求	符合要求
	2	绝缘件和测温仪表检查	第5.2.2条	符合要求	
	3	装有软件的变压器固定	第5.2.3条	—	
	4	变压器的器身检查	第5.2.4条	—	
	5	箱式变电所内外涂层和通风口检查	第5.2.5条	—	
	6	箱式变电所柜内接线和线路标记	第5.2.6条	—	
	7	装有气体继电器的变压器的坡度	第5.2.7条	—	

施工单位检查评定结果	专业工长(施工员)	×××	施工班组长	×××
	检查评定合格			
	项目专业质量检查员:	×××		2004年11月25日

监理(建设)单位验收结论	合格		
	监理工程师: (建设单位项目专业技术负责人)	×××	2004年11月25日

裸母线、封闭母线、插接式母线安装检验批质量验收记录表

GB50303—2002

单位(子单位)工程名称			××××学院××楼		
分部(子分部)工程名称			建筑电气(变配电室)	验收部位	变配电所
施工单位			××市××建筑有限公司	项目经理	×××
分包单位			××市安装××××公司	分包项目经理	×××
施工执行标准名称及编号			矩型母线及封闭式母线槽安装工艺××—××—××		

		施工质量验收规范规定		施工单位检查评定记录	监理(建设)单位验收记录
主控项目	1	可接近裸露导体的接地或接零	第11.1.1条	符合要求	符合要求
	2	母线与母线、母线与电器接线端子的螺栓搭接	第11.1.2条	符合要求	
	3	封闭、插接式母线的组对连接	第11.1.3条-2,3	符合要求	
	4	室内裸母线的最小安全净距	第11.1.4条	符合要求	
	5	高压母线交流工频耐压试验	第11.1.5条	符合要求	
	6	低压母线交接试验	第11.1.6条	符合要求	
	7	封闭、插接式母线与外壳同心;允许偏差(mm)	±5	3　1　2　⑤　4　4　3	
一般项目	1	母线支架的固定	第11.2.1条	符合要求	符合要求
	2	母线与母线、母线与电器接端子线搭接面处理	第11.2.2条	符合要求	
	3	母线的相序排列及涂色	第11.2.3条	符合要求	
	4	母线在绝缘子上的固定	第11.2.4条	符合要求	
	5	封闭、插接式母线的组装和固定	第11.2.5条	符合要求	

施工单位检查评定结果	专业工长(施工员)	×××	施工班组长	×××
	检查评定合格			
	项目专业质量检查员:　　　　×××　　　　2004 年 10 月 20 日			
监理(建设)单位验收结论	合格			
	监理工程师: (建设单位项目专业技术负责人)　　×××　　　　2004 年 10 月 20 日			

电缆沟内和电缆竖井内电缆敷设检验批质量验收记录表

GB50303—2002

单位(子单位)工程名称			××××学院××楼		
分部(子分部)工程名称			建筑电气(供电干线)	验收部位	强电井
施工单位			××市××建筑有限公司	项目经理	×××
分包单位			××市安装××××公司	分包项目经理	×××
施工执行标准名称及编号			电气设备安装操作规程		
施工质量验收规范规定				施工单位检查评定记录	监理(建设)单位验收记录
主控项目	1	金属电缆支架、电线导管的接地或接零	第13.1.1条	符合要求	符合要求
	2	电缆敷设检查	第13.1.2条	符合要求	
一般项目	1	电缆支架安装	第13.2.1条	符合要求	符合要求
	2	电缆的弯曲半径	第13.2.2条	符合要求	
	3	电缆的敷设固定和防火措施	第13.2.3条	符合要求	
	4	电缆的首端、末端和分支处的标志牌	第13.2.4条	符合要求	
施工单位检查评定结果		专业工长(施工员)	×××	施工班组长	×××
		检查评定合格			
		项目专业质量检查员：　　　　　×××			2004 年 09 月 15 日
监理(建设)单位验收结论		合格			
		监理工程师：　　　　　　　　　　××× (建设单位项目专业技术负责人)			2004 年 09 月 15 日

成套配电柜、控制柜(屏、台)和动力、照明配电箱(盘)安装检验批质量验收记录表

GB50303—2002

(Ⅱ)低压成套柜(屏、台)

单位(子单位)工程名称				××××学院××楼										
分部(子分部)工程名称				建筑电气(电气动力)				验收部位				1F		
施工单位				××市××建筑有限公司				项目经理				×××		
分包单位				××市安装××××公司				分包项目经理				×××		
施工执行标准名称及编号				电气设备安装操作规程										

		施工质量验收规范规定			施工单位检查评定记录									监理(建设)单位验收记录
主控项目	1	金属框架的接地或接零	第6.1.1条		符合要求									符合要求
	2	电击保护和保护导体的截面积	第6.1.2条		符合要求									
	3	抽查式柜的推拉和动、静触头检查	第6.1.3条		—									
	4	成套配电柜的交接试验	第6.1.5条		符合要求									
	5	柜(屏、盘、台等)间线路绝缘电阻值测试	第6.1.6条		符合要求									
	6	柜(屏、盘、台等)间二次回路耐压试验	第6.1.7条		符合要求									
	7	直流屏试验	第6.1.8条		—									
一般项目	1	柜(屏、盘、台等)间或与基础型钢的连接	第6.2.2条		符合要求									符合要求
	2	柜(屏、盘、台等)间接缝、成列安装盘偏差	第6.2.3条		符合要求									
	3	柜(屏、盘、台等)内部检查试验	第6.2.4条		符合要求									
	4	低压电器组合	第6.2.5条		—									
	5	柜(屏、盘、台等)间配线	第6.2.6条		符合要求									
	6	柜(台)与其面板间可动位的配线	第6.2.7条		符合要求									
	7	型钢安装允许偏差	不直度(mm/m)	≤1	0.7	0	0.6	0	0.5	0				
			水平度(mm/全长)	≤5	4	3								
			不平行度(mm/全长)	≤5	3	2								
	8	垂直度允许偏差	≤1.5‰	1	0	⑴⑸	1	1	0	1	1	0	1	

施工单位检查评定结果	专业工长(施工员)		×××	施工班组长	×××
	检查评定合格				
	项目专业质量检查员：	×××			2004 年 07 月 06 日
监理(建设)单位验收结论	合格				
	监理工程师：(建设单位项目专业技术负责人)	×××			2004 年 07 月 06 日

334

成套配电柜、控制柜(屏、台)和动力、照明配电箱(盘)安装检验批质量验收记录表

GB50303—2002

（Ⅱ）低压成套柜(屏、台)

单位(子单位)工程名称			××××学院××楼									
分部(子分部)工程名称			建筑电气(电气动力)					验收部位		2F		
施工单位			××市××建筑有限公司					项目经理		×××		
分包单位			××市安装××××公司					分包项目经理		×××		
施工执行标准名称及编号			电气设备安装操作规程									

		施工质量验收规范规定		施工单位检查评定记录								监理(建设)单位验收记录
主控项目	1	金属框架的接地或接零	第6.1.1条	符合要求								符合要求
	2	电击保护和保护导体的截面积	第6.1.2条	符合要求								
	3	抽查式柜的推拉和动、静触头检查	第6.1.3条	—								
	4	成套配电柜的交接试验	第6.1.5条	符合要求								
	5	柜(屏、盘、台等)间线路绝缘电阻值测试	第6.1.6条	符合要求								
	6	柜(屏、盘、台等)间二次回路耐压试验	第6.1.7条	符合要求								
	7	直流屏试验	第6.1.8条	—								
一般项目	1	柜(屏、盘、台等)间或与基础型钢的连接	第6.2.2条	符合要求								符合要求
	2	柜(屏、盘、台等)间接缝、成列安装盘偏差	第6.2.3条	符合要求								
	3	柜(屏、盘、台等)内部检查试验	第6.2.4条	符合要求								
	4	低压电器组合	第6.2.5条	—								
	5	柜(屏、盘、台等)间配线	第6.2.6条	符合要求								
	6	柜(台)与其面板间可动位的配线	第6.2.7条	符合要求								
	7	型钢安装允许偏差 不直度(mm/m)	≤1	0	0							
		水平度(mm/全长)	≤5	3	2							
		不平行度(mm/全长)	≤5	2	4							
	8	垂直度允许偏差	≤1.5‰	1	0							

施工单位检查评定结果	专业工长(施工员)	×××		施工班组长	×××
	检查评定合格				
	项目专业质量检查员：　　　×××			2004年07月06日	

监理(建设)单位验收结论	合格	
	监理工程师：　　　　　　　　　××× (建设单位项目专业技术负责人)	2004年07月06日

成套配电柜、控制柜(屏、台)和动力、照明配电箱(盘) 安装检验批质量验收记录表

GB50303—2002

(Ⅱ)低压成套柜(屏、台)

060401　　3

单位(子单位)工程名称			××××学院××楼		
分部(子分部)工程名称			建筑电气(电气动力)	验收部位	3F
施工单位			××市××建筑有限公司	项目经理	×××
分包单位			××市安装××××公司	分包项目经理	×××
施工执行标准名称及编号			电气设备安装操作规程		

		施工质量验收规范规定		施工单位检查评定记录	监理(建设)单位验收记录
主控项目	1	金属框架的接地或接零	第6.1.1条	符合要求	符合要求
	2	电击保护和保护导体的截面积	第6.1.2条	符合要求	
	3	抽查式柜的推拉和动、静触头检查	第6.1.3条	—	
	4	成套配电柜的交接试验	第6.1.5条	符合要求	
	5	柜(屏、盘、台等)间线路绝缘电阻值测试	第6.1.6条	符合要求	
	6	柜(屏、盘、台等)间二次回路耐压试验	第6.1.7条	符合要求	
	7	直流屏试验	第6.1.8条	—	
一般项目	1	柜(屏、盘、台等)间或与基础型钢的连接	第6.2.2条	符合要求	符合要求
	2	柜(屏、盘、台等)间接缝、成列安装盘偏差	第6.2.3条	符合要求	
	3	柜(屏、盘、台等)内部检查试验	第6.2.4条	符合要求	
	4	低压电器组合	第6.2.5条	—	
	5	柜(屏、盘、台等)间配线	第6.2.6条	符合要求	
	6	柜(台)与其面板间可动位的配线	第6.2.7条	符合要求	
	7	型钢安装允许偏差 不直度(mm/m)	≤1	0　0	
		水平度(mm/全长)	≤5	3　2	
		不平行度(mm/全长)	≤5	2　3	
	8	垂直度允许偏差	≤1.5‰	1　1	

施工单位检查评定结果	专业工长(施工员) ××× 施工班组长 ×××
	检查评定合格
	项目专业质量检查员：　×××　　　　　　　　2004年07月06日
监理(建设)单位验收结论	合格
	监理工程师：　××× (建设单位项目专业技术负责人)　　　2004年07月06日

成套配电柜、控制柜(屏、台)和动力、照明配电箱(盘)安装检验批质量验收记录表

GB50303—2002

(Ⅱ) 低压成套柜(屏、台)

单位(子单位)工程名称				××××学院××楼										
分部(子分部)工程名称				建筑电气(电气动力)				验收部位			4F			
施工单位				××市××建筑有限公司				项目经理			×××			
分包单位				××市安装××××公司				分包项目经理			×××			
施工执行标准名称及编号				电气设备安装操作规程										

		施工质量验收规范规定			施工单位检查评定记录									监理(建设)单位验收记录
主控项目	1	金属框架的接地或接零		第6.1.1条	符合要求									符合要求
	2	电击保护和保护导体的截面积		第6.1.2条	符合要求									
	3	抽查式柜的推拉和动、静触头检查		第6.1.3条	—									
	4	成套配电柜的交接试验		第6.1.5条	符合要求									
	5	柜(屏、盘、台等)间线路绝缘电阻值测试		第6.1.6条	符合要求									
	6	柜(屏、盘、台等)间二次回路耐压试验		第6.1.7条	符合要求									
	7	直流屏试验		第6.1.8条	—									
一般项目	1	柜(屏、盘、台等)间或与基础型钢的连接		第6.2.2条	符合要求									符合要求
	2	柜(屏、盘、台等)间接缝、成列安装盘偏差		第6.2.3条	符合要求									
	3	柜(屏、盘、台等)内部检查试验		第6.2.4条	符合要求									
	4	低压电器组合		第6.2.5条	—									
	5	柜(屏、盘、台等)间配线		第6.2.6条	符合要求									
	6	柜(台)与其面板间可动位的配线		第6.2.7条	符合要求									
	7	型钢安装允许偏差	不直度(mm/m)	≤1	0	0	0	0						
			水平度(mm/全长)	≤5	3	4	3	4						
			不平行度(mm/全长)	≤5	3	2	⑤	2						
	8	垂直度允许偏差		≤1.5‰	0	0	1	①.5	1	1	1	0	0	1

施工单位检查评定结果	专业工长(施工员)	×××	施工班组长	×××
	检查评定合格 项目专业质量检查员:　×××			2004年07月06日
监理(建设)单位验收结论	合格 监理工程师: (建设单位项目专业技术负责人)　×××			2004年07月06日

低压电动机、电加热器及电动执行机构
检查接线检验批质量验收记录表

GB50303—2002

单位(子单位)工程名称			××××学院××楼			
分部(子分部)工程名称			建筑电气(电气动力)		验收部位	1F
施工单位			××市××建筑有限公司		项目经理	×××
分包单位			××市安装××××公司		分包项目经理	×××
施工执行标准名称及编号			交流电动机检查和接线试运行工艺××—××—××			
施工质量验收规范规定				施工单位检查评定记录	监理(建设)单位验收记录	
主控项目	1	可接近的裸露导体接地或接零	第7.1.1条	符合要求	符合要求	
	2	绝缘电阻值测试	第7.1.2条	符合要求		
	3	100kW以上的电动机直流电阻测试	第7.1.3条	—		
一般项目	1	设备安装和防水防潮处理检查情况	第7.2.1条	符合要求	符合要求	
	2	电动机抽芯检查前的条件确认	第7.2.2条	—		
	3	电动机的抽芯检查	第7.2.3条	—		
	4	接线盒内裸露导线的距离,防护措施	第7.2.4条	符合要求		
施工单位检查评定结果		专业工长(施工员)	×××	施工班组长	×××	
		检查评定合格				
		项目专业质量检查员: ×××			2004年09月10日	
监理(建设)单位验收结论		合格				
		监理工程师: (建设单位项目专业技术负责人) ×××			2004年09月10日	

低压电动机、电加热器及电动执行机构
检查接线检验批质量验收记录表

GB50303—2002

单位(子单位)工程名称		××××学院××楼		
分部(子分部)工程名称		建筑电气(电气动力)	验收部位	2F
施工单位		××市××建筑有限公司	项目经理	×××
分包单位		××市安装××××公司	分包项目经理	×××
施工执行标准名称及编号		交流电动机检查和接线试运行工艺××—××—××		

		施工质量验收规范规定		施工单位检查评定记录	监理(建设)单位 验收记录
主控项目	1	可接近的裸露导体接地或接零	第7.1.1条	符合要求	符合要求
	2	绝缘电阻值测试	第7.1.2条	符合要求	
	3	100kW以上的电动机直流电阻测试	第7.1.3条	—	
一般项目	1	设备安装和防水防潮处理检查情况	第7.2.1条	符合要求	符合要求
	2	电动机抽芯检查前的条件确认	第7.2.2条	—	
	3	电动机的抽芯检查	第7.2.3条	—	
	4	接线盒内裸露导线的距离,防护措施	第7.2.4条	符合要求	

施工单位检查评定结果	专业工长(施工员)	×××	施工班组长	×××
	检查评定合格			
	项目专业质量检查员: ×××			2004年09月10日
监理(建设)单位验收结论	合格			
	监理工程师: (建设单位项目专业技术负责人) ×××			2004年09月10日

低压电动机、电加热器及电动执行机构
检查接线检验批质量验收记录表

GB50303—2002

单位(子单位)工程名称			××××学院××楼		
分部(子分部)工程名称			建筑电气(电气动力)	验收部位	3F
施工单位			××市××建筑有限公司	项目经理	×××
分包单位			××市安装××××公司	分包项目经理	×××
施工执行标准名称及编号			交流电动机检查和接线试运行工艺××—××—××		

		施工质量验收规范规定		施工单位检查评定记录	监理(建设)单位 验收记录
主控项目	1	可接近的裸露导体接地或接零	第7.1.1条	符合要求	符合要求
	2	绝缘电阻值测试	第7.1.2条	符合要求	
	3	100kW 以上的电动机直流电阻测试	第7.1.3条	—	
一般项目	1	设备安装和防水防潮处理检查情况	第7.2.1条	符合要求	符合要求
	2	电动机抽芯检查前的条件确认	第7.2.2条	—	
	3	电动机的抽芯检查	第7.2.3条	—	
	4	接线盒内裸露导线的距离,防护措施	第7.2.4条	符合要求	

施工单位检查评定结果	专业工长(施工员)	×××	施工班组长	×××
	检查评定合格			
	项目专业质量检查员:　×××			2004 年 09 月 10 日
监理(建设)单位验收结论	合格			
	监理工程师: (建设单位项目专业技术负责人)　×××			2004 年 09 月 10 日

低压电动机、电加热器及电动执行机构
检查接线检验批质量验收记录表

GB50303—2002

060402   4

单位(子单位)工程名称			××××学院××楼		
分部(子分部)工程名称			建筑电气(电气动力)	验收部位	4F
施工单位			××市××建筑有限公司	项目经理	×××
分包单位			××市安装××××公司	分包项目经理	×××
施工执行标准名称及编号			交流电动机检查和接线试运行工艺××—××—××		

		施工质量验收规范规定		施工单位检查评定记录	监理(建设)单位验收记录
主控项目	1	可接近的裸露导体接地或接零	第7.1.1条	符合要求	符合要求
	2	绝缘电阻值测试	第7.1.2条	符合要求	
	3	100kW以上的电动机直流电阻测试	第7.1.3条	—	
一般项目	1	设备安装和防水防潮处理检查情况	第7.2.1条	符合要求	符合要求
	2	电动机抽芯检查前的条件确认	第7.2.2条	—	
	3	电动机的抽芯检查	第7.2.3条	—	
	4	接线盒内裸露导线的距离,防护措施	第7.2.4条	符合要求	

施工单位检查评定结果	专业工长(施工员)	×××	施工班组长	×××
	检查评定合格			
	项目专业质量检查员: ×××			2004年09月10日
监理(建设)单位验收结论	合格			
	监理工程师: ××× (建设单位项目专业技术负责人)			2004年09月10日

低压电气动力设备试验和试运行检验批质量验收记录表

GB50303—2002

单位(子单位)工程名称		××××学院××楼		
分部(子分部)工程名称		建筑电气(电气动力)	验收部位	1F
施工单位		××市××建筑有限公司	项目经理	×××
分包单位		××市安装××××公司	分包项目经理	×××
施工执行标准名称及编号		交流电动机检查和接线试运行工艺××—××—××		

		施工质量验收规范规定		施工单位检查评定记录	监理(建设)单位验收记录
主控项目	1	试运行前,相关电气设备和线路的试验	第10.1.1条	符合要求	符合要求
	2	现场单独安装的低压电器交接试验	第10.1.2条	符合要求	
一般项目	1	运行电压、电流及其指示仪表检查	第10.2.1条	符合要求	符合要求
	2	电动机试通电检查	第10.2.2条	符合要求	
	3	交流电动机空载起动及运行状态记录	第10.2.3条	符合要求	
	4	大容量(630A及以上)电线或母线连接处的温升检查	第10.2.4条	—	
	5	电动执行机构的动作方向及指示检查	第10.2.5条	—	

施工单位检查评定结果	专业工长(施工员)	×××	施工班组长	×××
	检查评定合格			
	项目专业质量检查员：×××			2004年09月17日

监理(建设)单位验收结论	合格	
	监理工程师： (建设单位项目专业技术负责人) ×××	2004年09月17日

低压电气动力设备试验和试运行检验批质量验收记录表

GB50303—2002

单位(子单位)工程名称		××××学院××楼		
分部(子分部)工程名称		建筑电气(电气动力)	验收部位	2F
施工单位		××市××建筑有限公司	项目经理	×××
分包单位		××市安装××××公司	分包项目经理	×××
施工执行标准名称及编号		交流电动机检查和接线试运行工艺××—××—××		

		施工质量验收规范规定		施工单位检查评定记录	监理(建设)单位验收记录
主控项目	1	试运行前,相关电气设备和线路的试验	第10.1.1条	符合要求	符合要求
	2	现场单独安装的低压电器交接试验	第10.1.2条	符合要求	
一般项目	1	运行电压、电流及其指示仪表检查	第10.2.1条	符合要求	符合要求
	2	电动机试通电检查	第10.2.2条	符合要求	
	3	交流电动机空载起动及运行状态记录	第10.2.3条	符合要求	
	4	大容量(630A 及以上)电线或母线连接处的温升检查	第10.2.4条	—	
	5	电动执行机构的动作方向及指示检查	第10.2.5条	—	

施工单位检查评定结果	专业工长(施工员)	×××	施工班组长	×××
	检查评定合格			
	项目专业质量检查员: ×××			2004 年 09 月 17 日
监理(建设)单位验收结论	合格			
	监理工程师: ××× (建设单位项目专业技术负责人)			2004 年 09 月 17 日

低压电气动力设备试验和试运行检验批质量验收记录表

GB50303—2002

060403　　　3

单位(子单位)工程名称			××××学院××楼		
分部(子分部)工程名称			建筑电气(电气动力)	验收部位	3F
施工单位			××市××建筑有限公司	项目经理	×××
分包单位			××市安装××××公司	分包项目经理	×××
施工执行标准名称及编号			交流电动机检查和接线试运行工艺××—××—××		
		施工质量验收规范规定		施工单位检查评定记录	监理(建设)单位验收记录
主控项目	1	试运行前,相关电气设备和线路的试验	第10.1.1条	符合要求	符合要求
	2	现场单独安装的低压电器交接试验	第10.1.2条	符合要求	
一般项目	1	运行电压、电流及其指示仪表检查	第10.2.1条	符合要求	符合要求
	2	电动机试通电检查	第10.2.2条	符合要求	
	3	交流电动机空载起动及运行状态记录	第10.2.3条	符合要求	
	4	大容量(630A及以上)电线或母线连接处的温升检查	第10.2.4条	—	
	5	电动执行机构的动作方向及指示检查	第10.2.5条	—	

施工单位检查评定结果	专业工长(施工员)	×××	施工班组长	×××
	检查评定合格 项目专业质量检查员：　　　×××　　　　　　　　　　　2004年09月17日			

监理(建设)单位验收结论	合格 监理工程师：　　　×××　　　　　　　　　　　2004年09月17日 (建设单位项目专业技术负责人)

— 344 —

低压电气动力设备试验和试运行检验批质量验收记录表

GB50303—2002

单位(子单位)工程名称		××××学院××楼		
分部(子分部)工程名称		建筑电气(电气动力)	验收部位	4F
施工单位		××市××建筑有限公司	项目经理	×××
分包单位		××市安装××××公司	分包项目经理	×××
施工执行标准名称及编号		交流电动机检查和接线试运行工艺××—××—××		

		施工质量验收规范规定		施工单位检查评定记录	监理(建设)单位验收记录
主控项目	1	试运行前,相关电气设备和线路的试验	第10.1.1条	符合要求	符合要求
	2	现场单独安装的低压电器交接试验	第10.1.2条	符合要求	
一般项目	1	运行电压、电流及其指示仪表检查	第10.2.1条	符合要求	符合要求
	2	电动机试通电检查	第10.2.2条	符合要求	
	3	交流电动机空载起动及运行状态记录	第10.2.3条	符合要求	
	4	大容量(630A及以上)电线或母线连接处的温升检查	第10.2.4条	—	
	5	电动执行机构的动作方向及指示检查	第10.2.5条	—	

施工单位检查评定结果	专业工长(施工员)	×××	施工班组长	×××
	检查评定合格			
	项目专业质量检查员:	×××		2004 年 09 月 17 日

监理(建设)单位验收结论	合格		
	监理工程师: (建设单位项目专业技术负责人)	×××	2004 年 09 月 17 日

— 345 —

电缆桥架安装和桥架内电缆敷设检验批质量验收记录表

GB50303—2002

单位(子单位)工程名称			××××学院××楼		
分部(子分部)工程名称			建筑电气(电气动力)	验收部位	1F
施工单位			××市××建筑有限公司	项目经理	×××
分包单位			××市安装××××公司	分包项目经理	×××
施工执行标准名称及编号			钢制电缆桥架安装工艺××—××—××		

		施工质量验收规范规定		施工单位检查评定记录	监理(建设)单位验收记录
主控项目	1	金属电缆桥架、支架和引入、引出的金属导管的接地或接零	第12.1.1条	接地可靠	符合要求
	2	电缆敷设检查	第12.1.2条	电缆无缺陷	
一般项目	1	电缆桥架检查	第12.2.1条	符合要求	符合要求
	2	桥架内电缆敷设和固定	第12.2.2条	符合要求	
	3	电缆的首端、末端和分支处的标志牌	第12.2.3条	符合要求	

施工单位检查评定结果	专业工长(施工员)	×××	施工班组长	×××
	检查评定合格			
	项目专业质量检查员：	×××		2004年08月25日

监理(建设)单位验收结论	合格		
	监理工程师： (建设单位项目专业技术负责人)	×××	2004年08月25日

电线导管、电缆导管和线槽敷设检验批质量验收记录表

GB50303—2002

（Ⅰ）室内

单位(子单位)工程名称		××××学院××楼			
分部(子分部)工程名称		建筑电气(电气照明安装)		验收部位	1F
施工单位		××市××建筑有限公司		项目经理	×××
分包单位		××市安装××××公司		分包项目经理	×××
施工执行标准名称及编号		电气明配钢管施工工艺××—××—××			
施工质量验收规范规定				施工单位检查评定记录	监理(建设)单位验收记录
主控项目	1	金属导管、金属线槽的接地或接零	第14.1.1条	符合要求	符合要求
	2	金属导管的连接	第14.1.2条	符合要求	
	3	防爆导管的连接	第14.1.3条	—	
	4	绝缘导管在砌体剔槽埋设	第14.1.4条	—	
一般项目	1	电缆导管的弯曲半径	第14.2.3条	符合要求	符合要求
	2	金属导管的防腐	第14.2.4条	符合要求	
	3	柜、台、箱、盘内导管管口高度	第14.2.5条	—	
	4	暗配管的埋设深度,明配管的固定	第14.2.6条	符合要求	
	5	线槽固定及外观检查	第14.2.7条	符合要求	
	6	防爆导管的连接、接地、固定和防腐	第14.2.8条	符合要求	
	7	绝缘导管的连接和保护	第14.2.9条	—	
	8	柔性导管的长度、连接和接地	第14.2.10条	符合要求	
	9	导管和线槽在建筑物变形缝处的处理	第14.2.11条	—	
施工单位检查评定结果	专业工长(施工员)		×××	施工班组长	×××
	检查评定合格　　项目专业质量检查员：　　　　　　　　　×××　　　　　　　2004 年 06 月 25 日				
监理(建设)单位验收结论	合格　　监理工程师：　　　　　　　　　×××　　　　　　　2004 年 06 月 25 日　　(建设单位项目专业技术负责人)				

电线导管、电缆导管和线槽敷设检验批质量验收记录表

GB50303—2002

（Ⅰ）室内

060304
060405
060502
060605　　2

单位(子单位)工程名称		××××学院××楼			
分部(子分部)工程名称		建筑电气(电气照明安装)		验收部位	2F
施工单位		××市××建筑有限公司		项目经理	×××
分包单位		××市安装××××公司		分包项目经理	×××
施工执行标准名称及编号		电气明配钢管施工工艺××—××—××			

		施工质量验收规范规定		施工单位检查评定记录	监理(建设)单位验收记录
主控项目	1	金属导管、金属线槽的接地或接零	第14.1.1条	符合要求	符合要求
	2	金属导管的连接	第14.1.2条	符合要求	
	3	防爆导管的连接	第14.1.3条	—	
	4	绝缘导管在砌体剔槽埋设	第14.1.4条	—	
一般项目	1	电缆导管的弯曲半径	第14.2.3条	符合要求	符合要求
	2	金属导管的防腐	第14.2.4条	符合要求	
	3	柜、台、箱、盘内导管管口高度	第14.2.5条	—	
	4	暗配管的埋设深度,明配管的固定	第14.2.6条	符合要求	
	5	线槽固定及外观检查	第14.2.7条	符合要求	
	6	防爆导管的连接、接地、固定和防腐	第14.2.8条	—	
	7	绝缘导管的连接和保护	第14.2.9条	—	
	8	柔性导管的长度、连接和接地	第14.2.10条	符合要求	
	9	导管和线槽在建筑物变形缝处的处理	第14.2.11条	—	

施工单位检查评定结果	专业工长(施工员)		×××	施工班组长	×××
	检查评定合格				
	项目专业质量检查员:		×××		2004 年 06 月 25 日

监理(建设)单位验收结论	合格		
	监理工程师: (建设单位项目专业技术负责人)	×××	2004 年 06 月 25 日

— 348 —

电线导管、电缆导管和线槽敷设检验批质量验收记录表

GB50303—2002

（Ⅰ）室内

单位(子单位)工程名称			××××学院××楼		
分部(子分部)工程名称			建筑电气(电气照明安装)	验收部位	3F
施工单位			××市××建筑有限公司	项目经理	×××
分包单位			××市安装××××公司	分包项目经理	×××
施工执行标准名称及编号			电气明配钢管施工工艺××—××—××		
施工质量验收规范规定				施工单位检查评定记录	监理(建设)单位验收记录
主控项目	1	金属导管、金属线槽的接地或接零	第14.1.1条	符合要求	符合要求
	2	金属导管的连接	第14.1.2条	符合要求	
	3	防爆导管的连接	第14.1.3条	—	
	4	绝缘导管在砌体剔槽埋设	第14.1.4条		
一般项目	1	电缆导管的弯曲半径	第14.2.3条	符合要求	符合要求
	2	金属导管的防腐	第14.2.4条	符合要求	
	3	柜、台、箱、盘内导管管口高度	第14.2.5条	—	
	4	暗配管的埋设深度,明配管的固定	第14.2.6条	符合要求	
	5	线槽固定及外观检查	第14.2.7条	符合要求	
	6	防爆导管的连接、接地、固定和防腐	第14.2.8条		
	7	绝缘导管的连接和保护	第14.2.9条	—	
	8	柔性导管的长度、连接和接地	第14.2.10条	符合要求	
	9	导管和线槽在建筑物变形缝处的处理	第14.2.11条	—	
施工单位检查评定结果		专业工长(施工员)	×××	施工班组长	×××
		检查评定合格			
		项目专业质量检查员：　　　×××			2004 年 06 月 25 日
监理(建设)单位验收结论		合格			
		监理工程师：　　　　　　　××× (建设单位项目专业技术负责人)			2004 年 06 月 25 日

电线导管、电缆导管和线槽敷设检验批质量验收记录表

GB50303—2002
（Ⅰ）室内

单位(子单位)工程名称		×××学院××楼		
分部(子分部)工程名称		建筑电气(电气照明安装)	验收部位	4F
施工单位		××市××建筑有限公司	项目经理	×××
分包单位		××市安装××××公司	分包项目经理	×××
施工执行标准名称及编号		电气明配钢管施工工艺××—××—××		

		施工质量验收规范规定		施工单位检查评定记录	监理(建设)单位验收记录
主控项目	1	金属导管、金属线槽的接地或接零	第14.1.1条	符合要求	符合要求
	2	金属导管的连接	第14.1.2条	符合要求	
	3	防爆导管的连接	第14.1.3条	—	
	4	绝缘导管在砌体剔槽埋设	第14.1.4条		
一般项目	1	电缆导管的弯曲半径	第14.2.3条	符合要求	符合要求
	2	金属导管的防腐	第14.2.4条	符合要求	
	3	柜、台、箱、盘内导管管口高度	第14.2.5条	—	
	4	暗配管的埋设深度,明配管的固定	第14.2.6条	符合要求	
	5	线槽固定及外观检查	第14.2.7条	符合要求	
	6	防爆导管的连接、接地、固定和防腐	第14.2.8条	符合要求	
	7	绝缘导管的连接和保护	第14.2.9条	—	
	8	柔性导管的长度、连接和接地	第14.2.10条	符合要求	
	9	导管和线槽在建筑物变形缝处的处理	第14.2.11条		

施工单位检查评定结果	专业工长(施工员)	×××	施工班组长	×××
	检查评定合格			
	项目专业质量检查员: ×××			2004年06月25日

监理(建设)单位验收结论	合格	
	监理工程师: (建设单位项目专业技术负责人) ×××	2004年06月25日

电线、电缆穿管和线槽线检验批质量验收记录表

GB50303—2002

单位(子单位)工程名称		××××学院××楼		
分部(子分部)工程名称		建筑电气(电气动力)	验收部位	1F
施工单位		××市××建筑有限公司	项目经理	×××
分包单位		××市安装××××公司	分包项目经理	×××
施工执行标准名称及编号		电气设备安装操作规程		

		施工质量验收规范规定		施工单位检查评定记录	监理(建设)单位验收记录
主控项目	1	交流单芯电缆不得单独穿于钢导管内	第15.1.1条	—	符合要求
	2	电线穿管	第15.1.2条	符合要求	
	3	爆炸危险环境照明线路的电线、电缆选用和穿管	第15.1.3条	—	
一般项目	1	电线、电缆管内清扫和管口处理	第15.2.1条	符合要求	符合要求
	2	同一建筑物、构筑物内电线绝缘层颜色的选择	第15.2.2条	符合要求	
	3	线槽敷线	第15.2.3条	符合要求	

施工单位检查评定结果	专业工长(施工员)	×××	施工班组长	×××
	检查评定合格 项目专业质量检查员：×××			2004 年 07 月 25 日
监理(建设)单位验收结论	合格 监理工程师：××× (建设单位项目专业技术负责人)			2004 年 07 月 25 日

电线、电缆穿管和线槽线检验批质量验收记录表

GB50303—2002

单位(子单位)工程名称		××××学院××楼		
分部(子分部)工程名称		建筑电气(电气动力)	验收部位	2F
施工单位		××市××建筑有限公司	项目经理	×××
分包单位		××市安装××××公司	分包项目经理	×××
施工执行标准名称及编号		电气设备安装操作规程		
		施工质量验收规范规定	施工单位检查评定记录	监理(建设)单位验收记录
主控项目	1	交流单芯电缆不得单独穿于钢导管内	第15.1.1条 —	符合要求
	2	电线穿管	第15.1.2条 符合要求	
	3	爆炸危险环境照明线路的电线、电缆选用和穿管	第15.1.3条 —	
一般项目	1	电线、电缆管内清扫和管口处理	第15.2.1条 符合要求	符合要求
	2	同一建筑物、构筑物内电线绝缘层颜色的选择	第15.2.2条 符合要求	
	3	线槽敷线	第15.2.3条 符合要求	
施工单位检查评定结果		专业工长(施工员) ××× 施工班组长 ×××		
		检查评定合格		
		项目专业质量检查员: ×××		2004年07月25日
监理(建设)单位验收结论		合格		
		监理工程师: (建设单位项目专业技术负责人) ×××		2004年07月25日

电线、电缆穿管和线槽线检验批质量验收记录表

GB50303—2002

单位(子单位)工程名称		××××学院××楼		
分部(子分部)工程名称		建筑电气(电气动力)	验收部位	3F
施工单位		××市××建筑有限公司	项目经理	×××
分包单位		××市安装××××公司	分包项目经理	×××
施工执行标准名称及编号		电气设备安装操作规程		

		施工质量验收规范规定		施工单位检查评定记录	监理(建设)单位验收记录
主控项目	1	交流单芯电缆不得单独穿于钢导管内	第15.1.1条	—	符合要求
	2	电线穿管	第15.1.2条	符合要求	
	3	爆炸危险环境照明线路的电线、电缆选用和穿管	第15.1.3条	—	
一般项目	1	电线、电缆管内清扫和管口处理	第15.2.1条	符合要求	符合要求
	2	同一建筑物、构筑物内电线绝缘层颜色的选择	第15.2.2条	符合要求	
	3	线槽敷线	第15.2.3条	符合要求	

施工单位检查评定结果	专业工长(施工员)		×××	施工班组长	×××
	检查评定合格				
	项目专业质量检查员：　　　　　×××　　　　　2004年07月25日				
监理(建设)单位验收结论	合格				
	监理工程师： (建设单位项目专业技术负责人)　　　×××　　　　　2004年07月25日				

电线、电缆穿管和线槽线检验批质量验收记录表

GB50303—2002

060105
060305
060406
060503
060606   4

单位(子单位)工程名称			××××学院××楼		
分部(子分部)工程名称			建筑电气(电气动力)	验收部位	4F
施工单位			××市××建筑有限公司	项目经理	×××
分包单位			××市安装××××公司	分包项目经理	×××
施工执行标准名称及编号			电气设备安装操作规程		
施工质量验收规范规定				施工单位检查评定记录	监理(建设)单位验收记录
主控项目	1	交流单芯电缆不得单独穿于钢导管内	第15.1.1条	—	符合要求
	2	电线穿管	第15.1.2条	符合要求	
	3	爆炸危险环境照明线路的电线、电缆选用和穿管	第15.1.3条	—	
一般项目	1	电线、电缆管内清扫和管口处理	第15.2.1条	符合要求	符合要求
	2	同一建筑物、构筑物内电线绝缘层颜色的选择	第15.2.2条	符合要求	
	3	线槽敷线	第15.2.3条	符合要求	
施工单位检查评定结果		专业工长(施工员)	×××	施工班组长	×××
		检查评定合格			
		项目专业质量检查员：×××			2004年07月25日
监理(建设)单位验收结论		合格			
		监理工程师：(建设单位项目专业技术负责人) ×××			2004年07月25日

电缆头制作、接线和线路绝缘测试检验批质量验收记录表

GB50303—2002

单位(子单位)工程名称			××××学院××楼		
分部(子分部)工程名称			建筑电气(电气动力)	验收部位	1F
施工单位			××市××建筑有限公司	项目经理	×××
分包单位			××市安装××××公司	分包项目经理	×××
施工执行标准名称及编号			电缆施工工艺××—××—××		

		施工质量验收规范规定		施工单位检查评定记录	监理(建设)单位验收记录
主控项目	1	高压电力电缆直流耐压试验	第18.1.1条	—	符合要求
	2	低压电线和电缆绝缘电阻测试	第18.1.2条	符合要求	
	3	铠装电力电缆头的接地线	第18.1.3条	—	
	4	电线、电缆接线	第18.1.4条	符合要求	
一般项目	1	芯线与电器设备的连接	第18.2.1条	符合要求	符合要求
	2	电线、电缆的芯线连接金具	第18.2.2条	符合要求	
	3	电线、电缆回路标记、编号	第18.2.3条	符合要求	

施工单位检查评定结果	专业工长(施工员)	×××	施工班组长	×××
	检查评定合格			
	项目专业质量检查员：　×××			2004 年 08 月 12 日
监理(建设)单位验收结论	合格			
	监理工程师：　×××			2004 年 08 月 12 日
	(建设单位项目专业技术负责人)			

电缆头制作、接线和线路绝缘测试检验批质量验收记录表

GB50303—2002

单位(子单位)工程名称		××××学院××楼		
分部(子分部)工程名称		建筑电气(电气动力)	验收部位	2F
施工单位		××市××建筑有限公司	项目经理	×××
分包单位		××市安装××××公司	分包项目经理	×××
施工执行标准名称及编号		电缆施工工艺××—××—××		

		施工质量验收规范规定		施工单位检查评定记录	监理(建设)单位验收记录
主控项目	1	高压电力电缆直流耐压试验	第18.1.1条	—	符合要求
	2	低压电线和电缆绝缘电阻测试	第18.1.2条	符合要求	
	3	铠装电力电缆头的接地线	第18.1.3条	—	
	4	电线、电缆接线	第18.1.4条	符合要求	
一般项目	1	芯线与电器设备的连接	第18.2.1条	符合要求	符合要求
	2	电线、电缆的芯线连接金具	第18.2.2条	符合要求	
	3	电线、电缆回路标记、编号	第18.2.3条	符合要求	

施工单位检查评定结果	专业工长(施工员)	×××	施工班组长	×××
	检查评定合格			
	项目专业质量检查员： ×××			2004 年 08 月 12 日

监理(建设)单位验收结论	合格		
	监理工程师： (建设单位项目专业技术负责人)	×××	2004 年 08 月 12 日

电缆头制作、接线和线路绝缘测试检验批质量验收记录表

GB50303—2002

060106	060407
060205	060506
060306	060607 3

单位(子单位)工程名称	××××学院××楼		
分部(子分部)工程名称	建筑电气(电气动力)	验收部位	3F
施工单位	××市××建筑有限公司	项目经理	×××
分包单位	××市安装××××公司	分包项目经理	×××
施工执行标准名称及编号	电缆施工工艺××—××—××		

		施工质量验收规范规定		施工单位检查评定记录	监理(建设)单位验收记录
主控项目	1	高压电力电缆直流耐压试验	第18.1.1条	—	符合要求
	2	低压电线和电缆绝缘电阻测试	第18.1.2条	符合要求	
	3	铠装电力电缆头的接地线	第18.1.3条	—	
	4	电线、电缆接线	第18.1.4条	符合要求	
一般项目	1	芯线与电器设备的连接	第18.2.1条	符合要求	符合要求
	2	电线、电缆的芯线连接金具	第18.2.2条	符合要求	
	3	电线、电缆回路标记、编号	第18.2.3条	符合要求	

施工单位检查评定结果	专业工长(施工员)	×××	施工班组长	×××
	检查评定合格 项目专业质量检查员： ×××			2004 年 08 月 12 日
监理(建设)单位验收结论	合格 监理工程师： (建设单位项目专业技术负责人) ×××			2004 年 08 月 12 日

电缆头制作、接线和线路绝缘测试检验批质量验收记录表

GB50303—2002

单位(子单位)工程名称	××××学院××楼		
分部(子分部)工程名称	建筑电气(电气动力)	验收部位	4F
施工单位	××市××建筑有限公司	项目经理	×××
分包单位	××市安装××××公司	分包项目经理	×××
施工执行标准名称及编号	电缆施工工艺××—××—××		

施工质量验收规范规定			施工单位检查评定记录	监理(建设)单位验收记录
主控项目	1	高压电力电缆直流耐压试验	第18.1.1条	—	符合要求
	2	低压电线和电缆绝缘电阻测试	第18.1.2条	符合要求	
	3	铠装电力电缆头的接地线	第18.1.3条	—	
	4	电线、电缆接线	第18.1.4条	符合要求	
一般项目	1	芯线与电器设备的连接	第18.2.1条	符合要求	符合要求
	2	电线、电缆的芯线连接金具	第18.2.2条	符合要求	
	3	电线、电缆回路标记、编号	第18.2.3条	符合要求	

施工单位检查评定结果	专业工长(施工员)	×××	施工班组长	×××
	检查评定合格			
	项目专业质量检查员: ×××			2004 年 08 月 12 日
监理(建设)单位验收结论	合格			
	监理工程师: (建设单位项目专业技术负责人) ×××			2004 年 08 月 12 日

成套配电柜、控制柜(屏、台)和动力、照明配电箱(盘)安装检验批质量验收记录表

GB50303—2002

(Ⅲ)照明配电箱(盘)

单位(子单位)工程名称		××××学院××楼		
分部(子分部)工程名称		建筑电气(电气照明安装)	验收部位	1F
施工单位		××市××建筑有限公司	项目经理	×××
分包单位		××市安装××××公司	分包项目经理	×××
施工执行标准名称及编号		电气设备安装操作规程		

		施工质量验收规范规定		施工单位检查评定记录	监理(建设)单位验收记录
主控项目	1	金属箱体的接地或接零	第6.1.1条	符合要求	符合要求
	2	电击保护和保护导体截面积	第6.1.2条	符合要求	
	3	箱(盘)间线路绝缘电阻值测试	第6.1.6条	符合要求	
	4	箱(盘)内结线及开关动作	第6.1.9条	符合要求	
一般项目	1	箱(盘)内检查试验	第6.2.4条	符合要求	符合要求
	2	低压电器组合	第6.2.5条	—	
	3	箱(盘)间配线	第6.2.6条	符合要求	
	4	箱与其面板间可动部位的配线	第6.2.7条	符合要求	
	5	箱(盘)安装位置、开孔、回路编号等	第6.2.8条	符合要求	
	6	垂直度允许偏差	≤1.5‰	1　1　0　1.5	

施工单位检查评定结果	专业工长(施工员)	×××	施工班组长	×××
	检查评定合格 项目专业质量检查员：　×××　　　　　2004年07月06日			
监理(建设)单位验收结论	合格 监理工程师： (建设单位项目专业技术负责人)　　×××　　　　2004年07月06日			

成套配电柜、控制柜(屏、台)和动力、照明配电箱(盘) 安装检验批质量验收记录表

GB50303—2002

(Ⅲ)照明配电箱(盘)

单位(子单位)工程名称		××××学院××楼		
分部(子分部)工程名称		建筑电气(电气照明安装)	验收部位	2F
施工单位		××市××建筑有限公司	项目经理	×××
分包单位		××市安装××××公司	分包项目经理	×××
施工执行标准名称及编号		电气设备安装操作规程		

		施工质量验收规范规定		施工单位检查评定记录	监理(建设)单位验收记录
主控项目	1	金属箱体的接地或接零	第6.1.1条	符合要求	符合要求
	2	电击保护和保护导体截面积	第6.1.2条	符合要求	
	3	箱(盘)间线路绝缘电阻值测试	第6.1.6条	符合要求	
	4	箱(盘)内结线及开关动作	第6.1.9条	符合要求	
一般项目	1	箱(盘)内检查试验	第6.2.4条	符合要求	符合要求
	2	低压电器组合	第6.2.5条	—	
	3	箱(盘)间配线	第6.2.6条	符合要求	
	4	箱与其面板间可动部位的配线	第6.2.7条	符合要求	
	5	箱(盘)安装位置、开孔、回路编号等	第6.2.8条	符合要求	
	6	垂直度允许偏差	≤1.5‰	1　1　1.5　1	

施工单位检查评定结果	专业工长(施工员)	×××	施工班组长	×××
	检查评定合格 项目专业质量检查员：　　　×××　　　2004年07月06日			

监理(建设)单位验收结论	合格 监理工程师：　　　××× (建设单位项目专业技术负责人)　　　2004年07月06日

成套配电柜、控制柜(屏、台)和动力、照明配电箱(盘)安装检验批质量验收记录表

GB50303—2002

（Ⅲ）照明配电箱(盘)

060501   3

单位(子单位)工程名称	××××学院××楼		
分部(子分部)工程名称	建筑电气(电气照明安装)	验收部位	3F
施工单位	××市××建筑有限公司	项目经理	×××
分包单位	××市安装××××公司	分包项目经理	×××
施工执行标准名称及编号	电气设备安装操作规程		

		施工质量验收规范规定		施工单位检查评定记录	监理(建设)单位验收记录
主控项目	1	金属箱体的接地或接零	第6.1.1条	符合要求	符合要求
	2	电击保护和保护导体截面积	第6.1.2条	符合要求	
	3	箱(盘)间线路绝缘电阻值测试	第6.1.6条	符合要求	
	4	箱(盘)内结线及开关动作	第6.1.9条	符合要求	
一般项目	1	箱(盘)内检查试验	第6.2.4条	符合要求	符合要求
	2	低压电器组合	第6.2.5条	—	
	3	箱(盘)间配线	第6.2.6条	符合要求	
	4	箱与其面板间可动部位的配线	第6.2.7条	符合要求	
	5	箱(盘)安装位置、开孔、回路编号等	第6.2.8条	符合要求	
	6	垂直度允许偏差	≤1.5‰	1.5 1 0 0 1 1	

施工单位检查评定结果	专业工长(施工员)	×××	施工班组长	×××
	检查评定合格 项目专业质量检查员： ××× 2004年07月06日			
监理(建设)单位验收结论	合格 监理工程师： ××× 2004年07月06日 (建设单位项目专业技术负责人)			

— 361 —

成套配电柜、控制柜(屏、台)和动力、照明配电箱(盘)安装检验批质量验收记录表

GB50303—2002

(Ⅲ)照明配电箱(盘)

060501　　4

单位(子单位)工程名称		××××学院××楼		
分部(子分部)工程名称		建筑电气(电气照明安装)	验收部位	4F
施工单位		××市××建筑有限公司	项目经理	×××
分包单位		××市安装××××公司	分包项目经理	×××
施工执行标准名称及编号		电气设备安装操作规程		

		施工质量验收规范规定		施工单位检查评定记录	监理(建设)单位验收记录
主控项目	1	金属箱体的接地或接零	第6.1.1条	符合要求	符合要求
	2	电击保护和保护导体截面积	第6.1.2条	符合要求	
	3	箱(盘)间线路绝缘电阻值测试	第6.1.6条	符合要求	
	4	箱(盘)内结线及开关动作	第6.1.9条	符合要求	
一般项目	1	箱(盘)内检查试验	第6.2.4条	符合要求	符合要求
	2	低压电器组合	第6.2.5条	—	
	3	箱(盘)间配线	第6.2.6条	符合要求	
	4	箱与其面板间可动部位的配线	第6.2.7条	符合要求	
	5	箱(盘)安装位置、开孔、回路编号等	第6.2.8条	符合要求	
	6	垂直度允许偏差	≤1.5‰	0　1　1　1.5　1　1	

施工单位检查评定结果	专业工长(施工员)	×××	施工班组长	×××
	检查评定合格 项目专业质量检查员：　　×××　　　　　　2004年07月06日			

监理(建设)单位验收结论	合格 监理工程师：　　×××　　　　　　2004年07月06日 (建设单位项目专业技术负责人)

电线导管、电缆导管和线槽敷设检验批质量验收记录表

GB50303—2002

（Ⅰ）室内

单位(子单位)工程名称		××××学院××楼			
分部(子分部)工程名称		建筑电气(电气照明安装)		验收部位	1F
施工单位		××市××建筑有限公司		项目经理	×××
分包单位		××市安装××××公司		分包项目经理	×××
施工执行标准名称及编号		电气明配钢管施工工艺××—××—××			
施工质量验收规范规定				施工单位检查评定记录	监理(建设)单位验收记录
主控项目	1	金属导管、金属线槽的接地或接零	第14.1.1条	符合要求	符合要求
	2	金属导管的连接	第14.1.2条	符合要求	
	3	防爆导管的连接	第14.1.3条	符合要求	
	4	绝缘导管在砌体剔槽埋设	第14.1.4条	—	
一般项目	1	电缆导管的弯曲半径	第14.2.3条	符合要求	符合要求
	2	金属导管的防腐	第14.2.4条	符合要求	
	3	柜、台、箱、盘内导管管口高度	第14.2.5条	—	
	4	暗配管的埋设深度,明配管的固定	第14.2.6条	符合要求	
	5	线槽固定及外观检查	第14.2.7条	符合要求	
	6	防爆导管的连接、接地、固定和防腐	第14.2.8条	符合要求	
	7	绝缘导管的连接和保护	第14.2.9条	—	
	8	柔性导管的长度、连接和接地	第14.2.10条	符合要求	
	9	导管和线槽在建筑物变形缝处的处理	第14.2.11条	—	
施工单位检查评定结果	专业工长(施工员)		×××	施工班组长	×××
	检查评定合格				
	项目专业质量检查员：		×××		2004年06月22日
监理(建设)单位验收结论	合格				
	监理工程师： (建设单位项目专业技术负责人)		×××		2004年06月22日

电线导管、电缆导管和线槽敷设检验批质量验收记录表

GB50303—2002

（Ⅰ）室内

单位(子单位)工程名称		××××学院××楼		
分部(子分部)工程名称		建筑电气(电气照明安装)	验收部位	2F
施工单位		××市××建筑有限公司	项目经理	×××
分包单位		××市安装××××公司	分包项目经理	×××
施工执行标准名称及编号		电气明配钢管施工工艺××—××—××		

		施工质量验收规范规定		施工单位检查评定记录	监理(建设)单位验收记录
主控项目	1	金属导管、金属线槽的接地或接零	第14.1.1条	符合要求	符合要求
	2	金属导管的连接	第14.1.2条	符合要求	
	3	防爆导管的连接	第14.1.3条	符合要求	
	4	绝缘导管在砌体剔槽埋设	第14.1.4条	—	
一般项目	1	电缆导管的弯曲半径	第14.2.3条	符合要求	符合要求
	2	金属导管的防腐	第14.2.4条	符合要求	
	3	柜、台、箱、盘内导管管口高度	第14.2.5条	—	
	4	暗配管的埋设深度,明配管的固定	第14.2.6条	符合要求	
	5	线槽固定及外观检查	第14.2.7条	符合要求	
	6	防爆导管的连接、接地、固定和防腐	第14.2.8条	符合要求	
	7	绝缘导管的连接和保护	第14.2.9条	—	
	8	柔性导管的长度、连接和接地	第14.2.10条	符合要求	
	9	导管和线槽在建筑物变形缝处的处理	第14.2.11条	—	

施工单位检查评定结果	专业工长(施工员)	×××	施工班组长	×××
	检查评定合格			
	项目专业质量检查员： ×××			2004年06月22日
监理(建设)单位验收结论	合格			
	监理工程师： ××× (建设单位项目专业技术负责人)			2004年06月22日

电线导管、电缆导管和线槽敷设检验批质量验收记录表

GB50303—2002

（Ⅰ）室内

单位(子单位)工程名称		××××学院××楼			
分部(子分部)工程名称		建筑电气(电气照明安装)		验收部位	3F
施工单位		××市××建筑有限公司		项目经理	×××
分包单位		××市安装××××公司		分包项目经理	×××
施工执行标准名称及编号		电气明配钢管施工工艺××—××—××			

施工质量验收规范规定				施工单位检查评定记录	监理(建设)单位验收记录
主控项目	1	金属导管、金属线槽的接地或接零	第14.1.1条	符合要求	符合要求
	2	金属导管的连接	第14.1.2条	符合要求	
	3	防爆导管的连接	第14.1.3条	符合要求	
	4	绝缘导管在砌体剔槽埋设	第14.1.4条	—	
一般项目	1	电缆导管的弯曲半径	第14.2.3条	符合要求	符合要求
	2	金属导管的防腐	第14.2.4条	符合要求	
	3	柜、台、箱、盘内导管管口高度	第14.2.5条	—	
	4	暗配管的埋设深度,明配管的固定	第14.2.6条	符合要求	
	5	线槽固定及外观检查	第14.2.7条	符合要求	
	6	防爆导管的连接、接地、固定和防腐	第14.2.8条	符合要求	
	7	绝缘导管的连接和保护	第14.2.9条	—	
	8	柔性导管的长度、连接和接地	第14.2.10条	符合要求	
	9	导管和线槽在建筑物变形缝处的处理	第14.2.11条	—	

	专业工长(施工员)	×××	施工班组长	×××
施工单位检查评定结果	检查评定合格			
	项目专业质量检查员：　　×××　　　　　　　　　　2004 年 06 月 22 日			
监理(建设)单位验收结论	合格			
	监理工程师：　　　　　　×××　　　　　　　　　2004 年 06 月 22 日 (建设单位项目专业技术负责人)			

电线导管、电缆导管和线槽敷设检验批质量验收记录表

GB50303—2002

（Ⅰ）室内

060304
060405
060502
060605　　4

单位(子单位)工程名称		××××学院××楼			
分部(子分部)工程名称		建筑电气(电气照明安装)		验收部位	4F
施工单位		××市××建筑有限公司		项目经理	×××
分包单位		××市安装××××公司		分包项目经理	×××
施工执行标准名称及编号		电气明配钢管施工工艺××—××—××			
施工质量验收规范规定				施工单位检查评定记录	监理(建设)单位验收记录
主控项目	1	金属导管、金属线槽的接地或接零	第14.1.1条	符合要求	符合要求
	2	金属导管的连接	第14.1.2条	符合要求	
	3	防爆导管的连接	第14.1.3条	符合要求	
	4	绝缘导管在砌体剔槽埋设	第14.1.4条	—	
一般项目	1	电缆导管的弯曲半径	第14.2.3条	符合要求	符合要求
	2	金属导管的防腐	第14.2.4条	符合要求	
	3	柜、台、箱、盘内导管管口高度	第14.2.5条	—	
	4	暗配管的埋设深度,明配管的固定	第14.2.6条	符合要求	
	5	线槽固定及外观检查	第14.2.7条	符合要求	
	6	防爆导管的连接、接地、固定和防腐	第14.2.8条	符合要求	
	7	绝缘导管的连接和保护	第14.2.9条	—	
	8	柔性导管的长度、连接和接地	第14.2.10条	符合要求	
	9	导管和线槽在建筑物变形缝处的处理	第14.2.11条	—	
施工单位检查评定结果		专业工长(施工员)	×××	施工班组长	×××
		检查评定合格 项目专业质量检查员: ×××			2004年06月22日
监理(建设)单位验收结论		合格 监理工程师: ××× (建设单位项目专业技术负责人)			2004年06月22日

— 366 —

电线、电缆穿管和线槽线检验批质量验收记录表

GB50303—2002

单位(子单位)工程名称		××××学院××楼		
分部(子分部)工程名称		建筑电气(电气照明安装)	验收部位	1F
施工单位		××市××建筑有限公司	项目经理	×××
分包单位		××市安装××××公司	分包项目经理	×××
施工执行标准名称及编号		电气设备安装操作规程		
		施工质量验收规范规定	施工单位检查评定记录	监理(建设)单位 验收记录
主控项目	1	交流单芯电缆不得单独穿于钢导管内 第15.1.1条	—	符合要求
	2	电线穿管 第15.1.2条	符合要求	
	3	爆炸危险环境照明线路的电线、电缆选用和穿管 第15.1.3条	符合要求	
一般项目	1	电线、电缆管内清扫和管口处理 第15.2.1条	符合要求	符合要求
	2	同一建筑物、构筑物内电线绝缘层颜色的选择 第15.2.2条	符合要求	
	3	线槽敷线 第15.2.3条	符合要求	
施工单位检查评定结果	专业工长(施工员)		×××	施工班组长	×××
	检查评定合格 项目专业质量检查员：　　　×××　　　2004 年 07 月 25 日				
监理(建设)单位验收结论	合格 监理工程师：　　　×××　　　2004 年 07 月 25 日 (建设单位项目专业技术负责人)				

电线、电缆穿管和线槽线检验批质量验收记录表

GB50303—2002

单位(子单位)工程名称		××××学院××楼		
分部(子分部)工程名称		建筑电气(电气照明安装)	验收部位	2F
施工单位		××市××建筑有限公司	项目经理	×××
分包单位		××市安装××××公司	分包项目经理	×××
施工执行标准名称及编号		电气设备安装操作规程		

		施工质量验收规范规定		施工单位检查评定记录	监理(建设)单位验收记录
主控项目	1	交流单芯电缆不得单独穿于钢导管内	第15.1.1条	—	符合要求
	2	电线穿管	第15.1.2条	符合要求	
	3	爆炸危险环境照明线路的电线、电缆选用和穿管	第15.1.3条	符合要求	
一般项目	1	电线、电缆管内清扫和管口处理	第15.2.1条	符合要求	符合要求
	2	同一建筑物、构筑物内电线绝缘层颜色的选择	第15.2.2条	符合要求	
	3	线槽敷线	第15.2.3条	符合要求	

施工单位检查评定结果	专业工长(施工员)	×××	施工班组长	×××
	检查评定合格			
	项目专业质量检查员：　　　×××　　　　　　　2004年07月25日			
监理(建设)单位验收结论	合格			
	监理工程师： (建设单位项目专业技术负责人)　　　×××　　　　　　　2004年07月25日			

电线、电缆穿管和线槽线检验批质量验收记录表

GB50303—2002

060105
060305
060406
060503
060606　　3

单位(子单位)工程名称			××××学院××楼		
分部(子分部)工程名称			建筑电气(电气照明安装)	验收部位	3F
施工单位			××市××建筑有限公司	项目经理	×××
分包单位			××市安装××××公司	分包项目经理	×××
施工执行标准名称及编号			电气设备安装操作规程		

		施工质量验收规范规定		施工单位检查评定记录	监理(建设)单位验收记录
主控项目	1	交流单芯电缆不得单独穿于钢导管内	第15.1.1条	—	符合要求
	2	电线穿管	第15.1.2条	符合要求	
	3	爆炸危险环境照明线路的电线、电缆选用和穿管	第15.1.3条	符合要求	
一般项目	1	电线、电缆管内清扫和管口处理	第15.2.1条	符合要求	符合要求
	2	同一建筑物、构筑物内电线绝缘层颜色的选择	第15.2.2条	符合要求	
	3	线槽敷线	第15.2.3条	符合要求	

施工单位检查评定结果	专业工长(施工员)	×××	施工班组长	×××
	检查评定合格			
	项目专业质量检查员：　　×××			2004 年 07 月 25 日
监理(建设)单位验收结论	合格			
	监理工程师：　　××× (建设单位项目专业技术负责人)			2004 年 07 月 25 日

电线、电缆穿管和线槽线检验批质量验收记录表

GB50303—2002

单位(子单位)工程名称		××××学院××楼		
分部(子分部)工程名称		建筑电气(电气照明安装)	验收部位	4F
施工单位		××市××建筑有限公司	项目经理	×××
分包单位		××市安装××××公司	分包项目经理	×××
施工执行标准名称及编号		电气设备安装操作规程		

施工质量验收规范规定			施工单位检查评定记录	监理(建设)单位验收记录
主控项目	1	交流单芯电缆不得单独穿于钢导管内	第15.1.1条	—	符合要求
	2	电线穿管	第15.1.2条	符合要求	
	3	爆炸危险环境照明线路的电线、电缆选用和穿管	第15.1.3条	符合要求	
一般项目	1	电线、电缆管内清扫和管口处理	第15.2.1条	符合要求	符合要求
	2	同一建筑物、构筑物内电线绝缘层颜色的选择	第15.2.2条	符合要求	
	3	线槽敷线	第15.2.3条	符合要求	

施工单位检查评定结果	专业工长(施工员)	×××	施工班组长	×××
	检查评定合格 项目专业质量检查员：　　　　×××　　　　2004年07月25日			
监理(建设)单位验收结论	合格 监理工程师： (建设单位项目专业技术负责人)　　×××　　　　2004年07月25日			

槽板配线检验批质量验收记录表

GB50303—2002

单位(子单位)工程名称			××××学院××楼			
分部(子分部)工程名称			建筑电气(电气照明安装)		验收部位	1F
施工单位			××市××建筑有限公司		项目经理	×××
分包单位			××市安装××××公司		分包项目经理	—
施工执行标准名称及编号			槽板配线施工工艺××—××—××			

		施工质量验收规范规定		施工单位检查评定记录		监理(建设)单位验收记录
主控项目	1	槽板配线的电线连接	第16.1.1条	符合要求		符合要求
	2	槽板敷设和木槽板阻燃处理	第16.1.2条	符合要求		
一般项目	1	槽板的盖板和底板固定	第16.2.1条	符合要求		符合要求
	2	槽板盖板、底板的接口设置和连接	第16.2.2条	符合要求		
	3	槽板的保护套管和补偿装置设置	第16.2.3条	符合要求		

施工单位检查评定结果	专业工长(施工员)	×××	施工班组长	×××
	检查评定合格			
	项目专业质量检查员：　　　×××			2004 年 09 月 20 日

监理(建设)单位验收结论	合格	
	监理工程师： (建设单位项目专业技术负责人)　　　×××	2004 年 09 月 20 日

钢索配线检验批质量验收记录表

GB50303—2002

单位(子单位)工程名称		××××学院××楼			
分部(子分部)工程名称		建筑电气(电气照明安装)		验收部位	锅炉房
施工单位		××市××建筑有限公司		项目经理	×××
分包单位		××市安装××××公司		分包项目经理	×××
施工执行标准名称及编号		钢索配线施工工艺××—××—××			

		施工质量验收规范规定		施工单位检查评定记录	监理(建设)单位验收记录
主控项目	1	钢索的选用	第17.1.1条	符合要求	符合要求
	2	钢索端固定及其接地接零	第17.1.2条	接地可靠	
	3	张紧钢索用的花篮螺栓设置	第17.1.3条	符合要求	
一般项目	1	中间吊架及防跳锁定零件	第17.2.1条	符合要求	符合要求
	2	钢索的承载和表面检查	第17.2.2条	符合要求	
	3	钢索配线零件间和线间距离	第17.2.3条	符合要求	

施工单位检查评定结果	专业工长(施工员)	×××	施工班组长	×××
	检查评定合格			
	项目专业质量检查员：　　×××			2004 年 09 月 23 日
监理(建设)单位验收结论	合格			
	监理工程师： (建设单位项目专业技术负责人)　　×××			2004 年 09 月 23 日

电缆头制作、接线和线路绝缘测试检验批质量验收记录表

GB50303—2002

060106　　060407
060205　　060506
060306　　060607　　1

单位(子单位)工程名称		××××学院××楼		
分部(子分部)工程名称		建筑电气(电气照明安装)	验收部位	1F
施工单位		××市××建筑有限公司	项目经理	×××
分包单位		××市安装××××公司	分包项目经理	×××
施工执行标准名称及编号		电缆施工工艺××—××—××		

		施工质量验收规范规定		施工单位检查评定记录	监理(建设)单位验收记录
主控项目	1	高压电力电缆直流耐压试验	第18.1.1条	—	符合要求
	2	低压电线和电缆绝缘电阻测试	第18.1.2条	符合要求	
	3	铠装电力电缆头的接地线	第18.1.3条	—	
	4	电线、电缆接线	第18.1.4条	符合要求	
一般项目	1	芯线与电器设备的连接	第18.2.1条	符合要求	符合要求
	2	电线、电缆的芯线连接金具	第18.2.2条	符合要求	
	3	电线、电缆回路标记、编号	第18.2.3条	符合要求	

施工单位检查评定结果	专业工长(施工员)		×××	施工班组长	×××
	检查评定合格				
	项目专业质量检查员：　　×××　　　　2004 年 08 月 12 日				

监理(建设)单位验收结论	合格
	监理工程师：　　　　××× (建设单位项目专业技术负责人)　　　　2004 年 08 月 12 日

— 373 —

电缆头制作、接线和线路绝缘测试检验批质量验收记录表

GB50303—2002

单位(子单位)工程名称	××××学院××楼		
分部(子分部)工程名称	建筑电气(电气照明安装)	验收部位	2F
施工单位	××市××建筑有限公司	项目经理	×××
分包单位	××市安装××××公司	分包项目经理	×××
施工执行标准名称及编号	电缆施工工艺××—××—××		

施工质量验收规范规定			施工单位检查评定记录	监理(建设)单位验收记录
主控项目	1	高压电力电缆直流耐压试验	第18.1.1条　—	符合要求
	2	低压电线和电缆绝缘电阻测试	第18.1.2条　符合要求	
	3	铠装电力电缆头的接地线	第18.1.3条　—	
	4	电线、电缆接线	第18.1.4条　符合要求	
一般项目	1	芯线与电器设备的连接	第18.2.1条　符合要求	符合要求
	2	电线、电缆的芯线连接金具	第18.2.2条　符合要求	
	3	电线、电缆回路标记、编号	第18.2.3条　符合要求	

施工单位检查评定结果	专业工长(施工员)	×××	施工班组长	×××
	检查评定合格			
	项目专业质量检查员：　　×××　　　　　　　　　　　　2004 年 08 月 12 日			

监理(建设)单位验收结论	合格
	监理工程师：　　　　　××× (建设单位项目专业技术负责人)　　　　　　　　　　2004 年 08 月 12 日

电缆头制作、接线和线路绝缘测试检验批质量验收记录表

GB50303—2002

单位(子单位)工程名称		××××学院××楼		
分部(子分部)工程名称		建筑电气(电气照明安装)	验收部位	3F
施工单位		××市××建筑有限公司	项目经理	×××
分包单位		××市安装××××公司	分包项目经理	×××
施工执行标准名称及编号		电缆施工工艺××—××—××		

		施工质量验收规范规定		施工单位检查评定记录	监理(建设)单位验收记录
主控项目	1	高压电力电缆直流耐压试验	第18.1.1条	—	符合要求
	2	低压电线和电缆绝缘电阻测试	第18.1.2条	符合要求	
	3	铠装电力电缆头的接地线	第18.1.3条	—	
	4	电线、电缆接线	第18.1.4条	符合要求	
一般项目	1	芯线与电器设备的连接	第18.2.1条	符合要求	符合要求
	2	电线、电缆的芯线连接金具	第18.2.2条	符合要求	
	3	电线、电缆回路标记、编号	第18.2.3条	符合要求	

施工单位检查评定结果	专业工长(施工员)	×××	施工班组长	×××
	检查评定合格			
	项目专业质量检查员：　　　×××　　　　　　　　2004 年 08 月 12 日			

监理(建设)单位验收结论	合格
	监理工程师：　　　　　　　　　×××　　　　　　　　2004 年 08 月 12 日 (建设单位项目专业技术负责人)

— 375 —

电缆头制作、接线和线路绝缘测试检验批质量验收记录表

GB50303—2002

单位(子单位)工程名称			××××学院××楼		
分部(子分部)工程名称			建筑电气(电气照明安装)	验收部位	4F
施工单位			××市××建筑有限公司	项目经理	×××
分包单位			××市安装××××公司	分包项目经理	×××
施工执行标准名称及编号			电缆施工工艺××—××—××		
施工质量验收规范规定				施工单位检查评定记录	监理(建设)单位验收记录
主控项目	1	高压电力电缆直流耐压试验	第18.1.1条	—	符合要求
	2	低压电线和电缆绝缘电阻测试	第18.1.2条	符合要求	
	3	铠装电力电缆头的接地线	第18.1.3条	—	
	4	电线、电缆接线	第18.1.4条	符合要求	
一般项目	1	芯线与电器设备的连接	第18.2.1条	符合要求	符合要求
	2	电线、电缆的芯线连接金具	第18.2.2条	符合要求	
	3	电线、电缆回路标记、编号	第18.2.3条	符合要求	
施工单位检查评定结果		专业工长(施工员)	×××	施工班组长	×××
		检查评定合格			
		项目专业质量检查员：	×××		2004 年 08 月 12 日
监理(建设)单位验收结论		合格			
		监理工程师： (建设单位项目专业技术负责人)	×××		2004 年 08 月 12 日

普通灯具安装检验批质量验收记录表

GB50303—2002

单位(子单位)工程名称		××××学院××楼		
分部(子分部)工程名称		建筑电气(电气照明安装)	验收部位	1F
施工单位		××市××建筑有限公司	项目经理	×××
分包单位		××市安装××××公司	分包项目经理	×××
施工执行标准名称及编号		电气设备安装操作规程		

		施工质量验收规范规定		施工单位检查评定记录	监理(建设)单位验收记录
主控项目	1	灯具的固定	第19.1.1条	符合要求	符合要求
	2	花灯吊钩选用、固定及悬吊装置的过载试验	第19.1.2条	—	
	3	钢管吊灯灯杆检查	第19.1.3条	—	
	4	灯具的绝缘材料耐火检查	第19.1.4条	符合要求	
	5	灯具的安装高度和使用电压等级	第19.1.5条	符合要求	
	6	距地高度小于2.4m的灯具金属外壳的接地或零	第19.1.6条	符合要求	
一般项目	1	引向每个灯具的电线线芯最小载面积	第19.2.1条	符合要求	符合要求
	2	灯具的外形,灯头及其接线检查	第19.2.2条	符合要求	
	3	变电所内灯具的安装位置	第19.2.3条	—	
	4	装有白炽灯泡的吸顶灯具隔热检查	第19.2.4条	—	
	5	在重要场所的大型灯具玻璃罩安全措施	第19.2.5条	—	
	6	投光灯的固定检查	第19.2.6条	—	
	7	室外壁灯的防水检查	第19.2.7条	—	

施工单位检查评定结果	专业工长(施工员)	×××	施工班组长	×××
	检查评定合格 项目专业质量检查员: ×××			2004 年 09 月 28 日

监理(建设)单位验收结论	合格 监理工程师: ××× (建设单位项目专业技术负责人)	2004 年 09 月 28 日

普通灯具安装检验批质量验收记录表

GB50303—2002

单位(子单位)工程名称		××××学院××楼			
分部(子分部)工程名称		建筑电气(电气照明安装)		验收部位	2F
施工单位		××市××建筑有限公司		项目经理	×××
分包单位		××市安装××××公司		分包项目经理	×××
施工执行标准名称及编号		电气设备安装操作规程			

		施工质量验收规范规定		施工单位检查评定记录	监理(建设)单位验收记录
主控项目	1	灯的固定	第19.1.1条	符合要求	符合要求
	2	花灯吊钩选用、固定及悬吊装置的过载试验	第19.1.2条	—	
	3	钢管吊灯灯杆检查	第19.1.3条	—	
	4	灯具的绝缘材料耐火检查	第19.1.4条	符合要求	
	5	灯具的安装高度和使用电压等级	第19.1.5条	符合要求	
	6	距地高度小于2.4m的灯具金属外壳的接地或零	第19.1.6条	符合要求	
一般项目	1	引向每个灯具的电线线芯最小载面积	第19.2.1条	符合要求	符合要求
	2	灯具的外形,灯头及其接线检查	第19.2.2条	符合要求	
	3	变电所内灯具的安装位置	第19.2.3条	—	
	4	装有白炽灯泡的吸顶灯具隔热检查	第19.2.4条	—	
	5	在重要场所的大型灯具玻璃罩安全措施	第19.2.5条	—	
	6	投光灯的固定检查	第19.2.6条	—	
	7	室外壁灯的防水检查	第19.2.7条	—	

施工单位检查评定结果	专业工长(施工员)	×××	施工班组长	×××
	检查评定合格 项目专业质量检查员：　　×××　　　　2004年09月28日			

监理(建设)单位验收结论	合格 监理工程师： (建设单位项目专业技术负责人)　　×××　　　　2004年09月28日

普通灯具安装检验批质量验收记录表

GB50303—2002

单位(子单位)工程名称		××××学院××楼		
分部(子分部)工程名称		建筑电气(电气照明安装)	验收部位	3F
施工单位		××市××建筑有限公司	项目经理	×××
分包单位		××市安装××××公司	分包项目经理	×××
施工执行标准名称及编号		电气设备安装操作规程		

		施工质量验收规范规定		施工单位检查评定记录	监理(建设)单位验收记录
主控项目	1	灯具的固定	第19.1.1条	符合要求	符合要求
	2	花灯吊钩选用、固定及悬吊装置的过载试验	第19.1.2条	—	
	3	钢管吊灯灯杆检查	第19.1.3条	—	
	4	灯具的绝缘材料耐火检查	第19.1.4条	符合要求	
	5	灯具的安装高度和使用电压等级	第19.1.5条	符合要求	
	6	距地高度小于2.4m的灯具金属外壳的接地或零	第19.1.6条	符合要求	
一般项目	1	引向每个灯具的电线线芯最小载面积	第19.2.1条	符合要求	符合要求
	2	灯具的外形,灯头及其接线检查	第19.2.2条	符合要求	
	3	变电所内灯具的安装位置	第19.2.3条	—	
	4	装有白炽灯泡的吸顶灯具隔热检查	第19.2.4条	—	
	5	在重要场所的大型灯具玻璃罩安全措施	第19.2.5条	—	
	6	投光灯的固定检查	第19.2.6条	—	
	7	室外壁灯的防水检查	第19.2.7条	—	

施工单位检查评定结果	专业工长(施工员)	×××	施工班组长	×××
	检查评定合格			
	项目专业质量检查员：　　　　　×××			2004 年 09 月 28 日

监理(建设)单位验收结论	合格	
	监理工程师： (建设单位项目专业技术负责人)　　　　×××	2004 年 09 月 28 日

普通灯具安装检验批质量验收记录表

GB50303—2002

单位(子单位)工程名称		××××学院××楼			
分部(子分部)工程名称		建筑电气(电气照明安装)		验收部位	4F
施工单位		××市××建筑有限公司		项目经理	×××
分包单位		××市安装××××公司		分包项目经理	×××
施工执行标准名称及编号		电气设备安装操作规程			

施工质量验收规范规定				施工单位检查评定记录	监理(建设)单位验收记录
主控项目	1	灯具的固定	第19.1.1条	符合要求	符合要求
	2	花灯吊钩选用、固定及悬吊装置的过载试验	第19.1.2条	—	
	3	钢管吊灯灯杆检查	第19.1.3条	—	
	4	灯具的绝缘材料耐火检查	第19.1.4条	符合要求	
	5	灯具的安装高度和使用电压等级	第19.1.5条	符合要求	
	6	距地高度小于2.4m的灯具金属外壳的接地或零	第19.1.6条	符合要求	
一般项目	1	引向每个灯具的电线线芯最小载面积	第19.2.1条	符合要求	符合要求
	2	灯具的外形,灯头及其接线检查	第19.2.2条	符合要求	
	3	变电所内灯具的安装位置	第19.2.3条	—	
	4	装有白炽灯泡的吸顶灯具隔热检查	第19.2.4条	—	
	5	在重要场所的大型灯具玻璃罩安全措施	第19.2.5条	—	
	6	投光灯的固定检查	第19.2.6条	—	
	7	室外壁灯的防水检查	第19.2.7条	—	

施工单位检查评定结果	专业工长(施工员)	×××	施工班组长	×××
	检查评定合格			
	项目专业质量检查员：　　　×××			2004 年 09 月 28 日

监理(建设)单位验收结论	合格	
	监理工程师： (建设单位项目专业技术负责人)　　　×××	2004 年 09 月 28 日

专用灯具安装检验批质量验收记录表

GB50303—2002

单位(子单位)工程名称		××××学院××楼		
分部(子分部)工程名称		建筑电气(电气照明安装)	验收部位	1F
施工单位		××市××建筑有限公司	项目经理	×××
分包单位		××市安装××××公司	分包项目经理	×××
施工执行标准名称及编号		电气设备安装操作规程		

施工质量验收规范规定			施工单位检查评定记录	监理(建设)单位验收记录
主控项目	1	36V及以下行灯变压器和行灯安装	第20.1.1条	—	符合要求
	2	游泳池和类似场所灯具的等电位联结,电源的专用漏电保护装置	第20.1.2条	—	
	3	手术台无影灯的固定、供电电源和电线选用	第20.1.3条	—	
	4	应急照明灯具的安装	第20.1.4条	符合要求	
	5	防爆灯具的选型及其开关的位置和高度	第20.1.5条	符合要求	
一般项目	1	36V及以下行灯变压器固定及电缆选择	第20.2.1条	—	符合要求
	2	手术台无影灯安装检查	第20.2.2条	—	
	3	应急照明灯具光源和灯罩选用	第20.2.3条	符合要求	
	4	防爆灯具及开关的安装检查	第20.2.4条	符合要求	

施工单位检查评定结果	专业工长(施工员)	×××	施工班组长	×××
	检查评定优良			
	项目专业质量检查员： ×××			2004 年 10 月 05 日

监理(建设)单位验收结论	合格	
	监理工程师： ××× (建设单位项目专业技术负责人)	2004 年 10 月 05 日

专用灯具安装检验批质量验收记录表

GB50303—2002

单位(子单位)工程名称			××××学院××楼		
分部(子分部)工程名称			建筑电气(电气照明安装)	验收部位	2F
施工单位			××市××建筑有限公司	项目经理	×××
分包单位			××市安装××××公司	分包项目经理	×××
施工执行标准名称及编号			电气设备安装操作规程		
施工质量验收规范规定				施工单位检查评定记录	监理(建设)单位验收记录
主控项目	1	36V及以下行灯变压器和行灯安装	第20.1.1条	—	符合要求
	2	游泳池和类似场所灯具的等电位联结,电源的专用漏电保护装置	第20.1.2条	—	
	3	手术台无影灯的固定、供电电源和电线选用	第20.1.3条	—	
	4	应急照明灯具的安装	第20.1.4条	符合要求	
	5	防爆灯具的选型及其开关的位置和高度	第20.1.5条	符合要求	
一般项目	1	36V及以下行灯变压器固定及电缆选择	第20.2.1条	—	符合要求
	2	手术台无影灯安装检查	第20.2.2条	—	
	3	应急照明灯具光源和灯罩选用	第20.2.3条	符合要求	
	4	防爆灯具及开关的安装检查	第20.2.4条	符合要求	
施工单位检查评定结果	专业工长(施工员)		×××	施工班组长	×××
	检查评定优良				
	项目专业质量检查员: ×××				2004年10月05日
监理(建设)单位验收结论	合格				
	监理工程师: ××× (建设单位项目专业技术负责人)				2004年10月05日

专用灯具安装检验批质量验收记录表

GB50303—2002

单位(子单位)工程名称		××××学院××楼			
分部(子分部)工程名称		建筑电气(电气照明安装)		验收部位	3F
施工单位		××市××建筑有限公司		项目经理	×××
分包单位		××市安装××××公司		分包项目经理	×××
施工执行标准名称及编号		电气设备安装操作规程			

		施工质量验收规范规定		施工单位检查评定记录	监理(建设)单位验收记录
主控项目	1	36V及以下行灯变压器和行灯安装	第20.1.1条	—	符合要求
	2	游泳池和类似场所灯具的等电位联结,电源的专用漏电保护装置	第20.1.2条	—	
	3	手术台无影灯的固定、供电电源和电线选用	第20.1.3条	—	
	4	应急照明灯具的安装	第20.1.4条	符合要求	
	5	防爆灯具的选型及其开关的位置和高度	第20.1.5条	符合要求	
一般项目	1	36V及以下行灯变压器固定及电缆选择	第20.2.1条	—	符合要求
	2	手术台无影灯安装检查	第20.2.2条	—	
	3	应急照明灯具光源和灯罩选用	第20.2.3条	符合要求	
	4	防爆灯具及开关的安装检查	第20.2.4条	符合要求	

施工单位检查评定结果	专业工长(施工员)	×××	施工班组长	×××
	检查评定优良			
	项目专业质量检查员: ×××			2004 年 10 月 05 日

监理(建设)单位验收结论	合格	
	监理工程师: ××× (建设单位项目专业技术负责人)	2004 年 10 月 05 日

专用灯具安装检验批质量验收记录表

GB50303—2002

单位(子单位)工程名称			××××学院××楼			
分部(子分部)工程名称			建筑电气(电气照明安装)		验收部位	4F
施工单位			××市××建筑有限公司		项目经理	×××
分包单位			××市安装××××公司		分包项目经理	×××
施工执行标准名称及编号			电气设备安装操作规程			

		施工质量验收规范规定		施工单位检查评定记录	监理(建设)单位验收记录
主控项目	1	36V 及以下行灯变压器和行灯安装	第 20.1.1 条	—	符合要求
	2	游泳池和类似场所灯具的等电位联结,电源的专用漏电保护装置	第 20.1.2 条		
	3	手术台无影灯的固定、供电电源和电线选用	第 20.1.3 条		
	4	应急照明灯具的安装	第 20.1.4 条	符合要求	
	5	防爆灯具的选型及其开关的位置和高度	第 20.1.5 条	符合要求	
一般项目	1	36V 及以下行灯变压器固定及电缆选择	第 20.2.1 条	—	符合要求
	2	手术台无影灯安装检查	第 20.2.2 条		
	3	应急照明灯具光源和灯罩选用	第 20.2.3 条	符合要求	
	4	防爆灯具及开关的安装检查	第 20.2.4 条	符合要求	

施工单位检查评定结果	专业工长(施工员)	×××	施工班组长	×××
	检查评定优良			
	项目专业质量检查员:　　×××　　　　　　　　　　2004 年 10 月 05 日			
监理(建设)单位验收结论	合格			
	监理工程师:　　　　　　××× (建设单位项目专业技术负责人)　　　　　2004 年 10 月 05 日			

建筑物景观照明灯、航空障碍标志灯和庭院灯安装检验批质量验收记录表

GB50303—2002

单位(子单位)工程名称		××××学院××楼		
分部(子分部)工程名称		建筑电气(室外电气)	验收部位	室外
施工单位		××市××建筑有限公司	项目经理	×××
分包单位		××市安装××××公司	分包项目经理	×××
施工执行标准名称及编号		电气设备安装操作规程		

		施工质量验收规范规定		施工单位检查评定记录	监理(建设)单位验收记录
主控项目	1	建筑物彩灯灯具、配管及规定固定	第21.1.1条	符合要求	符合要求
	2	霓虹灯管、专用变压器、导线的检查及固定	第21.1.2条	符合要求	
	3	建筑物景观照明灯的绝缘、固定、接地或接零	第21.1.3条	符合要求	
	4	航空障碍标志灯的位置、固定及供电电源	第21.1.4条	符合要求	
	5	庭院灯安装、绝缘、固定、防水密封及接地或接零	第21.1.5条	符合要求	
一般项目	1	建筑物彩灯安装检查	第21.2.1条	符合要求	符合要求
	2	霓虹灯、霓虹灯变压器相关控制装置及线路	第21.2.2条	符合要求	
	3	建筑物景观照明灯具的构架固定和外露电线电缆保护	第21.2.3条	符合要求	
	4	航空障碍标志灯同一场所安装的水平、垂直距离	第21.2.4条	符合要求	
	5	杆上路灯固定、灯具动作及熔断器配备	第21.2.5条	符合要求	

施工单位检查评定结果	专业工长(施工员)	×××	施工班组长	×××
	检查评定合格			
	项目专业质量检查员: ×××			2004年11月27日
监理(建设)单位验收结论	合格			
	监理工程师: (建设单位项目专业技术负责人) ×××			2004年11月27日

开关、插座、风扇安装检验批质量验收记录表

GB50303—2002

单位(子单位)工程名称		××××学院××楼		
分部(子分部)工程名称		建筑电气(电气照明安装)	验收部位	1F
施工单位		××市××建筑有限公司	项目经理	×××
分包单位		××市安装××××公司	分包项目经理	×××
施工执行标准名称及编号		电气设备安装操作规程		

		施工质量验收规范规定		施工单位检查评定记录	监理(建设)单位验收记录
主控项目	1	交流、直流或不同电压等级在同一场所的插座应有区别	第22.1.1条	符合要求	符合要求
	2	插座的接线	第22.1.2条	符合要求	
	3	特殊情况下的插座安装	第22.1.3条	—	
	4	照明开关的选用、开关的通断位置	第22.1.4条	符合要求	
	5	吊扇的安装高度、挂钩选用和吊扇的组装及试运转	第22.1.5条	—	
	6	壁扇、防护罩的固定及试运转	第22.1.6条	—	
一般项目	1	插座安装和外观检查	第22.2.1条	符合要求	符合要求
	2	照明开关的安装位置、控制顺序	第22.2.2条	符合要求	
	3	吊扇的吊杆、开关和表面检查	第22.2.3条	—	
	4	壁扇的高度和表面检查	第22.2.4条	—	

施工单位检查评定结果	专业工长(施工员)	×××	施工班组长	×××
	检查评定优良 项目专业质量检查员：　　×××　　2004年10月18日			
监理(建设)单位验收结论	合格 监理工程师： (建设单位项目专业技术负责人)　　×××　　2004年10月18日			

386

开关、插座、风扇安装检验批质量验收记录表

GB50303—2002

单位(子单位)工程名称		××××学院××楼		
分部(子分部)工程名称		建筑电气(电气照明安装)	验收部位	2F
施工单位		××市××建筑有限公司	项目经理	×××
分包单位		××市安装××××公司	分包项目经理	×××
施工执行标准名称及编号		电气设备安装操作规程		

		施工质量验收规范规定		施工单位检查评定记录	监理(建设)单位验收记录
主控项目	1	交流、直流或不同电压等级在同一场所的插座应有区别	第22.1.1条	符合要求	符合要求
	2	插座的接线	第22.1.2条	符合要求	
	3	特殊情况下的插座安装	第22.1.3条	—	
	4	照明开关的选用、开关的通断位置	第22.1.4条	符合要求	
	5	吊扇的安装高度、挂钩选用和吊扇的组装及试运转	第22.1.5条	—	
	6	壁扇、防护罩的固定及试运转	第22.1.6条	—	
一般项目	1	插座安装和外观检查	第22.2.1条	符合要求	符合要求
	2	照明开关的安装位置、控制顺序	第22.2.2条	符合要求	
	3	吊扇的吊杆、开关和表面检查	第22.2.3条	—	
	4	壁扇的高度和表面检查	第22.2.4条	—	

施工单位检查评定结果	专业工长(施工员)	×××	施工班组长	×××
	检查评定优良 项目专业质量检查员： ×××			2004 年 10 月 18 日

监理(建设)单位验收结论	合格 监理工程师： ××× (建设单位项目专业技术负责人)	2004 年 10 月 18 日

开关、插座、风扇安装检验批质量验收记录表

GB50303—2002

单位(子单位)工程名称		××××学院××楼		
分部(子分部)工程名称		建筑电气(电气照明安装)	验收部位	3F
施工单位		××市××建筑有限公司	项目经理	×××
分包单位		××市安装××××公司	分包项目经理	×××
施工执行标准名称及编号		电气设备安装操作规程		

		施工质量验收规范规定		施工单位检查评定记录	监理(建设)单位验收记录
主控项目	1	交流、直流或不同电压等级在同一场所的插座应有区别	第22.1.1条	符合要求	符合要求
	2	插座的接线	第22.1.2条	符合要求	
	3	特殊情况下的插座安装	第22.1.3条	—	
	4	照明开关的选用、开关的通断位置	第22.1.4条	符合要求	
	5	吊扇的安装高度、挂钩选用和吊扇的组装及试运转	第22.1.5条	—	
	6	壁扇、防护罩的固定及试运转	第22.1.6条	—	
一般项目	1	插座安装和外观检查	第22.2.1条	符合要求	符合要求
	2	照明开关的安装位置、控制顺序	第22.2.2条	符合要求	
	3	吊扇的吊杆、开关和表面检查	第22.2.3条	—	
	4	壁扇的高度和表面检查	第22.2.4条	—	

施工单位检查评定结果	专业工长(施工员)	×××	施工班组长	×××
	检查评定优良			
	项目专业质量检查员： ×××			2004 年 10 月 18 日
监理(建设)单位验收结论	合格			
	监理工程师： (建设单位项目专业技术负责人) ×××			2004 年 10 月 18 日

开关、插座、风扇安装检验批质量验收记录表

GB50303—2002

060408
060510   4

单位(子单位)工程名称			××××学院××楼		
分部(子分部)工程名称			建筑电气(电气照明安装)	验收部位	4F
施工单位			××市××建筑有限公司	项目经理	×××
分包单位			××市安装××××公司	分包项目经理	×××
施工执行标准名称及编号			电气设备安装操作规程		
施工质量验收规范规定				施工单位检查评定记录	监理(建设)单位验收记录
主控项目	1	交流、直流或不同电压等级在同一场所的插座应有区别	第22.1.1条	符合要求	符合要求
	2	插座的接线	第22.1.2条	符合要求	
	3	特殊情况下的插座安装	第22.1.3条	—	
	4	照明开关的选用、开关的通断位置	第22.1.4条	符合要求	
	5	吊扇的安装高度、挂钩选用和吊扇的组装及试运转	第22.1.5条	—	
	6	壁扇、防护罩的固定及试运转	第22.1.6条	—	
一般项目	1	插座安装和外观检查	第22.2.1条	符合要求	符合要求
	2	照明开关的安装位置、控制顺序	第22.2.2条	符合要求	
	3	吊扇的吊杆、开关和表面检查	第22.2.3条	—	
	4	壁扇的高度和表面检查	第22.2.4条	—	
施工单位检查评定结果		专业工长(施工员)	×××	施工班组长	×××
		检查评定优良 项目专业质量检查员：　　×××　　2004年10月18日			
监理(建设)单位验收结论		合格 监理工程师：　　×××　　2004年10月18日 (建设单位项目专业技术负责人)			

389

建筑物照明通电试运行检验批质量验收记录表

GB50303—2002

单位(子单位)工程名称		××××学院××楼		
分部(子分部)工程名称		建筑电气(电气照明安装)	验收部位	1F
施工单位		××市××建筑有限公司	项目经理	×××
分包单位		××市安装××××公司	分包项目经理	×××
施工执行标准名称及编号		电气设备安装操作规程		

施工质量验收规范规定			施工单位检查评定记录	监理(建设)单位验收记录
主控项目	1	灯具回路控制与照明箱及回路的标识一致,开关与灯具控制顺序相对应	第23.1.1条	符合要求
	2	照明系统全负荷通电连续试运行无故障	第23.1.2条	符合要求
				符合要求

施工单位检查评定结果	专业工长(施工员)	×××	施工班组长	×××
	检查评定合格			
	项目专业质量检查员: ×××			2004 年 10 月 22 日

监理(建设)单位验收结论	合格
	监理工程师: (建设单位项目专业技术负责人) ××× 2004 年 10 月 22 日

建筑物照明通电试运行检验批质量验收记录表

GB50303—2002

单位(子单位)工程名称	××××学院××楼		
分部(子分部)工程名称	建筑电气(电气照明安装)	验收部位	2F
施工单位	××市××建筑有限公司	项目经理	×××
分包单位	××市安装××××公司	分包项目经理	×××
施工执行标准名称及编号	电气设备安装操作规程		

施工质量验收规范规定			施工单位检查评定记录	监理(建设)单位验收记录
主控项目	1	灯具回路控制与照明箱及回路的标识一致,开关与灯具控制顺序相对应	第23.1.1条	符合要求	符合要求
	2	照明系统全负荷通电连续试运行无故障	第23.1.2条	符合要求	

施工单位检查评定结果	专业工长(施工员)	×××	施工班组长	×××
	检查评定合格			
	项目专业质量检查员: ××× 2004 年 10 月 22 日			

监理(建设)单位验收结论	合格			
	监理工程师: (建设单位项目专业技术负责人) ××× 2004 年 10 月 22 日			

建筑物照明通电试运行检验批质量验收记录表

GB50303—2002

单位(子单位)工程名称		××××学院××楼		
分部(子分部)工程名称		建筑电气(电气照明安装)	验收部位	3F
施工单位		××市××建筑有限公司	项目经理	×××
分包单位		××市安装××××公司	分包项目经理	×××
施工执行标准名称及编号		电气设备安装操作规程		

		施工质量验收规范规定		施工单位检查评定记录	监理(建设)单位验收记录
主控项目	1	灯具回路控制与照明箱及回路的标识一致,开关与灯具控制顺序相对应	第23.1.1条	符合要求	符合要求
	2	照明系统全负荷通电连续试运行无故障	第23.1.2条	符合要求	

施工单位检查评定结果	专业工长(施工员)	×××	施工班组长	×××
	检查评定合格 项目专业质量检查员：　　×××　　　　2004 年 10 月 22 日			

监理(建设)单位验收结论	合格 监理工程师： (建设单位项目专业技术负责人)　　×××　　　　2004 年 10 月 22 日

建筑物照明通电试运行检验批质量验收记录表

GB50303—2002

单位(子单位)工程名称			××××学院××楼			
分部(子分部)工程名称			建筑电气(电气照明安装)		验收部位	4F
施工单位			××市××建筑有限公司		项目经理	×××
分包单位			××市安装××××公司		分包项目经理	×××
施工执行标准名称及编号				电气设备安装操作规程		

施工质量验收规范规定				施工单位检查评定记录	监理(建设)单位验收记录
主控项目	1	灯具回路控制与照明箱及回路的标识一致,开关与灯具控制顺序相对应	第23.1.1条	符合要求	符合要求
	2	照明系统全负荷通电连续试运行无故障	第23.1.2条	符合要求	

施工单位检查评定结果	专业工长(施工员)	×××	施工班组长	×××
	检查评定合格			
	项目专业质量检查员:	×××		2004 年 10 月 22 日

监理(建设)单位验收结论	合格		
	监理工程师: (建设单位项目专业技术负责人)	×××	2004 年 10 月 22 日

柴油发电机组安装检验批质量验收记录表

GB50303—2002

单位(子单位)工程名称			××××学院××楼			
分部(子分部)工程名称			建筑电气(备用和不间断电源安装)	验收部位		锅炉房
施工单位			××市××建筑有限公司	项目经理		×××
分包单位			××市安装××××公司	分包项目经理		×××
施工执行标准名称及编号			柴油发电机组安装工艺××－××－××			
		施工质量验收规范规定		施工单位检查评定记录		监理(建设)单位验收记录
主控项目	1	电气交接试验	第8.1.1条	符合要求		符合要求
	2	馈电线路的绝缘电阻值测试和耐压试验	第8.1.2条	符合要求		
	3	相序检验	第8.1.3条	符合要求		
	4	中性线与接地干线的连接	第8.1.4条	符合要求		
一般项目	1	随带控制柜的检查	第8.2.1条	符合要求		符合要求
	2	可接近裸露导体的接地或接零	第8.2.2条	符合要求		
	3	受电侧低压配电柜的试验和机组整体负荷试验	第8.2.3条	符合要求		
		专业工长(施工员)	×××		施工班组长	×××
施工单位检查评定结果		检查评定合格 项目专业质量检查员：				2004 年 11 月 25 日
监理(建设)单位验收结论		合格 监理工程师： (建设单位项目专业技术负责人)				2004 年 11 月 25 日

不间断电源安装检验批质量验收记录表

GB50303—2002

单位(子单位)工程名称			××××学院××楼		
分部(子分部)工程名称			建筑电气(备用和不间断电源安装)	验收部位	1F
施工单位			××市××建筑有限公司	项目经理	×××
分包单位			××市安装××××公司	分包项目经理	×××
施工执行标准名称及编号			电气设备安装操作规程		

施工质量验收规范规定				施工单位检查评定记录	监理(建设)单位验收记录
主控项目	1	核对规格、型号和接线检查	第9.1.1条	符合要求	符合要求
	2	电气交接试验及调整	第9.1.2条	符合要求	
	3	装置间的连接绝缘电阻值测试	第9.1.3条	符合要求	
	4	输出端中性线的重复接地	第9.1.4条	符合要求	
一般项目	1	主回路和控制电线、电缆敷设及连接	第9.2.2条	符合要求	符合要求
	2	可接近裸露导体的接地或接零	第9.2.3条	符合要求	
	3	运行时噪声的检查	第9.2.4条	符合要求	
	4	机架组装紧固且水平度、垂直度偏差	≤1.5‰	0 1.5	

施工单位检查评定结果	专业工长(施工员)	×××	施工班组长	×××
	检查评定合格			
	项目专业质量检查员: ×××			2004 年 07 月 10 日

监理(建设)单位验收结论	合格	
	监理工程师: (建设单位项目专业技术负责人) ×××	2004 年 07 月 10 日

电线导管、电缆导管和线槽敷设检验批质量验收记录表

GB50303—2002

（Ⅰ）室内

单位(子单位)工程名称			××××学院××楼		
分部(子分部)工程名称			建筑电气(电气照明安装)	验收部位	1F
施工单位			××市××建筑有限公司	项目经理	×××
分包单位			××市安装××××公司	分包项目经理	×××
施工执行标准名称及编号			电气设备安装操作规程		

施工质量验收规范规定				施工单位检查评定记录	监理(建设)单位验收记录
主控项目	1	金属导管、金属线槽的接地或接零	第14.1.1条	符合要求	符合要求
	2	金属导管的连接	第14.1.2条	符合要求	
	3	防爆导管的连接	第14.1.3条	—	
	4	绝缘导管在砌体剔槽埋设	第14.1.4条	—	
一般项目	1	电缆导管的弯曲半径	第14.2.3条	符合要求	符合要求
	2	金属导管的防腐	第14.2.4条	符合要求	
	3	柜、台、箱、盘内导管管口高度	第14.2.5条	—	
	4	暗配管的埋设深度,明配管的固定	第14.2.6条	符合要求	
	5	线槽固定及外观检查	第14.2.7条	符合要求	
	6	防爆导管的连接、接地、固定和防腐	第14.2.8条	—	
	7	绝缘导管的连接和保护	第14.2.9条	—	
	8	柔性导管的长度、连接和接地	第14.2.10条	—	
	9	导管和线槽在建筑物变形缝处的处理	第14.2.11条	—	

施工单位检查评定结果	专业工长(施工员)	×××	施工班组长	×××
	检查评定合格			
	项目专业质量检查员：	×××		2004 年 06 月 24 日

监理(建设)单位验收结论	合格		
	监理工程师： (建设单位项目专业技术负责人)	×××	2004 年 06 月 24 日

电线、电缆穿管和线槽线检验批质量验收记录表

GB50303—2002

060105
060305
060406
060503
060606 1

单位(子单位)工程名称		××××学院××楼		
分部(子分部)工程名称		建筑电气(备用和不间断电源安装)	验收部位	1F
施工单位		××市××建筑有限公司	项目经理	×××
分包单位		××市安装××××公司	分包项目经理	×××
施工执行标准名称及编号		电气设备安装操作规程		

		施工质量验收规范规定		施工单位检查评定记录	监理(建设)单位验收记录
主控项目	1	交流单芯电缆不得单独穿于钢导管内	第15.1.1条	—	符合要求
	2	电线穿管	第15.1.2条	符合要求	
	3	防爆危险环境照明线路的电线、电缆选用和穿管	第15.1.3条	—	
一般项目	1	电缆、电缆管内清扫和管口处理	第15.2.1条	符合要求	符合要求
	2	同一建筑物、构筑物内电线绝缘层颜色的选择	第15.2.2条	符合要求	
	3	线槽敷线	第15.2.3条	符合要求	

施工单位检查评定结果	专业工长(施工员)	×××	施工班组长	×××
	检查评定合格 项目专业质量检查员：　　　×××　　　2004年07月25日			

监理(建设)单位验收结论	合格 监理工程师：　　　×××　　　2004年07月25日 (建设单位项目专业技术负责人)

— 397 —

接地装置安装检验批质量验收记录表

GB50303—2002

060109
060206
060608
060701   1

单位(子单位)工程名称		××××学院××楼		
分部(子分部)工程名称		建筑电气(防雷及接地安装)	验收部位	1F
施工单位		××市××建筑有限公司	项目经理	×××
分包单位		××市安装××××公司	分包项目经理	×××
施工执行标准名称及编号		电气设备安装操作规程		

		施工质量验收规范规定		施工单位检查评定记录	监理(建设)单位验收记录
主控项目	1	接地装置测试测试点的设置	第24.1.1条	符合要求	符合要求
	2	接地电阻值测试	第24.1.2条	符合要求	
	3	防雷接地的人工接地装置的接地干线埋设	第24.1.3条	—	
	4	接地模块的埋设深度、间距和基坑尺寸	第24.1.4条	—	
	5	接地模块设置应垂直或水平就位	第24.1.5条	—	
一般项目	1	接地装置埋设深度、间距和搭接长度	第24.2.1条	符合要求	符合要求
	2	接地装置的材质和最注允许规格	第24.2.2条	符合要求	
	3	接地模块与干线的连接和干线材质选用	第24.2.3条	—	

	专业工长(施工员)	×××	施工班组长	×××
施工单位检查评定结果	检查评定合格			
	项目专业质量检查员： ××× 2003 年 11 月 20 日			
监理(建设)单位验收结论	合格			
	监理工程师： (建设单位项目专业技术负责人) ××× 2003 年 11 月 20 日			

避雷引下线和变配电室接地干线敷设检验批质量验收记录表

GB50303—2002

（Ⅰ）防雷引下线

060702　　1

单位(子单位)工程名称			××××学院××楼			
分部(子分部)工程名称			建筑电气(防雷及接地安装)		验收部位	1F～屋顶
施工单位			××市××建筑有限公司		项目经理	×××
分包单位			××市安装××××公司		分包项目经理	×××
施工执行标准名称及编号			电气设备安装操作规程			
施工质量验收规范规定				施工单位检查评定记录		监理(建设)单位验收记录
主控项目	1	引下线的敷设、明敷引下线焊接处的防腐	第25.1.1条	—		符合要求
	2	金属管道作接地线时与接地干线的连接	第25.1.3条	符合要求		
一般项目	1	钢制接地线的连接和材料规格、尺寸	第25.2.1条	符合要求		符合要求
	2	明敷接地引下线持件的设置	第25.2.2条	—		
	3	接地线穿越墙壁、楼板和地坪处的保护	第25.2.3条	—		
	4	幕墙金属框架和建筑物金属门窗与接地干线的连接	第25.2.7条	符合要求		
施工单位检查评定结果		专业工长(施工员)		×××	施工班组长	×××
		检查评定合格				
		项目专业质量检查员：　　　　×××				2004年07月09日
监理(建设)单位验收结论		合格				
		监理工程师： (建设单位项目专业技术负责人)　　×××				2004年07月09日

建筑物等电位联结检验批质量验收记录表

GB50303—2002

单位(子单位)工程名称			××××学院××楼		
分部(子分部)工程名称			建筑电气(防雷及接地安装)	验收部位	地下层
施工单位			××市××建筑有限公司	项目经理	×××
分包单位			××市安装××××公司	分包项目经理	×××
施工执行标准名称及编号			电气设备安装操作规程		

施工质量验收规范规定				施工单位检查评定记录	监理(建设)单位验收记录
主控项目	1	建筑物等电位联结干线的连接及局部等电位箱间的连接	第27.1.1条	符合要求	符合要求
	2	等电位联结的线路最小允许截面积	第27.1.2条	符合要求	
一般项目	1	等电位联结的可接近裸露导体或其他金属部件、构件与支线的连接可靠,导通正常	第27.2.1条	符合要求	符合要求
	2	需等电位联结的高级装修金属部件或零件等电位联结的连接	第27.2.2条	符合要求	

	专业工长(施工员)	×××	施工班组长	×××
施工单位检查评定结果	检查评定合格 项目专业质量检查员: ××× 2004 年 07 月 13 日			
监理(建设)单位验收结论	合格 监理工程师: (建设单位项目专业技术负责人) ××× 2004 年 07 月 13 日			

接闪器安装检验批质量验收记录表

GB50303—2002

单位(子单位)工程名称	××××学院××楼		
分部(子分部)工程名称	建筑电气(防雷及接地安装)	验收部位	1F
施工单位	××市××建筑有限公司	项目经理	×××
分包单位	××市安装××××公司	分包项目经理	×××
施工执行标准名称及编号	防雷及电气接地装置施工工艺××－××－××		

		施工质量验收规范规定		施工单位检查评定记录	监理(建设)单位验收记录
主控项目	1	避雷针、带与顶部外露的其他金属物体的连接	第26.1.1条	符合要求	符合要求
一般项目	1	避雷针、带的位置及固定	第26.2.1条	符合要求	符合要求
	2	避雷带的支持件间距、固定及承力检查	第26.2.2条	符合要求	

	专业工长(施工员)	×××	施工班组长	×××
施工单位检查评定结果	检查评定合格 项目专业质量检查员：　　　×××　　　2004年08月24日			
监理(建设)单位验收结论	合格 监理工程师： (建设单位项目专业技术负责人)　　　×××　　　2004年08月24日			

接闪器安装检验批质量验收记录表

GB50303—2002

单位(子单位)工程名称		××××学院××楼		
分部(子分部)工程名称		建筑电气(防雷及接地安装)	验收部位	2F
施工单位		××市××建筑有限公司	项目经理	×××
分包单位		××市安装××××公司	分包项目经理	×××
施工执行标准名称及编号		防雷及电气接地装置施工工艺××－××－××		

		施工质量验收规范规定		施工单位检查评定记录	监理(建设)单位验收记录
主控项目	1	避雷针、带与顶部外露的其他金属物体的连接	第26.1.1条	符合要求	符合要求
一般项目	1	避雷针、带的位置及固定	第26.2.1条	符合要求	符合要求
	2	避雷带的支持件间距、固定及承力检查	第26.2.2条	符合要求	

	专业工长(施工员)	×××	施工班组长	×××
施工单位检查评定结果	检查评定合格 项目专业质量检查员：　　　　×××　　　　　　2004年08月24日			
监理(建设)单位验收结论	合格 监理工程师： (建设单位项目专业技术负责人)　　×××　　　　　2004年08月24日			

接闪器安装检验批质量验收记录表

GB50303—2002

单位(子单位)工程名称	××××学院××楼		
分部(子分部)工程名称	建筑电气(防雷及接地安装)	验收部位	3F
施工单位	××市××建筑有限公司	项目经理	×××
分包单位	××市安装××××公司	分包项目经理	×××
施工执行标准名称及编号	防雷及电气接地装置施工工艺××—××—××		

		施工质量验收规范规定		施工单位检查评定记录	监理(建设)单位验收记录
主控项目	1	避雷针、带与顶部外露的其他金属物体的连接	第26.1.1条	符合要求	符合要求
一般项目	1	避雷针、带的位置及固定	第26.2.1条	符合要求	符合要求
	2	避雷带的支持件间距、固定及承力检查	第26.2.2条	符合要求	

	专业工长(施工员)	×××	施工班组长	×××
施工单位检查评定结果	检查评定合格 项目专业质量检查员: ××× 2004 年 08 月 24 日			
监理(建设)单位验收结论	合格 监理工程师: (建设单位项目专业技术负责人) ××× 2004 年 08 月 24 日			

接闪器安装检验批质量验收记录表

GB50303—2002

单位(子单位)工程名称			××××学院××楼		
分部(子分部)工程名称			建筑电气(防雷及接地安装)	验收部位	4F
施工单位			××市××建筑有限公司	项目经理	×××
分包单位			××市安装××××公司	分包项目经理	×××
施工执行标准名称及编号			防雷及电气接地装置施工工艺××-××-××		

		施工质量验收规范规定		施工单位检查评定记录	监理(建设)单位验收记录
主控项目	1	避雷针、带与顶部外露的其他金属物体的连接	第26.1.1条	符合要求	符合要求
一般项目	1	避雷针、带的位置及固定	第26.2.1条	符合要求	符合要求
	2	避雷带的支持件间距、固定及承力检查	第26.2.2条	符合要求	

施工单位检查评定结果	专业工长(施工员)	×××	施工班组长	×××
	检查评定合格 项目专业质量检查员：　　　　×××　　　　2004年08月24日			

监理(建设)单位验收结论	合格 监理工程师： (建设单位项目专业技术负责人)　　　　×××　　　　2004年08月24日

通风与空调分部(子分部)分项工程所含检验批质量验收记录
(送排风系统)风管与配件制作检验批质量验收记录表

(金属风管)GB50243—2002
(Ⅰ)

080101
080201
080301
080401
080501　　　1

单位(子单位)工程名称		××××学院××楼		
分部(子分部)工程名称		通风与空调(送排风系统)	验收部位	1F
施工单位		××市××建筑有限公司	项目经理	×××
分包单位		××市安装××××公司	分包项目经理	×××
施工执行标准名称及编号		通风管道技术规程××－××－××		

施工质量验收规范规定				施工单位检查评定记录	监理(建设)单位验收记录
主控项目	1	材质种类、性能及厚度	第4.2.1条	符合要求	符合要求
	2	防火风管材料及密封垫材料	第4.2.3条	—	
	3	风管强度及严密性、工艺性检测	第4.2.5条	符合要求	
	4	风管的连接	第4.2.6条	符合要求	
	5	风管的加固	第4.2.10条	符合要求	
	6	矩形弯管制作及导流片	第4.2.12条	—	
	7	净化空调风管	第4.2.13条	—	
一般项目	1	圆形弯管制作	第4.3.1-1条		符合要求
	2	风管外观质量和外形尺寸	第4.3.1-2,3条	符合要求	
	3	焊接风管	第4.3.1-4条		
	4	法兰风管制作	第4.3.2条	符合要求	
	5	铝板或不锈钢板风管	第4.3.2-4条	—	
	6	无法兰圆形风管制作	第4.3.3条	—	
	7	无法兰矩形风管制作	第4.3.3条	—	
	8	风管的加固	第4.3.4条	符合要求	
	9	净化空调风管	第4.3.11条	—	

施工单位检查评定结果	专业工长(施工员)	×××	施工班组长	×××
	检查评定合格 项目专业质量检查员：			2004 年 06 月 20 日

监理(建设)单位验收结论	合格 专业监理工程师： (建设单位项目专业技术负责人)	×××	2004 年 06 月 20 日

(送排风系统)风管与配件制作检验批质量验收记录表

(金属风管)GB50243—2002

(I)

080101
080201
080301
080401
080501   2

单位(子单位)工程名称		××××学院××楼		
分部(子分部)工程名称		通风与空调(送排风系统)	验收部位	2F
施工单位		××市××建筑有限公司	项目经理	×××
分包单位		××市安装××××公司	分包项目经理	×××
施工执行标准名称及编号		通风管道技术规程××-××-××		

		施工质量验收规范规定		施工单位检查评定记录	监理(建设)单位验收记录
主控项目	1	材质种类、性能及厚度	第4.2.1条	符合要求	符合要求
	2	防火风管材料及密封垫材料	第4.2.3条	—	
	3	风管强度及严密性、工艺性检测	第4.2.5条	符合要求	
	4	风管的连接	第4.2.6条	符合要求	
	5	风管的加固	第4.2.10条	符合要求	
	6	矩形弯管制作及导流片	第4.2.12条	—	
	7	净化空调风管	第4.2.13条	—	
一般项目	1	圆形弯管制作	第4.3.1-1条		符合要求
	2	风管外观质量和外形尺寸	第4.3.1-2.3条	符合要求	
	3	焊接风管	第4.3.1-4条		
	4	法兰风管制作	第4.3.2条	符合要求	
	5	铝板或不锈钢板风管	第4.3.2-4条		
	6	无法兰圆形风管制作	第4.3.3条		
	7	无法兰矩形风管制作	第4.3.3条		
	8	风管的加固	第4.3.4条	符合要求	
	9	净化空调风管	第4.3.11条		

施工单位检查评定结果	专业工长(施工员)	×××	施工班组长	×××
	检查评定合格 项目专业质量检查员:			2004年06月26日

监理(建设)单位验收结论	合格 专业监理工程师: (建设单位项目专业技术负责人) ××× 2004年06月26日

（送排风系统）风管与配件制作检验批质量验收记录表

（金属风管）GB50243—2002

（Ⅰ）

单位(子单位)工程名称		××××学院××楼		
分部(子分部)工程名称		通风与空调(送排风系统)	验收部位	3F
施工单位		××市××建筑有限公司	项目经理	×××
分包单位		××市安装××××公司	分包项目经理	×××
施工执行标准名称及编号		通风管道技术规程××－××－××		

施工质量验收规范规定			施工单位检查评定记录	监理(建设)单位验收记录
主控项目	1	材质种类、性能及厚度	第4.2.1条	符合要求	符合要求
	2	防火风管材料及密封垫材料	第4.2.3条	—	
	3	风管强度及严密性、工艺性检测	第4.2.5条	符合要求	
	4	风管的连接	第4.2.6条	符合要求	
	5	风管的加固	第4.2.10条	符合要求	
	6	矩形弯管制作及导流片	第4.2.12条		
	7	净化空调风管	第4.2.13条	—	
一般项目	1	圆形弯管制作	第4.3.1-1条		符合要求
	2	风管外观质量和外形尺寸	第4.3.1-2.3条	符合要求	
	3	焊接风管	第4.3.1-4条		
	4	法兰风管制作	第4.3.2条	符合要求	
	5	铝板或不锈钢板风管	第4.3.2-4条	—	
	6	无法兰圆形风管制作	第4.3.3条		
	7	无法兰矩形风管制作	第4.3.3条		
	8	风管的加固	第4.3.4条	符合要求	
	9	净化空调风管	第4.3.11条	—	

施工单位检查评定结果	专业工长(施工员)	×××	施工班组长	×××
	检查评定合格 项目专业质量检查员：			2004 年 07 月 06 日

监理(建设)单位验收结论	合格 专业监理工程师： (建设单位项目专业技术负责人)	×××	2004 年 07 月 06 日

(送排风系统)风管与配件制作检验批质量验收记录表

(非金属、复合材料风管)GB50243—2002

(Ⅱ)

单位(子单位)工程名称			××××学院××楼		
分部(子分部)工程名称			通风与空调(送排风系统)	验收部位	1F
施工单位			××市××建筑有限公司	项目经理	×××
分包单位			××市安装××××公司	分包项目经理	×××
施工执行标准名称及编号			通风管道技术规程××-××-××		

		施工质量验收规范规定		施工单位检查评定记录	监理(建设)单位验收记录
主控项目	1	材质种类、性能及厚度	第4.2.2条	符合要求	符合要求
	2	复合材料风管的材料	第4.2.4条	符合要求	
	3	风管强度及严密性工艺性检测	第4.2.5条	符合要求	
	4	风管的连接	第4.2.7条	符合要求	
	5	复合材料风管法兰连接	第4.2.8条	符合要求	
	6	砖、混凝土风道的变形缝	第4.2.9条	—	
	7	风管的加固	第4.2.11条	—	
	8	矩形弯管制作及导流片	第4.2.12条	—	
	9	净化空调风管	第4.2.13条	—	
一般项目	1	风管制作	第4.3.1条	符合要求	符合要求
	2	硬聚氯乙烯风管	第4.3.5条	—	
	3	有机玻璃钢风管	第4.3.6条	符合要求	
	4	无机玻璃钢风管	第4.3.7条	—	
	5	砖、混凝土风管	第4.3.8条	—	
	6	双面铝箔绝热板风管	第4.3.9条	—	
	7	铝箔玻璃纤维板风管	第4.3.10条	—	
	8	净化空调风管	第4.3.11条	—	

施工单位检查评定结果	专业工长(施工员)	×××	施工班组长	×××
	检查评定合格			
	项目专业质量检查员:			2004年06月20日

监理(建设)单位验收结论	合格	
	专业监理工程师:(建设单位项目专业技术负责人) ×××	2004年06月20日

(送排风系统)风管与配件制作检验批质量验收记录表

(非金属、复合材料风管)GB50243—2002
(Ⅱ)

080101
080201
080301
080401
080501   2

单位(子单位)工程名称	××××学院××楼		
分部(子分部)工程名称	通风与空调(送排风系统)	验收部位	2F
施工单位	××市××建筑有限公司	项目经理	×××
分包单位	××市安装××××公司	分包项目经理	×××
施工执行标准名称及编号	通风管道技术规程××－××－××		

		施工质量验收规范规定		施工单位检查评定记录	监理(建设)单位验收记录
主控项目	1	材质种类、性能及厚度	第4.2.2条	符合要求	符合要求
	2	复合材料风管的材料	第4.2.4条	符合要求	
	3	风管强度及严密性工艺性检测	第4.2.5条	符合要求	
	4	风管的连接	第4.2.7条	符合要求	
	5	复合材料风管法兰连接	第4.2.8条	符合要求	
	6	砖、混凝土风道的变形缝	第4.2.9条	—	
	7	风管的加固	第4.2.11条	—	
	8	矩形弯管制作及导流片	第4.2.12条	—	
	9	净化空调风管	第4.2.13条	—	
一般项目	1	风管制作	第4.3.1条	符合要求	符合要求
	2	硬聚氯乙烯风管	第4.3.5条	—	
	3	有机玻璃钢风管	第4.3.6条	符合要求	
	4	无机玻璃钢风管	第4.3.7条	—	
	5	砖、混凝土风管	第4.3.8条	—	
	6	双面铝箔绝热板风管	第4.3.9条	—	
	7	铝箔玻璃纤维板风管	第4.3.10条	—	
	8	净化空调风管	第4.3.11条	—	

	专业工长(施工员)	×××	施工班组长	×××
施工单位检查评定结果	检查评定合格			
	项目专业质量检查员：			2004 年 06 月 26 日
监理(建设)单位验收结论	合格			
	专业监理工程师： (建设单位项目专业技术负责人)	×××		2004 年 06 月 26 日

(送排风系统)风管与配件制作检验批质量验收记录表

(非金属、复合材料风管)GB50243—2002

(Ⅱ)

单位(子单位)工程名称			××××学院××楼		
分部(子分部)工程名称			通风与空调(送排风系统)	验收部位	3F
施工单位			××市××建筑有限公司	项目经理	×××
分包单位			××市安装××××公司	分包项目经理	×××
施工执行标准名称及编号			通风管道技术规程××－××－××		
施工质量验收规范规定				施工单位检查评定记录	监理(建设)单位验收记录
主控项目	1	材质种类、性能及厚度	第4.2.2条	符合要求	符合要求
	2	复合材料风管的材料	第4.2.4条	符合要求	
	3	风管强度及严密性工艺性检测	第4.2.5条	符合要求	
	4	风管的连接	第4.2.7条	符合要求	
	5	复合材料风管法兰连接	第4.2.8条	符合要求	
	6	砖、混凝土风道的变形缝	第4.2.9条	—	
	7	风管的加固	第4.2.11条	—	
	8	矩形弯管制作及导流片	第4.2.12条	—	
	9	净化空调风管	第4.2.13条	—	
一般项目	1	风管制作	第4.3.1条	符合要求	符合要求
	2	硬聚氯乙烯风管	第4.3.5条		
	3	有机玻璃钢风管	第4.3.6条	符合要求	
	4	无机玻璃钢风管	第4.3.7条		
	5	砖、混凝土风管	第4.3.8条	—	
	6	双面铝箔绝热板风管	第4.3.9条	—	
	7	铝箔玻璃纤维板风管	第4.3.10条	—	
	8	净化空调风管	第4.3.11条	—	
施工单位检查评定结果	专业工长(施工员)		×××	施工班组长	×××
	检查评定合格 项目专业质量检查员：				2004年07月06日
监理(建设)单位验收结论	合格 专业监理工程师： (建设单位项目专业技术负责人)		×××		2004年07月06日

(送排风系统)风管与配件制作检验批质量验收记录表

(非金属、复合材料风管)GB50243—2002

(Ⅱ)

单位(子单位)工程名称			××××学院××楼		
分部(子分部)工程名称			通风与空调(送排风系统)	验收部位	屋顶
施工单位			××市××建筑有限公司	项目经理	×××
分包单位			××市安装××××公司	分包项目经理	×××
施工执行标准名称及编号			通风管道技术规程××—××—××		
施工质量验收规范规定				施工单位检查评定记录	监理(建设)单位 验收记录
主控项目	1	材质种类、性能及厚度	第4.2.2条	符合要求	符合要求
	2	复合材料风管的材料	第4.2.4条	符合要求	
	3	风管强度及严密性工艺性检测	第4.2.5条	符合要求	
	4	风管的连接	第4.2.7条	符合要求	
	5	复合材料风管法兰连接	第4.2.8条	符合要求	
	6	砖、混凝土风道的变形缝	第4.2.9条	—	
	7	风管的加固	第4.2.11条	—	
	8	矩形弯管制作及导流片	第4.2.12条	—	
	9	净化空调风管	第4.2.13条	—	
一般项目	1	风管制作	第4.3.1条	符合要求	符合要求
	2	硬聚氯乙烯风管	第4.3.5条	—	
	3	有机玻璃钢风管	第4.3.6条	符合要求	
	4	无机玻璃钢风管	第4.3.7条	—	
	5	砖、混凝土风管	第4.3.8条	—	
	6	双面铝箔绝热板风管	第4.3.9条	—	
	7	铝箔玻璃纤维板风管	第4.3.10条	—	
	8	净化空调风管	第4.3.11条	—	

施工单位检查评定结果	专业工长(施工员)	×××	施工班组长	×××
	检查评定合格 项目专业质量检查员:			2004年07月10日
监理(建设)单位验收结论	合格 专业监理工程师: (建设单位项目专业技术负责人)	×××		2004年07月10日

(送排风系统)风管系统安装检验批质量验收记录表

(送、排风,防排烟,除尘系统)GB50243—2002

(Ⅰ)

单位(子单位)工程名称		××××学院××楼			
分部(子分部)工程名称		通风与空调(送排风系统)		验收部位	1F
施工单位		××市××建筑有限公司		项目经理	×××
分包单位		××市安装××××公司		分包项目经理	×××
施工执行标准名称及编号		通风管道技术规程××-××-××			

		施工质量验收规范规定		施工单位检查评定记录	监理(建设)单位验收记录
主控项目	1	风管穿越防火、防爆墙	第6.2.1条	—	符合要求
	2	风管内严禁其他管线穿越	第6.2.2条	符合要求	
	3	易燃、易爆环境风管	第6.2.2-2条	—	
	4	室外立管的固定拉索	第6.2.2-3条	符合要求	
	5	高于80℃风管系统	第6.2.3条	—	
	6	风管部件安装	第6.2.4条	符合要求	
	7	手动密闭阀安装	第6.2.9条	符合要求	
	8	风管严密性检验	第6.2.8条	符合要求	
一般项目	1	风管系统安装	第6.3.1条	符合要求	符合要求
	2	无法兰风管系统安装	第6.3.2条	—	
	3	风管连接的水平、垂直质量	第6.3.3条	符合要求	
	4	风管支、吊架安装	第6.3.4条	符合要求	
	5	铝板、不锈钢板风管安装	第6.3.1-8条	—	
	6	非金属风管安装	第6.3.5条	—	
	7	风阀安装	第6.3.8条	—	
	8	风帽安装	第6.3.9条	—	
	9	吸、排风罩安装	第6.3.10条	符合要求	
	10	风口安装	第6.3.11条	符合要求	

施工单位检查评定结果	专业工长(施工员)	×××	施工班组长	×××
	检查评定合格			
	项目专业质量检查员:			2004年06月23日
监理(建设)单位验收结论	合格			
	专业监理工程师:			
	(建设单位项目专业技术负责人) ×××			2004年06月23日

— 412 —

(送排风系统)风管系统安装检验批质量验收记录表

(送、排风，防排烟，除尘系统)GB50243—2002

（Ⅰ）

080103
080203
080303
080403
080503　　2

单位(子单位)工程名称		××××学院××楼		
分部(子分部)工程名称		通风与空调(送排风系统)	验收部位	2F
施工单位		××市××建筑有限公司	项目经理	×××
分包单位		××市安装××××公司	分包项目经理	×××
施工执行标准名称及编号		通风管道技术规程××—××—××		

		施工质量验收规范规定		施工单位检查评定记录	监理(建设)单位 验收记录
主控项目	1	风管穿越防火、防爆墙	第6.2.1条	—	符合要求
	2	风管内严禁其他管线穿越	第6.2.2条	符合要求	
	3	易燃、易爆环境风管	第6.2.2-2条	—	
	4	室外立管的固定拉索	第6.2.2-3条	符合要求	
	5	高于80℃风管系统	第6.2.3条	—	
	6	风管部件安装	第6.2.4条	符合要求	
	7	手动密闭阀安装	第6.2.9条	符合要求	
	8	风管严密性检验	第6.2.8条	符合要求	
一般项目	1	风管系统安装	第6.3.1条	符合要求	符合要求
	2	无法兰风管系统安装	第6.3.2条	—	
	3	风管连接的水平、垂直质量	第6.3.3条	符合要求	
	4	风管支、吊架安装	第6.3.4条	符合要求	
	5	铝板、不锈钢板风管安装	第6.3.1-8条	—	
	6	非金属风管安装	第6.3.5条	符合要求	
	7	风阀安装	第6.3.8条	—	
	8	风帽安装	第6.3.9条	—	
	9	吸、排风罩安装	第6.3.10条	符合要求	
	10	风口安装	第6.3.11条	符合要求	

施工单位检查评定结果	专业工长(施工员)	×××	施工班组长	×××
	检查评定合格			
	项目专业质量检查员：			2004年06月30日
监理(建设)单位验收结论	合格			
	专业监理工程师： (建设单位项目专业技术负责人)	×××		2004年06月30日

413

（送排风系统）风管系统安装检验批质量验收记录表

（送、排风,防排烟,除尘系统)GB50243—2002

（Ⅰ）

单位(子单位)工程名称		××××学院××楼		
分部(子分部)工程名称		通风与空调(送排风系统)	验收部位	3F
施工单位		××市××建筑有限公司	项目经理	×××
分包单位		××市安装××××公司	分包项目经理	×××
施工执行标准名称及编号		通风管道技术规程××－××－××		
施工质量验收规范规定			施工单位检查评定记录	监理(建设)单位 验收记录
主控项目	1	风管穿越防火、防爆墙　第6.2.1条	—	符合要求
	2	风管内严禁其他管线穿越　第6.2.2条	符合要求	
	3	易燃、易爆环境风管　第6.2.2-2条	—	
	4	室外立管的固定拉索　第6.2.2-3条	符合要求	
	5	高于80℃风管系统　第6.2.3条	—	
	6	风管部件安装　第6.2.4条	符合要求	
	7	手动密闭阀安装　第6.2.9条	符合要求	
	8	风管严密性检验　第6.2.8条	符合要求	
一般项目	1	风管系统安装　第6.3.1条	符合要求	符合要求
	2	无法兰风管系统安装　第6.3.2条	—	
	3	风管连接的水平、垂直质量　第6.3.3条	符合要求	
	4	风管支、吊架安装　第6.3.4条	符合要求	
	5	铝板、不锈钢板风管安装　第6.3.1-8条	—	
	6	非金属风管安装　第6.3.5条	符合要求	
	7	风阀安装　第6.3.8条	—	
	8	风帽安装　第6.3.9条	—	
	9	吸、排风罩安装　第6.3.10条	符合要求	
	10	风口安装　第6.3.11条	符合要求	

施工单位检查评定结果	专业工长(施工员)	×××	施工班组长	×××
	检查评定合格			
	项目专业质量检查员:			2004年07月08日
监理(建设)单位验收结论	合格			
	专业监理工程师: (建设单位项目专业技术负责人)	×××		2004年07月08日

— 414 —

（送排风系统）风管系统安装检验批质量验收记录表

（送、排风，防排烟，除尘系统）GB50243—2002
（Ⅰ）

080103
080203
080303
080403
080503　　4

单位（子单位）工程名称		××××学院××楼		
分部（子分部）工程名称		通风与空调（送排风系统）	验收部位	屋顶
施工单位		××市××建筑有限公司	项目经理	×××
分包单位		××市安装××××公司	分包项目经理	×××
施工执行标准名称及编号		通风管道技术规程××—××—××		

		施工质量验收规范规定		施工单位检查评定记录	监理（建设）单位验收记录
主控项目	1	风管穿越防火、防爆墙	第6.2.1条	—	符合要求
	2	风管内严禁其他管线穿越	第6.2.2条	符合要求	
	3	易燃、易爆环境风管	第6.2.2-2条	—	
	4	室外立管的固定拉索	第6.2.2-3条	符合要求	
	5	高于80℃风管系统	第6.2.3条	—	
	6	风管部件安装	第6.2.4条	符合要求	
	7	手动密闭阀安装	第6.2.9条	符合要求	
	8	风管严密性检验	第6.2.8条	符合要求	
一般项目	1	风管系统安装	第6.3.1条	符合要求	符合要求
	2	无法兰风管系统安装	第6.3.2条	—	
	3	风管连接的水平、垂直质量	第6.3.3条	符合要求	
	4	风管支、吊架安装	第6.3.4条	符合要求	
	5	铝板、不锈钢板风管安装	第6.3.1-8条	—	
	6	非金属风管安装	第6.3.5条	符合要求	
	7	风阀安装	第6.3.8条	—	
	8	风帽安装	第6.3.9条	—	
	9	吸、排风罩安装	第6.3.10条	符合要求	
	10	风口安装	第6.3.11条	符合要求	

施工单位检查评定结果	专业工长（施工员）	×××	施工班组长	×××
	检查评定合格			
	项目专业质量检查员：			2004 年 07 月 15 日
监理（建设）单位验收结论	合格			
	专业监理工程师： （建设单位项目专业技术负责人）	×××		2004 年 07 月 15 日

（送排风系统）风管部件与消声器制作检验批质量验收记录表

GB50243—2002

单位（子单位）工程名称		××××学院××楼		
分部（子分部）工程名称		通风与空调（送排风系统）	验收部位	1F
施工单位		××市××建筑有限公司	项目经理	×××
分包单位		××市安装××××公司	分包项目经理	×××.
施工执行标准名称及编号		通风管道技术规程××－××－××		

		施工质量验收规范规定		施工单位检查评定记录	监理（建设）单位验收记录
主控项目	1	一般风阀	第5.2.1条	符合要求	符合要求
	2	电动风阀	第5.2.2条	—	
	3	防火阀、排烟阀（口）	第5.2.3条	—	
	4	防爆风阀	第5.2.4条	—	
	5	净化空调系统风阀	第5.2.5条	—	
	6	特殊风阀	第5.2.6条	—	
	7	防排烟柔性短管	第5.2.7条	—	
	8	消防弯管、消声器	第5.2.8条	符合要求	
一般项目	1	调节风阀	第5.3.1条	符合要求	符合要求
	2	止回风阀	第5.3.2条	符合要求	
	3	插板风阀	第5.3.3条	—	
	4	三通调节阀	第5.3.4条	—	
	5	风量平衡阀	第5.3.5条	符合要求	
	6	风罩	第5.3.6条	—	
	7	风帽	第5.3.7条	—	
	8	矩形弯管导流叶片	第5.3.8条	—	
	9	柔性短管	第5.3.9条	符合要求	
	10	消声器	第5.3.10条	符合要求	
	11	检查门	第5.3.11条	—	
	12	风口验收	第5.3.12条	符合要求	

施工单位检查评定结果	专业工长（施工员）	×××	施工班组长	×××
	检查评定合格			
	项目专业质量检查员：			2004年06月22日

监理（建设）单位验收结论	合格	
	专业监理工程师： （建设单位项目专业技术负责人）	×××　　　　　2004年06月22日

（送排风系统）风管部件与消声器制作检验批质量验收记录表

GB50243—2002

单位(子单位)工程名称			××××学院××楼		
分部(子分部)工程名称			通风与空调(送排风系统)	验收部位	2F
施工单位			××市××建筑有限公司	项目经理	×××
分包单位			××市安装××××公司	分包项目经理	×××
施工执行标准名称及编号			通风管道技术规程××—××—××		
施工质量验收规范规定				施工单位检查评定记录	监理(建设)单位验收记录
主控项目	1	一般风阀	第5.2.1条	符合要求	符合要求
	2	电动风阀	第5.2.2条	—	
	3	防火阀、排烟阀(口)	第5.2.3条		
	4	防爆风阀	第5.2.4条		
	5	净化空调系统风阀	第5.2.5条		
	6	特殊风阀	第5.2.6条		
	7	防排烟柔性短管	第5.2.7条		
	8	消防弯管、消声器	第5.2.8条	符合要求	
一般项目	1	调节风阀	第5.3.1条	符合要求	符合要求
	2	止回风阀	第5.3.2条	符合要求	
	3	插板风阀	第5.3.3条	—	
	4	三通调节阀	第5.3.4条		
	5	风量平衡阀	第5.3.5条	符合要求	
	6	风罩	第5.3.6条	—	
	7	风帽	第5.3.7条		
	8	矩形弯管导流叶片	第5.3.8条		
	9	柔性短管	第5.3.9条	符合要求	
	10	消声器	第5.3.10条	符合要求	
	11	检查门	第5.3.11条	—	
	12	风口验收	第5.3.12条	符合要求	
施工单位检查评定结果	专业工长(施工员)		×××	施工班组长	×××
	检查评定合格 项目专业质量检查员:				2004年06月28日
监理(建设)单位验收结论	合格 专业监理工程师: (建设单位项目专业技术负责人)		×××		2004年06月28日

(送排风系统)风管部件与消声器制作检验批质量验收记录表

GB50243—2002

单位(子单位)工程名称		××××学院××楼		
分部(子分部)工程名称		通风与空调(送排风系统)	验收部位	3F
施工单位		××市××建筑有限公司	项目经理	×××
分包单位		××市安装××××公司	分包项目经理	×××
施工执行标准名称及编号			通风管道技术规程××—××—××	

		施工质量验收规范规定		施工单位检查评定记录	监理(建设)单位 验收记录
主控项目	1	一般风阀	第5.2.1条	符合要求	符合要求
	2	电动风阀	第5.2.2条	—	
	3	防火阀、排烟阀(口)	第5.2.3条	—	
	4	防爆风阀	第5.2.4条	—	
	5	净化空调系统风阀	第5.2.5条	—	
	6	特殊风阀	第5.2.6条	—	
	7	防排烟柔性短管	第5.2.7条	—	
	8	消防弯管、消声器	第5.2.8条	符合要求	
一般项目	1	调节风阀	第5.3.1条	符合要求	符合要求
	2	止回风阀	第5.3.2条	符合要求	
	3	插板风阀	第5.3.3条	—	
	4	三通调节阀	第5.3.4条	—	
	5	风量平衡阀	第5.3.5条	符合要求	
	6	风罩	第5.3.6条	—	
	7	风帽	第5.3.7条	—	
	8	矩形弯管导流叶片	第5.3.8条	—	
	9	柔性短管	第5.3.9条	符合要求	
	10	消声器	第5.3.10条	符合要求	
	11	检查门	第5.3.11条	—	
	12	风口验收	第5.3.12条	符合要求	

施工单位检查评定结果	专业工长(施工员)	×××	施工班组长	×××
	检查评定合格			
	项目专业质量检查员:			2004 年 07 月 06 日

监理(建设)单位验收结论	合格	
	专业监理工程师: (建设单位项目专业技术负责人)	×××	2004 年 07 月 06 日

(送排风系统)风管部件与消声器制作检验批质量验收记录表

GB50243—2002

单位(子单位)工程名称		××××学院××楼			
分部(子分部)工程名称		通风与空调(送排风系统)		验收部位	屋顶
施工单位		××市××建筑有限公司		项目经理	×××
分包单位		××市安装××××公司		分包项目经理	×××
施工执行标准名称及编号		通风管道技术规程××—××—××			
施工质量验收规范规定				施工单位检查评定记录	监理(建设)单位验收记录
主控项目	1	一般风阀	第5.2.1条	符合要求	符合要求
	2	电动风阀	第5.2.2条	—	
	3	防火阀、排烟阀(口)	第5.2.3条	—	
	4	防爆风阀	第5.2.4条	—	
	5	净化空调系统风阀	第5.2.5条	—	
	6	特殊风阀	第5.2.6条	—	
	7	防排烟柔性短管	第5.2.7条	—	
	8	消防弯管、消声器	第5.2.8条	符合要求	
一般项目	1	调节风阀	第5.3.1条	符合要求	符合要求
	2	止回风阀	第5.3.2条	符合要求	
	3	插板风阀	第5.3.3条	—	
	4	三通调节阀	第5.3.4条	—	
	5	风量平衡阀	第5.3.5条	符合要求	
	6	风罩	第5.3.6条	—	
	7	风帽	第5.3.7条	—	
	8	矩形弯管导流叶片	第5.3.8条	—	
	9	柔性短管	第5.3.9条	符合要求	
	10	消声器	第5.3.10条	符合要求	
	11	检查门	第5.3.11条	—	
	12	风口验收	第5.3.12条	符合要求	
施工单位检查评定结果	专业工长(施工员)		×××	施工班组长	×××
	检查评定合格				
	项目专业质量检查员:				2004 年 07 月 10 日
监理(建设)单位验收结论	合格				
	专业监理工程师:				
	(建设单位项目专业技术负责人)	×××			2004 年 07 月 10 日

(送排风系统)通风机安装检验批质量验收记录表

GB50243—2002

单位(子单位)工程名称		××××学院××楼		
分部(子分部)工程名称		通风与空调(送排风系统)	验收部位	1F
施工单位		××市××建筑有限公司	项目经理	×××
分包单位		××市安装××××公司	分包项目经理	×××
施工执行标准名称及编号		离心风机安装工艺××－××－××		

		施工质量验收规范规定		施工单位检查评定记录				监理(建设)单位验收记录
主控项目	1	通风机安装	第7.2.1条	符合要求				符合要求
	2	通风机安全措施	第7.2.2条	符合要求				
一般项目	1	叶轮与机壳安装	第7.3.1-1条	—				符合要求
	2	轴流风机叶片安装	第7.3.1-2条	—				
	3	隔振器地面	第7.3.1-3条	—				
	4	隔振钢支、吊架	第7.3.1-4条	符合要求				
	5	通风机安装允许偏差(mm)						
		(1)中心线的平面位移	10	6	7	4	8	
		(2)标高	±10	5	8			
		(3)皮带轮轮宽中心平面偏移	1					
		(4)传动轴水平度　纵向	0.2/1000					
		横向	0.3/1000					
		(5)联轴器　两轴芯径向位移	0.05					
		两轴线倾斜	0.2/1000					

施工单位检查评定结果	专业工长(施工员)	×××	施工班组长	×××
	检查评定合格			
	项目专业质量检查员：　×××　　　　2004 年 08 月 01 日			

监理(建设)单位验收结论	合格
	专业监理工程师： (建设单位项目专业技术负责人)　　×××　　　　2004 年 08 月 01 日

(送排风系统)通风机安装检验批质量验收记录表

GB50243—2002

单位(子单位)工程名称		××××学院××楼		
分部(子分部)工程名称		通风与空调(送排风系统)	验收部位	2F
施工单位		××市××建筑有限公司	项目经理	×××
分包单位		××市安装××××公司	分包项目经理	×××
施工执行标准名称及编号		离心风机安装工艺××—××—××		

		施工质量验收规范规定		施工单位检查评定记录								监理(建设)单位验收记录
主控项目	1	通风机安装	第7.2.1条	符合要求								符合要求
	2	通风机安全措施	第7.2.2条	符合要求								
一般项目	1	叶轮与机壳安装	第7.3.1-1条	—								符合要求
	2	轴流风机叶片安装	第7.3.1-2条	—								
	3	隔振器地面	第7.3.1-3条	—								
	4	隔振钢支、吊架	第7.3.1-4条	符合要求								
	5	通风机安装允许偏差(mm)										
		(1)中心线的平面位移	10	6	8	5	7					
		(2)标高	±10	4	7							
		(3)皮带轮轮宽中心平面偏移	1									
		(4)传动轴水平度	纵向	0.2/1000								
			横向	0.3/1000								
		(5)联轴器	两轴芯径向位移	0.05								
			两轴线倾斜	0.2/1000								

施工单位检查评定结果	专业工长(施工员)	×××	施工班组长	×××
	检查评定合格 项目专业质量检查员:	×××		2004 年 08 月 02 日
监理(建设)单位验收结论	合格 专业监理工程师: (建设单位项目专业技术负责人)	×××		2004 年 08 月 02 日

(送排风系统)通风机安装检验批质量验收记录表

GB50243—2002

单位(子单位)工程名称		××××学院××楼		
分部(子分部)工程名称		通风与空调(送排风系统)	验收部位	3F
施工单位		××市××建筑有限公司	项目经理	×××
分包单位		××市安装××××公司	分包项目经理	×××
施工执行标准名称及编号		离心风机安装工艺××—××—××		

		施工质量验收规范规定		施工单位检查评定记录	监理(建设)单位验收记录
主控项目	1	通风机安装	第7.2.1条	符合要求	符合要求
	2	通风机安全措施	第7.2.2条	符合要求	
一般项目	1	叶轮与机壳安装	第7.3.1-1条	—	符合要求
	2	轴流风机叶片安装	第7.3.1-2条	—	
	3	隔振器地面	第7.3.1-3条	—	
	4	隔振钢支、吊架	第7.3.1-4条	符合要求	
	5	通风机安装允许偏差(mm)			
		(1)中心线的平面位移	10	7 4 8 6	
		(2)标高	±10	6 8	
		(3)皮带轮轮宽中心平面偏移	1		
		(4)传动轴水平度	纵向 0.2/1000		
			横向 0.3/1000		
		(5)联轴器	两轴芯径向位移 0.05		
			两轴线倾斜 0.2/1000		

	专业工长(施工员)	×××	施工班组长	×××
施工单位检查评定结果	检查评定合格			
	项目专业质量检查员： ×××			2004 年 08 月 03 日
监理(建设)单位验收结论	合格			
	专业监理工程师： (建设单位项目专业技术负责人) ×××			2004 年 08 月 03 日

— 422 —

(送排风系统)通风机安装检验批质量验收记录表

GB50243—2002

单位(子单位)工程名称		××××学院××楼		
分部(子分部)工程名称		通风与空调(送排风系统)	验收部位	屋顶
施工单位		××市××建筑有限公司	项目经理	×××
分包单位		××市安装××××公司	分包项目经理	×××
施工执行标准名称及编号		离心风机安装工艺××-××-××		

施工质量验收规范规定				施工单位检查评定记录	监理(建设)单位验收记录
主控项目	1	通风机安装	第7.2.1条	符合要求	符合要求
	2	通风机安全措施	第7.2.2条	符合要求	
一般项目	1	叶轮与机壳安装	第7.3.1-1条	—	符合要求
	2	轴流风机叶片安装	第7.3.1-2条	—	
	3	隔振器地面	第7.3.1-3条	—	
	4	隔振钢支、吊架	第7.3.1-4条	符合要求	
	5	通风机安装允许偏差(mm)			
		(1)中心线的平面位移	10	4 7 ⑫ 6 8 9 4 6 3 7	
		(2)标高	±10	⑩ 8 6 -5 4 7 6 -4 5 8	
		(3)皮带轮轮宽中心平面偏移	1		
		(4)传动轴水平度 纵向	0.2/1000		
		横向	0.3/1000		
		(5)联轴器 两轴芯径向位移	0.05		
		两轴线倾斜	0.2/1000		

施工单位检查评定结果	专业工长(施工员)	×××	施工班组长	×××
	检查评定合格			
	项目专业质量检查员：　　　　　×××			2004 年 08 月 05 日

监理(建设)单位验收结论	合格
	专业监理工程师：　　　　　×××　　　　　　　　2004 年 08 月 05 日
	(建设单位项目专业技术负责人)

(送排风系统)工程系统调试验收记录表

GB50243—2002

080100
080200
080300
080400
080500
080600
080700   1

单位(子单位)工程名称			××××学院××楼		
分部(子分部)工程名称			通风与空调(送排风系统)	验收部位	1F
施工单位			××市××建筑有限公司	项目经理	×××
分包单位			××市安装××××公司	分包项目经理	×××
施工执行标准名称及编号			通风与空调系统调试工艺××—××—××		
施工质量验收规范规定				施工单位检查评定记录	监理(建设)单位验收记录
主控项目	1	通风机、空调机组单机试运转及调试	第11.2.2-1条	符合要求	符合要求
	2	水泵单机试动转及调试	第11.2.2-2条	—	
	3	冷却塔单机试运转及调试	第11.2.2-3条	—	
	4	制冷机组单机试运转及调试	第11.2.2-4条	—	
	5	电控防火、防排烟阀动作试验	第11.2.2-5条	—	
	6	系统风量调试	第11.2.3-1条	符合要求	
	7	空调水系统调试	第11.2.3-2条	—	
	8	恒温、恒温空调	第11.2.3-3条	—	
	9	防、排系统调试	第11.2.4条	—	
	10	净化空调系统调试	第11.2.5条	—	
一般项目	1	风机、空调机组	第11.3.1-2,3条	符合要求	符合要求
	2	水泵安装	第11.3.1-1条	—	
	3	风口风量平衡	第11.3.2-2条	符合要求	
	4	水系统试运行	第11.3.3-1,3条	—	
	5	水系统检测元件工作	第11.3.3-2条	—	
	6	空调房间参数	第11.3.3-4,5,6条	—	
	7	工程控制和监测元件及执行结构	第11.3.4条	—	
施工单位检查评定结果		专业工长(施工员)	×××	施工班组长	×××
		检查评定合格			
		项目专业质量检查员:			2004 年 11 月 28 日
监理(建设)单位验收结论		合格			
		专业监理工程师: (建设单位项目专业技术负责人)	×××		2004 年 11 月 28 日

(送排风系统)工程系统调试验收记录表

GB50243—2002

080100
080200
080300
080400
080500
080600
080700   2

单位(子单位)工程名称		××××学院××楼		
分部(子分部)工程名称		通风与空调(送排风系统)	验收部位	2F
施工单位		××市××建筑有限公司	项目经理	×××
分包单位		××市安装××××公司	分包项目经理	×××
施工执行标准名称及编号		通风与空调通风与空调系统调试工艺××—××—××		

		施工质量验收规范规定		施工单位检查评定记录	监理(建设)单位验收记录
主控项目	1	通风机、空调机组单机试运转及调试	第11.2.2-1条	符合要求	符合要求
	2	水泵单机试动转及调试	第11.2.2-2条	—	
	3	冷却塔单机试运转及调试	第11.2.2-3条	—	
	4	制冷机组单机试运转及调试	第11.2.2-4条	—	
	5	电控防火、防排烟阀动作试验	第11.2.2-5条	—	
	6	系统风量调试	第11.2.3-1条	符合要求	
	7	空调水系统调试	第11.2.3-2条	—	
	8	恒温、恒温空调	第11.2.3-3条	—	
	9	防、排系统调试	第11.2.4条	—	
	10	净化空调系统调试	第11.2.5条	—	
一般项目	1	风机、空调机组	第11.3.1-2,3条	符合要求	符合要求
	2	水泵安装	第11.3.1-1条	—	
	3	风口风量平衡	第11.3.2-2条	符合要求	
	4	水系统试运行	第11.3.3-1,3条	—	
	5	水系统检测元件工作	第11.3.3-2条	—	
	6	空调房间参数	第11.3.3-4,5,6条	—	
	7	工程控制和监测元件及执行结构	第11.3.4条	—	

施工单位检查评定结果	专业工长(施工员)	×××	施工班组长	×××
	检查评定合格			
	项目专业质量检查员:			2004 年 11 月 16 日

监理(建设)单位验收结论	合格	
	专业监理工程师: (建设单位项目专业技术负责人)	×××　　　　　2004 年 11 月 16 日

(送排风系统)工程系统调试验收记录表

GB50243—2002

080100
080200
080300
080400
080500
080600
080700   3

单位(子单位)工程名称		××××学院××楼				
分部(子分部)工程名称		通风与空调(送排风系统)			验收部位	3F
施工单位		××市××建筑有限公司			项目经理	×××
分包单位		××市安装××××公司			分包项目经理	×××
施工执行标准名称及编号		通风与空调系统调试工艺××－××－××				
施工质量验收规范规定				施工单位检查评定记录		监理(建设)单位验收记录
主控项目	1	通风机、空调机组单机试运转及调试	第11.2.2-1条	符合要求		符合要求
	2	水泵单机试动转及调试	第11.2.2-2条	—		
	3	冷却塔单机试运转及调试	第11.2.2-3条	—		
	4	制冷机组单机试运转及调试	第11.2.2-4条	—		
	5	电控防火、防排烟阀动作试验	第11.2.2-5条	—		
	6	系统风量调试	第11.2.3-1条	符合要求		
	7	空调水系统调试	第11.2.3-2条	—		
	8	恒温、恒温空调	第11.2.3-3条	—		
	9	防、排系统调试	第11.2.4条	—		
	10	净化空调系统调试	第11.2.5条			
一般项目	1	风机、空调机组	第11.3.1-2,3条	符合要求		符合要求
	2	水泵安装	第11.3.1-1条			
	3	风口风量平衡	第11.3.2-2条	符合要求		
	4	水系统试运行	第11.3.3-1,3条	—		
	5	水系统检测元件工作	第11.3.3-2条	—		
	6	空调房间参数	第11.3.3-4,5,6条	—		
	7	工程控制和监测元件及执行结构	第11.3.4条	—		
施工单位检查评定结果		专业工长(施工员)	×××	施工班组长		×××
		检查评定合格				
		项目专业质量检查员:				2004 年 11 月 28 日
监理(建设)单位验收结论		合格				
		专业监理工程师: (建设单位项目专业技术负责人)		×××		2004 年 11 月 28 日

(送排风系统)工程系统调试验收记录表

GB50243—2002

080100
080200
080300
080400
080500
080600
080700　　4

单位(子单位)工程名称		××××学院××楼			
分部(子分部)工程名称		通风与空调(送排风系统)		验收部位	屋顶
施工单位		××市××建筑有限公司		项目经理	×××
分包单位		××市安装××××公司		分包项目经理	×××
施工执行标准名称及编号		通风与空调系统调试工艺××－××－××			

		施工质量验收规范规定		施工单位检查评定记录	监理(建设)单位验收记录
主控项目	1	通风机、空调机组单机试运转及调试	第11.2.2-1条	符合要求	符合要求
	2	水泵单机试动转及调试	第11.2.2-2条	—	
	3	冷却塔单机试运转及调试	第11.2.2-3条	—	
	4	制冷机组单机试运转及调试	第11.2.2-4条	—	
	5	电控防火、防排烟阀动作试验	第11.2.2-5条	—	
	6	系统风量调试	第11.2.3-1条	符合要求	
	7	空调水系统调试	第11.2.3-2条	—	
	8	恒温、恒温空调	第11.2.3-3条	—	
	9	防、排系统调试	第11.2.4条	—	
	10	净化空调系统调试	第11.2.5条	—	
一般项目	1	风机、空调机组	第11.3.1-2,3条	符合要求	符合要求
	2	水泵安装	第11.3.1-1条	—	
	3	风口风量平衡	第11.3.2-2条	符合要求	
	4	水系统试运行	第11.3.3-1,3条	—	
	5	水系统检测元件工作	第11.3.3-2条	—	
	6	空调房间参数	第11.3.3-4,5,6条	—	
	7	工程控制和监测元件及执行结构	第11.3.4条	—	

施工单位检查评定结果	专业工长(施工员)	×××	施工班组长	×××
	检查评定合格			
	项目专业质量检查员：			2004年11月28日
监理(建设)单位验收结论	合格			
	专业监理工程师： (建设单位项目专业技术负责人)	×××		2004年11月28日

— 427 —

(防排烟系统)风管与配件制作检验批质量验收记录表

(非金属、复合材料风管)GB50243—2002
(Ⅱ)

080101
080201
080301
080401
080501   1

单位(子单位)工程名称		××××学院××楼		
分部(子分部)工程名称		通风与空调(防排烟系统)	验收部位	1F
施工单位		××市××建筑有限公司	项目经理	×××
分包单位		××市安装××××公司	分包项目经理	×××
施工执行标准名称及编号		通风管道技术规程××－××－××		

施工质量验收规范规定				施工单位检查评定记录	监理(建设)单位验收记录
主控项目	1	材质种类、性能及厚度	第4.2.2条	符合要求	符合要求
	2	复合材料风管的材料	第4.2.4条	符合要求	
	3	风管强度及严密性工艺性检测	第4.2.5条	符合要求	
	4	风管的连接	第4.2.7条	符合要求	
	5	复合材料风管法兰连接	第4.2.8条	符合要求	
	6	砖、混凝土风道的变形缝	第4.2.9条	—	
	7	风管的加固	第4.2.11条	—	
	8	矩形弯管制作及导流片	第4.2.12条	—	
	9	净化空调风管	第4.2.13条	—	
一般项目	1	风管制作	第4.3.1条	符合要求	符合要求
	2	硬聚氯乙烯风管	第4.3.5条		
	3	有机玻璃钢风管	第4.3.6条	符合要求	
	4	无机玻璃钢风管	第4.3.7条	—	
	5	砖、混凝土风管	第4.3.8条	—	
	6	双面铝箔绝热板风管	第4.3.9条	—	
	7	铝箔玻璃纤维板风管	第4.3.10条	—	
	8	净化空调风管	第4.3.11条	—	

施工单位检查评定结果	专业工长(施工员)	×××	施工班组长	×××
	检查评定合格 项目专业质量检查员：			2004 年 07 月 02 日
监理(建设)单位验收结论	合格 专业监理工程师： (建设单位项目专业技术负责人)	×××		2004 年 07 月 02 日

(防排烟系统)风管与配件制作检验批质量验收记录表

(非金属、复合材料风管)GB50243—2002
(Ⅱ)

080101
080201
080301
080401
080501　　2

单位(子单位)工程名称		××××学院××楼		
分部(子分部)工程名称		通风与空调(送排烟系统)	验收部位	2F
施工单位		××市××建筑有限公司	项目经理	×××
分包单位		××市安装××××公司	分包项目经理	×××
施工执行标准名称及编号		通风管道技术规程××—××—××		

		施工质量验收规范规定		施工单位检查评定记录	监理(建设)单位验收记录
主控项目	1	材质种类、性能及厚度	第4.2.2条	符合要求	符合要求
	2	复合材料风管的材料	第4.2.4条	符合要求	
	3	风管强度及严密性工艺性检测	第4.2.5条	符合要求	
	4	风管的连接	第4.2.7条	符合要求	
	5	复合材料风管法兰连接	第4.2.8条	符合要求	
	6	砖、混凝土风道的变形缝	第4.2.9条	—	
	7	风管的加固	第4.2.11条	—	
	8	矩形弯管制作及导流片	第4.2.12条	—	
	9	净化空调风管	第4.2.13条	—	
一般项目	1	风管制作	第4.3.1条	符合要求	符合要求
	2	硬聚氯乙烯风管	第4.3.5条	—	
	3	有机玻璃钢风管	第4.3.6条	符合要求	
	4	无机玻璃钢风管	第4.3.7条	—	
	5	砖、混凝土风管	第4.3.8条	—	
	6	双面铝箔绝热板风管	第4.3.9条	—	
	7	铝箔玻璃纤维板风管	第4.3.10条	—	
	8	净化空调风管	第4.3.11条	—	

施工单位检查评定结果	专业工长(施工员)	×××	施工班组长	×××
	检查评定合格 项目专业质量检查员：			2004年07月03日

监理(建设)单位验收结论	合格 专业监理工程师： (建设单位项目专业技术负责人)	×××	2004年07月03日

— 429 —

（防排烟系统）风管与配件制作检验批质量验收记录表

（非金属、复合材料风管）GB50243—2002

（Ⅱ）

080201
080301
080401
080501　　3

单位（子单位）工程名称			××××学院××楼		
分部（子分部）工程名称			通风与空调（防排烟系统）	验收部位	3F
施工单位			××市××建筑有限公司	项目经理	×××
分包单位			××市安装××××公司	分包项目经理	×××
施工执行标准名称及编号			通风管道技术规程××－××－××		
施工质量验收规范规定				施工单位检查评定记录	监理（建设）单位验收记录
主控项目	1	材质种类、性能及厚度	第4.2.2条	符合要求	符合要求
	2	复合材料风管的材料	第4.2.4条	符合要求	
	3	风管强度及严密性工艺性检测	第4.2.5条	符合要求	
	4	风管的连接	第4.2.7条	符合要求	
	5	复合材料风管法兰连接	第4.2.8条	符合要求	
	6	砖、混凝土风道的变形缝	第4.2.9条	—	
	7	风管的加固	第4.2.11条	—	
	8	矩形弯管制作及导流片	第4.2.12条	—	
	9	净化空调风管	第4.2.13条	—	
一般项目	1	风管制作	第4.3.1条	符合要求	符合要求
	2	硬聚氯乙烯风管	第4.3.5条		
	3	有机玻璃钢风管	第4.3.6条	符合要求	
	4	无机玻璃钢风管	第4.3.7条	—	
	5	砖、混凝土风管	第4.3.8条	—	
	6	双面铝箔绝热板风管	第4.3.9条	—	
	7	铝箔玻璃纤维板风管	第4.3.10条	—	
	8	净化空调风管	第4.3.11条	—	
		专业工长（施工员）		×××	施工班组长　　×××
施工单位检查评定结果		检查评定合格 项目专业质量检查员：			2004 年 07 月 04 日
监理（建设）单位验收结论		合格 专业监理工程师：　　××× （建设单位项目专业技术负责人）			2004 年 07 月 04 日

(防排烟系统)风管与配件制作检验批质量验收记录表

(非金属、复合材料风管)GB50243—2002
(Ⅱ)

单位(子单位)工程名称		××××学院××楼		
分部(子分部)工程名称		通风与空调(防排烟系统)	验收部位	屋顶
施工单位		××市××建筑有限公司	项目经理	×××
分包单位		××市安装××××公司	分包项目经理	×××
施工执行标准名称及编号		通风管道技术规程××-××-××		

施工质量验收规范规定				施工单位检查评定记录	监理(建设)单位验收记录
主控项目	1	材质种类、性能及厚度	第4.2.2条	符合要求	符合要求
	2	复合材料风管的材料	第4.2.4条	符合要求	
	3	风管强度及严密性工艺性检测	第4.2.5条	符合要求	
	4	风管的连接	第4.2.7条	符合要求	
	5	复合材料风管法兰连接	第4.2.8条	符合要求	
	6	砖、混凝土风道的变形缝	第4.2.9条	—	
	7	风管的加固	第4.2.11条	—	
	8	矩形弯管制作及导流片	第4.2.12条	—	
	9	净化空调风管	第4.2.13条	—	
一般项目	1	风管制作	第4.3.1条	符合要求	符合要求
	2	硬聚氯乙烯风管	第4.3.5条	—	
	3	有机玻璃钢风管	第4.3.6条	符合要求	
	4	无机玻璃钢风管	第4.3.7条	—	
	5	砖、混凝土风管	第4.3.8条	—	
	6	双面铝箔绝热板风管	第4.3.9条	—	
	7	铝箔玻璃纤维板风管	第4.3.10条	—	
	8	净化空调风管	第4.3.11条		

施工单位检查评定结果	专业工长(施工员)	×××	施工班组长	×××
	检查评定合格 项目专业质量检查员：			2004 年 07 月 05 日
监理(建设)单位验收结论	合格 专业监理工程师： (建设单位项目专业技术负责人)		×××	2004 年 07 月 05 日

(防排烟系统)风管系统安装检验批质量验收记录表

(送、排风，防排烟，除尘系统)GB50243—2002
(Ⅰ)

080103
080203
080303
080403
080503   1

单位(子单位)工程名称		××××学院××楼		
分部(子分部)工程名称		通风与空调(防排烟系统)	验收部位	1F
施工单位		××市××建筑有限公司	项目经理	×××
分包单位		××市安装××××公司	分包项目经理	×××
施工执行标准名称及编号		通风管道技术规程××－××－××		

		施工质量验收规范规定		施工单位检查评定记录	监理(建设)单位验收记录
主控项目	1	风管穿越防火、防爆墙	第6.2.1条	—	符合要求
	2	风管内严禁其他管线穿越	第6.2.2条	符合要求	
	3	易燃、易爆环境风管	第6.2.2-2条	—	
	4	室外立管的固定拉索	第6.2.2-3条	—	
	5	高于80℃风管系统	第6.2.3条	—	
	6	风管部件安装	第6.2.4条	符合要求	
	7	手动密闭阀安装	第6.2.9条	—	
	8	风管严密性检验	第6.2.8条	符合要求	
一般项目	1	风管系统安装	第6.3.1条	符合要求	符合要求
	2	无法兰风管系统安装	第6.3.2条	符合要求	
	3	风管连接的水平、垂直质量	第6.3.3条	符合要求	
	4	风管支、吊架安装	第6.3.4条	符合要求	
	5	铝板、不锈钢板风管安装	第6.3.1-8条	—	
	6	非金属风管安装	第6.3.5条	符合要求	
	7	风阀安装	第6.3.8条	符合要求	
	8	风帽安装	第6.3.9条	—	
	9	吸、排风罩安装	第6.3.10条	—	
	10	风口安装	第6.3.11条	符合要求	

施工单位检查评定结果	专业工长(施工员)	×××	施工班组长	×××
	检查评定合格			
	项目专业质量检查员：			2004 年 07 月 06 日
监理(建设)单位验收结论	合格			
	专业监理工程师： (建设单位项目专业技术负责人)	×××		2004 年 07 月 06 日

(防排烟系统)风管系统安装检验批质量验收记录表

(送、排风，防排烟，除尘系统)GB50243—2002

(Ⅰ)

单位(子单位)工程名称			××××学院××楼		
分部(子分部)工程名称			通风与空调(防排烟系统)	验收部位	2F
施工单位			××市××建筑有限公司	项目经理	×××
分包单位			××市安装××××公司	分包项目经理	×××
施工执行标准名称及编号			通风管道技术规程××—××—××		

		施工质量验收规范规定		施工单位检查评定记录	监理(建设)单位验收记录
主控项目	1	风管穿越防火、防爆墙	第6.2.1条	—	符合要求
	2	风管内严禁其他管线穿越	第6.2.2条	符合要求	
	3	易燃、易爆环境风管	第6.2.2-2条	—	
	4	室外立管的固定拉索	第6.2.2-3条	—	
	5	高于80℃风管系统	第6.2.3条	—	
	6	风管部件安装	第6.2.4条	符合要求	
	7	手动密闭阀安装	第6.2.9条		
	8	风管严密性检验	第6.2.8条	符合要求	
一般项目	1	风管系统安装	第6.3.1条	符合要求	符合要求
	2	无法兰风管系统安装	第6.3.2条	—	
	3	风管连接的水平、垂直质量	第6.3.3条	符合要求	
	4	风管支、吊架安装	第6.3.4条	符合要求	
	5	铝板、不锈钢板风管安装	第6.3.1-8条	—	
	6	非金属风管安装	第6.3.5条	符合要求	
	7	风阀安装	第6.3.8条	符合要求	
	8	风帽安装	第6.3.9条	—	
	9	吸、排风罩安装	第6.3.10条	—	
	10	风口安装	第6.3.11条	符合要求	

施工单位检查评定结果	专业工长(施工员)	×××	施工班组长	×××
	检查评定合格 项目专业质量检查员：			2004 年 07 月 07 日
监理(建设)单位验收结论	合格 专业监理工程师： (建设单位项目专业技术负责人) ×××			2004 年 07 月 07 日

（防排烟系统）风管系统安装检验批质量验收记录表

（送、排风，防排烟，除尘系统）GB50243—2002

（I）

单位(子单位)工程名称		××××学院××楼			
分部(子分部)工程名称		通风与空调(防排烟系统)		验收部位	3F
施工单位		××市××建筑有限公司		项目经理	×××
分包单位		××市安装××××公司		分包项目经理	×××
施工执行标准名称及编号		通风管道技术规程××—××—××			

		施工质量验收规范规定		施工单位检查评定记录	监理(建设)单位验收记录
主控项目	1	风管穿越防火、防爆墙	第6.2.1条	—	符合要求
	2	风管内严禁其他管线穿越	第6.2.2条	符合要求	
	3	易燃、易爆环境风管	第6.2.2-2条	—	
	4	室外立管的固定拉索	第6.2.2-3条	—	
	5	高于80℃风管系统	第6.2.3条	—	
	6	风管部件安装	第6.2.4条	符合要求	
	7	手动密闭阀安装	第6.2.9条	—	
	8	风管严密性检验	第6.2.8条	符合要求	
一般项目	1	风管系统安装	第6.3.1条	符合要求	符合要求
	2	无法兰风管系统安装	第6.3.2条	—	
	3	风管连接的水平、垂直质量	第6.3.3条	符合要求	
	4	风管支、吊架安装	第6.3.4条	符合要求	
	5	铝板、不锈钢板风管安装	第6.3.1-8条	—	
	6	非金属风管安装	第6.3.5条	符合要求	
	7	风阀安装	第6.3.8条	符合要求	
	8	风帽安装	第6.3.9条	—	
	9	吸、排风罩安装	第6.3.10条	—	
	10	风口安装	第6.3.11条	符合要求	

施工单位检查评定结果	专业工长(施工员)	×××	施工班组长	×××
	检查评定合格			
	项目专业质量检查员：			2004年07月08日
监理(建设)单位验收结论	合格			
	专业监理工程师：　　　　××× (建设单位项目专业技术负责人)			2004年07月08日

434

（防排烟系统）风管系统安装检验批质量验收记录表

（送、排风，防排烟，除尘系统）GB50243—2002

（Ⅰ）

单位(子单位)工程名称		××××学院××楼		
分部(子分部)工程名称		通风与空调(防排烟系统)	验收部位	屋顶
施工单位		××市××建筑有限公司	项目经理	×××
分包单位		××市安装××××公司	分包项目经理	×××
施工执行标准名称及编号		通风管道技术规程××—××—××		

		施工质量验收规范规定		施工单位检查评定记录	监理(建设)单位验收记录
主控项目	1	风管穿越防火、防爆墙	第6.2.1条	—	符合要求
	2	风管内严禁其他管线穿越	第6.2.2条	符合要求	
	3	易燃、易爆环境风管	第6.2.2-2条	—	
	4	室外立管的固定拉索	第6.2.2-3条	—	
	5	高于80℃风管系统	第6.2.3条	—	
	6	风管部件安装	第6.2.4条	符合要求	
	7	手动密闭阀安装	第6.2.9条	—	
	8	风管严密性检验	第6.2.8条	符合要求	
一般项目	1	风管系统安装	第6.3.1条	符合要求	符合要求
	2	无法兰风管系统安装	第6.3.2条	—	
	3	风管连接的水平、垂直质量	第6.3.3条	符合要求	
	4	风管支、吊架安装	第6.3.4条	符合要求	
	5	铝板、不锈钢板风管安装	第6.3.1-8条	—	
	6	非金属风管安装	第6.3.5条	符合要求	
	7	风阀安装	第6.3.8条	符合要求	
	8	风帽安装	第6.3.9条	—	
	9	吸、排风罩安装	第6.3.10条	符合要求	
	10	风口安装	第6.3.11条	符合要求	

施工单位检查评定结果	专业工长(施工员)		×××	施工班组长	×××
	检查评定合格				
	项目专业质量检查员：				2004 年 07 月 08 日
监理(建设)单位验收结论	合格				
	专业监理工程师：		×××		2004 年 07 月 08 日
	(建设单位项目专业技术负责人)				

(防排烟系统)风管部件与消声器制作检验批质量验收记录表

GB50243—2002

080105
080405
080505   1

单位(子单位)工程名称		××××学院××楼		
分部(子分部)工程名称		通风与空调(防排烟系统)	验收部位	1F
施工单位		××市××建筑有限公司	项目经理	×××
分包单位		××市安装××××公司	分包项目经理	×××
施工执行标准名称及编号		通风管道技术规程××—××—××		

		施工质量验收规范规定		施工单位检查评定记录	监理(建设)单位验收记录
主控项目	1	一般风阀	第5.2.1条	符合要求	符合要求
	2	电动风阀	第5.2.2条	—	
	3	防火阀、排烟阀(口)	第5.2.3条	符合要求	
	4	防爆风阀	第5.2.4条	—	
	5	净化空调系统风阀	第5.2.5条	—	
	6	特殊风阀	第5.2.6条	—	
	7	防排烟柔性短管	第5.2.7条	—	
	8	消防弯管、消声器	第5.2.8条	—	
一般项目	1	调节风阀	第5.3.1条	符合要求	符合要求
	2	止回风阀	第5.3.2条	—	
	3	插板风阀	第5.3.3条	—	
	4	三通调节阀	第5.3.4条	—	
	5	风量平衡阀	第5.3.5条	—	
	6	风罩	第5.3.6条	—	
	7	风帽	第5.3.7条	—	
	8	矩形弯管导流叶片	第5.3.8条	—	
	9	柔性短管	第5.3.9条	—	
	10	消声器	第5.3.10条	—	
	11	检查门	第5.3.11条	—	
	12	风口验收	第5.3.12条	—	

施工单位检查评定结果	专业工长(施工员)	×××	施工班组长	×××
	检查评定合格			
	项目专业质量检查员:			2004 年 07 月 03 日

监理(建设)单位验收结论	合格	
	专业监理工程师: (建设单位项目专业技术负责人)　　　　×××	2004 年 07 月 03 日

(防排烟系统)风管部件与消声器制作检验批质量验收记录表

GB50243—2002

单位(子单位)工程名称		××××学院××楼		
分部(子分部)工程名称		通风与空调(防排烟系统)	验收部位	2F
施工单位		××市××建筑有限公司	项目经理	×××
分包单位		××市安装××××公司	分包项目经理	×××
施工执行标准名称及编号		通风管道技术规程××－××－××		

施工质量验收规范规定				施工单位检查评定记录	监理(建设)单位验收记录
主控项目	1	一般风阀	第5.2.1条	符合要求	符合要求
	2	电动风阀	第5.2.2条	—	
	3	防火阀、排烟阀(口)	第5.2.3条	符合要求	
	4	防爆风阀	第5.2.4条	—	
	5	净化空调系统风阀	第5.2.5条	—	
	6	特殊风阀	第5.2.6条	—	
	7	防排烟柔性短管	第5.2.7条	—	
	8	消防弯管、消声器	第5.2.8条	—	
一般项目	1	调节风阀	第5.3.1条	符合要求	符合要求
	2	止回风阀	第5.3.2条	—	
	3	插板风阀	第5.3.3条	—	
	4	三通调节阀	第5.3.4条	—	
	5	风量平衡阀	第5.3.5条	—	
	6	风罩	第5.3.6条	—	
	7	风帽	第5.3.7条	—	
	8	矩形弯管导流叶片	第5.3.8条	—	
	9	柔性短管	第5.3.9条	—	
	10	消声器	第5.3.10条	—	
	11	检查门	第5.3.11条	—	
	12	风口验收	第5.3.12条	—	

施工单位检查评定结果	专业工长(施工员)	×××	施工班组长	×××
	检查评定合格			
	项目专业质量检查员：			2004 年 07 月 04 日

监理(建设)单位验收结论	合格	
	专业监理工程师：	2004 年 07 月 04 日
	(建设单位项目专业技术负责人)	×××

(防排烟系统)风管部件与消声器制作检验批质量验收记录表

GB50243—2002

080105
080405
080505   3

单位(子单位)工程名称			××××学院××楼		
分部(子分部)工程名称			通风与空调(防排烟系统)	验收部位	3F
施工单位			××市××建筑有限公司	项目经理	×××
分包单位			××市安装××××公司	分包项目经理	×××
施工执行标准名称及编号			通风管道技术规程××-××-××		

		施工质量验收规范规定		施工单位检查评定记录	监理(建设)单位验收记录
主控项目	1	一般风阀	第5.2.1条	符合要求	符合要求
	2	电动风阀	第5.2.2条	—	
	3	防火阀、排烟阀(口)	第5.2.3条	符合要求	
	4	防爆风阀	第5.2.4条	—	
	5	净化空调系统风阀	第5.2.5条	—	
	6	特殊风阀	第5.2.6条	—	
	7	防排烟柔性短管	第5.2.7条	—	
	8	消防弯管、消声器	第5.2.8条	—	
一般项目	1	调节风阀	第5.3.1条	符合要求	符合要求
	2	止回风阀	第5.3.2条	—	
	3	插板风阀	第5.3.3条	—	
	4	三通调节阀	第5.3.4条	—	
	5	风量平衡阀	第5.3.5条	—	
	6	风罩	第5.3.6条	—	
	7	风帽	第5.3.7条	—	
	8	矩形弯管导流叶片	第5.3.8条	—	
	9	柔性短管	第5.3.9条	—	
	10	消声器	第5.3.10条	—	
	11	检查门	第5.3.11条	—	
	12	风口验收	第5.3.12条	—	

施工单位检查评定结果	专业工长(施工员)	×××	施工班组长	×××
	检查评定合格 项目专业质量检查员:			2004年07月05日
监理(建设)单位验收结论	合格 专业监理工程师: (建设单位项目专业技术负责人) ×××			2004年07月05日

— 438 —

(防排烟系统)风管部件与消声器制作检验批质量验收记录表

GB50243—2002

单位(子单位)工程名称		××××学院××楼		
分部(子分部)工程名称		通风与空调(防排烟系统)	验收部位	屋顶
施工单位		××市××建筑有限公司	项目经理	×××
分包单位		××市安装××××公司	分包项目经理	×××
施工执行标准名称及编号		通风管道技术规程××—××—××		

		施工质量验收规范规定		施工单位检查评定记录	监理(建设)单位验收记录
主控项目	1	一般风阀	第5.2.1条	符合要求	符合要求
	2	电动风阀	第5.2.2条	—	
	3	防火阀、排烟阀(口)	第5.2.3条	符合要求	
	4	防爆风阀	第5.2.4条	—	
	5	净化空调系统风阀	第5.2.5条	—	
	6	特殊风阀	第5.2.6条	—	
	7	防排烟柔性短管	第5.2.7条	—	
	8	消防弯管、消声器	第5.2.8条	—	
一般项目	1	调节风阀	第5.3.1条	符合要求	符合要求
	2	止回风阀	第5.3.2条	—	
	3	插板风阀	第5.3.3条	—	
	4	三通调节阀	第5.3.4条	—	
	5	风量平衡阀	第5.3.5条	符合要求	
	6	风罩	第5.3.6条	—	
	7	风帽	第5.3.7条	—	
	8	矩形弯管导流叶片	第5.3.8条	—	
	9	柔性短管	第5.3.9条	符合要求	
	10	消声器	第5.3.10条	符合要求	
	11	检查门	第5.3.11条	—	
	12	风口验收	第5.3.12条	—	

施工单位检查评定结果	专业工长(施工员)	×××	施工班组长	×××
	检查评定合格 项目专业质量检查员:			2004 年 07 月 06 日

监理(建设)单位验收结论	合格 专业监理工程师: (建设单位项目专业技术负责人)	×××	2004 年 07 月 06 日

— 439 —

（防排烟系统）通风机安装检验批质量验收记录表

GB50243—2002

080107
080207
080306
080407
080507　　1

单位(子单位)工程名称		××××学院××楼			
分部(子分部)工程名称		通风与空调(防排烟系统)		验收部位	屋顶
施工单位		××市××建筑有限公司		项目经理	×××
分包单位		××市安装××××公司		分包项目经理	×××
施工执行标准名称及编号		离心风机安装工艺 ZA—12—8			

		施工质量验收规范规定			施工单位检查评定记录								监理(建设)单位验收记录
主控项目	1	通风机安装		第7.2.1条	符合要求								符合要求
	2	通风机安全措施		第7.2.2条	符合要求								
一般项目	1	叶轮与机壳安装		第7.3.1-1条	—								符合要求
	2	轴流风机叶片安装		第7.3.1-2条	—								
	3	隔振器地面		第7.3.1-3条	符合要求								
	4	隔振钢支、吊架		第7.3.1-4条	—								
	5	通风机安装允许偏差(mm)											
		(1)中心线的平面位移		10	6	8							
		(2)标高		±10	-5								
		(3)皮带轮轮宽中心平面偏移		1									
		(4)传动轴水平度	纵向	0.2/1000									
			横向	0.3/1000									
		(5)联轴器	两轴芯径向位移	0.05									
			两轴线倾斜	0.2/1000									

	专业工长(施工员)	×××	施工班组长	×××
施工单位检查评定结果	检查评定合格			
	项目专业质量检查员：　　　　×××　　　　　　2004 年 08 月 03 日			
监理(建设)单位验收结论	合格			
	专业监理工程师： (建设单位项目专业技术负责人)　　　×××　　　　　　2004 年 08 月 03 日			

(防排烟系统)工程系统调试验收记录表

GB50243—2002

080100
080200
080300
080400
080500
080600
080700   1

单位(子单位)工程名称		××××学院××楼		
分部(子分部)工程名称		通风与空调(防排烟系统)	验收部位	1F
施工单位		××市××建筑有限公司	项目经理	×××
分包单位		××市安装××××公司	分包项目经理	×××
施工执行标准名称及编号		通风与空调系统调试工艺××－××－××		

		施工质量验收规范规定		施工单位检查评定记录	监理(建设)单位 验收记录
主控项目	1	通风机、空调机组单机试运转及调试	第11.2.2-1条	—	符合要求
	2	水泵单机试动转及调试	第11.2.2-2条	—	
	3	冷却塔单机试运转及调试	第11.2.2-3条	—	
	4	制冷机组单机试运转及调试	第11.2.2-4条	—	
	5	电控防火、防排烟阀动作试验	第11.2.2-5条	—	
	6	系统风量调试	第11.2.3-1条	符合要求	
	7	空调水系统调试	第11.2.3-2条	—	
	8	恒温、恒温空调	第11.2.3-3条	—	
	9	防、排系统调试	第11.2.4条	符合要求	
	10	净化空调系统调试	第11.2.5条	—	
一般项目	1	风机、空调机组	第11.3.1-2,3条	—	符合要求
	2	水泵安装	第11.3.1-1条	—	
	3	风口风量平衡	第11.3.2-2条	符合要求	
	4	水系统试运行	第11.3.3-1,3条	—	
	5	水系统检测元件工作	第11.3.3-2条	—	
	6	空调房间参数	第11.3.3-4,5,6条	—	
	7	工程控制和监测元件及执行结构	第11.3.4条	—	

施工单位检查评定结果	专业工长(施工员)		×××	施工班组长	×××
	检查评定合格				
	项目专业质量检查员:				2004 年 11 月 28 日
监理(建设)单位验收结论	合格				
	专业监理工程师:		×××		2004 年 11 月 28 日
	(建设单位项目专业技术负责人)				

(防排烟系统)工程系统调试验收记录表

GB50243—2002

080100
080200
080300
080400
080500
080600
080700   2

单位(子单位)工程名称		××××学院××楼			
分部(子分部)工程名称		通风与空调(防排烟系统)		验收部位	2F
施工单位		××市××建筑有限公司		项目经理	×××
分包单位		××市安装××××公司		分包项目经理	×××
施工执行标准名称及编号		通风与空调系统调试工艺××－××－××			
施工质量验收规范规定				施工单位检查评定记录	监理(建设)单位验收记录
主控项目	1	通风机、空调机组单机试运转及调试	第11.2.2-1条	—	符合要求
	2	水泵单机试动转及调试	第11.2.2-2条	—	
	3	冷却塔单机试运转及调试	第11.2.2-3条	—	
	4	制冷机组单机试运转及调试	第11.2.2-4条	—	
	5	电控防火、防排烟阀动作试验	第11.2.2-5条	—	
	6	系统风量调试	第11.2.3-1条	符合要求	
	7	空调水系统调试	第11.2.3-2条	—	
	8	恒温、恒温空调	第11.2.3-3条	—	
	9	防、排系统调试	第11.2.4条	符合要求	
	10	净化空调系统调试	第11.2.5条	—	
一般项目	1	风机、空调机组	第11.3.1-2,3条	—	符合要求
	2	水泵安装	第11.3.1-1条	—	
	3	风口风量平衡	第11.3.2-2条	符合要求	
	4	水系统试运行	第11.3.3-1,3条	—	
	5	水系统检测元件工作	第11.3.3-2条	—	
	6	空调房间参数	第11.3.3-4,5,6条	—	
	7	工程控制和监测元件及执行结构	第11.3.4条	—	
施工单位检查评定结果	专业工长(施工员)		×××	施工班组长	×××
	检查评定合格 项目专业质量检查员:				2004 年 11 月 28 日
监理(建设)单位验收结论	合格 专业监理工程师: (建设单位项目专业技术负责人)		×××		2004 年 11 月 28 日

(防排烟系统)工程系统调试验收记录表

GB50243—2002

080100
080200
080300
080400
080500
080600
080700   3

单位(子单位)工程名称	××××学院××楼		
分部(子分部)工程名称	通风与空调(防排烟系统)	验收部位	3F
施工单位	××市××建筑有限公司	项目经理	×××
分包单位	××市安装××××公司	分包项目经理	×××
施工执行标准名称及编号	通风与空调系统调试工艺××－××－××		

		施工质量验收规范规定		施工单位检查评定记录	监理(建设)单位验收记录
主控项目	1	通风机、空调机组单机试运转及调试	第11.2.2-1条	—	符合要求
	2	水泵单机试动转及调试	第11.2.2-2条	—	
	3	冷却塔单机试运转及调试	第11.2.2-3条	—	
	4	制冷机组单机试运转及调试	第11.2.2-4条	—	
	5	电控防火、防排烟阀动作试验	第11.2.2-5条	—	
	6	系统风量调试	第11.2.3-1条	符合要求	
	7	空调水系统调试	第11.2.3-2条	—	
	8	恒温、恒温空调	第11.2.3-3条	—	
	9	防、排系统调试	第11.2.4条	符合要求	
	10	净化空调系统调试	第11.2.5条	—	
一般项目	1	风机、空调机组	第11.3.1-2,3条	—	符合要求
	2	水泵安装	第11.3.1-1条	—	
	3	风口风量平衡	第11.3.2-2条	符合要求	
	4	水系统试运行	第11.3.3-1,3条	—	
	5	水系统检测元件工作	第11.3.3-2条	—	
	6	空调房间参数	第11.3.3-4,5,6条	—	
	7	工程控制和监测元件及执行结构	第11.3.4条	—	

施工单位检查评定结果	专业工长(施工员)		×××	施工班组长	×××
	检查评定合格				
	项目专业质量检查员:			2004 年 11 月 28 日	

监理(建设)单位验收结论	合格	
	专业监理工程师: (建设单位项目专业技术负责人)	×××　　　2004 年 11 月 28 日

（防排烟系统）工程系统调试验收记录表

GB50243—2002

080100
080200
080300
080400
080500
080600
080700   4

单位(子单位)工程名称	××××学院××楼		
分部(子分部)工程名称	通风与空调(防排烟系统)	验收部位	屋顶
施工单位	××市××建筑有限公司	项目经理	×××
分包单位	××市安装××××公司	分包项目经理	×××
施工执行标准名称及编号	通风与空调系统调试工艺××－××－××		

		施工质量验收规范规定		施工单位检查评定记录	监理(建设)单位验收记录
主控项目	1	通风机、空调机组单机试运转及调试	第11.2.2-1条	—	符合要求
	2	水泵单机试动转及调试	第11.2.2-2条	—	
	3	冷却塔单机试运转及调试	第11.2.2-3条	—	
	4	制冷机组单机试运转及调试	第11.2.2-4条	—	
	5	电控防火、防排烟阀动作试验	第11.2.2-5条	—	
	6	系统风量调试	第11.2.3-1条	符合要求	
	7	空调水系统调试	第11.2.3-2条	—	
	8	恒温、恒温空调	第11.2.3-3条	—	
	9	防、排系统调试	第11.2.4条	符合要求	
	10	净化空调系统调试	第11.2.5条	—	
一般项目	1	风机、空调机组	第11.3.1-2,3条	—	符合要求
	2	水泵安装	第11.3.1-1条	—	
	3	风口风量平衡	第11.3.2-2条	符合要求	
	4	水系统试运行	第11.3.3-1,3条	—	
	5	水系统检测元件工作	第11.3.3-2条	—	
	6	空调房间参数	第11.3.3-4,5,6条	—	
	7	工程控制和监测元件及执行结构	第11.3.4条	—	

施工单位检查评定结果	专业工长(施工员)	×××	施工班组长	×××
	检查评定合格 项目专业质量检查员：			2004 年 11 月 28 日
监理(建设)单位验收结论	合格 专业监理工程师： (建设单位项目专业技术负责人)	×××		2004 年 11 月 28 日

(空调风系统)风管与配件制作检验批质量验收记录表

(非金属、复合材料风管)GB50243—2002

(Ⅱ)

单位(子单位)工程名称		××××学院××楼			
分部(子分部)工程名称		通风与空调(空调风系统)		验收部位	1F
施工单位		××市××建筑有限公司		项目经理	×××
分包单位		××市安装××××公司		分包项目经理	×××
施工执行标准名称及编号		通风管道技术规程××－××－××			
施工质量验收规范规定				施工单位检查评定记录	监理(建设)单位验收记录
主控项目	1	材质种类、性能及厚度	第4.2.2条	符合要求	符合要求
	2	复合材料风管的材料	第4.2.4条	符合要求	
	3	风管强度及严密性工艺性检测	第4.2.5条	符合要求	
	4	风管的连接	第4.2.7条	符合要求	
	5	复合材料风管法兰连接	第4.2.8条	符合要求	
	6	砖、混凝土风道的变形缝	第4.2.9条	—	
	7	风管的加固	第4.2.11条	—	
	8	矩形弯管制作及导流片	第4.2.12条	—	
	9	净化空调风管	第4.2.13条	—	
一般项目	1	风管制作	第4.3.1条	符合要求	符合要求
	2	硬聚氯乙烯风管	第4.3.5条	—	
	3	有机玻璃钢风管	第4.3.6条	符合要求	
	4	无机玻璃钢风管	第4.3.7条	—	
	5	砖、混凝土风管	第4.3.8条	—	
	6	双面铝箔绝热板风管	第4.3.9条	—	
	7	铝箔玻璃纤维板风管	第4.3.10条	—	
	8	净化空调风管	第4.3.11条	—	

施工单位检查评定结果	专业工长(施工员)	×××	施工班组长	×××
	检查评定合格 项目专业质量检查员:			2004年06月15日
监理(建设)单位验收结论	合格 专业监理工程师: (建设单位项目专业技术负责人)	×××		2004年06月15日

(空调风系统)风管与配件制作检验批质量验收记录表

(非金属、复合材料风管)GB50243—2002

(Ⅱ)

080101
080201
080301
080401
080501   2

单位(子单位)工程名称		××××学院××楼			
分部(子分部)工程名称		通风与空调(空调风系统)		验收部位	2F
施工单位		××市××建筑有限公司		项目经理	×××
分包单位		××市安装××××公司		分包项目经理	×××
施工执行标准名称及编号		通风管道技术规程××－××－××			

		施工质量验收规范规定		施工单位检查评定记录	监理(建设)单位验收记录
主控项目	1	材质种类、性能及厚度	第4.2.2条	符合要求	符合要求
	2	复合材料风管的材料	第4.2.4条	符合要求	
	3	风管强度及严密性工艺性检测	第4.2.5条	符合要求	
	4	风管的连接	第4.2.7条	符合要求	
	5	复合材料风管法兰连接	第4.2.8条	符合要求	
	6	砖、混凝土风道的变形缝	第4.2.9条	—	
	7	风管的加固	第4.2.11条	—	
	8	矩形弯管制作及导流片	第4.2.12条	—	
	9	净化空调风管	第4.2.13条	—	
一般项目	1	风管制作	第4.3.1条	符合要求	符合要求
	2	硬聚氯乙烯风管	第4.3.5条	—	
	3	有机玻璃钢风管	第4.3.6条	符合要求	
	4	无机玻璃钢风管	第4.3.7条	—	
	5	砖、混凝土风管	第4.3.8条	—	
	6	双面铝箔绝热板风管	第4.3.9条	—	
	7	铝箔玻璃纤维板风管	第4.3.10条	—	
	8	净化空调风管	第4.3.11条	—	

施工单位检查评定结果	专业工长(施工员)	×××	施工班组长	×××
	检查评定合格			
	项目专业质量检查员:			2004年06月25日

监理(建设)单位验收结论	合格	
	专业监理工程师: (建设单位项目专业技术负责人) ×××	2004年06月25日

446

(空调风系统)风管与配件制作检验批质量验收记录表

(非金属、复合材料风管)GB50243—2002

(Ⅱ)

单位(子单位)工程名称			××××学院××楼		
分部(子分部)工程名称			通风与空调(空调风系统)	验收部位	3F
施工单位			××市××建筑有限公司	项目经理	×××
分包单位			××市安装××××公司	分包项目经理	×××
施工执行标准名称及编号			通风管道技术规程××－××－××		
施工质量验收规范规定				施工单位检查评定记录	监理(建设)单位验收记录
主控项目	1	材质种类、性能及厚度	第4.2.2条	符合要求	符合要求
	2	复合材料风管的材料	第4.2.4条	符合要求	
	3	风管强度及严密性工艺性检测	第4.2.5条	符合要求	
	4	风管的连接	第4.2.7条	符合要求	
	5	复合材料风管法兰连接	第4.2.8条	符合要求	
	6	砖、混凝土风道的变形缝	第4.2.9条	—	
	7	风管的加固	第4.2.11条	—	
	8	矩形弯管制作及导流片	第4.2.12条	—	
	9	净化空调风管	第4.2.13条	—	
一般项目	1	风管制作	第4.3.1条	符合要求	符合要求
	2	硬聚氯乙烯风管	第4.3.5条	—	
	3	有机玻璃钢风管	第4.3.6条	符合要求	
	4	无机玻璃钢风管	第4.3.7条	—	
	5	砖、混凝土风管	第4.3.8条	—	
	6	双面铝箔绝热板风管	第4.3.9条	—	
	7	铝箔玻璃纤维板风管	第4.3.10条	—	
	8	净化空调风管	第4.3.11条	—	
施工单位检查评定结果	专业工长(施工员)		×××	施工班组长	×××
	检查评定合格 项目专业质量检查员：				2004 年 07 月 04 日
监理(建设)单位验收结论	合格 专业监理工程师： (建设单位项目专业技术负责人)		×××		2004 年 07 月 04 日

（空调风系统）风管系统安装检验批质量验收记录表

（空调系统）GB50243—2002

（Ⅱ）

单位（子单位）工程名称		××××学院××楼			
分部（子分部）工程名称		通风与空调（空调风系统）		验收部位	1F
施工单位		××市××建筑有限公司		项目经理	×××
分包单位		××市安装××××公司		分包项目经理	×××
施工执行标准名称及编号		通风管道技术规程××—××—××			

施工质量验收规范规定				施工单位检查评定记录	监理（建设）单位验收记录
主控项目	1	风管穿越防火、防爆墙（楼板）	第6.2.1条	—	符合要求
	2	风管内严禁其他管线穿越	第6.2.2-1条	—	
	3	易燃、易爆环境风管	第6.2.2-2条	—	
	4	室外立管的固定拉索	第6.2.2-3条	—	
	5	高于80℃风管系统	第6.2.3条	—	
	6	风管部件安装	第6.2.4条	符合要求	
	7	手动密闭阀安装	第6.2.9条	符合要求	
	8	风管严密性检验	第6.2.8条	符合要求	
一般项目	1	风管系统安装	第6.3.1条	符合要求	符合要求
	2	无法兰风管系统安装	第6.3.2条		
	3	风管连接的水平、垂直质量	第6.3.3条	符合要求	
	4	风管支、吊架安装	第6.3.4条	符合要求	
	5	铝板、不锈钢板风管安装	第6.3.1-8条		
	6	非金属风管安装	第6.3.5条	符合要求	
	7	复合材料风管安装	第6.3.6条	—	
	8	风阀安装	第6.3.8条	符合要求	
	9	风口安装	第6.3.11条	符合要求	
	10	变风量未端装置安装	第7.3.20条	符合要求	

施工单位检查评定结果	专业工长（施工员）	×××	施工班组长	×××
	检查评定合格 项目专业质量检查员：			2004年06月23日
监理（建设）单位验收结论	合格 专业监理工程师： （建设单位项目专业技术负责人）			2004年06月23日

(空调风系统)风管系统安装检验批质量验收记录表

(空调系统)GB50243—2002

(Ⅱ)

080403   2

单位(子单位)工程名称		××××学院××楼		
分部(子分部)工程名称		通风与空调(空调风系统)	验收部位	2F
施工单位		××市××建筑有限公司	项目经理	×××
分包单位		××市安装××××公司	分包项目经理	×××
施工执行标准名称及编号		通风管道技术规程××—××—××		
		施工质量验收规范规定	施工单位检查评定记录	监理(建设)单位验收记录
主控项目	1	风管穿越防火、防爆墙(楼板)	第6.2.1条	—	符合要求
	2	风管内严禁其他管线穿越	第6.2.2-1条	—	
	3	易燃、易爆环境风管	第6.2.2-2条	—	
	4	室外立管的固定拉索	第6.2.2-3条	—	
	5	高于80℃风管系统	第6.2.3条	—	
	6	风管部件安装	第6.2.4条	符合要求	
	7	手动密闭阀安装	第6.2.9条	符合要求	
	8	风管严密性检验	第6.2.8条	符合要求	
一般项目	1	风管系统安装	第6.3.1条	符合要求	符合要求
	2	无法兰风管系统安装	第6.3.2条	—	
	3	风管连接的水平、垂直质量	第6.3.3条	符合要求	
	4	风管支、吊架安装	第6.3.4条	符合要求	
	5	铝板、不锈钢板风管安装	第6.3.1-8条	—	
	6	非金属风管安装	第6.3.5条	符合要求	
	7	复合材料风管安装	第6.3.6条	—	
	8	风阀安装	第6.3.8条	符合要求	
	9	风口安装	第6.3.11条	符合要求	
	10	变风量末端装置安装	第7.3.20条	符合要求	
施工单位检查评定结果		专业工长(施工员)	×××	施工班组长	×××
		检查评定合格 项目专业质量检查员:			2004年06月30日
监理(建设)单位验收结论		合格 专业监理工程师: (建设单位项目专业技术负责人)			2004年06月30日

（空调风系统）风管系统安装检验批质量验收记录表

（空调系统）GB50243—2002

（Ⅱ）

单位(子单位)工程名称			××××学院××楼		
分部(子分部)工程名称			通风与空调(空调风系统)	验收部位	3F
施工单位			××市××建筑有限公司	项目经理	×××
分包单位			××市安装××××公司	分包项目经理	×××
施工执行标准名称及编号			通风管道技术规程××-××-××		

施工质量验收规范规定				施工单位检查评定记录	监理(建设)单位验收记录
主控项目	1	风管穿越防火、防爆墙(楼板)	第6.2.1条	—	符合要求
	2	风管内严禁其他管线穿越	第6.2.2-1条	—	
	3	易燃、易爆环境风管	第6.2.2-2条	—	
	4	室外立管的固定拉索	第6.2.2-3条	—	
	5	高于80℃风管系统	第6.2.3条	—	
	6	风管部件安装	第6.2.4条	符合要求	
	7	手动密闭阀安装	第6.2.9条	符合要求	
	8	风管严密性检验	第6.2.8条	符合要求	
一般项目	1	风管系统安装	第6.3.1条	符合要求	符合要求
	2	无法兰风管系统安装	第6.3.2条	—	
	3	风管连接的水平、垂直质量	第6.3.3条	符合要求	
	4	风管支、吊架安装	第6.3.4条	符合要求	
	5	铝板、不锈钢板风管安装	第6.3.1-8条	—	
	6	非金属风管安装	第6.3.5条	符合要求	
	7	复合材料风管安装	第6.3.6条	—	
	8	风阀安装	第6.3.8条	符合要求	
	9	风口安装	第6.3.11条	符合要求	
	10	变风量未端装置安装	第7.3.20条	符合要求	

施工单位检查评定结果	专业工长(施工员)	×××	施工班组长	×××
	检查评定合格 项目专业质量检查员：			2004 年 07 月 08 日
监理(建设)单位验收结论	合格 专业监理工程师： (建设单位项目专业技术负责人)			2004 年 07 月 08 日

— 450 —

(空调风系统)风管部件与消声器制作检验批质量验收记录表

GB50243—2002

单位(子单位)工程名称		××××学院××楼		
分部(子分部)工程名称		通风与空调(空调风系统)	验收部位	1F
施工单位		××市××建筑有限公司	项目经理	×××
分包单位		××市安装××××公司	分包项目经理	×××
施工执行标准名称及编号		通风管道技术规程××—××—××		

		施工质量验收规范规定		施工单位检查评定记录	监理(建设)单位验收记录
主控项目	1	一般风阀	第5.2.1条	符合要求	符合要求
	2	电动风阀	第5.2.2条	符合要求	
	3	防火阀、排烟阀(口)	第5.2.3条	—	
	4	防爆风阀	第5.2.4条	—	
	5	净化空调系统风阀	第5.2.5条	—	
	6	特殊风阀	第5.2.6条	—	
	7	防排烟柔性短管	第5.2.7条	—	
	8	消防弯管、消声器	第5.2.8条	—	
一般项目	1	调节风阀	第5.3.1条	符合要求	符合要求
	2	止回风阀	第5.3.2条	符合要求	
	3	插板风阀	第5.3.3条	—	
	4	三通调节阀	第5.3.4条	—	
	5	风量平衡阀	第5.3.5条	符合要求	
	6	风罩	第5.3.6条	—	
	7	风帽	第5.3.7条	—	
	8	矩形弯管导流叶片	第5.3.8条	—	
	9	柔性短管	第5.3.9条	符合要求	
	10	消声器	第5.3.10条	符合要求	
	11	检查门	第5.3.11条	—	
	12	风口验收	第5.3.12条	符合要求	

施工单位检查评定结果	专业工长(施工员)	×××	施工班组长	×××
	检查评定合格 项目专业质量检查员:			2004 年 06 月 22 日
监理(建设)单位验收结论	合格 专业监理工程师: (建设单位项目专业技术负责人)		×××	2004 年 06 月 22 日

（空调风系统）风管部件与消声器制作检验批质量验收记录表

GB50243—2002

单位(子单位)工程名称		××××学院××楼		
分部(子分部)工程名称		通风与空调(空调风系统)	验收部位	2F
施工单位		××市××建筑有限公司	项目经理	×××
分包单位		××市安装××××公司	分包项目经理	×××
施工执行标准名称及编号		通风管道技术规程××－××－××		

		施工质量验收规范规定		施工单位检查评定记录	监理(建设)单位验收记录
主控项目	1	一般风阀	第5.2.1条	符合要求	符合要求
	2	电动风阀	第5.2.2条	符合要求	
	3	防火阀、排烟阀(口)	第5.2.3条	—	
	4	防爆风阀	第5.2.4条	—	
	5	净化空调系统风阀	第5.2.5条	—	
	6	特殊风阀	第5.2.6条	—	
	7	防排烟柔性短管	第5.2.7条	—	
	8	消防弯管、消声器	第5.2.8条	—	
一般项目	1	调节风阀	第5.3.1条	符合要求	符合要求
	2	止回风阀	第5.3.2条	符合要求	
	3	插板风阀	第5.3.3条	—	
	4	三通调节阀	第5.3.4条	—	
	5	风量平衡阀	第5.3.5条	符合要求	
	6	风罩	第5.3.6条	—	
	7	风帽	第5.3.7条	—	
	8	矩形弯管导流叶片	第5.3.8条	—	
	9	柔性短管	第5.3.9条	符合要求	
	10	消声器	第5.3.10条	符合要求	
	11	检查门	第5.3.11条	—	
	12	风口验收	第5.3.12条	符合要求	

施工单位检查评定结果	专业工长(施工员)		×××	施工班组长	×××
	检查评定合格 项目专业质量检查员：				2004年06月22日
监理(建设)单位验收结论	合格 专业监理工程师： (建设单位项目专业技术负责人)		×××		2004年06月22日

452

（空调风系统）风管部件与消声器制作检验批质量验收记录表

GB50243—2002

单位（子单位）工程名称			××××学院××楼			
分部（子分部）工程名称			通风与空调（空调风系统）		验收部位	3F
施工单位			××市××建筑有限公司		项目经理	×××
分包单位			××市安装××××公司		分包项目经理	×××
施工执行标准名称及编号			通风管道技术规程××—××—××			
施工质量验收规范规定				施工单位检查评定记录		监理（建设）单位验收记录
主控项目	1	一般风阀	第5.2.1条	符合要求		符合要求
	2	电动风阀	第5.2.2条	符合要求		
	3	防火阀、排烟阀（口）	第5.2.3条	—		
	4	防爆风阀	第5.2.4条	—		
	5	净化空调系统风阀	第5.2.5条	—		
	6	特殊风阀	第5.2.6条	—		
	7	防排烟柔性短管	第5.2.7条	—		
	8	消防弯管、消声器	第5.2.8条	—		
一般项目	1	调节风阀	第5.3.1条	符合要求		符合要求
	2	止回风阀	第5.3.2条	符合要求		
	3	插板风阀	第5.3.3条	—		
	4	三通调节阀	第5.3.4条	—		
	5	风量平衡阀	第5.3.5条	符合要求		
	6	风罩	第5.3.6条	—		
	7	风帽	第5.3.7条	—		
	8	矩形弯管导流叶片	第5.3.8条	—		
	9	柔性短管	第5.3.9条	符合要求		
	10	消声器	第5.3.10条	符合要求		
	11	检查门	第5.3.11条	—		
	12	风口验收	第5.3.12条	符合要求		
施工单位检查评定结果		专业工长（施工员）		×××	施工班组长	×××
		检查评定合格 项目专业质量检查员：				2004年07月06日
监理（建设）单位验收结论		合格 专业监理工程师： （建设单位项目专业技术负责人）		×××		2004年07月06日

（空调风系统）工程系统调试验收记录表

GB50243—2002

080100
080200
080300
080400
080500
080600
080700　　1

单位(子单位)工程名称		××××学院××楼		
分部(子分部)工程名称		通风与空调(空调风系统)	验收部位	1F
施工单位		××市××建筑有限公司	项目经理	×××
分包单位		××市安装××××公司	分包项目经理	×××
施工执行标准名称及编号		通风与空调系统调试工艺××－××－××		

施工质量验收规范规定				施工单位检查评定记录	监理(建设)单位验收记录
主控项目	1	通风机、空调机组单机试运转及调试	第11.2.2-1条	符合要求	符合要求
	2	水泵单机试动转及调试	第11.2.2-2条	—	
	3	冷却塔单机试运转及调试	第11.2.2-3条	—	
	4	制冷机组单机试运转及调试	第11.2.2-4条	—	
	5	电控防火、防排烟阀动作试验	第11.2.2-5条	—	
	6	系统风量调试	第11.2.3-1条	符合要求	
	7	空调水系统调试	第11.2.3-2条	—	
	8	恒温、恒温空调	第11.2.3-3条	—	
	9	防、排系统调试	第11.2.4条	—	
	10	净化空调系统调试	第11.2.5条	—	
一般项目	1	风机、空调机组	第11.3.1-2,3条	符合要求	符合要求
	2	水泵安装	第11.3.1-1条	—	
	3	风口风量平衡	第11.3.2-2条	符合要求	
	4	水系统试运行	第11.3.3-1,3条	—	
	5	水系统检测元件工作	第11.3.3-2条	—	
	6	空调房间参数	第11.3.3-4,5,6条	符合要求	
	7	工程控制和监测元件及执行结构	第11.3.4条	—	

施工单位检查评定结果	专业工长(施工员)	×××	施工班组长	×××
	检查评定合格			
	项目专业质量检查员：　　×××　　　　　　　2004 年 11 月 28 日			

监理(建设)单位验收结论	合格	
	专业监理工程师： (建设单位项目专业技术负责人)	×××　　　　　2004 年 11 月 28 日

(空调风系统)工程系统调试验收记录表

GB50243—2002

080100
080200
080300
080400
080500
080600
080700   2

单位(子单位)工程名称		××××学院××楼		
分部(子分部)工程名称		通风与空调(空调风系统)	验收部位	2F
施工单位		××市××建筑有限公司	项目经理	×××
分包单位		××市安装××××公司	分包项目经理	×××
施工执行标准名称及编号		通风与空调系统调试工艺××—××—××		

		施工质量验收规范规定		施工单位检查评定记录	监理(建设)单位验收记录
主控项目	1	通风机、空调机组单机试运转及调试	第11.2.2-1条	符合要求	符合要求
	2	水泵单机试动转及调试	第11.2.2-2条	—	
	3	冷却塔单机试运转及调试	第11.2.2-3条	—	
	4	制冷机组单机试运转及调试	第11.2.2-4条	—	
	5	电控防火、防排烟阀动作试验	第11.2.2-5条	—	
	6	系统风量调试	第11.2.3-1条	符合要求	
	7	空调水系统调试	第11.2.3-2条	—	
	8	恒温、恒温空调	第11.2.3-3条	—	
	9	防、排系统调试	第11.2.4条	—	
	10	净化空调系统调试	第11.2.5条	—	
一般项目	1	风机、空调机组	第11.3.1-2,3条	符合要求	符合要求
	2	水泵安装	第11.3.1-1条	—	
	3	风口风量平衡	第11.3.2-2条	符合要求	
	4	水系统试运行	第11.3.3-1,3条	—	
	5	水系统检测元件工作	第11.3.3-2条	—	
	6	空调房间参数	第11.3.3-4,5,6条	符合要求	
	7	工程控制和监测元件及执行结构	第11.3.4条	—	

施工单位检查评定结果	专业工长(施工员)	×××	施工班组长	×××
	检查评定合格			
	项目专业质量检查员: ×××			2004 年 11 月 28 日
监理(建设)单位验收结论	合格			
	专业监理工程师: ××× (建设单位项目专业技术负责人)			2004 年 11 月 28 日

（空调风系统）工程系统调试验收记录表

GB50243—2002

080100
080200
080300
080400
080500
080600
080700　　3

单位(子单位)工程名称			××××学院××楼		
分部(子分部)工程名称			通风与空调(空调风系统)	验收部位	3F
施工单位			××市××建筑有限公司	项目经理	×××
分包单位			××市安装××××公司	分包项目经理	×××
施工执行标准名称及编号			通风与空调系统调试工艺××－××－××		

		施工质量验收规范规定		施工单位检查评定记录	监理(建设)单位验收记录
主控项目	1	通风机、空调机组单机试运转及调试	第11.2.2-1条	符合要求	符合要求
	2	水泵单机试动转及调试	第11.2.2-2条	—	
	3	冷却塔单机试运转及调试	第11.2.2-3条	—	
	4	制冷机组单机试运转及调试	第11.2.2-4条	—	
	5	电控防火、防排烟阀动作试验	第11.2.2-5条	符合要求	
	6	系统风量调试	第11.2.3-1条	符合要求	
	7	空调水系统调试	第11.2.3-2条	—	
	8	恒温、恒温空调	第11.2.3-3条	—	
	9	防、排系统调试	第11.2.4条	符合要求	
	10	净化空调系统调试	第11.2.5条	—	
一般项目	1	风机、空调机组	第11.3.1-2,3条	符合要求	符合要求
	2	水泵安装	第11.3.1-1条	—	
	3	风口风量平衡	第11.3.2-2条	符合要求	
	4	水系统试运行	第11.3.3-1,3条	—	
	5	水系统检测元件工作	第11.3.3-2条	—	
	6	空调房间参数	第11.3.3-4,5,6条	—	
	7	工程控制和监测元件及执行结构	第11.3.4条	—	

施工单位检查评定结果	专业工长(施工员)	×××	施工班组长	×××
	检查评定合格			
	项目专业质量检查员：　　×××　　　　　　　　　　　　2004 年 11 月 28 日			

监理(建设)单位验收结论	合格
	专业监理工程师： (建设单位项目专业技术负责人)　　　×××　　　　　　2004 年 11 月 28 日

(空调水系统)空调水冷系统检验批质量验收记录表

(金属管道)GB50243—2002

(Ⅰ)

080701　　1

单位(子单位)工程名称				××××学院××楼										
分部(子分部)工程名称				通风与空调(空调水系统)			验收部位				1F			
施工单位				××市××建筑有限公司			项目经理				×××			
分包单位				××市安装××××公司			分包项目经理				×××			
施工执行标准名称及编号				空调水系统管道施工工艺××－××－××										
施工质量验收规范规定						施工单位检查评定记录							监理(建设)单位验收记录	
主控项目	1	系统的管材与配件验收			第9.2.1条		符合要求							符合要求
	2	管道柔性接管安装			第9.2.2-3条		符合要求							
	3	管道套管			第9.2.2-5条		符合要求							
	4	管道补偿器安装及固定支架			第9.2.5条		符合要求							
	5	系统与设备贯通冲洗,排污			第9.2.2-4条		符合要求							
	6	阀门安装			第9.2.4-1,2条		符合要求							
	7	阀门试压			第9.2.4-3条		符合要求							
	8	系统试压			第9.2.3条		符合要求							
	9	隐蔽管道验收			第9.2.2-1条		符合要求							
	10	焊接、镀锌钢管焊号			第9.2.2-2条		符合要求							
一般项目	1	管道焊接连接			第9.3.2条		符合要求							符合要求
	2	管道螺纹连接			第9.3.3条		符合要求							
	3	管道法兰连接			第9.3.4条		符合要求							
	4 钢制管道安装允许偏差(mm)	(1)坐标	架空及地沟	室外	25									
				室内	15	5	6	8	5	4	10	11	12	10
			埋地		60									
		(2)标高	架空及地沟	室外	±20									
				室内	±15	13	5	4	8	6	8	3	5	7	3
			埋地		±25									
		(3)水平管平直度	DN≤100mm		2L‰,最大40	4	5	4	4	4	2	3	2	3	5
			DN＞100mm		3L‰,最大40	6	5	3	4	5	3	6	8	7	4
		(4)立管垂直度			5L‰,最大25	2	3	2	1	3	2	3	2	3	2
		(5)成排管段间距			15									
		(6)成排管段或成排阀门在同一平面上			3									
	5	钢塑复合管道安装			第9.3.6条		—							
	6	管道沟槽式连接			第9.3.6条		—							
	7	管道支、吊架			第9.3.8条		符合要求							
	8	阀门及其他部件安装			第9.3.10条		符合要求							
	9	系统放气阀与排水阀			第9.3.10-4条		符合要求							
施工单位检查评定结果		专业工长(施工员)			×××				施工班组长			×××		
		检查评定合格												
		项目专业质量检查员:									2004 年 10 月 15 日			
监理(建设)单位验收结论		合格												
		专业监理工程师: (建设单位项目专业技术负责人)			×××						2004 年 10 月 15 日			

（空调水系统）空调水冷系统检验批质量验收记录表

(金属管道)GB50243—2002

（Ⅰ）

单位(子单位)工程名称		××××学院××楼		
分部(子分部)工程名称		通风与空调（空调水系统）	验收部位	2F
施工单位		××市××建筑有限公司	项目经理	×××
分包单位		××市安装××××公司	分包项目经理	×××
施工执行标准名称及编号		空调水系统管道施工工艺××—××—××		

		施工质量验收规范规定				施工单位检查评定记录	监理(建设)单位验收记录
主控项目	1	系统的管材与配件验收		第9.2.1条		符合要求	符合要求
	2	管道柔性接管安装		第9.2.2-3条		符合要求	
	3	管道套管		第9.2.2-5条		符合要求	
	4	管道补偿器安装及固定支架		第9.2.5条		符合要求	
	5	系统与设备贯通冲洗,排污		第9.2.2-4条		符合要求	
	6	阀门安装		第9.2.4-1,2条		符合要求	
	7	阀门试压		第9.2.4-3条		符合要求	
	8	系统试压		第9.2.3条		符合要求	
	9	隐蔽管道验收		第9.2.2-1条		符合要求	
	10	焊接、镀锌钢管焊号		第9.2.2-2条		符合要求	
一般项目	1	管道焊接连接		第9.3.2条		符合要求	符合要求
	2	管道螺纹连接		第9.3.3条		符合要求	
	3	管道法兰连接		第9.3.4条		符合要求	
	4 钢制管道安装允许偏差（mm）	(1)坐标	架空及地沟	室外	25		
				室内	15	10 12 10 8 ⚠17 4 10 5 8 4	
			埋地		60		
		(2)标高	架空及地沟	室外	±20		
				室内	±15	6 8 10 11 7 ⚠16 4 6 8	
			埋地		±25		
		(3)水平管平直度	DN≤100mm		2L‰,最大40	3 2 4 6 5 4 3 2 6	
			DN>100mm		3L‰,最大40	3 4 6 7 3 5 7 6 3 2	
		(4)立管垂直度			5L‰,最大25	1 2 2 1 2 2 0 1 2 1	
		(5)成排管段间距			15		
		(6)成排管段或成排阀门在同一平面上			3		
	5	钢塑复合管道安装		第9.3.6条		—	
	6	管道沟槽式连接		第9.3.6条		—	
	7	管道支、吊架		第9.3.8条		符合要求	
	8	阀门及其他部件安装		第9.3.10条		符合要求	
	9	系统放气阀与排水阀		第9.3.10-4条		符合要求	

施工单位检查评定结果	专业工长(施工员)	×××	施工班组长	×××
	检查评定合格			
	项目专业质量检查员：			2004 年 10 月 15 日

监理(建设)单位验收结论	合格
	专业监理工程师： (建设单位项目专业技术负责人) ××× 2004 年 10 月 15 日

(空调水系统)空调水冷系统检验批质量验收记录表

(金属管道)GB50243—2002
(I)

080701   3

单位(子单位)工程名称				××××学院××楼										
分部(子分部)工程名称				通风与空调(空调水系统)					验收部位			3F		
施工单位				××市××建筑有限公司					项目经理			×××		
分包单位				××市安装××××公司					分包项目经理			×××		
施工执行标准名称及编号				空调水系统管道施工工艺××—××—××										
施工质量验收规范规定						施工单位检查评定记录						监理(建设)单位验收记录		
主控项目	1	系统的管材与配件验收		第9.2.1条		符合要求						符合要求		
	2	管道柔性接管安装		第9.2.2-3条		符合要求								
	3	管道套管		第9.2.2-5条		符合要求								
	4	管道补偿器安装及固定支架		第9.2.5条		符合要求								
	5	系统与设备贯通冲洗,排污		第9.2.2-4条		符合要求								
	6	阀门安装		第9.2.4-1,2条		符合要求								
	7	阀门试压		第9.2.4-3条		符合要求								
	8	系统试压		第9.2.3条		符合要求								
	9	隐蔽管道验收		第9.2.2-1条		符合要求								
	10	焊接、镀锌钢管焊号		第9.2.2-2条		符合要求								
一般项目	1	管道焊接连接			第9.3.2条		符合要求						符合要求	
	2	管道螺纹连接			第9.3.3条		符合要求							
	3	管道法兰连接			第9.3.4条		符合要求							
	4 钢制管道安装允许偏差(㎜)	(1)坐标	架空及地沟	室外	25									
				室内	15	6	5	7	8	⚠	4	10	6	8	4
			埋地		60									
		(2)标高	架空及地沟	室外	±20									
				室内	±15	4	7	10	⚠16	7	4	5	5	6	7
			埋地		±25									
		(3)水平管平直度	DN≤100mm	2L‰,最大40	3	2	2	3	3	5	3	3	4	5
			DN>100mm	3L‰,最大40	2	3	4	5	3	5	6	5	3	2
		(4)立管垂直度		5L‰,最大25	0	2	2	1	0	2	0	1	2	1
		(5)成排管段间距		15										
		(6)成排管段或成排阀门在同一平面上		3										
	5	钢塑复合管道安装			第9.3.6条		—							
	6	管道沟槽式连接			第9.3.6条		—							
	7	管道支、吊架			第9.3.8条		符合要求							
	8	阀门及其他部件安装			第9.3.10条		符合要求							
	9	系统放气阀与排水阀			第9.3.10-4条		符合要求							
施工单位检查评定结果			专业工长(施工员)		×××			施工班组长			×××			
			检查评定合格 项目专业质量检查员:									2004 年 10 月 15 日		
监理(建设)单位验收结论			合格 专业监理工程师: (建设单位项目专业技术负责人)			×××					2004 年 10 月 15 日		

— 459 —

（空调水系统）空调水冷系统检验批质量验收记录表

（金属管道）GB50243—2002

（Ⅰ）

单位（子单位）工程名称				××××学院××楼									
分部（子分部）工程名称				通风与空调（空调水系统）					验收部位			屋顶	
施工单位				××市××建筑有限公司					项目经理			×××	
分包单位				××市安装××××公司					分包项目经理			×××	
施工执行标准名称及编号				空调水系统管道施工工艺××－××－××									

施工质量验收规范规定							施工单位检查评定记录						监理（建设）单位验收记录
主控项目	1	系统的管材与配件验收				第9.2.1条	符合要求						
	2	管道柔性接管安装				第9.2.2-3条	符合要求						
	3	管道套管				第9.2.2-5条	符合要求						
	4	管道补偿器安装及固定支架				第9.2.5条	符合要求						
	5	系统与设备贯通冲洗，排污				第9.2.2-4条	符合要求						符合要求
	6	阀门安装				第9.2.4-1,2条	符合要求						
	7	阀门试压				第9.2.4-3条	符合要求						
	8	系统试压				第9.2.3条	符合要求						
	9	隐蔽管道验收				第9.2.2-1条	符合要求						
	10	焊接、镀锌钢管焊号				第9.2.2-2条	符合要求						
一般项目	1	管道焊接连接				第9.3.2条	符合要求						
	2	管道螺纹连接				第9.3.3条	符合要求						
	3	管道法兰连接				第9.3.4条	符合要求						
	4 钢制管道安装允许偏差（mm）	（1）坐标	架空及地沟	室外	25									符合要求
				室内	15	5	3	4	7	17	4 △16	6	8	5
			埋地		60									
		（2）标高	架空及地沟	室外	±20									
				室内	±15	5	6	10 △16	7	4	5	3	6	3
			埋地		±25									
		（3）水平管平直度	DN≤100mm		2L‰,最大40	2	3	2	2	4	3	2	2	3 4
			DN>100mm		3L‰,最大40	1	2	4	5	3	4	5	3	3 2
		（4）立管垂直度			5L‰,最大25	1	2	1	2	0	2	1	1	0 1
		（5）成排管段间距			15									
		（6）成排管段或成排阀门在同一平面上			3									
	5	钢塑复合管道安装				第9.3.6条	—						
	6	管道沟槽式连接				第9.3.6条	—						
	7	管道支、吊架				第9.3.8条	符合要求						
	8	阀门及其他部件安装				第9.3.10条	符合要求						
	9	系统放气阀与排水阀				第9.3.10-4条	符合要求						

施工单位检查评定结果	专业工长（施工员）　　　　×××　　　　施工班组长　　　　×××　　　　　检查评定合格　　项目专业质量检查员：　　　　　　　　　　　2004 年 10 月 15 日
监理（建设）单位验收结论	合格　　专业监理工程师：（建设单位项目专业技术负责人）　　　×××　　　　　　2004 年 10 月 15 日

(空调水系统)空调水系统安装检验批质量验收记录表

(设备)GB50243—2002

(Ⅲ)

080701　　　1

单位(子单位)工程名称		××××学院××楼			
分部(子分部)工程名称		通风与空调(空调水系统)		验收部位	1F
施工单位		××市××建筑有限公司		项目经理	×××
分包单位		××市安装××××公司		分包项目经理	×××
施工执行标准名称及编号		通风与空调设备安装操作规程			
施工质量验收规范规定				施工单位检查评定记录	监理(建设)单位验收记录
主控项目	1	系统设备与附属设备	第9.2.1条	符合要求	符合要求
	2	冷却塔安装	第9.2.6条	—	
	3	水泵安装	第9.2.7条	—	
	4	其他附属设备安装	第9.2.8条	—	
一般项目	1	风机盘管组等与管道连接	第9.3.7条	符合要求	符合要求
	2	冷却塔安装	第9.3.11条	—	
	3	水泵及附属设备安装	第9.3.12条	—	
	4	水箱、集水缸、分水缸、储冷罐等设备安装	第9.3.13条	—	
	5	水过滤器等设备安装	第9.3.10-3条	符合要求	
施工单位检查评定结果		专业工长(施工员)	×××	施工班组长	×××
		检查评定合格			
		项目专业质量检查员：			2004 年 07 月 06 日
监理(建设)单位验收结论		合格			
		专业监理工程师：　　　　　　　　××× (建设单位项目专业技术负责人)			2004 年 07 月 06 日

— 461 —

（空调水系统）空调水系统安装检验批质量验收记录表

（设备）GB50243—2002

（Ⅲ）

单位(子单位)工程名称		××××学院××楼			
分部(子分部)工程名称		通风与空调(空调水系统)		验收部位	2F
施工单位		××市××建筑有限公司		项目经理	×××
分包单位		××市安装××××公司		分包项目经理	×××
施工执行标准名称及编号		通风与空调设备安装操作规程			

		施工质量验收规范规定		施工单位检查评定记录	监理(建设)单位验收记录
主控项目	1	系统设备与附属设备	第9.2.1条	符合要求	符合要求
	2	冷却塔安装	第9.2.6条	—	
	3	水泵安装	第9.2.7条	—	
	4	其他附属设备安装	第9.2.8条	—	
一般项目	1	风机盘管组等与管道连接	第9.3.7条	符合要求	符合要求
	2	冷却塔安装	第9.3.11条	—	
	3	水泵及附属设备安装	第9.3.12条	—	
	4	水箱、集水缸、分水缸、储冷罐等设备安装	第9.3.13条	—	
	5	水过滤器等设备安装	第9.3.10-3条	符合要求	

施工单位检查评定结果	专业工长(施工员)	×××	施工班组长	×××
	检查评定合格			
	项目专业质量检查员：			2004 年 07 月 06 日
监理(建设)单位验收结论	合格			
	专业监理工程师： (建设单位项目专业技术负责人)	×××		2004 年 07 月 06 日

（空调水系统）空调水系统安装检验批质量验收记录表

（设备）GB50243—2002

（Ⅲ）

080701　3

单位(子单位)工程名称		××××学院××楼		
分部(子分部)工程名称		通风与空调(空调水系统)	验收部位	3F
施工单位		××市××建筑有限公司	项目经理	×××
分包单位		××市安装××××公司	分包项目经理	×××
施工执行标准名称及编号		通风与空调设备安装操作规程		

		施工质量验收规范规定		施工单位检查评定记录	监理(建设)单位验收记录
主控项目	1	系统设备与附属设备	第9.2.1条	符合要求	符合要求
	2	冷却塔安装	第9.2.6条	—	
	3	水泵安装	第9.2.7条	—	
	4	其他附属设备安装	第9.2.8条	—	
一般项目	1	风机盘管组等与管道连接	第9.3.7条	符合要求	符合要求
	2	冷却塔安装	第9.3.11条	—	
	3	水泵及附属设备安装	第9.3.12条	—	
	4	水箱、集水缸、分水缸、储冷罐等设备安装	第9.3.13条	—	
	5	水过滤器等设备安装	第9.3.10-3条	符合要求	

施工单位检查评定结果	专业工长(施工员)	×××	施工班组长	×××
	检查评定合格			
	项目专业质量检查员：			2004 年 07 月 11 日

监理(建设)单位验收结论	合格	
	专业监理工程师： (建设单位项目专业技术负责人)	×××　　　　2004 年 07 月 11 日

— 463 —

(空调水系统)空调水系统安装检验批质量验收记录表

(设备)GB50243—2002

(Ⅲ)

080701   4

单位(子单位)工程名称		××××学院××楼		
分部(子分部)工程名称		通风与空调(空调水系统)	验收部位	屋顶
施工单位		××市××建筑有限公司	项目经理	×××
分包单位		××市安装××××公司	分包项目经理	×××
施工执行标准名称及编号		通风与空调设备安装操作规程		

		施工质量验收规范规定		施工单位检查评定记录	监理(建设)单位验收记录
主控项目	1	系统设备与附属设备	第9.2.1条	符合要求	符合要求
	2	冷却塔安装	第9.2.6条	—	
	3	水泵安装	第9.2.7条	—	
	4	其他附属设备安装	第9.2.8条	—	
一般项目	1	风机盘管组等与管道连接	第9.3.7条	符合要求	符合要求
	2	冷却塔安装	第9.3.11条	—	
	3	水泵及附属设备安装	第9.3.12条	—	
	4	水箱、集水缸、分水缸、储冷罐等设备安装	第9.3.13条	—	
	5	水过滤器等设备安装	第9.3.10-3条	符合要求	

施工单位检查评定结果	专业工长(施工员)	×××	施工班组长	×××
	检查评定合格			
	项目专业质量检查员:			2004年09月22日

监理(建设)单位验收结论	合格	
	专业监理工程师: (建设单位项目专业技术负责人)	××× 2004年09月22日

（空调水系统）工程系统调试验收记录表

GB50243—2002

080100
080200
080300
080400
080500
080600
080700   1

单位(子单位)工程名称		××××学院××楼		
分部(子分部)工程名称		通风与空调(空调水系统)	验收部位	1F
施工单位		××市××建筑有限公司	项目经理	×××
分包单位		××市安装××××公司	分包项目经理	×××
施工执行标准名称及编号		通风与空调系统调试工艺××－××－××		

		施工质量验收规范规定		施工单位检查评定记录	监理(建设)单位验收记录
主控项目	1	通风机、空调机组单机试运转及调试	第11.2.2-1条	—	符合要求
	2	水泵单机试动转及调试	第11.2.2-2条	—	
	3	冷却塔单机试运转及调试	第11.2.2-3条	—	
	4	制冷机组单机试运转及调试	第11.2.2-4条	—	
	5	电控防火、防排烟阀动作试验	第11.2.2-5条	—	
	6	系统风量调试	第11.2.3-1条	—	
	7	空调水系统调试	第11.2.3-2条	符合要求	
	8	恒温、恒温空调	第11.2.3-3条	—	
	9	防、排系统调试	第11.2.4条	—	
	10	净化空调系统调试	第11.2.5条	—	
一般项目	1	风机、空调机组	第11.3.1-2,3条	—	符合要求
	2	水泵安装	第11.3.1-1条	—	
	3	风口风量平衡	第11.3.2-2条	—	
	4	水系统试运行	第11.3.3-1,3条	符合要求	
	5	水系统检测元件工作	第11.3.3-2条	符合要求	
	6	空调房间参数	第11.3.3-4,5,6条	—	
	7	工程控制和监测元件及执行结构	第11.3.4条	—	

施工单位检查评定结果	专业工长(施工员)		×××	施工班组长	×××
	检查评定合格				
	项目专业质量检查员：	×××			2004 年 11 月 06 日

监理(建设)单位验收结论	合格		
	专业监理工程师：	×××	2004 年 11 月 06 日
	(建设单位项目专业技术负责人)		

（空调水系统）工程系统调试验收记录表

GB50243—2002

080100
080200
080300
080400
080500
080600
080700   2

单位（子单位）工程名称		××××学院××楼			
分部（子分部）工程名称		通风与空调（空调水系统）		验收部位	2F
施工单位		××市××建筑有限公司		项目经理	×××
分包单位		××市安装××××公司		分包项目经理	×××
施工执行标准名称及编号		通风与空调系统调试工艺××—××—××			

		施工质量验收规范规定		施工单位检查评定记录	监理（建设）单位验收记录
主控项目	1	通风机、空调机组单机试运转及调试	第11.2.2-1条	—	符合要求
	2	水泵单机试动转及调试	第11.2.2-2条	—	
	3	冷却塔单机试运转及调试	第11.2.2-3条	—	
	4	制冷机组单机试运转及调试	第11.2.2-4条	—	
	5	电控防火、防排烟阀动作试验	第11.2.2-5条	—	
	6	系统风量调试	第11.2.3-1条	—	
	7	空调水系统调试	第11.2.3-2条	符合要求	
	8	恒温、恒温空调	第11.2.3-3条	—	
	9	防、排系统调试	第11.2.4条	—	
	10	净化空调系统调试	第11.2.5条	—	
一般项目	1	风机、空调机组	第11.3.1-2,3条	—	符合要求
	2	水泵安装	第11.3.1-1条	—	
	3	风口风量平衡	第11.3.2-2条	—	
	4	水系统试运行	第11.3.3-1,3条	符合要求	
	5	水系统检测元件工作	第11.3.3-2条	符合要求	
	6	空调房间参数	第11.3.3-4,5,6条	—	
	7	工程控制和监测元件及执行结构	第11.3.4条	—	

施工单位检查评定结果	专业工长（施工员）	×××	施工班组长	×××
	检查评定合格			
	项目专业质量检查员： ×××			2004 年 11 月 06 日

监理（建设）单位验收结论	合格	
	专业监理工程师： ××× （建设单位项目专业技术负责人）	2004 年 11 月 06 日

(空调水系统)工程系统调试验收记录表

GB50243—2002

080100
080200
080300
080400
080500
080600
080700   3

单位(子单位)工程名称		××××学院××楼		
分部(子分部)工程名称		通风与空调(空调水系统)	验收部位	3F
施工单位		××市××建筑有限公司	项目经理	×××
分包单位		××市安装××××公司	分包项目经理	×××
施工执行标准名称及编号		通风与空调系统调试工艺××—××—××		

		施工质量验收规范规定		施工单位检查评定记录	监理(建设)单位验收记录
主控项目	1	通风机、空调机组单机试运转及调试	第11.2.2-1条	—	符合要求
	2	水泵单机试动转及调试	第11.2.2-2条	—	
	3	冷却塔单机试运转及调试	第11.2.2-3条	—	
	4	制冷机组单机试运转及调试	第11.2.2-4条	—	
	5	电控防火、防排烟阀动作试验	第11.2.2-5条	—	
	6	系统风量调试	第11.2.3-1条	—	
	7	空调水系统调试	第11.2.3-2条	符合要求	
	8	恒温、恒温空调	第11.2.3-3条	—	
	9	防、排系统调试	第11.2.4条	—	
	10	净化空调系统调试	第11.2.5条	—	
一般项目	1	风机、空调机组	第11.3.1-2,3条	—	符合要求
	2	水泵安装	第11.3.1-1条	—	
	3	风口风量平衡	第11.3.2-2条	—	
	4	水系统试运行	第11.3.3-1,3条	符合要求	
	5	水系统检测元件工作	第11.3.3-2条	符合要求	
	6	空调房间参数	第11.3.3-4,5,6条	—	
	7	工程控制和监测元件及执行结构	第11.3.4条	—	

施工单位检查评定结果	专业工长(施工员)	×××	施工班组长	×××
	检查评定合格			
	项目专业质量检查员: ×××			2004 年 11 月 06 日

监理(建设)单位验收结论	合格	
	专业监理工程师: (建设单位项目专业技术负责人) ×××	2004 年 11 月 06 日

（空调水系统）工程系统调试验收记录表

GB50243—2002

080100
080200
080300
080400
080500
080600
080700　　4

单位(子单位)工程名称		××××学院××楼		
分部(子分部)工程名称		通风与空调(空调水系统)	验收部位	屋顶
施工单位		××市××建筑有限公司	项目经理	×××
分包单位		××市安装××××公司	分包项目经理	×××
施工执行标准名称及编号		通风与空调系统调试工艺××－××－××		

		施工质量验收规范规定		施工单位检查评定记录	监理(建设)单位验收记录
主控项目	1	通风机、空调机组单机试运转及调试	第11.2.2-1条	—	符合要求
	2	水泵单机试动转及调试	第11.2.2-2条	—	
	3	冷却塔单机试运转及调试	第11.2.2-3条	—	
	4	制冷机组单机试运转及调试	第11.2.2-4条	—	
	5	电控防火、防排烟阀动作试验	第11.2.2-5条	—	
	6	系统风量调试	第11.2.3-1条	—	
	7	空调水系统调试	第11.2.3-2条	符合要求	
	8	恒温、恒温空调	第11.2.3-3条	—	
	9	防、排系统调试	第11.2.4条	—	
	10	净化空调系统调试	第11.2.5条	—	
一般项目	1	风机、空调机组	第11.3.1-2,3条	—	符合要求
	2	水泵安装	第11.3.1-1条	—	
	3	风口风量平衡	第11.3.2-2条	—	
	4	水系统试运行	第11.3.3-1,3条	符合要求	
	5	水系统检测元件工作	第11.3.3-2条	符合要求	
	6	空调房间参数	第11.3.3-4,5,6条	—	
	7	工程控制和监测元件及执行结构	第11.3.4条	—	

施工单位检查评定结果	专业工长(施工员)	×××	施工班组长	×××
	检查评定合格			
	项目专业质量检查员：　　　×××			2004 年 11 月 06 日

监理(建设)单位验收结论	合格	
	专业监理工程师：　　　×××	2004 年 11 月 06 日
	(建设单位项目专业技术负责人)	

建筑安装工程质量问题整改指令单

××市质量监站(04)年第(002)号

　　××××学院筹建处：

　　你施工单位××××学院主楼工程,经查存在如下质量问题：

一、第二层发现墙内敷设金属电线导管有对口焊接连接现象。

　　违反了 GB50300—2002 建筑电气工程质量验收规范第 14.1.2 条规定。

二、第一层发现金属电缆支架沿途未接地现象。

　　违反了 GB50300—2002 建筑电气工程质量验收规范第 13.1.1 条规定。

　　以上存在严重问题请在 2004 年 3 月 13 日前整改完毕,整改回复经建设、监理单位签证同意后,交我站复查。

　　接受单位签字：××市质量监站(章)

　　建设单位　×××签发人 ×××

　　施工单位　×××2004 年 2 月 28 日

　　监理单位　×××

质量整改报告及复查意见

整改报告：

我单位施工的××××学院主楼工程项目部接到××市××质量监督站(04)年(002)号建筑安装工程质量问题整改指令单后，立即安排项目部组织落实整改措施。针对××市××质量监督站提出的墙内敷设金属电线导管有对口焊接连接现象和金属电缆支架沿途未接地现象的类似质量问题进行了彻底的整改。符合规范要求。接受建设单位、监理单位、质量监督站的复查。

××市安装××××公司

××××学院筹建处

2004 年 03 月 12 日

复查意见：

经我单位对质检站(2004)年(002)号建筑安装工程质量问题整改指令单内容进行了复查，已整改完毕，符合规范要求。

××市××监理公司

2004 年 03 月 12 日

施工单位工程质量竣工报告(合格证明书)

单位工程名称	××××学院筹建处××楼		
建筑面积	16 500m²	结构类型、层数	混凝土结构四层
施工单位名称	××市安装××××公司		
施工单位地址	××市××路×××号		
施工单位邮编	××××××	联 系 电 话	××××××××

质量验收意见:

1. 完成合同所约定的全部工作量,无遗留质量缺陷。

2. 施工过程中严格执行合同所规定的国家工程质量验收标准及企业配套的工艺、规程。

3. 工程各项试验、检测均达到技术要求的规定,系统功能符合国家有关规定。

4. 工程验收严格按照国家标准《建筑工程施工质量验收统一标准》(GB50300—2001)的要求。检验批、分项工程、子

分部工程、分部工程、单位工程验收,经过企业质量部门的最终验收,质量达到合格要求。

项目经理:×××	2004 年 12 月 30 日	施工企业公章
企业质量负责人:××× (质量科长)	2004 年 12 月 30 日	
企业技术负责人:××× (总工程师)	2004 年 12 月 30 日	
企业法人代表:×××	2004 年 12 月 30 日	

建筑工程竣工验收报告

工程名称：____××× ×学院××楼工程____

项目编码(报建编码)：_____

施工许可证编码：_____

建设单位：____××× ×学院筹建处____

开工日期：____2003 年 10 月 30 日____

竣工验收日期：____××××年××月××日____

工程概况			
建安工程量	1500万元	建筑面积	16500m²

　　本工程为××××学院××楼项目,位于东海市长江高科技园区银行卡产业园内,唐顾路以东、横中港和归二路以西、东三路以北、马家浜以及北一路以南。建筑面积共约57500m²,其中数据运行中心为20039m²,业务处理中心一号楼地上为9256m²,地下为4108m²,业务处理中心三号楼以后勤服务中心地上为17975m²,地下为3571m²,餐厅为2600m²。地势比较平坦,地面标高为4.9m。本工程为该工程的一期,其中主要有四个建筑单体,分别为数据运行中心(地上4层)、业务处理中心一号楼(地上7层,地下1层)、业务处理中心三号楼及后勤服务中心(地上5层,地下1层)、餐厅(地上4层),加上室外总体,共5个单位工程。

　　本工程的建设单位为××××学院筹建处,设计单位为东海大学建筑设计研究院,监理单位(项目管理单位)为东海市工程建设咨询监理有限公司,××市××建筑有限公司为工程项目施工总承包,我公司作为机电分包参与工程的建设。

　　本工程开工日期为2003年10月30日,竣工日期为2004年12月15日(其中××楼为2004年10月24日),施工周期450天。工程高峰时计划需用劳动力276人,其中,电工100人,管道工80人,通风工50人,焊工20人,油漆工8人,保温工8人,辅助工10人。本工程质量要求较高,要求整体达到一次验收合格,并获市优质结构奖,数据运行中心确保获"金玉兰"奖和国家优质工程"鲁班"奖,同时必须达到政府规定的竣工验收备案制要求。

竣工验收标准	1. 国家法津、法规、规范性文件； 2. 建筑工程施工质量验收统一标准及相关的质量验收规范； 3. 施工合同； 4. 施工图纸； 5. 企业标准
工程竣工验收意见及结论	1. 完成合同所约定的全部工作量，无遗留质量缺陷。 2. 施工过程中严格执行合同所规定的国家工程质量验收标准及企业配套工艺、规程。 3. 工程各项试验、检测均达到技术要求的规定，系统功能符合国家有关规定。 4. 工程验收严格按照国家标准《建筑工程施工质量验收统一标准》(GB50300—2001) 的要求。检验批、分项工程、子分部工程、分部工程、单位工程验收,经过企业质量部门的最终验收,质量达到合格要求。